技工院校实训基地人才培养一体化模块教材

装配钳工实训
（初级模块）

人力资源和社会保障部教材办公室组织编写

中国劳动社会保障出版社

简　介

本书主要内容有装配零件加工、机械装配、设备检验与调试以及职业技能鉴定装配钳工初级考核模拟试卷。

图书在版编目(CIP)数据

装配钳工实训：初级模块/朱小琴主编．—北京：中国劳动社会保障出版社，2016
技工院校实训基地人才培养一体化模块教材
ISBN 978-7-5167-2657-0

Ⅰ.①装…　Ⅱ.①朱…　Ⅲ.①安装钳工-技工学校-教材　Ⅳ.①TG946

中国版本图书馆 CIP 数据核字(2016)第 208957 号

中国劳动社会保障出版社出版发行

（北京市惠新东街 1 号　邮政编码：100029）

*

北京市白帆印务有限公司印刷装订　　新华书店经销

787 毫米×1092 毫米　16 开本　17.5 印张　391 千字

2016 年 8 月第 1 版　　2023 年 12 月第 7 次印刷

定价：33.00 元

营销中心电话：400-606-6496

出版社网址：http://www.class.com.cn

http://jg.class.com.cn

技工院校实训基地人才培养一体化模块教材编委会名单

编审委员会（以姓氏笔画排序）

王国海　冯跃虹　吕成鹰　刘海光　孙大俊
冷耀明　张　林　胡恒庆　龚　安

编审人员

本书主编：朱小琴
本书参编：申如意　王　锐　陈　潺　张　静

前言

Preface

为了进一步发挥技工院校在技能人才培养方面的作用，切实满足企业对技能型人才的需求，人力资源和社会保障部教材办公室组织有关学校的骨干教师和行业、企业专家，在充分调研技工院校实训基地人才培养和培训模式以及企业技能人才需求的基础上，吸收和借鉴当前较为成熟的人才培养理念，编写了技工院校实训基地人才培养一体化模块教材。

使用说明

本套教材分为基础模块和专业核心模块（见下图）。其中专业核心模块教材根据国家职业技能鉴定标准中的初级、中级和高级要求设计有相对应的初级模块教材、中级模块教材和高级模块教材。实训基地可根据需要按照“基础模块＋专业核心模块”组合模式选择相应的教材。

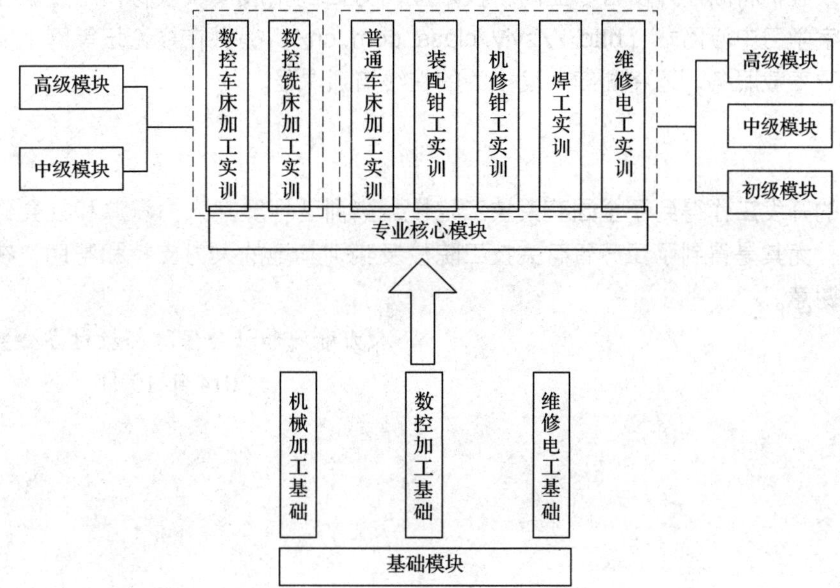

编写特色

◆与职业技能鉴定接轨

教材的编写以车工、数控车工、数控铣工、装配钳工、机修钳工、焊工、维修电工等国家职业技能标准为依据，涵盖国家职业技能标准（初、中、高级）的知识和技能要求，内容具有权威性。为了帮助学员熟悉职业技能鉴定考核形式及考题类型，每种专业核心模块教材均附有 3 ~5 套职业技能鉴定模拟试卷（包含理论知识试卷和技能操作试卷），并配有相应的参考答案。

◆与企业需求接轨

教材在编写中充分考虑企业的培训和用人需求，尽量选取企业真实的、有代表性的操作案例，整合相应的知识和技能，构建一体化教学模块，实现理论与操作技能的统一，既符合职业教育和职业培训的基本规律，又有利于培养学员分析问题和解决问题的综合职业能力。

◆保证先进性和规范性

教材根据相关专业领域的最新发展，编入了新知识、新技术、新设备、新材料等方面的内容，保证教材的先进性。同时采用最新的国家技术标准，使教材更加科学和规范。

读者对象

本套教材既可作为技工院校实训基地技能人才培养和培训用书，还可作为企业、社会培训机构的技能培训用书以及职业技术院校师生的专业用书。

后续拓展

作为补充，我们将陆续开发各专业高新技术应用方面的拓展模块教材，通过职业教育教学资源和数字学习中心网站（http://zyjy.class.com.cn/）提供在线论坛等网上交流以及相关教学资源下载服务，还将陆续开发相关的在线培训课程。

致谢

本套教材的开发工作得到了全国有关技工院校、实训基地及其人力资源和社会保障主管部门的支持，尤其是得到了江苏省有关技工院校及实训基地的大力支持和帮助，在此我们表示诚挚的谢意。

人力资源和社会保障部教材办公室

2014年10月

目　录
CONTENTS

模块一　装配零件加工

模块二　机械装配

模块一 装配零件加工

课题一　划线

子课题 1　定位板划线

学习目标

1. 熟悉划线基准的选择。
2. 掌握划线工具的使用。
3. 掌握平面划线的方法。
4. 能够正确进行定位板划线。

划线是指在毛坯或工件上，用划线工具划出待加工部位的轮廓或作为基准的点、线。它是机械加工的重要工序之一，广泛应用于单件、小批量生产。

一、划线的作用

划线工作不仅在毛坯表面上进行，也经常在已加工过的表面上进行。划线的作用如下：确定工件的加工余量，使机械加工有明确的尺寸界线；便于复杂工件在机床上安装，可以按划线找正定位；能够及时发现及处理不合格的毛坯，避免加工后造成损失；采用借料划线可以使误差不大的毛坯得到补救，使加工后的零件仍能符合要求。

通过划线还可以检查毛坯件是否合格。对一些局部有缺陷的毛坯件，可以通过划线调整加工余量来补救，以提高毛坯件的合格率。因此，划线质量也直接影响产品的加工质量。

二、划线的要求

划线时，除要求划出的线条清晰、均匀外，最重要的是保证所划尺寸准确。如在长、宽、高三个方向都要求划线时，三个方向的线条须互相垂直。当划线发生错误或准确度太低时，就有可能造成工件报废。由于划出的线条总有一定的宽度，以及在使用划线工具及测量、调整尺寸时难免产生误差，所以不可能绝对准确，一般划线精度能达到 0.25 ~ 0.5 mm。因此，通常不能依靠划线直接确定加工时的最后尺寸，而必须在加工过程中通过测量来保证。

三、划线基准的选择

1. 与基准相关的概念

(1) 基准

用来确定其他点、线、面位置的点、线、面称为基准。依据基准点、线、面的形状，通过这些要素给定位置关系，从而确定工件其他各部分尺寸、几何形状及相对位置。

(2) 设计基准

在图样上，用来确定其他点、线、面位置的点、线、面称为设计基准。

(3) 定位基准

在工件定位时，用来确定其他点、线、面位置的点、线、面称为定位基准。

(4) 划线基准

在划线时，用来确定其他点、线、面位置的点、线、面称为划线基准。

2. 划线基准的类型

一般平面划线需要两个划线基准即可满足划线要求；而立体划线需要两个以上划线基准，具体数量看零件的复杂程度而定。一般划线基准有三类，见表1—1—1。

表1—1—1 划线基准的类型

序号	基准形式	图例	说明
1	以两条直线为基准	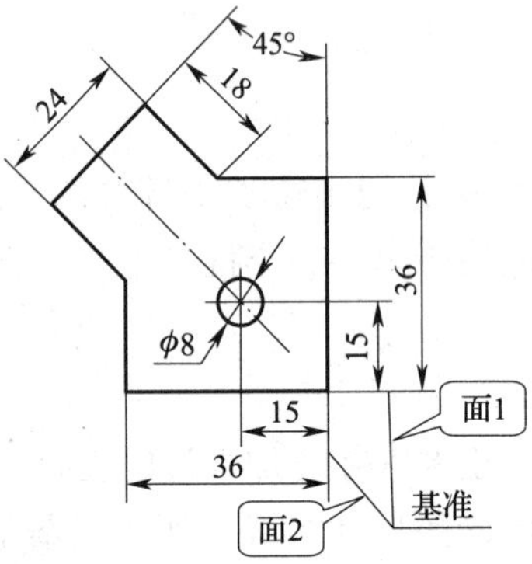 45°　18　24　36　15　$\phi8$　15　36　面1　面2　基准	工件右下角标注的两个尺寸15 mm、36 mm都有共同面1和2，而面1和面2又投影为互相垂直的两条线，则面1和面2就成为这两个方向的划线基准
2	以一条直线和一条中心线为基准	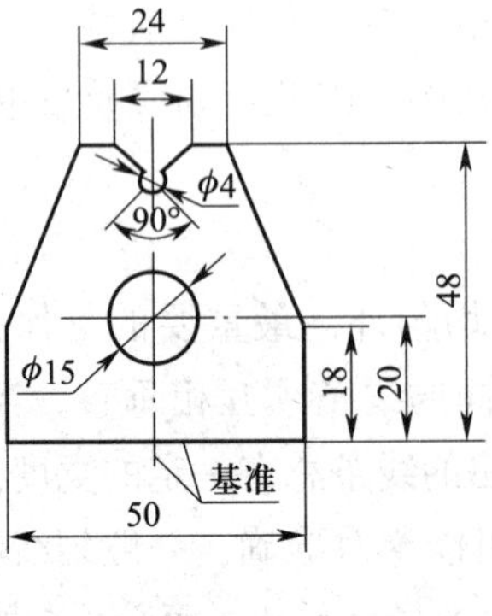 24　12　$\phi4$　90°　48　$\phi15$　18　20　基准　50	图样中所有高度方向上的尺寸都以底平面为标注起始面，则底平面就是高度方向上的基准；宽度方向上除了外形尺寸外，没有任何特殊说明，这就表示宽度方向上所有尺寸均以其中心线为对称中心，则宽度方向上的基准就是中心线

续表

序号	基准形式	图例	说明
3	以两条中心线为基准		由该零件图样可以看出，以 ϕ28 mm 圆的圆心作为基准点，其余的尺寸都以该圆的中心线作为定位基准，这样就可以把这两条中心线作为划线基准以确定两个方向的尺寸、位置

3. 划线基准的选择原则

选择正确的划线基准，也可以简化尺寸换算，减小划线累积误差，提高划线效率和质量。一般划线基准的选择原则如下：

（1）基准先行原则

选择划线基准，就是确定了划线时先划的第一条线，通常划线都要遵守从基准开始的原则。

（2）基准统一原则

选择划线基准时，首先应尽量与设计基准保持统一，这样可以避免一些尺寸的换算及误差的放大，可以降低划线的难度，以提高效率和划线精度。

（3）基准重要原则

当工件上有已加工表面和未加工表面时，应选择已加工表面为划线基准；若工件上没有已加工表面，首次划线时应选择最主要的不加工表面为划线基准。这样可以合理分配加工余量，及早发现一些加工不合格的毛坯。

（4）基准合理原则

在选择划线基准时，还应考虑工件安放、装夹等在实际操作中的合理性，以保证划线操作安全、顺利地进行。

往往一个工件因加工工艺要求不同，会根据加工实际分几次进行划线，每一次划线都有划线基准，第一次划线时的基准称为第一划线基准，第二次划线时的基准称为第二划线基准，以此类推，每个划线基准的选择均要符合以上原则。

四、划线工具

熟悉并能正确使用划线工具，是做好划线工作的前提。划线的工具很多，按用途分为基准工具、直接划线工具、夹持工具、支承工具等，其使用方法见表1—1—2。

表 1—1—2　　**划线工具及其使用方法**

类别	名称	图例	说明	使用方法
基准工具	划线平板		划线平板是用来安放工件和划线工具，并在其工作面上完成划线过程的基准工具，其材料一般为铸铁。它的工作面即上表面经精刨或刮削而成为平面度精度较高的平面，以保证划线的精度。划线平板一般用木架支承，高度在 1 m 左右	（1）安装时，使工作面保持水平位置，以免日久变形 （2）要经常保持工作面的清洁，防止切屑、砂粒划伤平板表面。防止平板受撞击，使用工件、工具时要轻放 （3）平板工作面各处要均匀使用，以免局部磨损 （4）划线结束后要把平板表面擦净，涂油防锈 （5）定期及时调整、研修，以保证工作面水平状态及平面度
直接划线工具	划针	15°~20° ϕ3~5	划针是直接在工件上划线的工具，通常用工具钢或弹簧钢制成。其长度为 200 ~ 300 mm，直径为 3 ~ 5 mm，尖端磨成 15° ~ 20° 角并淬硬，以提高耐磨性，同时保证划出的线条宽度在 0.05 ~ 0.1 mm 之内。划线时一般要与钢直尺、直角尺或样板等导向工具配合使用	误差　15°~20°　划针　钢直尺　工件　45°~75°　划线方向 a）错误　b）正确 （1）划线时用力大小要均匀、适宜。一根线条应一次划成，既要保持线条均匀、清晰，又要控制线条宽度 （2）用划针划线时，一只手压紧导向工具，防止其滑动，另一只手使划针尖靠紧导向工具的边缘，并使划针上部向外侧倾斜 15° ~ 20° 角，向划线方向倾斜 45° ~ 75° 角

续表

类别	名称	图例	说明	使用方法
直接划线工具	划规		划规是用来划圆和圆弧、等分线段、量取尺寸的工具，一般用工具钢制成，两脚尖端淬硬并刃磨，有的在两脚端部焊有一段硬质合金 常用的划规有普通划规、扇形划规、弹簧划规和长划规	a） b） c） 图 a 所示为量取尺寸。图 b 所示为划圆弧。在使用时，应压住划规一脚加以定心，转动另一脚划线，划规要基本垂直于划线表面，可略有倾斜，但不能太大。另外还须保持脚尖的尖锐，以保证划出的线条清晰；在划尺寸较小的圆时，须把划规两脚的长短磨得稍有不同，而且两脚合拢时脚尖能靠紧。图 c 所示为用划规划出平行于工件侧边且与其有一定距离要求的平行线
	划线盘	a） 工件 划线盘 b）	划线盘是直接划线或找正工件位置的常用工具。它有两头，直头用于划线，弯头用于找正工件位置	立体划线时最好选用普通划线盘，因为它刚度高，划出的线条清晰。使用划线盘时，先松开紧固件，将划针调到适当的高度再拧紧，用小锤轻轻敲打划针，调整到需要的尺寸，然后移到工件上进行划线；使用微调划线盘时，将划针调到适当的高度，以正、反向旋拧调整螺钉的方法进行精确调整。划线盘的两个紧固件都是用手拧紧的，不要用锤子敲打。划针必须有足够的硬度，并保持尖锐；不用时尖端最好套上塑料管，以免伤人；划针必须紧固牢靠；划针伸出的长度应尽可能短些；进行立体划线时，每划完一条线后应将划针移到划线起点，校对划线是否有误；划线盘用完后应将划针尖端朝下固定放好

续表

类别	名称	图例	说明	使用方法
直接划线工具	样冲	60°	样冲由工具钢制成，也可用旧的丝锥、铰刀等改制而成。其尖端和锤击端经淬火硬化，尖端磨成 45°～60°角，划线用样冲的尖端可磨锐些，而钻孔用样冲可磨得钝一些。工件划线后，在搬运、装夹等过程中可能将线条摩擦掉，为保持划线标记，通常要用样冲在已划好的线上打上小而均布的样冲眼	a）找正　b）冲点　c）用自冲式样冲冲眼　d）正确冲眼 （1）冲眼时，将样冲斜着放在划好的线上，锤击前再竖直，以保证冲眼的位置准确 （2）冲眼应打在线宽的正中间，且间距要均匀。冲眼间距由线的长短及曲直来决定。在短线上冲眼间距应小些，而在长的直线上冲眼间短可大些；在直线上冲眼间距可大些，在曲线上冲眼间距应小些；在线的交接处冲眼间距也应小些

续表

类别	名称	图例	说明	使用方法
夹持工具	方箱		方箱是用铸铁制成的空心立方体，其六个面都经过精加工，相邻的各面相互垂直。方箱一般用来夹持、支承尺寸较小而加工面较多的工件。通过翻转方箱，可在工件的表面上划出相互垂直的线条	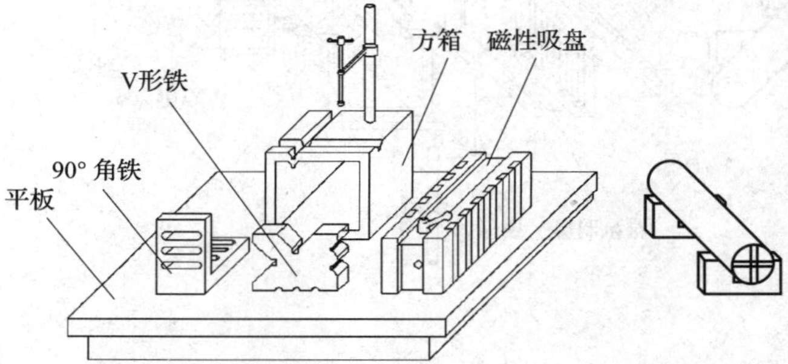
	V 形铁	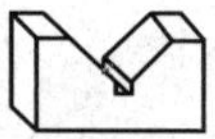	V 形铁用于支承圆柱形工件，使工件轴线与平板平面平行，一般两块为一组	
支承工具	千斤顶		千斤顶是在平板上支承工件划线用的，它的高度可以调整，常用于较大或不规则工件的划线找正，通常三个为一组	

续表

类别	名称	图例	说明	使用方法
支承工具	带V形槽的千斤顶		用于支承工件的圆柱面	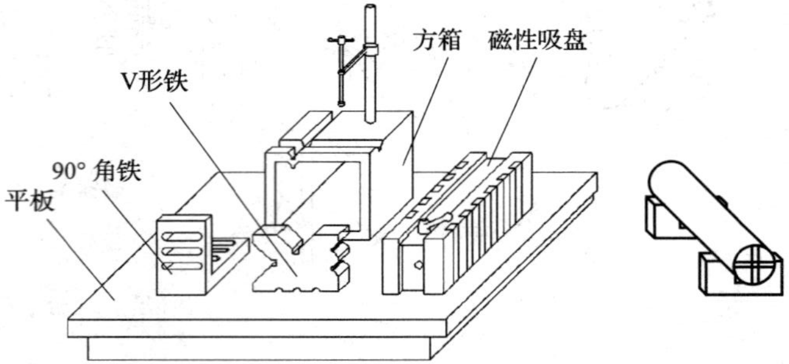 方箱 磁性吸盘 V形铁 90° 角铁 平板
	斜楔垫铁	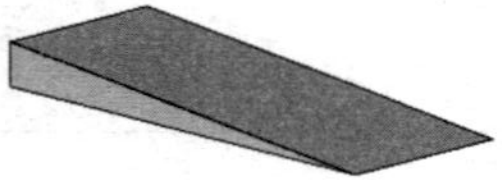	主要用于支承毛坯工件，使用方便，但只能作少量的高低调节	
	V形垫铁	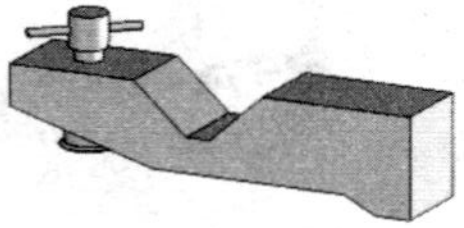	主要用于支承毛坯工件，使用方便，但只能作少量的高低调节	

五、划线涂色

根据工件的不同，选择适当的涂色剂，在工件上需要划线的部位均匀地涂色。常用涂料配方及应用场合见表1—1—3。

表1—1—3　　常用涂料配方及应用场合

名称	配制比例	应用场合
石灰水	石灰水加适量牛皮胶	大、中型铸件和锻件毛坯
龙胆紫	2%～4%品紫+3%～5%漆片+91%～95%酒精	已加工表面
硫酸铜溶液	100 g水中加入1～1.5 g硫酸铜和少许硫酸	形状复杂的工件或已加工表面

六、常用划线方法

1. 划直线

通过已确定好的加工界线上的两点，用钢直尺和划针划一条直线。划线时，把钢直尺靠在两点上，左手伸开，用拇指、食指、中指压在钢直尺上，使钢直尺边紧靠两点正中，右手拿划针，沿钢直尺边向一个方向划。

2. 划平行线

以工件上已加工完的一边为基准，用钢直尺在工件的两端量取两个相同的尺寸并作出线痕，再用钢直尺和划针划直线，把两个线痕连接起来，这条直线即与工件已加工边平行，如图1—1—1所示。

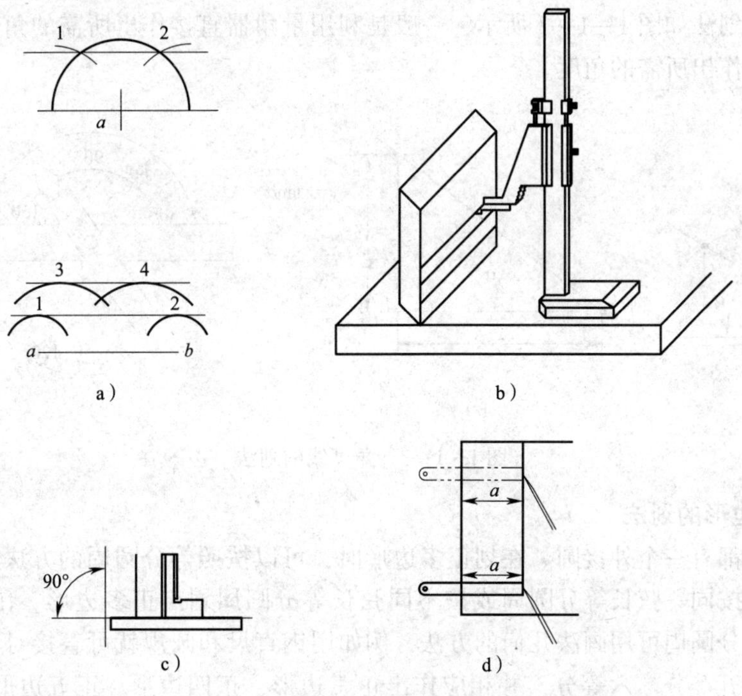

图1—1—1　平行线的划法

图 1—1—1a 是在工件上，以加工完的一边为基准，用划规自工件的边端划两段弧，再用钢直尺和划针作连接两弧的切线；根据需要，用此法可再向上划出多条平行线。也可以用单脚规直接贴住工件边划出平行线。

图 1—1—1b 是用高度游标划线尺划平行线。这种划平行线方法较精确，且常用。图 1—1—1c 是用刀口角尺划平行线。刀口角尺的外宽面与底边基准配合压紧后向右滑移，滑移所需距离，即可划出一条平行线。图 1—1—1d 是用直尺定尺寸拉线法划平行线。将直尺上定好尺寸 a 后，用划针顶住尺的一端，划针随直尺一起移动成线。

3. 划垂直线

作垂直线时，一般利用直角尺直接作出垂直线，如图 1—1—2a 所示；或者利用划规和钢直尺采用几何作图法作出垂直线，如图 1—1—2b 所示分别为利用垂直平分线的方法、圆直径所对的圆心角为 90°的方法以及勾股定理的方法作出垂直线。

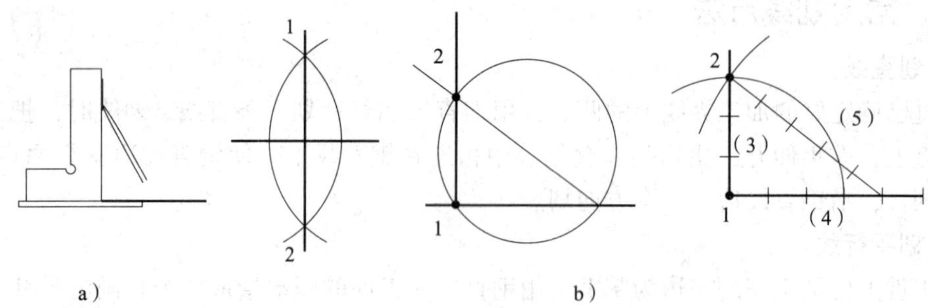

图 1—1—2　垂直线的划法

4. 划角度线

角度线的划法如图 1—1—3 所示，一般是利用量角器直接作出所需的角度，也可用几何法或计算法作出所需的角度。

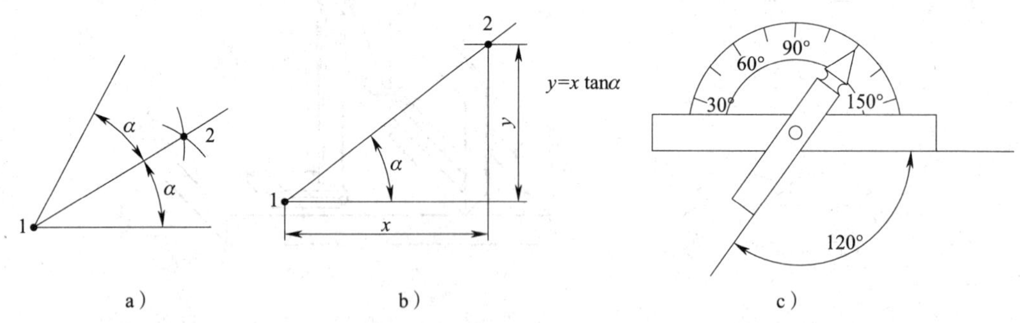

图 1—1—3　角度线的划法

5. 正多边形的划法

正多边形都有一个外接圆。在划正多边形时，可以按照等分圆周的方法来划出，一般常用的方法是按同一弦长等分圆周或按不同弦长等分圆周划出正多边形。在实际应用中，一些特殊的等分圆周可用画法几何的方法，例如用钢直尺和圆规就可直接对圆周进行三等分、四等分、五等分、六等分，并相应作出正三边形、正四边形、正五边形、正六边形，如图 1—1—4 所示。

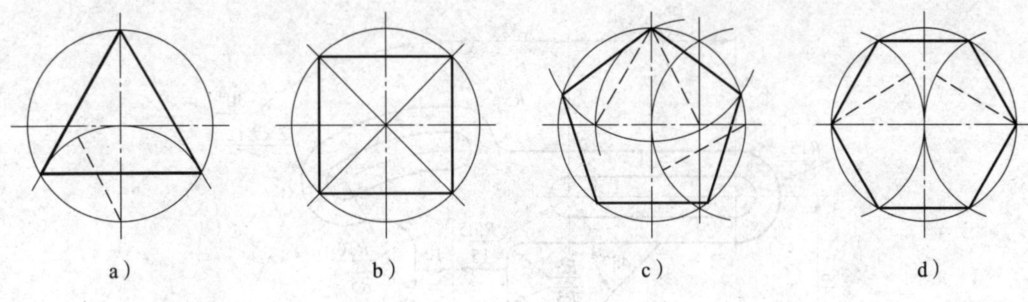

图 1—1—4　正多边形的划法

a）正三边形　b）正四边形　c）正五边形　d）正六边形

6. 切圆弧的划法

切圆弧主要包括圆弧与直线相切以及圆弧与圆弧相切。它的划法如图 1—1—5 所示，与几何作图法相同。其中要注意的是当圆弧与直线相切时，应尽量先划圆弧，后划直线。

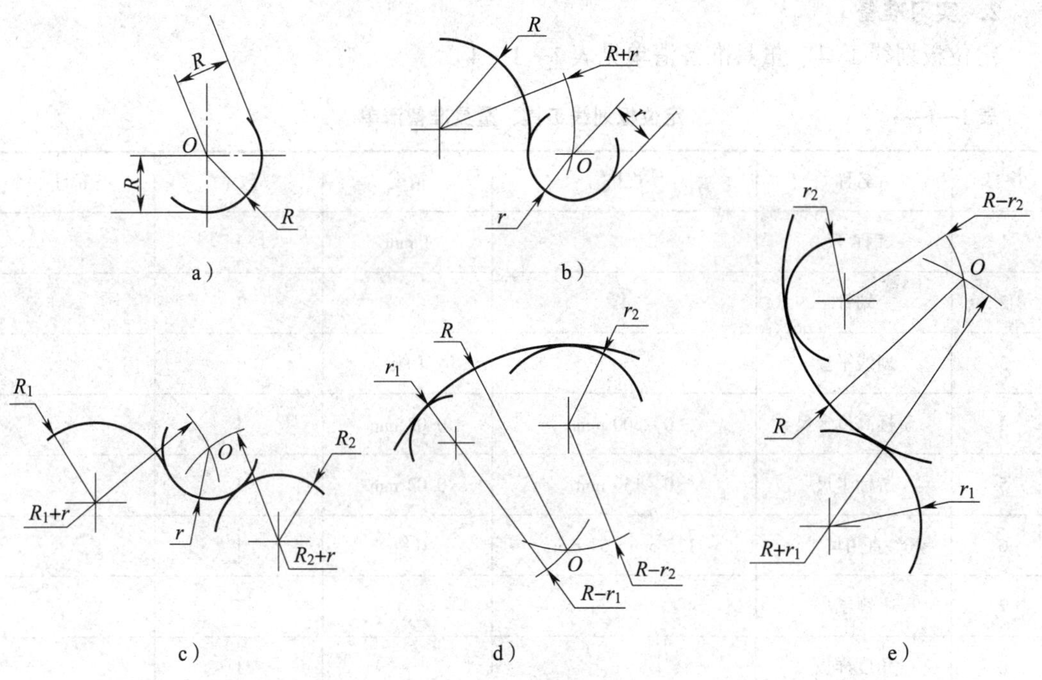

图 1—1—5　切圆弧的划法

a）圆弧与直线相切　b）两圆弧外切　c）三圆弧外切　d）三圆弧内切　e）三圆弧内外切

七、定位板划线

某定位板损坏，需重新加工，请按图样（图 1—1—6）要求先划好加工线，再转入一下工序进行加工。

1. 划线图样

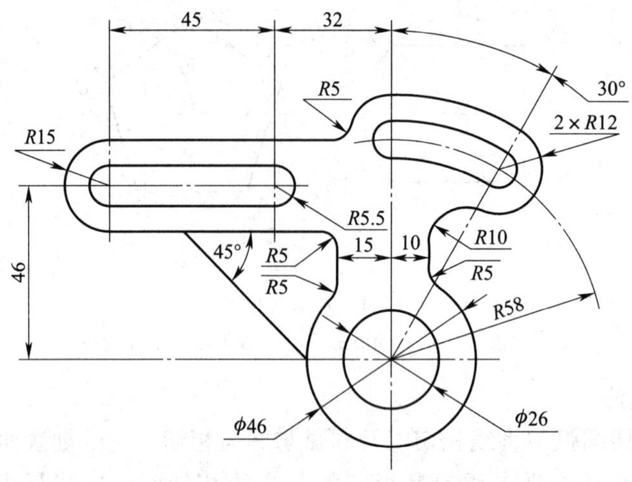

图 1—1—6　定位板图样

2. 实习准备

定位板划线工具、量具准备清单见表 1—1—4。

表 1—1—4　　定位板划线工具、量具准备清单

序号	名称	规格	精度	数量	备注
1	钢直尺		1 mm	1	
2	划针			1	
3	划线平板		1 级	1	
4	游标高度卡尺	0 ~ 300 mm	0.02 mm	1	
5	游标卡尺	0 ~ 150 mm	0.02 mm	1	
6	直角尺	125 mm × 63 mm	0 级	1	
7	锤子			1	
8	角度样板			1	
9	样冲			1	
10	划规			1	
11	薄板	100 mm × 100 mm × 2 mm		1	Q235

3. 实习步骤

（1）准备好所用的划线工具，并对实习件进行清理和划线表面涂色。

（2）熟悉图形画法，并指出划线基准及最大轮廓尺寸，在实习件上安排基准线的合理位置。

（3）去毛刺，并检查毛坯尺寸。

（4）打学号。

（5）按照零件图选择基准并划线。

（6）检查划线尺寸是否正确。

4. 注意事项

（1）掌握划线工具的使用方法及划线动作要领。

（2）划线时要保持所划线条清楚、尺寸正确。

（3）样冲敲打正确。

（4）划线后，必须做一次仔细的复检校对工作，避免出现差错。

5. 检测记录及成绩评定

定位板划线检测记录及评分标准见表1—1—5。

表1—1—5　定位板划线检测记录及评分标准

时限	2 h	开始时间		结束时间		实考时间	
项目	序号	技术要求		配分	评分标准	检测记录	得分
理论基础	1	图形及其排列位置正确		15	不规范不得分		
	2	线条清晰、无重线		15	不合格不得分		
划线技能	3	尺寸及线条位置正确		15	超差不得分		
	4	各圆弧连接圆滑		15	不合格不得分		
	5	样冲眼位置正确		15	不合格不得分		
	6	样冲眼位置分布合理		15	不合格不得分		
	7	使用工具时操作姿势正确		10	不合格不得分		
综合能力	8	团结协作			酌情扣1～5分		
其他	9	安全文明生产			违者酌情扣1～10分		

子课题2　法兰片划线

1. 掌握等分圆周的划线方法。
2. 学会用分度头等分圆周。
3. 能够正确进行法兰片划线。

一、等分圆周的划线方法

1. 按同一弦长等分圆周

按同一弦长等分圆周，是根据在同一圆周上每一等分弧长所对应的弦长相等的原理划线的，其关键是如何确定每段圆弧所对应的弦长。如图 1—1—7 所示，假设把圆周作 n 等分，每一弧长所对应的圆心角为 α，则 $\alpha = 360°/n$，由三角函数关系可求得：

$$AP = R\sin\alpha/2$$

所以弦长 $L = D\sin\alpha/2 = 2R\sin\alpha/2$。当弦长求出后，可用划规截取弦长尺寸在圆周上等分。

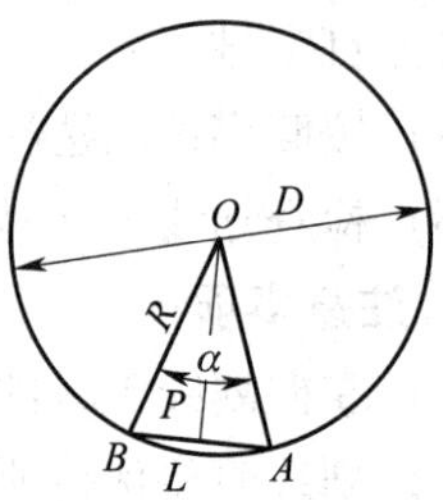

图 1—1—7　按同一弦长等分圆周

2. 按不等弦长等分圆周

图 1—1—8a 所示为按不等弦长等分圆周，这种方法主要是如何确定各等分段的不等弦长 Aa_1、Aa_2、Aa_3、…、Aa_n。设圆周作 n 等分，若按不等弦长等分时，其相应的不等弦长所对应的圆心角分别为 α、2α、3α、…、$n\alpha$，其中 $\alpha = 360°/n$。由三角函数关系可求得：

$$Aa_1 = D\sin\alpha/2$$

$$Aa_2 = D\sin2\alpha/2 = \sin\alpha$$

$$Aa_3 = D\sin3\alpha/2$$

如图 1—1—8b 所示，当圆周需作偶数等分时，可先将圆周二等分，然后按求得的各不等弦长，用划规分别以 A、B 两点为圆心，依次在圆周上划出等分点，$Aa_1 = Aa_2 = Bb_1 = Bb_2$，$Aa_3 = Aa_4 = Bb_3 = Bb_4$，$Aa_5 = Aa_6 = Bb_5 = Bb_6$。

如图 1—1—8c 所示，当圆周需作奇数等分时，可先设法在圆周上划出一个等分段（图 1—1—8c 中的 $\overset{\frown}{A'A''}$），余下的等分数即为偶数，可按上述偶数等分法划线。

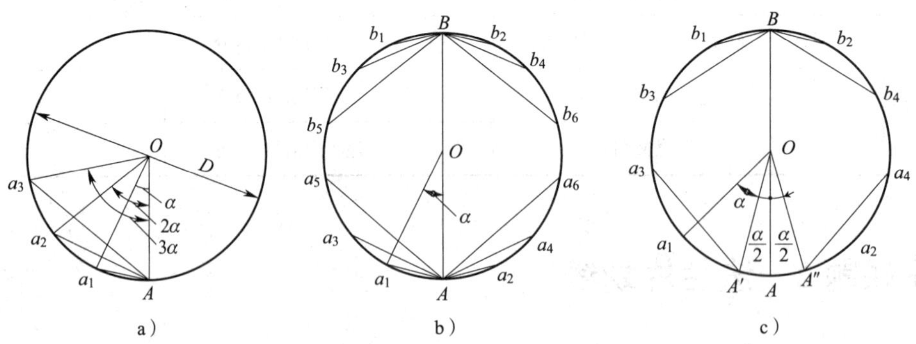

图 1—1—8　按不等弦长等分圆周

a）等分原理　b）偶数等分　c）奇数等分

二、用分度头等分圆周

1. 分度头的结构

分度头的外形如图 1—1—9a 所示，内部传动结构如图 1—1—9b 所示。

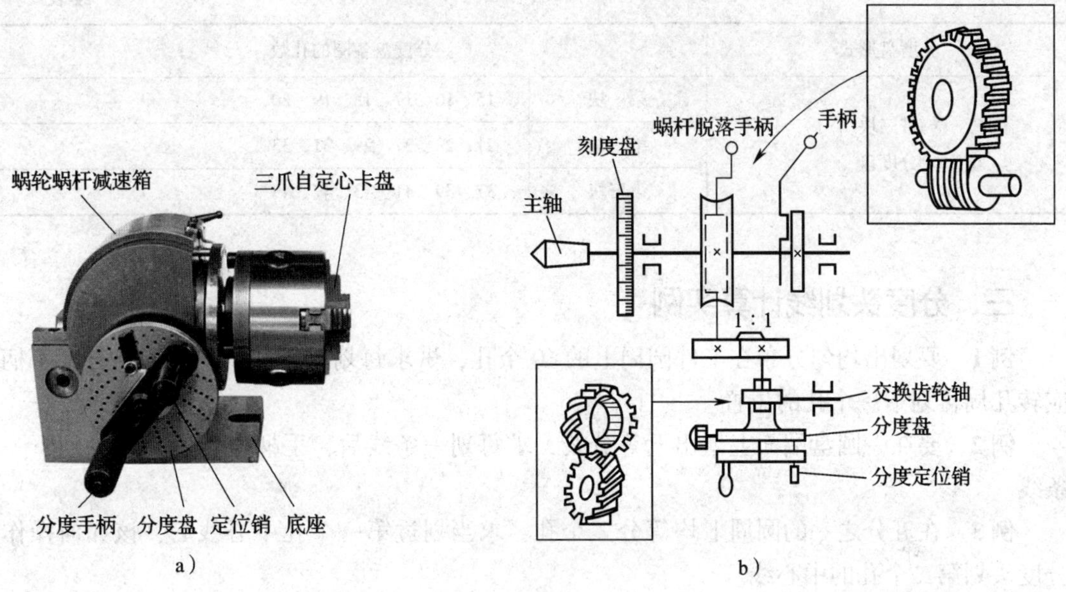

图 1—1—9　FW125 型万能分度头

a）外形　b）内部传动结构

2．分度头的传动原理

分度盘上有几圈不同数目的等分小孔，根据工件等分数的不同，选择合适等分数的小孔，将分度手柄转过相应的转数和孔数，使工件转过相应的角度，实现对工件的分度与划线。

用分度头分度的方法如下：分度盘不动，转动分度头心轴上的手柄，通过蜗轮蜗杆传动进行分度。

由于蜗轮蜗杆的传动比是 1∶40，因此工件转过一个等分点时，分度手柄转过的转数 n 可由下式计算得出：

$$n=40/z$$

式中　n——在工件转过每一等分点时分度手柄应转过的转数；

z——工件的等分数。

3．分度盘的应用

分度盘的应用见表 1—1—6。

表 1—1—6　　**分度盘的应用**

<table>
<tr><th>分度盘形式</th><th colspan="2">分度盘各圈的孔数</th></tr>
<tr><td>带一块分度盘</td><td colspan="2">正面：24、25、28、30、34、37、38、39、41、42、43
反面：46、47、49、51、53、54、57、58、59、62、66</td></tr>
<tr><td rowspan="2">带两块分度盘</td><td>第一块</td><td>正面：24、25、28、30、34、37
反面：38、39、41、42、43</td></tr>
<tr><td>第二块</td><td>正面：46、47、49、51、53、54
反面：57、58、59、62、66</td></tr>
</table>

续表

分度盘形式	分度盘各圈的孔数	
带三块分度盘	第一块	15、16、17、18、19、20
	第二块	21、23、27、29、31、33
	第三块	37、39、41、43、47、49

三、分度头划线计算实例

例 1 要划出均匀分布在工件圆周上的 10 个孔，试求每划一个孔的位置后，分度手柄应转几周再划下一个孔的位置。

例 2 要在一圆盘端面上划出七等分线，求每划一条线后，手柄应转过几周再划下一条线。

例 3 在五分之一的圆周上均等分三个孔，求当划过第一个孔中心线后，该如何操作分度头划第二个孔的中心线。

具体计算步骤见表 1—1—7。

表 1—1—7　　分度头划线计算步骤

序号	步骤内容	例 1	例 2	例 3	说明
1	提出公式	$n=40/z$			
2	计算等分数	10	7	3÷（1/5）=15	
3	代入公式	40/10	40/7	40/15	
4	计算	4	$5\frac{5}{7}$	$2\frac{2}{3}$	化成最简带分数形式
5	选择分度盘	带一块分度盘	带两块分度盘	带三块分度盘	
6	选孔圈数	无	$5\frac{20}{28}$① $5\frac{30}{42}$② $5\frac{35}{49}$③	$2\frac{10}{15}$① $2\frac{18}{27}$② $2\frac{26}{39}$③	只选其中一个合适的孔圈即可，此处多选是为表达答案并非唯一
7	例 1 答式	分度头手柄应转 4 周后再划下一个孔的位置			
	例 2 答式	①分度头手柄应转过 5 周后，再在第一块正面 28 孔圈上转过 20 个孔，然后划下一条线 ②分度头手柄应转过 5 周后，再在第一块反面 42 孔圈上转过 30 个孔，然后划下一条线 ③分度头手柄应转过 5 周后，再在第二块正面 49 孔圈上转过 35 个孔，然后划下一条线			
	例 3 答式	①分度头手柄应转过 2 周后，再在第一块正面 15 孔圈上转过 10 个孔，然后划第二条线 ②分度头手柄应转过 2 周后，再在第二块反面 27 孔圈上转过 18 个孔，然后划第二条线 ③分度头手柄应转过 2 周后，再在第三块正面 39 孔圈上转过 26 个孔，然后划第二条线			

四、法兰片划线

1. 划线图样

现有一批法兰片需进行钻孔前的划线，加工图样如图 1—1—10 所示。因图中的 8 个 ϕ18 mm 孔对称分布，故采用分度头划线较为合适。

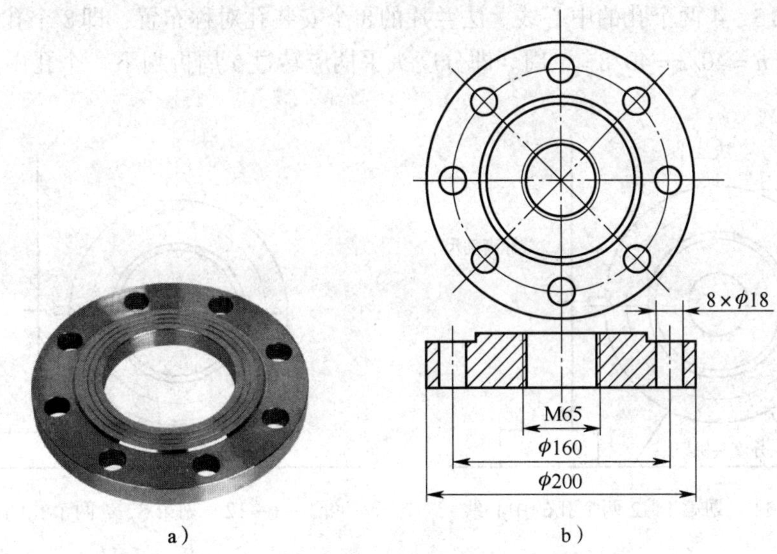

图 1—1—10 法兰片图样

a）实物 b）图样

2. 加工前准备

法兰片划线工具、量具准备清单见表 1—1—8。

表 1—1—8 工具、量具准备清单

序号	名称	规格	精度	数量
1	游标高度卡尺	0 ~ 300 mm	0.02 mm	1 把
2	游标卡尺	0 ~ 150 mm	0.02 mm	1 把
3	直角尺	100 mm × 80 mm	1 级	1 把
4	分度头			1 套
5	装夹棒	M65		1 根
6	紧固螺母	M65		1 个
7	划规			1 个
8	测量平板			1 块
9	纸、笔			自定

3. 加工工艺步骤

（1）将装夹棒固定在分度头的三爪自定心卡盘上，露出足够的螺纹装夹长度。

（2）将法兰片旋在装夹棒上，并用紧固螺母固定。

（3）用划规划出 8 个孔的圆周中心线 $\phi160$ mm。

（4）划第 1、2 两个孔的中心线：调整游标高度卡尺，划出法兰片中心高 A，如图 1—1—11 所示。

（5）划第 3、4 两个孔的中心线。法兰片的 8 个安装孔对称布置，即 8 个孔在圆周上等分。根据公式 $n=40/z=40/8=5$ 周。即分度头手柄应转过 5 周再划下一个孔中心线，如图 1—1—12 所示。

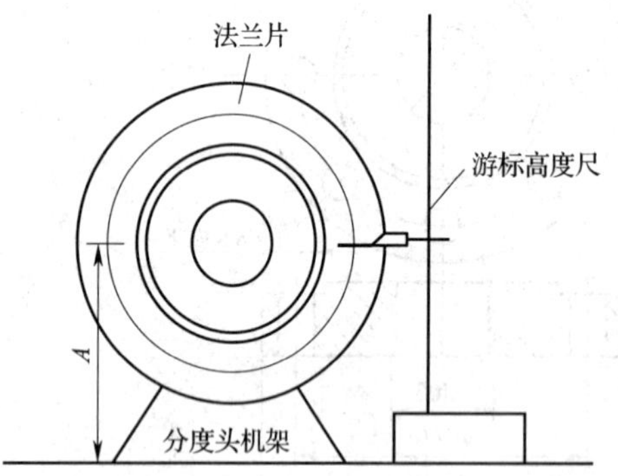

图 1—1—11　划第 1、2 两个孔的中心线

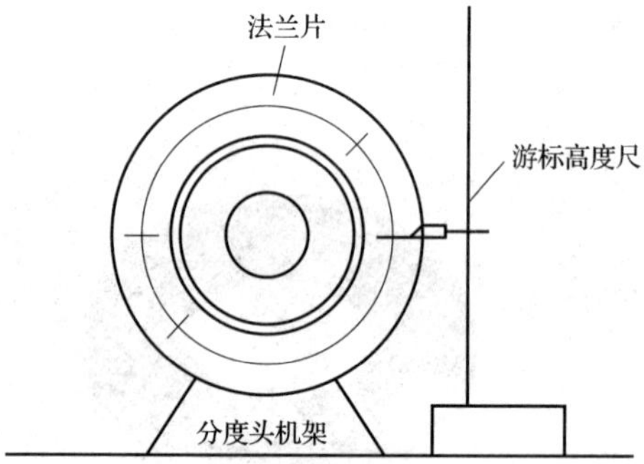

图 1—1—12　划第 3、4 两个孔的中心线

（6）同步骤（5）划第 5、6、7、8 四个孔的中心线。

（7）复检划线尺寸：用划规量出相邻两孔的距离，用等距法复查所划孔中心线是否准确。

（8）打样冲眼，交下一道工序加工。

4. 检测记录及评分标准

法兰片划线检测记录及评分标准见表 1—1—9。

表 1—1—9　　法兰片划线检测记录及评分标准

时限	2 h	开始时间	结束时间		实考时间	
项目	序号	技术要求	配分	评分标准	检测记录	得分
理论基础	1	熟悉分度头结构原理	10	不熟悉不得分		
	2	正确进行分度计算	15	计算错误不得分		
划线技能	3	正确装夹工件	15	不正确不得分		
	4	正确操作分度头	20	不正确不得分		
	5	线条清晰	15	一线多条或模糊不清不得分		
	6	分度准确	20	分度不准确不得分		
综合能力	7	团结协作		酌情扣 1～5 分		
其他	8	工具的正确选用及操作姿势	5	不正确不得分		
	9	安全文明生产		违者酌情扣 1～10 分		

课题二　装配钳工基本技能

子课题 1　锯削

1. 了解锯削工具的种类和组成。
2. 熟悉锯条的规格和选用知识。
3. 掌握锯削动作要领，能够正确进行锯削。

用锯削工具对材料或工件进行切断或切槽等的加工方法称为锯削。锯削操作可以对各种原材料或半成品进行锯断加工，也可以锯除零件上多余部分或在零件上锯槽等，如图 1—2—1 所示。

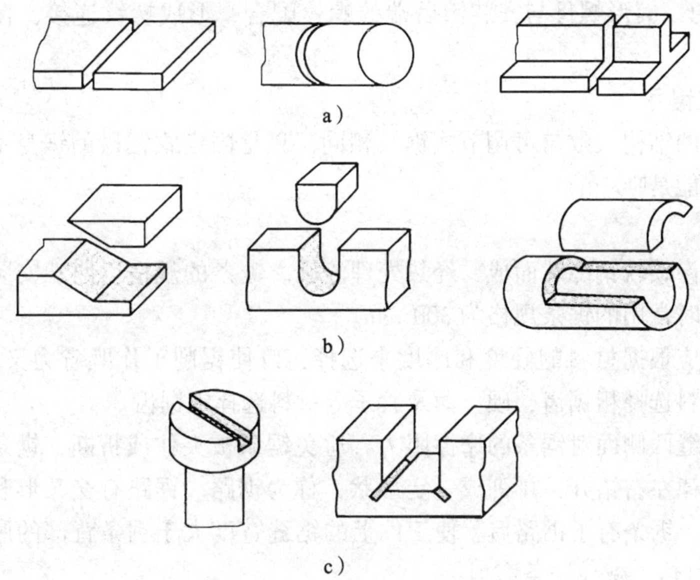

图 1—2—1　锯削的作用
a）切断　b）去除材料　c）开槽

一、锯削工具

锯削工具由锯弓和锯条两部分组成。

1. 锯弓

锯弓用于安装和张紧锯条，有可调节式锯弓和固定式锯弓两种，如图 1—2—2 所示。

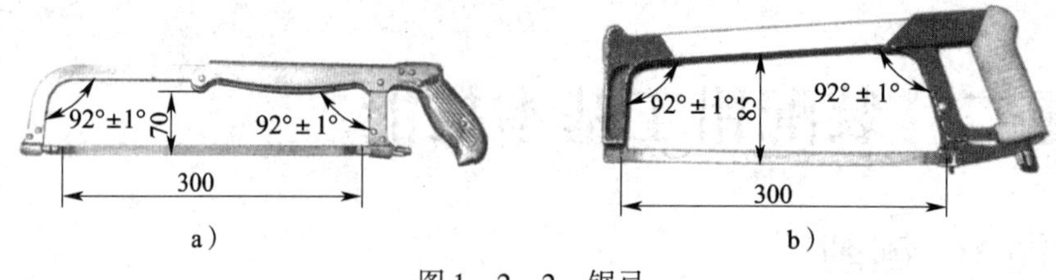

a） b）

图 1—2—2 锯弓

a）可调节式 b）固定式

（1）可调节式锯弓

1）锯身。可调节式锯弓的锯身分为活动锯身和固定锯身。通过活动锯身前后位置的移动可以实现锯身长度的调节，以适应安装不同长度规格的锯条。

2）定位销。定位销与活动锯身下端的定位凹孔配合，可以起到固定活动锯身位置的作用。

3）锯弓握把。锯弓握把在锯削时供操作者握持，以产生锯削所必需的推力。

4）安装销。锯弓上有两个安装销，分别位于活动锯身和固定锯身下端的夹头上，在安装锯条时用来固定锯条的位置。

5）翼形螺母。翼形螺母与安装销后端的螺栓配合，形成螺纹连接，在装夹锯条时用来张紧锯条。

（2）固定式锯弓

固定式锯弓的结构大致与可调节式锯弓相同，只是固定式锯弓的锯身不可调节，其安装的锯条规格只能是唯一的。

2. 锯条

锯条一般用渗碳软钢冷轧而成，经热处理淬硬。锯条的规格以两端安装孔的中心距来表示，钳工操作时常用的锯条规格为 300 mm。

锯齿的粗细应根据材料的硬度和厚度来选择，以使锯削工作既省力又经济。软材料、较大表面及厚材料选择粗锯齿，硬、薄及管子等材料选择细锯齿。

为了减小锯缝两侧面对锯条的摩擦阻力，避免锯条被夹住或折断，锯条在制造时，使锯齿按一定的规律左右错开，排列成一定形状，称为锯路。锯路有交叉形和波浪形等，如图 1—2—3 所示。锯条有了锯路后，使工件上的锯缝宽度大于锯条背部的厚度，从而防止“夹锯”和锯条过热，减少锯条磨损。

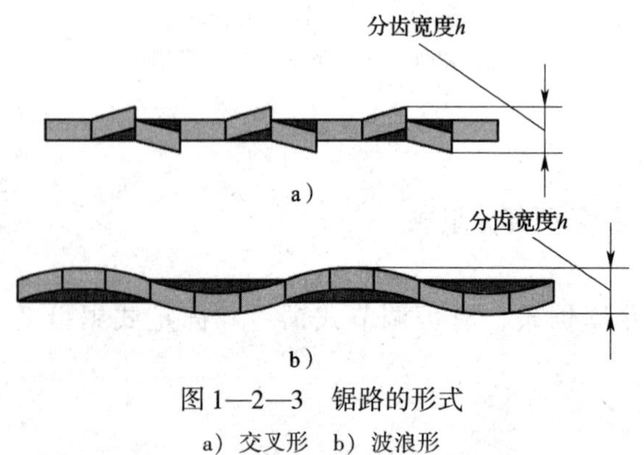

图 1—2—3 锯路的形式

a）交叉形 b）波浪形

二、工件的锯削方法

1. 棒料的锯削方法

锯削棒料时，如果要求锯出的断面比较平整，则应从一个方向起锯直到结束，称为一次起锯。若对断面的要求不高，为减小切削阻力和摩擦力，可以在锯入一定深度后将棒料转过一定角度重新起锯，如此反复几次从不同方向锯削，最后锯断，称为多次起锯。显然多次起锯省力。

2. 管子的锯削方法

若锯削薄壁管子，应使用两块木制 V 形或弧形槽垫块夹持，以防止夹扁管子或夹坏表面，如图 1—2—4 所示。锯削时不能仅从一个方向锯起，否则管壁易钩住锯齿而使锯条折断。正确的锯法是每个方向只锯到管子的内壁处，然后把管子转过一定角度再起锯，且仍锯到内壁处，如此逐次进行直到锯断。在转动管子时，应使已锯断部分向推锯方向转动，否则锯齿也会被管壁钩住。

3. 薄板料的锯削方法

锯削薄板料时，可将薄板夹在两木垫或金属垫之间，连同木垫或金属垫一起锯削，这样既可避免锯齿被钩住，又可提高薄板的钢度。另外，若将薄板料夹在台虎钳上，用手锯横向斜推，就能使同时参与锯削的齿数增加，避免锯齿被钩住，同时能提高工件的刚度，如图 1—2—5 所示。

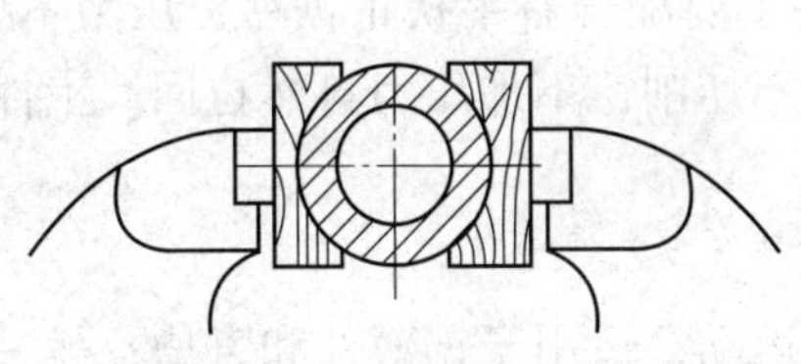

图 1—2—4 锯削管子的装夹

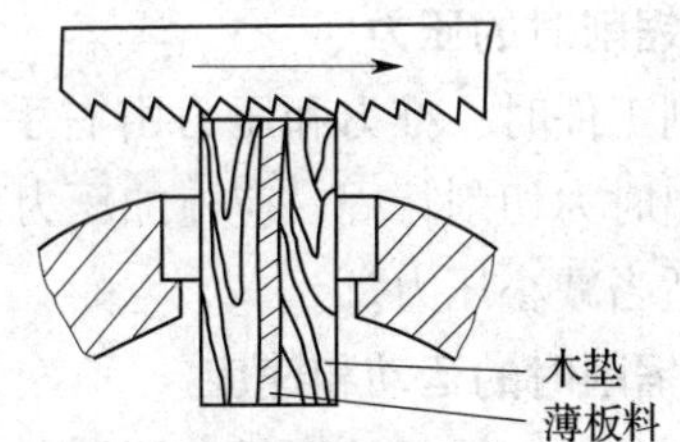

图 1—2—5 薄板料的锯削方法

4. 深缝的锯削方法

当锯缝的深度超过锯弓高度时，称这种缝为深缝。在锯弓快要碰到工件时，应将锯条拆下并转过 90°重新安装，或把锯条的锯齿朝着锯弓背进行锯削，使锯弓背不与工件相碰，如图 1—2—6 所示。

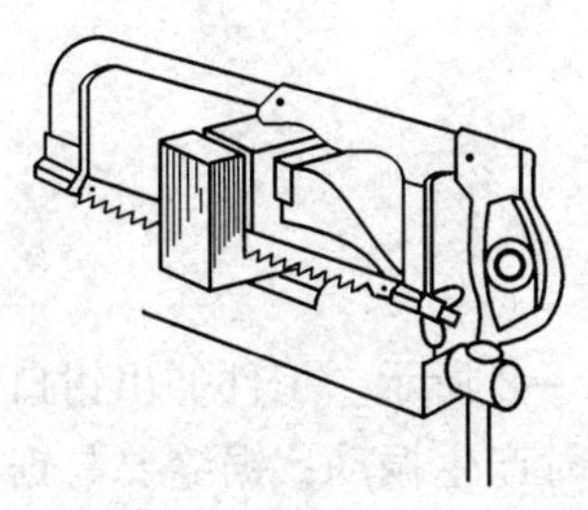

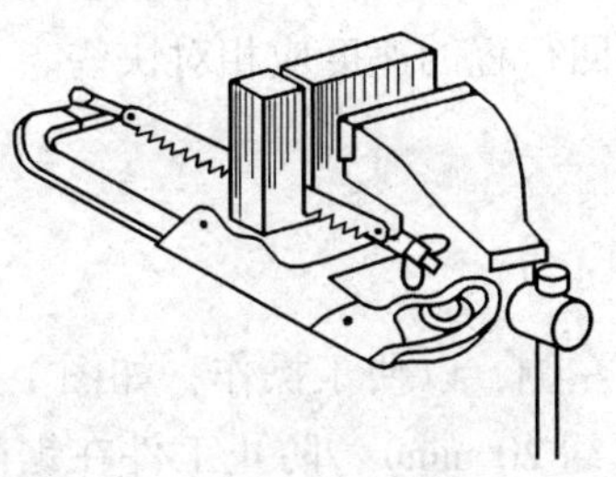

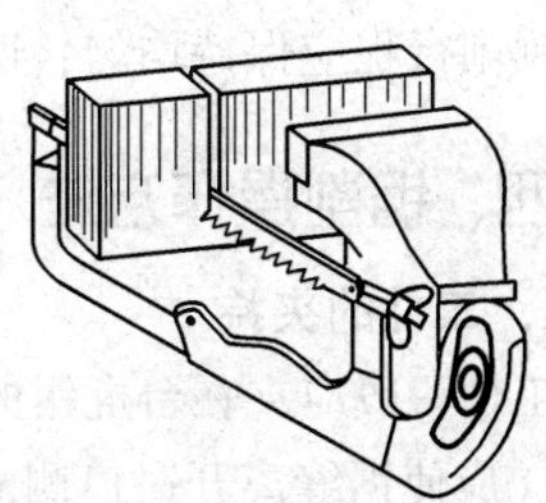

图 1—2—6 深缝的锯削方法

三、锯削的基本姿势

1. 锯削姿势

锯削姿势要正确，锯削时两脚的站立角度如图 1—2—7a 所示。

2. 锯弓握法

右手满握锯弓握把，左手扶在锯弓前端，如图 1—2—7b 所示。

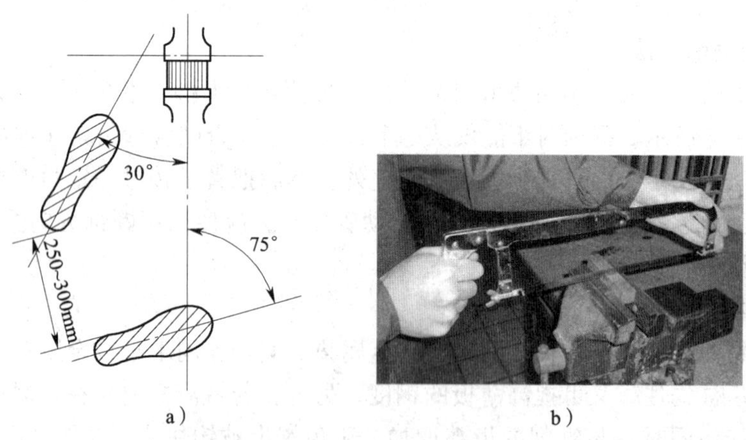

图 1—2—7　锯削姿势和锯弓握法

3. 锯削时的压力

锯削工件时，推力和压力由右手控制；左手主要配合右手扶正锯弓，压力不要过大。手锯推出时为切削行程，应施加压力；返回行程不切削，不加压力自然拉回。工件即将切断时要适当减小压力。

4. 锯削时的运动和速度

锯削时的锯弓运动形式有两种：一种是直线运动，适用于锯薄件和直槽；另一种是摆动，操作自然省力，锯断材料时一般采用摆动式运动。锯弓前进时加压力，后拉时不加压力。

锯削时可采用小幅度的上下摆动式运动。即手锯推进时，身体略向前倾，双手随着压向手锯的同时，左手上翘，右手下压；回程时，右手上抬，左手自然跟回。对锯缝底面要求平直的锯削必须采用直线运动。

锯削运动的速度一般为 40 次/min 左右，锯削硬材料时慢些，锯削软材料时快些。同时，锯削行程应保持均匀，返回行程的速度应相对快些。

四、锯削操作方法

1. 工件的夹持

工件一般应夹在台虎钳的左侧，以便于操作，如图 1—2—8 所示。工件伸出钳口不应过长（应使锯缝离开钳口侧面约 20 mm），防止工件在锯削时产生振动；锯缝要与锯口侧面保持平行（使锯缝与铅垂线方向一致），便于控制锯缝不偏离划线线条。工件夹紧要牢靠，同时要避免将工件夹变形或夹坏已加工表面。但对于薄壁、管子及已加工表面，要防止夹持太紧而使工件或表面变形。

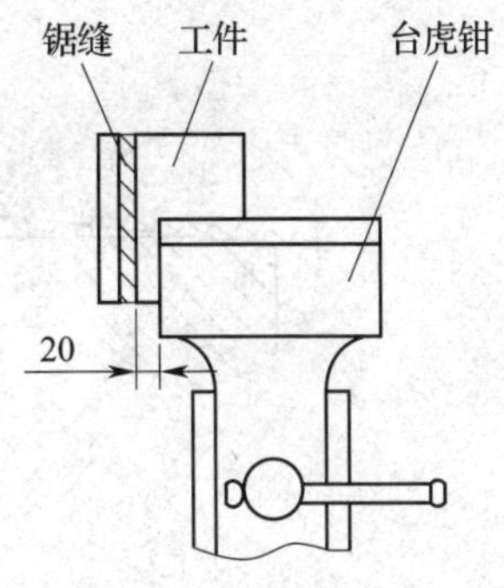

图 1—2—8　工件的夹持

2. 锯条的安装

由于手锯在前推时才起切削作用，因此安装锯条时应使齿尖的方向朝前，如果装反了则不能正常锯削，如图 1—2—9 所示。在调节锯条松紧时，翼形螺母不宜旋得太紧或太松：太紧时锯条受力太大，在锯削中用力稍有不当就会折断；太松时在锯削中锯条容易扭曲，也易折断，而且锯出的锯缝容易歪斜。锯条的松紧程度以用手扳动锯条感觉硬实即可。

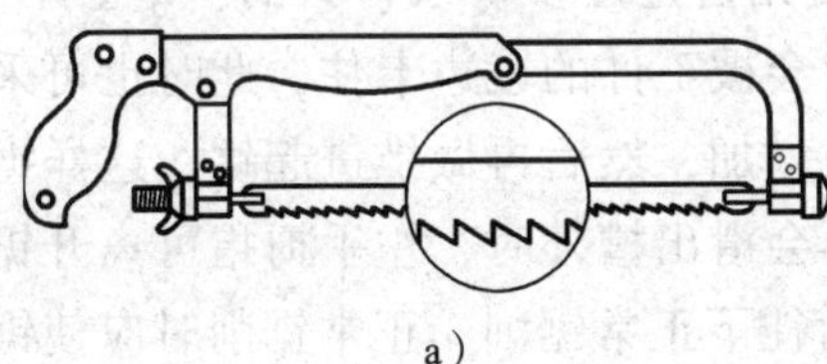
a）

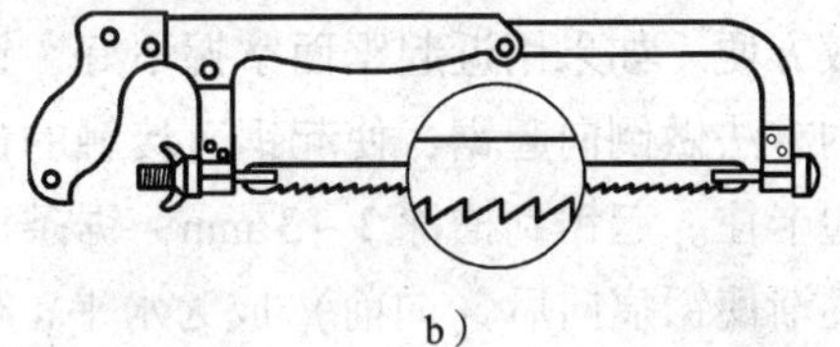
b）

图 1—2—9　锯条的安装

a）正确　b）错误

锯条安装后，要保证锯条平面与锯弓中心平面平行，不得倾斜和扭曲；否则，锯削时锯缝极易歪斜。

3. 起锯方法

起锯是锯削工作的开始，起锯质量的好坏直接影响锯削质量。如果起锯不当，一是锯条常跳出锯缝，将工件拉毛或者引起锯齿崩裂；二是起锯后的锯缝与划线位置不一致而使锯削尺寸出现较大偏差。起锯方式有远起锯和近起锯两种，如图 1—2—10 所示。

a）

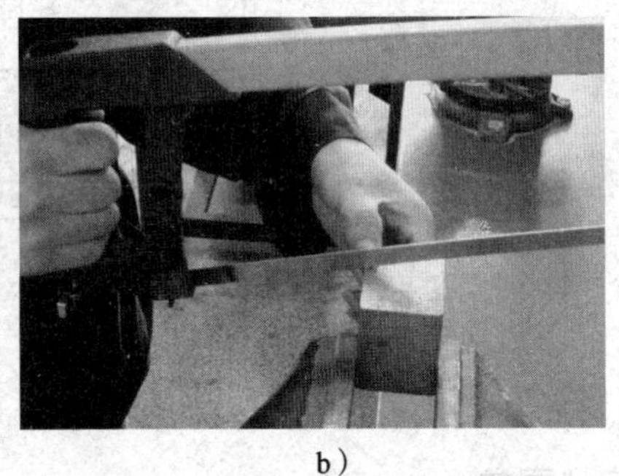
b）

图 1—2—10　起锯方法

a）远起锯　b）近起锯

起锯时，左手拇指靠住锯条，使锯条能正确地锯在所需要的位置上；右手推锯，行程要短，压力要小，速度要慢。起锯角 θ 约为 15°，如图 1—2—11a 所示。

如果起锯角太大，则起锯不易平稳，尤其是近起锯时锯齿会被工件棱边卡住而引起崩裂（图 1—2—11b）。但起锯角也不宜太小；否则，由于锯齿与工件同时接触的齿数较多，不易切入材料，多次起锯往往容易发生偏离，使工件表面锯出许多锯痕，影响表面质量。

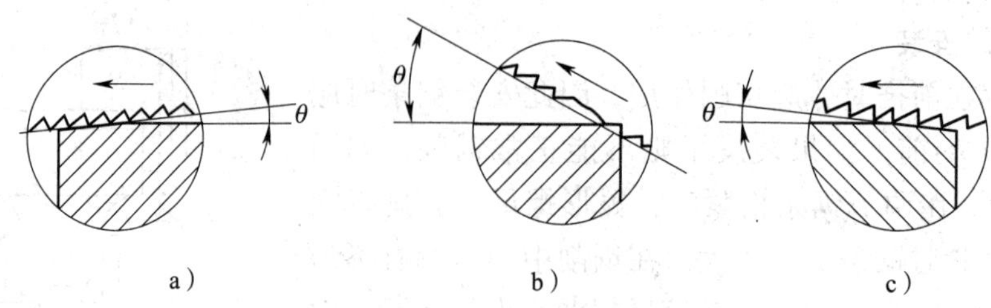

图 1—2—11　起锯角度

a）远起锯角度　b）起锯角过大　c）近起锯角度

一般情况下采用远起锯较好，因为远起锯时锯齿是逐步切入材料的，锯齿不易卡住，起锯也较方便。如果用近起锯而掌握不好，锯齿会被工件的棱边卡住，此时也可采用向后拉手锯的方法做倒向起锯，使起锯时接触的齿数增加，然后再做推进起锯，这样锯齿就不会被棱边卡住。起锯到槽深 2 ~ 3 mm，锯条已不会滑出槽外时，左手拇指可离开锯条，扶正锯弓逐渐使锯痕向后（向前）成为水平，然后往下正常锯削。正常锯削时应使锯条的全部有效齿在每次行程中都参加切削。

五、锯削棒料

1. 加工图样

在 ϕ30 mm 的 45 钢棒料的长度方向上练习锯削平面，平面度要求达到 0. 5 mm，如图 1—2—12 所示。

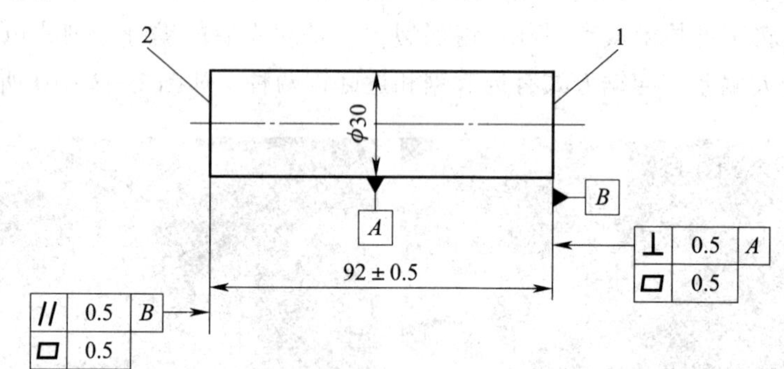

图 1—2—12　锯削棒料图样

2. 实训要求

（1）正确选用锯条。

（2）掌握锯条安装方法和工件夹持方法。

（3）熟练掌握锯削的姿势和锯削速度。

（4）熟练掌握起锯的方法。

（5）牢记锯削安全文明生产规范。

3. 加工前准备

台虎钳、平板、划线工具、手锯、钢直尺、游标卡尺、直角尺、塞尺等。

4. 实训步骤

(1) 检查毛坯尺寸并划线。

(2) 锯削端面1，达到平面度、垂直度0.5 mm要求。

(3) 锯削端面2，达到尺寸（92 ±0.5）mm和平行度0.5 mm要求。

(4) 复核尺寸，去毛刺，倒钝锐边。

(5) 整理好工具和量具，清理工作场地。

5. 实训记录及评分标准

锯削棒料实训记录及评分标准见表1—2—1。

表1—2—1　锯削棒料实训记录及评分标准

项次	检测项目	项目与技术要求	配分	得分
1	锯削基本动作	锯削姿势正确	10	
		锯弓握姿正确	10	
		锯削速度适当	10	
2	尺寸、几何公差要求	(92 ±0.5) mm	10	
		平面度0.5 mm（2处）	2×10	
		平行度0.5 mm	10	
		垂直度0.5 mm	20	
3	表面粗糙度	锯痕整齐一致	10	
4	安全文明生产		酌情扣1~5分	
5	自我总结			

子课题2　锉削

1. 了解锉刀的构造、种类、规格。
2. 会选用锉刀。
3. 掌握锉削动作要领。
4. 掌握平面的锉削方法，能正确进行锉削加工。
5. 会正确进行锉刀的保养。

用锉刀对工件表面进行切削加工的方法称为锉削。锉削一般是在錾削、锯削之后对工件进行的精度较高的加工，其精度可达0.01 mm，表面粗糙度可达$Ra0.8$ μm。

锉削的应用范围很广，可以锉削平面、曲面、内孔、沟槽和各种复杂表面，还可以配键、制作样板以及在装配中修整工件，是钳工常用的重要操作之一。

锉刀用工具钢 T13 或 T12 制成，经热处理后切削部分硬度达 62～72 HRC。

一、锉刀的构造

锉刀由锉身和锉柄两部分组成，各部分名称如图 1—2—13 所示。锉刀面是锉削的主要工作面。锉刀面在前端做成凸弧形，上下两面都制有锉齿，便于进行锉削。锉刀尾的锉刀舌是用来装锉刀柄的。锉刀柄是木质的，在安装孔的外部应套有铁箍。

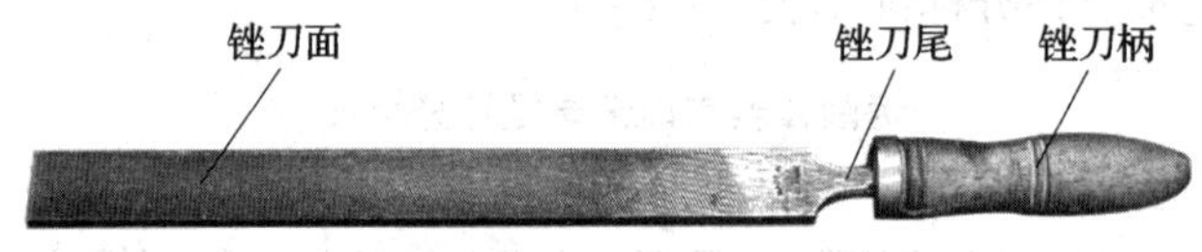

图 1—2—13　锉刀各部分名称

二、锉纹

锉纹是锉齿排列的图案，锉刀的齿纹有单齿纹和双齿纹两种。

单齿纹是指锉刀上只有一个方向的齿纹，如图 1—2—14a 所示。单齿纹锉刀齿的强度低，全齿宽同时参加切削，需要较大的切削力，因此适用于锉削软材料。

双齿纹是指锉刀上有两个方向排列的齿纹，如图 1—2—14b 所示。这样形成的锉齿，沿锉刀中心线方向形成倾斜和有规律的排列。锉削时每个齿的锉痕交错而不重叠，锉面比较光滑；锉削时切屑是碎断的，比较省力，锉齿强度也高，适用于锉削硬材料。

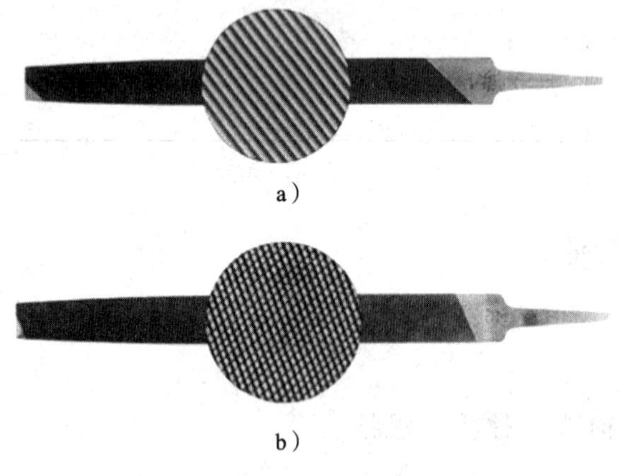

图 1—2—14　锉刀的齿纹
a）单齿纹　b）双齿纹

三、锉刀的种类

钳工所用的锉刀按其用途不同，可分为钳工锉、整形锉和异形锉三类。

钳工锉按其断面形状不同，分为平锉（板锉）、方锉、三角锉、半圆锉和圆锉五种，如图 1—2—15 所示。

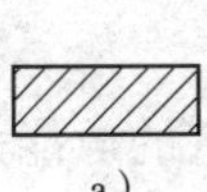
a）

b）

c）

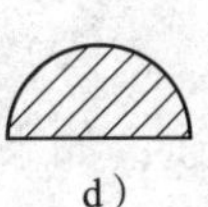
d）

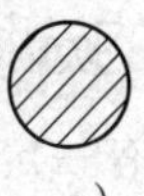
e）

图 1—2—15　钳工锉的断面形状
a）平锉　b）方锉　c）三角锉　d）半圆锉　e）圆锉

异形锉是用来锉削工件特殊表面的，有刀口锉、菱形锉、扁三角锉、椭圆锉、圆肚锉等。

整形锉又称什锦锉或组锉，因分组配备各种断面形状的小锉而得名，主要用于修整工件上的细小部分。整形锉通常以 5 把、6 把、8 把、10 把或 12 把为一组，如图 1—2—16 所示。

图 1—2—16　整形锉

四、锉刀的规格

锉刀的规格分为尺寸规格和齿纹的粗细规格。

不同的锉刀，其尺寸规格用不同的参数表示。圆锉刀的尺寸规格以直径表示，方锉刀的尺寸规格以方形尺寸表示，其他锉刀则以锉身长度表示其尺寸规格。钳工常用的锉刀有 100 mm、125 mm、150 mm、200 mm、250 mm、300 mm、350 mm、400 mm、450 mm 等几种。

锉齿的粗细规格以锉刀每 10 mm 轴向长度内的主锉纹条数来表示，见表 1—2—2。主锉纹是指锉刀上两个方向排列的深浅不同的齿纹中起主要锉削作用的齿纹。起分屑作用的另一个方向的齿纹称为辅齿纹。

表 1—2—2　　锉刀齿纹粗细的规定

规格（mm）	主锉纹条数（10 mm 内）				
	锉纹号				
	1	2	3	4	5
100	14	20	28	40	56
125	12	18	25	36	50
150	11	16	22	32	45
200	10	14	20	28	40
250	9	12	18	25	36
300	8	11	16	22	32
350	7	10	14	20	—
400	6	9	12	—	—
450	5. 5	8	11	—	—

注：1 号锉纹为粗齿锉刀；2 号锉纹为中齿锉刀；3 号锉纹为细齿锉刀；4 号锉纹为双细齿锉刀；5 号锉纹为油光锉。

五、锉刀的选择

每种锉刀都有一定的用途，如果选择不当，就不能充分发挥它的效能，甚至会过早地丧失切削能力。因此，锉削之前必须正确地选择锉刀。

应根据被锉削工件表面形状和大小选用锉刀的断面形状和长度。锉刀形状应适应工件加工表面形状。

锉刀粗细规格的选择取决于工件材料的性质、加工余量的大小、加工精度和表面质量要求的高低。例如，粗锉刀由于齿距较大不易堵塞，一般用于锉削铜、铝等软金属及加工余量大、精度低和表面粗糙度值大的工件；细锉刀则用于锉削钢、铸铁以及加工余量小、精度高和表面粗糙度值小的工件；油光锉用于最后修光工件表面。

各种粗细规格的锉刀适宜的加工余量及所能达到的加工精度和表面粗糙度值见表 1—2—3，供选择锉刀时参考。

表 1—2—3　　锉刀齿纹粗细规格的选用

锉刀粗细	适用场合		
	锉削余量（mm）	尺寸精度（mm）	表面粗糙度 Ra 值（μm）
1 号（粗齿锉刀）	0.5 ~ 1	0.2 ~ 0.5	100 ~ 25
2 号（中齿锉刀）	0.2 ~ 0.5	0.05 ~ 0.2	25 ~ 6.3
3 号（细齿锉刀）	0.1 ~ 0.3	0.02 ~ 0.05	12.5 ~ 3.2
4 号（双细齿锉刀）	0.1 ~ 0.2	0.01 ~ 0.02	6.3 ~ 1.6
5 号（油光锉）	0.1 以下	0.01	1.6 ~ 0.8

六、锉削的动作要领

1. 锉刀柄的装拆方法

锉刀柄的装拆方法（如图 1—2—17）所示。

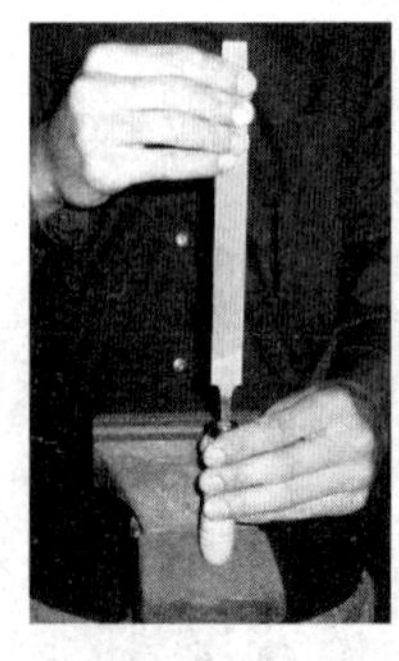

a）

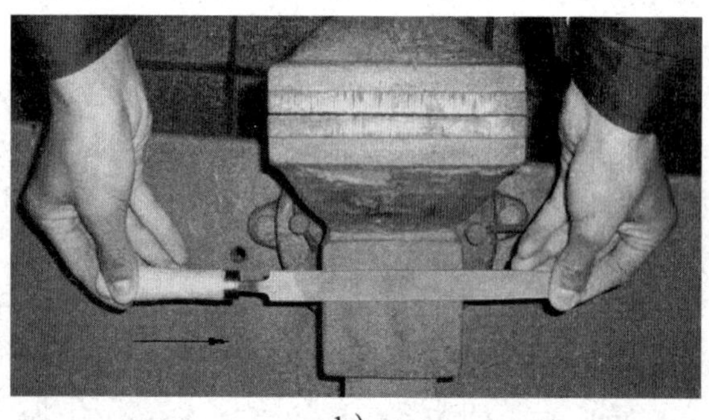

b）

图 1—2—17　锉刀柄的装拆方法
a）装锉刀柄的方法　b）拆锉刀柄的方法

2. 平面锉削的姿势

锉削姿势正确与否，对锉削质量、锉削力的运用以及操作者的疲劳程度起着决定性作用。锉削姿势的正确掌握，必须从握锉、站立步位和姿势、锉削动作和用力情况等几方面入手，协调一致、反复练习才能达到要求。

(1) 锉刀的握法

右手紧握锉刀柄，柄端抵在拇指根部的手掌上，拇指放在锉刀柄上部，其余手指由下而上握住锉刀柄；左手拇指根部的肌肉压在锉刀头上，拇指自然伸直，其余四指弯向手心，用中指、无名指捏住锉刀前端。锉削时右手推动锉刀并决定推动方向，左手协同右手使锉刀保持平衡，如图 1—2—18 所示。

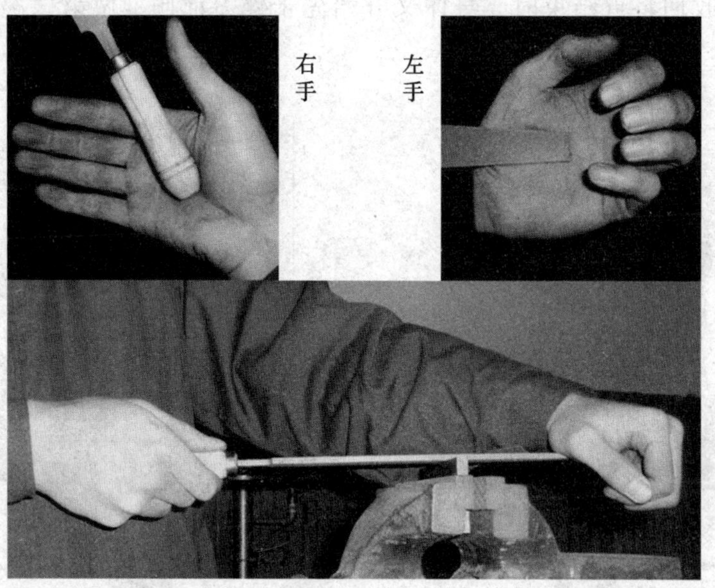

图 1—2—18　大平锉的握法

(2) 锉削时的站立步位和姿势（图 1—2—19）

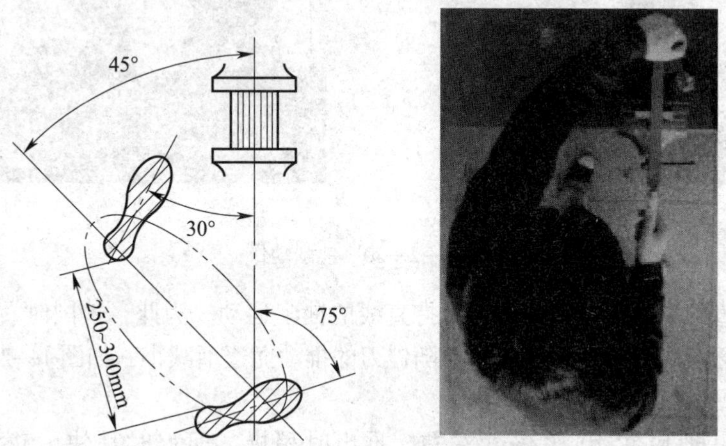

图 1—2—19　锉削时的站立步位和姿势

站立时，以台虎钳中心线为基准，操作者的身体平面与台虎钳中心线成45°角；左脚在前，右脚在后，左脚脚面中心线与台虎钳中心线成30°角，右脚脚面中心线与台虎钳中心线成75°角；左腿略有弯曲，右腿绷直。

（3）锉削动作（图1—2—20）

两手握住锉刀放在工件上面，左臂弯曲，左小臂与工件锉削面的左右方向保持基本平行，右小臂与工件锉削面的前后方向保持基本平行，但要自然。锉削时，身体先于锉刀并与之一起向前，右腿伸直并稍向前倾，重心在左脚，左膝部呈弯曲状态。当锉刀锉至约3/4行程时，身体停止前进，两臂则继续将锉刀向前锉到头；同时，左腿自然伸直并随着锉削时的反作用力将身体重心后移，使身体恢复原位，并顺势将锉刀收回。当锉刀收回将近结束时，身体又开始先于锉刀前倾，做第二次锉削的向前运动。

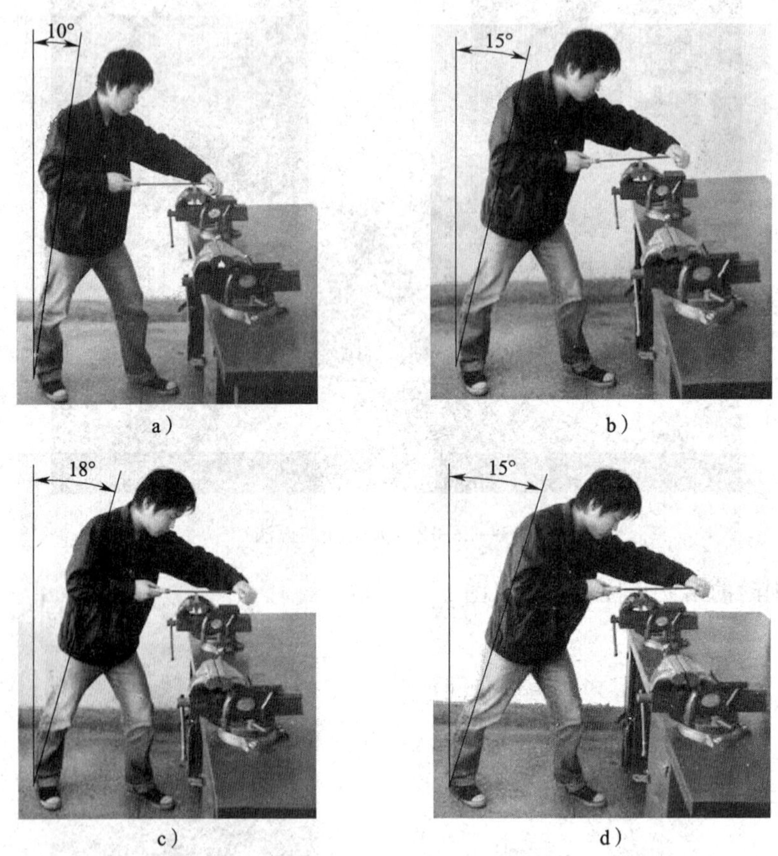

图1—2—20　锉削动作

要锉出平直的平面，必须使锉刀保持直线的锉削运动。为此，锉削时右手的压力要随锉刀的推动而逐渐增大，左手的压力要随锉刀的推动而逐渐减小，如图1—2—21所示。回程时不要加压力，以减少锉齿的磨损。

锉削速度一般应在40次/min左右，推出时稍慢，回程时稍快，动作要自然、协调。

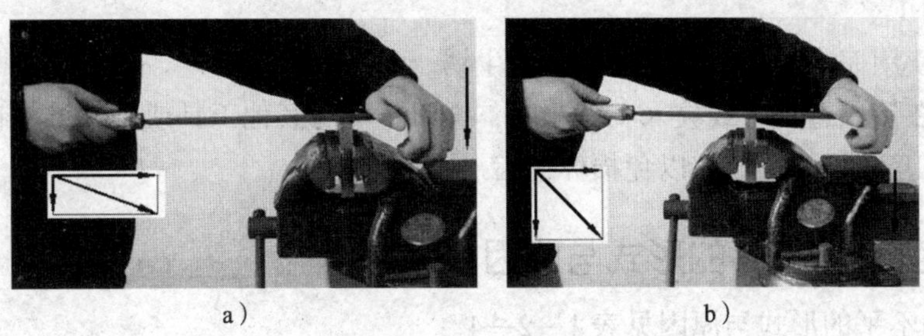
a） b）

图 1—2—21 锉平面时两手的用力情况

七、平面的锉法

1. 顺向锉（图 1—2—22a）

顺向锉时锉刀运动方向与工件夹持方向始终一致。在锉削宽平面时，为使整个加工表面能均匀地锉削，每次退回锉刀时应在横向做适当的移动。顺向锉的锉纹整齐一致，比较美观，这是最基本的一种锉削方法。

2. 交叉锉（图 1—2—22b）

交叉锉时锉刀运动方向与工件夹持方向成 50°～60°角，且锉纹交叉。由于锉刀与工件的接触面大，锉刀容易掌握平衡；同时，从锉痕上可以判断出锉削面的高低情况，便于不断地修整锉削部位。交叉锉法一般适用于粗锉；精锉时必须采用顺向锉，使锉痕变直，纹理一致。

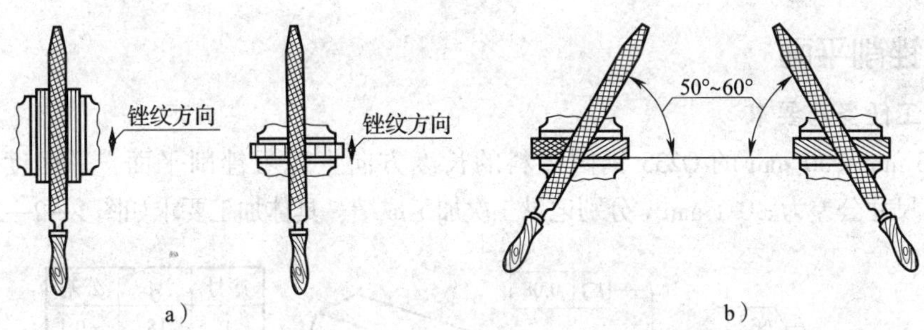

a） b）

图 1—2—22 平面的锉削方法
a）顺向锉 b）交叉锉

八、锉刀的保养

1. 新锉刀要先使用一面，用钝后再使用另一面。
2. 在粗锉时，应充分使用锉刀的有效全长，既可以提高锉削效率，又可以避免锉齿局部磨损。
3. 锉刀上不可沾油或沾水。
4. 如锉屑嵌入齿缝内，必须及时用钢丝刷沿着锉齿的纹路进行清除。
5. 不可锉削毛坯件的硬皮及经过淬硬的工件。
6. 铸件表面如有硬皮，应先用砂轮磨去或用旧锉刀和锉刀的有齿侧边锉去，然后再进行正常锉削加工。

7. 锉刀使用完毕必须清刷干净，以免生锈。

8. 无论在使用过程中或放入工具箱时，锉刀不可与其他工具或工件堆放在一起，也不可与其他锉刀互相重叠堆放，以免损坏锉齿。

九、平面锉削不平的形式与原因

平面锉削不平的形式与原因见表 1—2—4。

表 1—2—4　　平面锉削不平的形式与原因

形式	产生的原因
平面纵向中凸	（1）锉削时双手的用力不能使锉刀保持平衡 （2）锉刀在开始推出时，右手压力太大，锉刀被压下；锉刀推到前面，左手压力太大，锉刀被压下，导致前面、后面多锉 （3）锉削姿势不正确 （4）锉刀本身中凹
对角扭曲或塌角	（1）左手或右手施加压力时重心偏在锉刀的一侧 （2）工件夹持不正确 （3）锉刀本身扭曲
平面横向中凸或中凹	锉刀在锉削时左右移动不均匀

十、锉削平面

1. 加工任务与要求

在 ϕ23 mm × 50 mm 的 Q235 钢圆棒料的长度方向上练习锉削平面，平面度要求达到 0.08 mm，尺寸公差为 ±0.1 mm。分别记录三次加工成绩，具体加工要求如图 1—2—23 所示。

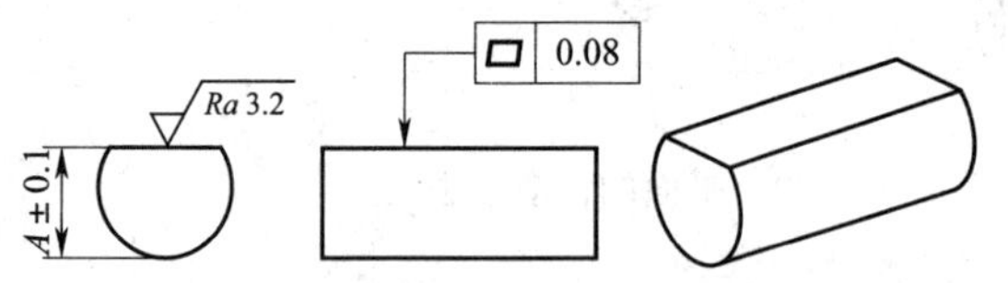

序号	A	公差
1	18	±0.1
2	17	±0.1
3	16	±0.1

图 1—2—23　锉削平面

2. 加工前准备

锉削平面工具、量具准备清单见表 1—2—5。

表 1—2—5　　锉削平面工具、量具准备清单

序号	名称	规格	精度	数量	备注
1	游标高度卡尺	0 ~ 300 mm	0.02 mm	1 把	
2	游标卡尺	0 ~ 150 mm	0.02 mm	1 把	
3	直角尺	100 mm × 80 mm	1 级	1 把	

续表

序号	名称	规格	精度	数量	备注
4	刀口形直尺	100 mm	1 级	1 把	
5	锉刀	350 mm 粗齿锉		1 把	
6	锉刀	250 mm 中齿锉		1 把	
7	锉刀	150 mm 细齿锉		1 把	
8	铜丝锉刀刷			1 把	
9	毛刷	中号		1 把	
10	铜棒			1 根	
11	软钳口			1 对	
12	划线工具			1 套	
13	锯弓、锯条、锤子			1 套	锯条若干
14	V 形铁	正 90°		1 个	
15	测量平板			1 块	
16	纸、笔			自定	

3. 加工工艺步骤

（1）加工前准备。加工前需将所用工具、量具按规范整齐摆放在钳台上，注意装好锯条，工具和量具不要混放。

（2）检查来料。检查待加工毛坯材料、备料尺寸是否与图样要求一致。

（3）划 $A=18$ mm 加工线。

1）将圆棒料放在 V 形铁上并固定好。

2）如图 1—2—24 所示，用游标高度卡尺的划尺找出工件的最高点，读出数据 C。

3）在游标高度卡尺上调出 $C-(23-18)=C-5$ mm 高度。

4）在圆棒料上划出 4 条平面加工轮廓线，高度为 $C-5$ mm。

（4）锯下余料。

（5）用 350 mm 粗齿锉刀粗加工 A 尺寸至 18.3 mm 后，换 250 mm 中齿锉刀半精加工平面至 18.1 mm，最后用 150 mm 细齿锉刀锉削平面尺寸 A 至 (18 ± 0.1) mm（一般控制在上、下极限偏差中间较合适），保证平面度 0.08 mm，表面粗糙度 $Ra3.2$ μm。

（6）去毛刺，倒钝锐边，复核各几何公差及尺寸要求。

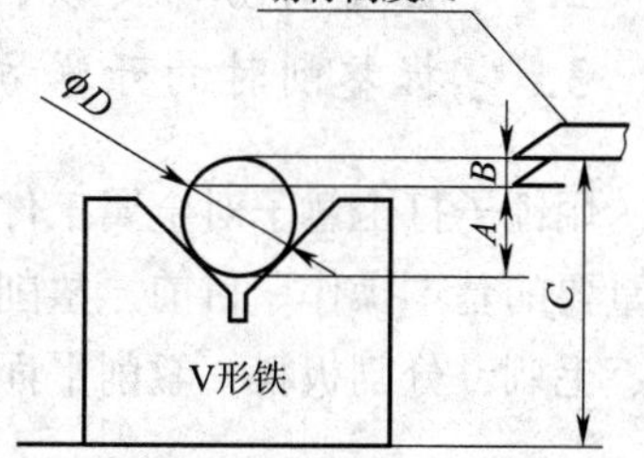

图 1—2—24　锉削平面划线

4. 注意事项

（1）钳工一般以右手操作为主，锉刀、锯弓等工具应放在台虎钳的右侧；锉刀放在钳台上时，锉刀柄不可露在钳台外面，应在钳台外沿口20 mm以内，以免在摇台虎钳手柄时砸到锉刀，掉落地上砸伤脚或损坏锉刀等。

（2）没有装柄的锉刀、锉刀柄已经裂开或没有锉刀柄箍的锉刀不可使用。

（3）锉削时锉刀柄不能撞击到工件，以免锉刀柄脱落造成事故。

（4）不能用嘴吹锉屑，也不能用手摸锉削表面。

（5）锉刀不可当作撬棒或锤子用。

5. 实训检测记录及评分标准

锉削平面检测记录及评分标准见表1—2—6。

表1—2—6　　锉削平面检测记录及评分标准

项次	检测项目	项目与技术要求	配分	得分
1	锉削基本功	握锉刀的姿势正确	10	
2		站立位置和身体姿势正确	20	
3		锉削动作协调、自然	10	
4	工具和量具正确使用	工具和量具安放位置正确，排列整齐	10	
5		量具使用正确	10	
6	加工质量	平面度0.08 mm	15	
7		尺寸（$A\pm0.1$）mm	15	
8		表面粗糙度$Ra3.2$ μm	10	
9	安全文明生产		酌情扣1～5分	
10	自我总结			

子课题3　錾削

1. 熟悉錾削工具。
2. 掌握錾削动作要领和錾子的刃磨方法。
3. 掌握錾削时的开錾方法和錾削角度。

用锤子打击錾子对金属工件进行切削加工的方法称为錾削。錾削是钳工工作中一项较为重要的基本操作。目前，錾削工作主要用于不便于机械加工的场合，如去除毛坯上的凸缘、毛刺，分割板料，錾削平面和沟槽等，如图1—2—25所示。

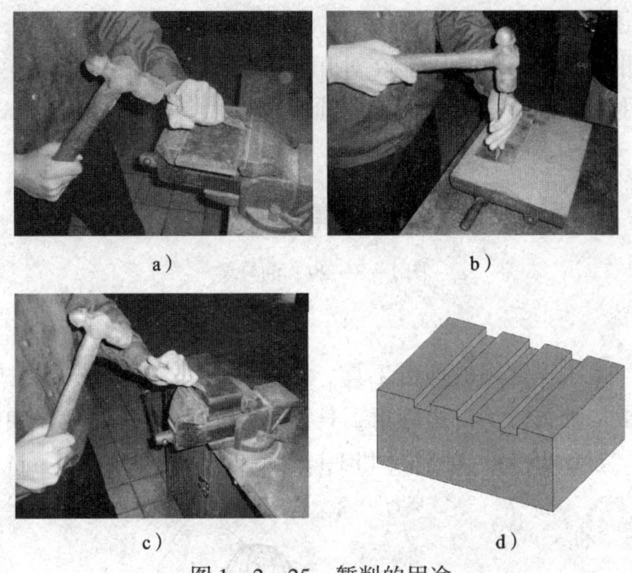

图 1—2—25　錾削的用途

a）去除毛坯上的凸缘、毛刺　b）分割板料

c）錾削平面　d）錾削沟槽

一、錾削工具

1. 錾子

錾子由头部、切削部分和錾身三部分组成，如图 1—2—26 所示。

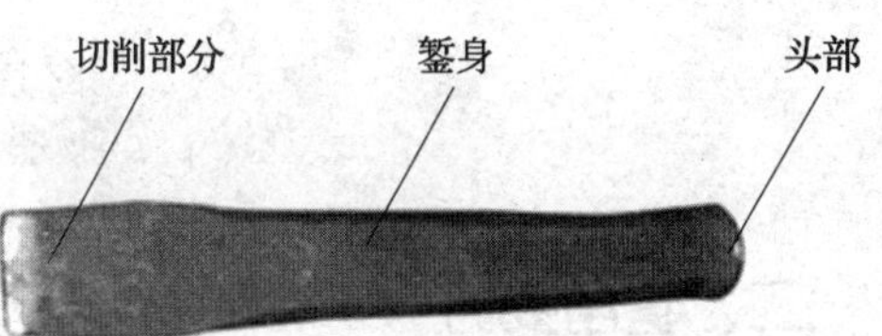

图 1—2—26　錾子的结构

錾子头部有一定的锥度，顶端略带球形，以使锤击时作用力容易通过錾子的中心线，使錾子保持平稳。錾身多呈八棱形，以防止錾削时錾子转动。

常用的錾子种类有以下三种：

(1) 扁錾（图 1—2—27）

切削部分扁平，刃口略带弧形，主要用来錾削平面、去毛刺和分割板料等。

图 1—2—27　扁錾

(2) 尖錾（图 1—2—28）

切削刃比较短；切削部分的两侧面从切削刃到錾身逐渐狭小，以防止錾槽时两侧面被卡住。尖錾主要用来錾削沟槽以及分割曲线形板料。

图 1—2—28　尖錾

(3) 油槽錾(图 1—2—29)

切削刃很短,并呈圆弧形;为了能在对开式的内曲面上錾削油槽,其切削部分做成弯曲形状。油槽錾常用来錾削平面或曲面上的油槽。

图 1—2—29　油槽錾

2. 锤子

锤子又称榔头,是钳工常用的敲击工具。它由锤头、木柄和楔子组成,如图 1—2—30 所示。錾削用的锤子是硬头锤子,用碳素工具钢(T7)制成,并经淬硬处理。锤子的规格用其质量大小表示,如 0. 25 kg、0. 5 kg 和 1 kg 等。锤子柄长约 350 mm。

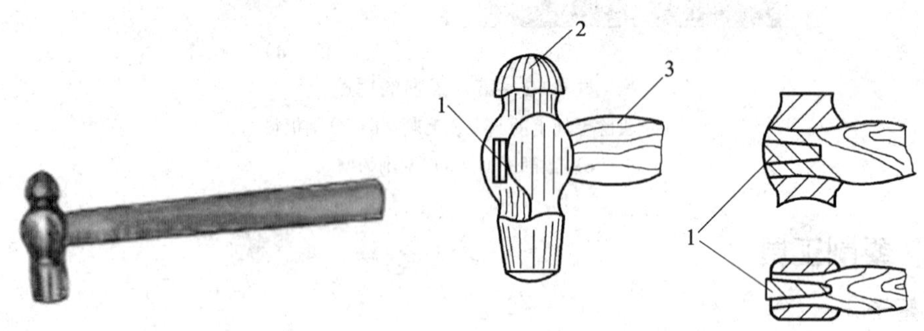

图 1—2—30　锤子
1—楔子　2—锤头　3—木柄

二、錾削姿势

1. 锤子的握法

(1) 紧握法

用右手五指紧握锤柄,拇指合在食指上,虎口对准锤头方向(木柄椭圆的长轴方向),木柄尾端露出 15 ~ 30 mm。在挥锤和锤击过程中,五指始终紧握锤柄,如图 1—2—31a 所示。

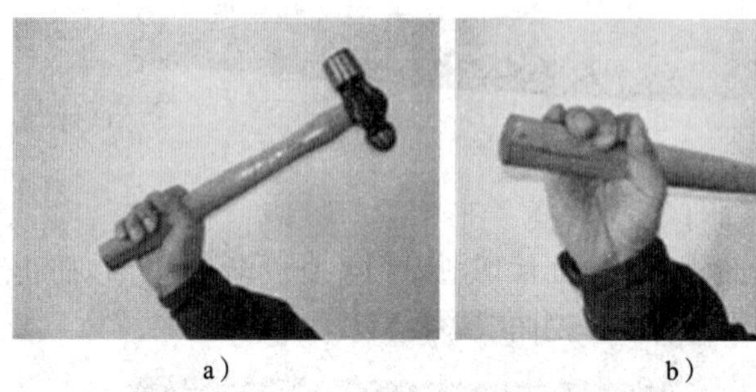

a)　　b)

图 1—2—31　锤子的握法
a) 紧握法　b) 松握法

(2) 松握法

只用拇指和食指始终握紧锤柄。在挥锤时，小指、无名指、中指则依次放松；在锤击时，又以相反的次序收拢握紧，如图 1—2—31b 所示。这种握法的优点是手不易疲劳，而且锤击力大。

2. 錾子的握法

(1) 正握法

手心向下，腕部伸直，用中指、无名指握住錾子，小指自然合拢，食指和拇指自然伸直地松靠，錾子头部伸出约 20 mm，如图 1—2—32a 所示。

a）

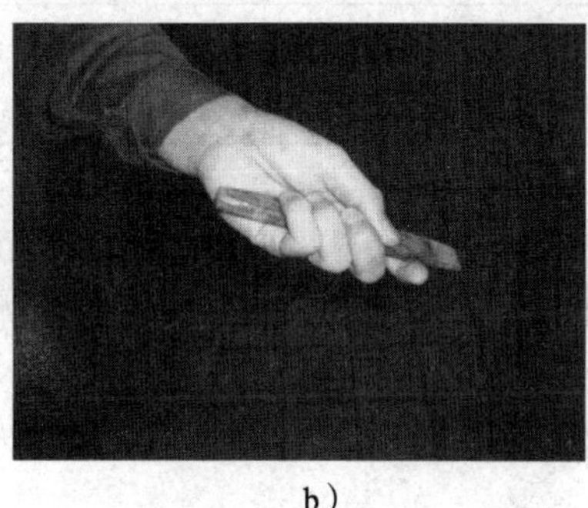

b）

图 1—2—32　錾子的握法
a）正握法　b）反握法

(2) 反握法

手心向上，四指自然捏住錾子，手掌悬空，如图 1—2—32b 所示。

3. 站立姿势

錾削时的站立姿势如图 1—2—33 所示。身体与台虎钳中心线大约成 45°角，且略向前倾；左脚跨前半步，膝盖处稍有弯曲，保持自然；右脚站稳伸直，不要过于用力。

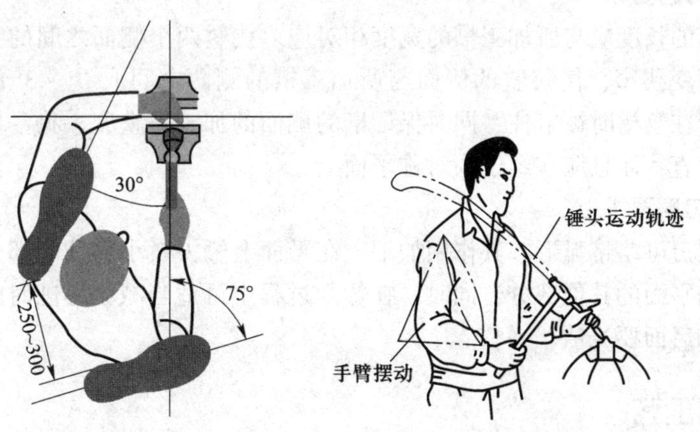

图 1—2—33　站立姿势

4. 锤击动作要领

挥锤锤击的方法有腕挥、肘挥和臂挥三种，具体见表 1—2—7。

表 1—2—7　　挥锤锤击的方法

腕挥	肘挥	臂挥
只有手腕的挥动，敲击力较小，一般用于錾削开始和结尾时	手腕和肘部一起挥动，敲击力较大，运用最广泛	手腕、肘部和全臂一起挥动，敲击力最大

（1）挥锤

肘收臂提，举锤过肩；手腕后弓，三指微松；锤面朝天，稍停瞬间。

（2）锤击动作配合与协调

目视錾刃，臂肘齐下；收紧三指，手腕加劲；锤錾一线，锤走弧线；左脚着力，右腿伸直。

（3）锤击要求

稳——速度节奏为 40 次/min；准——命中率高；狠——锤击有力。

錾削时锤击要稳、准、狠，其动作要一下一下有节奏地进行，一般肘挥时约为 40 次/min，腕挥时约为 50 次/min。

三、錾子的刃磨

錾子的几何形状及合理的切削角度值需要根据用途和加工材料的性质来决定。

1．狭錾的刃磨要求

狭錾切削刃的长度应与所加工槽的宽度相对应。狭錾两个侧面之间的宽度应从切削刃起向錾身处逐渐变狭窄，使狭錾的侧面与所加工槽的侧面之间成 1°～3°角，形成一个空隙，以避免錾子在錾槽时被卡住，同时保证槽的侧面的加工平整度。狭錾切削刃要与錾子的几何中心线垂直，而且应在錾子的对称平面上。

2．宽錾的刃磨要求

宽錾的切削刃可略带弧形，其作用如下：在平面上錾去微小的凸起部分时切削刃两边的尖角不易损伤平面的其他部分，同时，在錾削过程中可适当减小錾削时的阻力。刃磨宽錾时，其前面和后面要光洁、平整。

四、錾削工艺

为了保证錾削质量，錾削过程一般由三个阶段完成，即开錾、正常錾削和收錾。

1．开錾方法

在錾削平面时应采用斜角起錾的方法，即先在工件的边缘尖角处将錾子放置成 $-\theta$ 角（图 1—2—34），錾出一个斜面，然后按正常的錾削角度逐步向中间錾削。

2. 錾削角度

錾削时的切削角度一般应使后角 α_o 为 5°～8°，如图 1—2—35 所示。后角过大，錾子容易向工件深处扎入；后角过小，錾子则容易从錾削部位滑出。

在錾削过程中，一般每錾削两三次后可将錾子退后一些，做一次短暂的停顿，然后再将刃口顶住錾削处继续錾削。这样，既可以随时观察錾削表面的平整情况，又可以使手臂肌肉有节奏地得到放松。

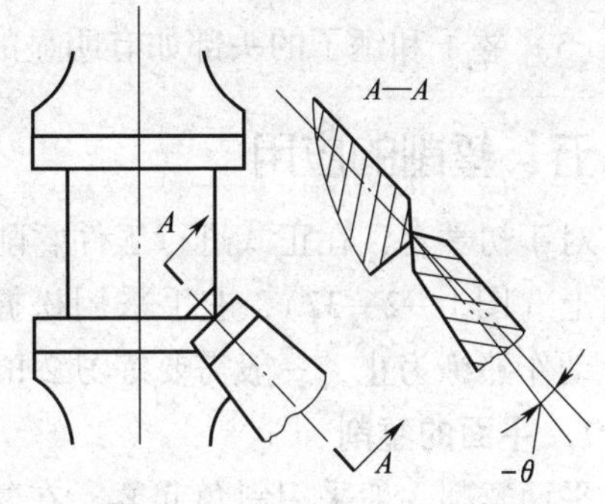

图 1—2—34　斜角起錾方法

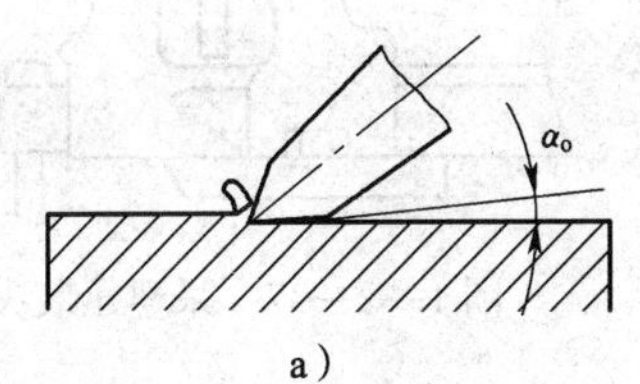

a）

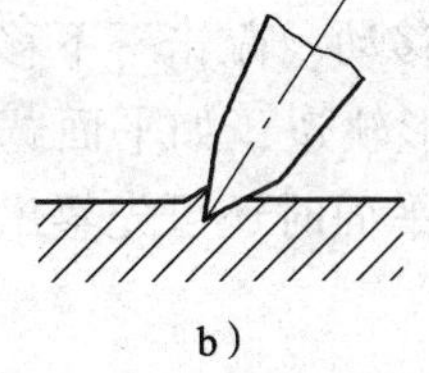
b）

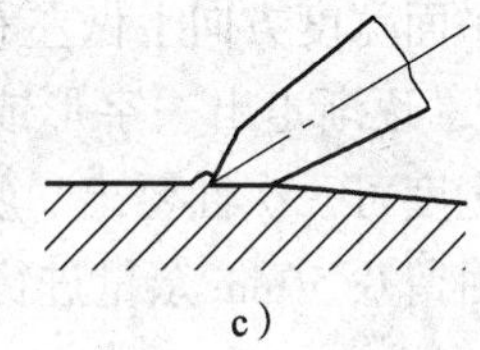
c）

图 1—2—35　后角对錾削的影响

a）后角 α_o（5°～8°）　b）后角太大　c）后角太小

3. 收錾方法

在一般情况下，当錾削接近尽头部位 10～40 mm 时，必须掉头錾去余下的部分，如图 1—2—36b 所示。当錾削脆性材料（如铸铁和青铜等）时应该更加注意；否则，尽头部位的部分材料会产生撕拉、崩裂现象，从而影响工件质量。

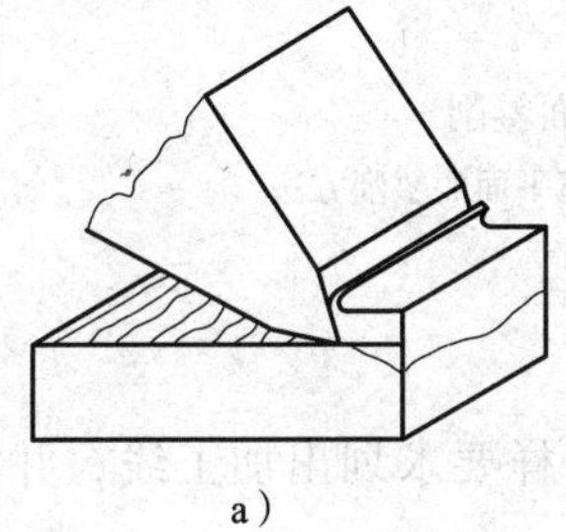
a）

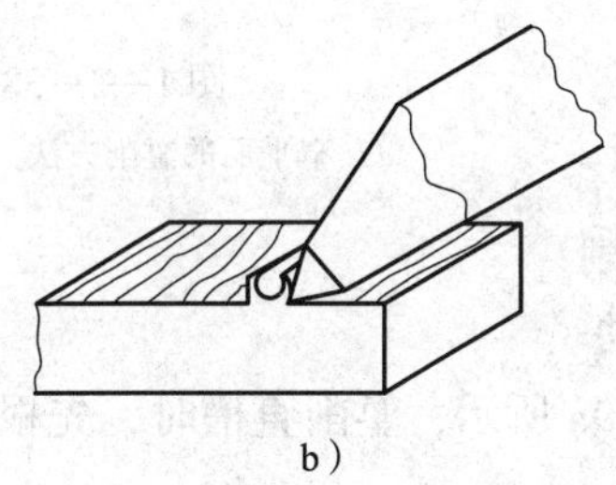
b）

图 1—2—36　收錾方法

a）不正确　b）正确

4. 錾削安全注意事项

（1）工件必须夹紧，伸出钳口高度一般以 10～15 mm 为适宜。对于较大的工件夹紧时，为了防止工件在受力时产生松动现象，可在工件下端加上木衬垫。

（2）錾削时要防止切屑飞出伤人，在钳台的前端安装防护网，操作者在必要时还可戴上防护眼镜。

（3）錾屑要用刷子刷掉，不得用手擦或用嘴吹。

（4）錾削时要防止錾子在錾削部位滑出，为此，錾子用钝后要及时刃磨锋利，并保证正确的楔角。

(5) 錾子和锤子的头部如有明显的毛刺，要及时用砂轮磨掉。

五、錾削的应用

对于初学者，在正式进行工件錾削前，需先进行呆錾锤击练习。先将呆錾子夹紧在台虎钳上（图1—2—37），左手采用松握法握住呆錾子，按锤击站姿进行挥锤和锤击练习，直至动作熟练为止，一般需要练习2 h。

1. 平面的錾削

平面錾削一般采用斜角起錾，在錾削过程中注意后角的控制。錾削时，可视平面宽度决定錾子是否需要横移錾削，如图1—2—38所示。如平面宽度大于錾子宽度，则錾子在平面宽度方向上做左右均匀移动（敲击一下移动半个錾宽），逐渐走出一字形或圆弧形轨迹；如平面宽度小于錾子宽度可一次性錾出。錾削大平面时还可先錾出工艺槽，最后留0.5 mm余量进行修整。

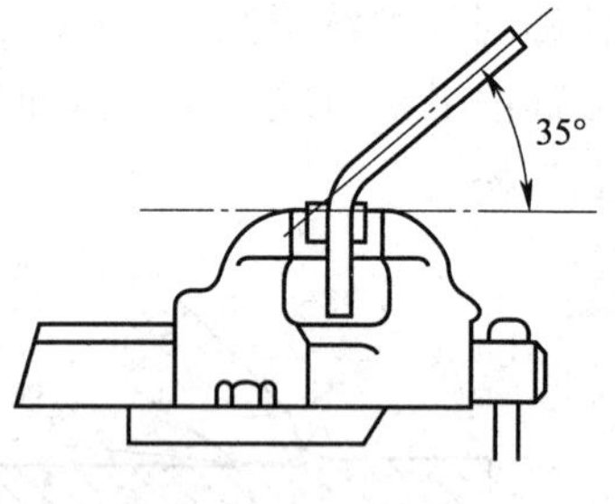

图1—2—37　呆錾子装夹

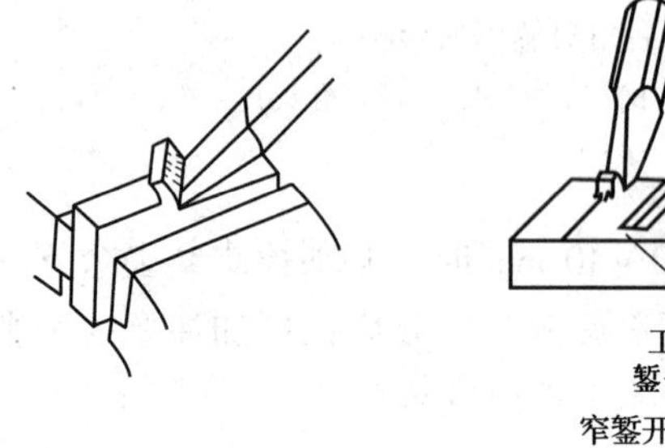

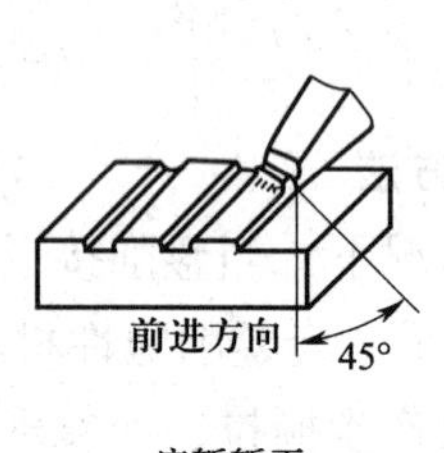

a）　　b）

图1—2—38　平面錾削

a）窄平面的錾削方法　b）宽平面的錾削方法

2. 直槽的錾削

(1) 錾削方法

如图1—2—39a所示，錾削直槽时，先根据图样要求划出加工线，并根据直槽宽度修

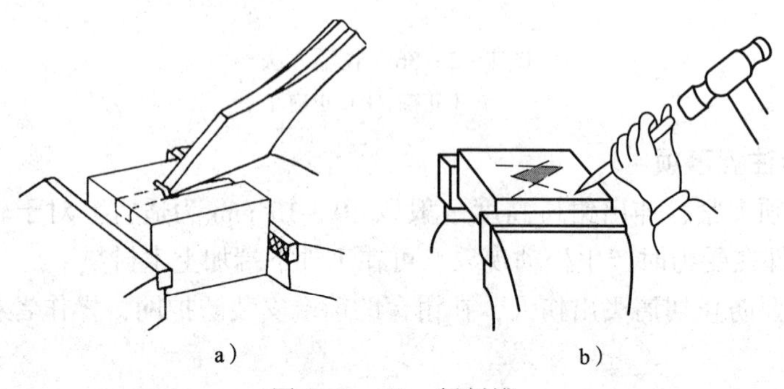

a）　　b）

图1—2—39　錾削槽

a）直槽的錾削　b）油槽的錾削

磨好尖錾。采用正面起錾的方法。采用腕挥的挥锤方法，挥锤用力大小要适当，防止錾子刃端崩裂；同时，用力轻重应一致，以保证槽底平整。

（2）錾削量的确定

1）开始第一遍錾削时，要根据线条（以一条线条为依据）将槽的方向錾直，錾削量一般不超过0.5 mm。

2）以后每次的錾削量应根据槽深的不同而定，一般为1 mm左右。

3）最后一遍錾削的修整量应在0.5 mm之内。

3. 油槽的錾削

如图1—2—39b所示，根据油槽的位置尺寸划线，可按油槽的宽度划两条线，也可只划一条中心线。在平面上錾削油槽，起錾时錾子要慢慢地加深至尺寸，錾到尽头时刃口必须慢慢翘起，以保证槽底圆滑过渡。在曲面上錾油槽时，錾子与曲面的夹角应随着曲面而变动，使錾削时的后角保持不变。油槽錾好后，应修去槽边毛刺。

4. 断料

錾削小尺寸板料时，可夹在台虎钳上进行。錾削时，板料按划线位置与钳口对平后夹紧，用扁錾沿着钳口与板料成45°左右夹角自右向左进行錾削，如图1—2—40a所示。

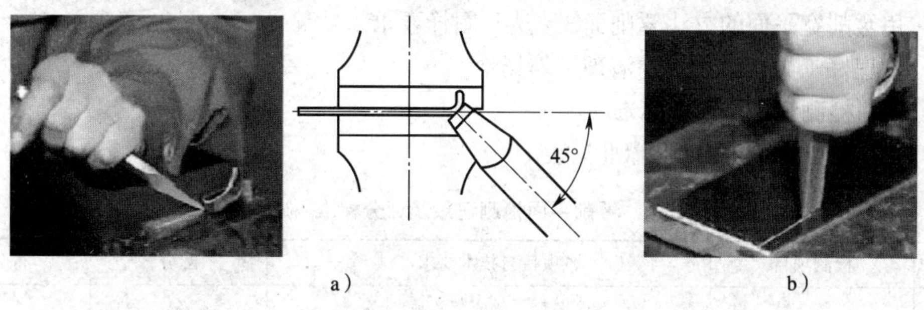

a）　　b）

图1—2—40　断料

a）在台虎钳上断料　b）在铁砧上断料

当板料尺寸较大而不便在台虎钳上夹持时（图1—2—40b），可放在铁砧或废旧平板上錾削。为保证錾痕前后连接齐整，可把錾子的切削刃磨成弧形，在开始錾削时錾子稍微倾斜，然后逐步扶正进行錾削。

5. 錾削平面练习

（1）錾削平面图样（图1—2—41）

（2）实训要求

1）牢记錾削的安全文明生产规范。

2）掌握錾削的姿势、锤击速度及力度，保证锤击的准确性。

3）掌握平面錾削的方法，特别注意起錾、收尾的方法。

4）初步掌握检查尺寸和几何精度的方法。

（3）工具和量具

台虎钳、平板、划针、划线盘、锤子、扁錾、钢直尺、直角尺、塞尺、游标卡尺、游标高度卡尺。

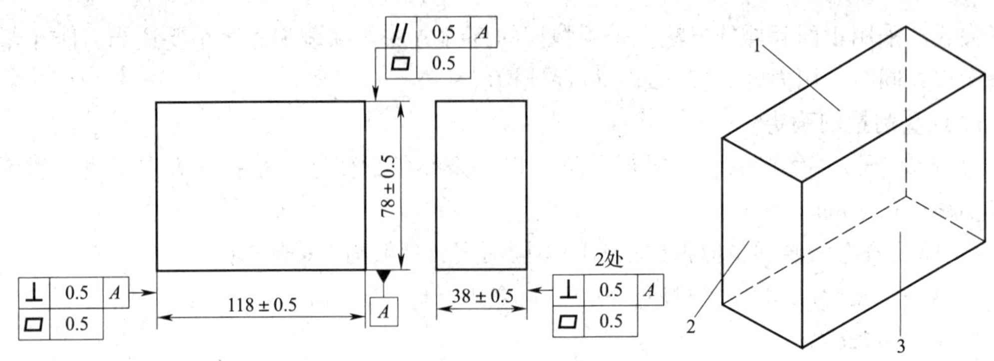

图 1—2—41 平面錾削图样

(4) 实训步骤

1) 錾削前，应先检查锤子的木柄是否有裂纹，木柄安装是否牢固、可靠。

2) 检查毛坯尺寸是否符合图样要求。

3) 以底面为基准划出錾削加工线。

4) 錾削面 1，使錾削面的平面度、尺寸精度和平行度达到图样要求，并将锐边倒钝。

5) 錾削面 2，使錾削面的平面度、尺寸精度和垂直度达到图样要求，并将锐边倒钝。

6) 用錾削宽平面的方法錾削面 3，达到图样要求。

7) 整理好工具和量具，并清理工作场地。

6. 实训检测记录及评分标准

錾削平面检测记录及评分标准见表 1—2—8。

表 1—2—8　　錾削平面检测记录及评分标准

项次	检测项目	项目与技术要求	配分	得分
1	錾削基本功	握錾子的姿势正确	5	
2		站立位置和身体姿势正确	5	
3		錾削动作协调、自然	5	
4	工具和量具正确使用	工具和量具安放位置正确，排列整齐	5	
5		量具使用正确	5	
6	加工质量	平面度 0.5 mm（3 处）	3×5	
7		平行度 0.5 mm（面 1 与 A）	5	
8		垂直度 0.5 mm（3 处）	3×5	
9		（118±0.5）mm	10	
10		（78±0.5）mm	10	
11		（38±0.5）mm	10	
12		錾削痕迹整齐、一致	10	
13	安全文明生产		酌情扣 1~5 分	
14	自我总结			

课题三　孔加工

子课题 1　钻孔

学习目标

1. 了解标准麻花钻切削部分的名称和角度。
2. 熟悉标准麻花钻结构特点和切削用量的选择。
3. 掌握用标准麻花钻钻孔的要领。

一、钻孔

用钻头在钻床上对实体材料进行孔加工的操作称为钻孔。钻孔时的切削运动包括主运动和进给运动。由于在钻削过程中工件被固定在钻床上，切削运动主要由钻床主轴完成，所以钻削时的主运动为钻床主轴（或钻头）的旋转运动，进给运动为钻床主轴（或钻头）的轴向移动，如图 1—3—1 所示。

钻削过程中，由于钻头处于一个半封闭的加工环境，加上钻削时的转速较高，切削余量较大，同时产生的切屑很难从孔底排出，所以，钻削加工时的特点如下：

1. 摩擦严重，需要较大的钻削力。
2. 产生热量较多，且传热、散热较困难，切削温度较高。
3. 钻头的高速旋转和较高的切削温度造成钻头磨损严重。
4. 由于钻削时的挤压和摩擦，容易产生孔壁的冷作硬化现象，给下道工序增加困难。
5. 钻头的结构属于细长型，钻孔时容易引起振动，造成加工精度下降。
6. 加工精度偏低，尺寸精度只能达到 IT11 ~ IT10 级，表面粗糙度只能达到 Ra100 ~ 25 μm。

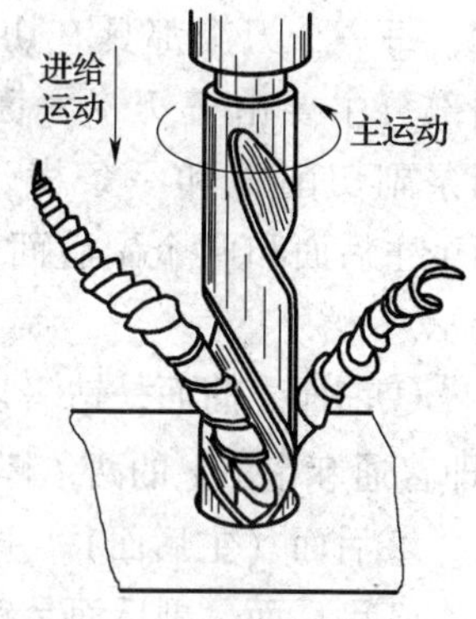

图 1—3—1　钻孔运动

二、普通麻花钻

普通麻花钻一般采用高速钢（W18Cr4V 或 W9Cr4V2）制成，经过淬火后，其硬度达到 62 ~ 68HRC。

1. 普通麻花钻的构成

普通麻花钻主要由柄部、颈部及工作部分组成，如图 1—3—2 所示。

(1) 柄部

柄部是钻头的夹持部分，在钻削过程中用来定心和传递动力。根据普通麻花钻直径大小的不同，柄部有锥柄和直柄两种不同的形式。一般锥柄用于直径大于（或等于）13 mm 的钻头，而直柄用于直径小于 13 mm 的钻头。

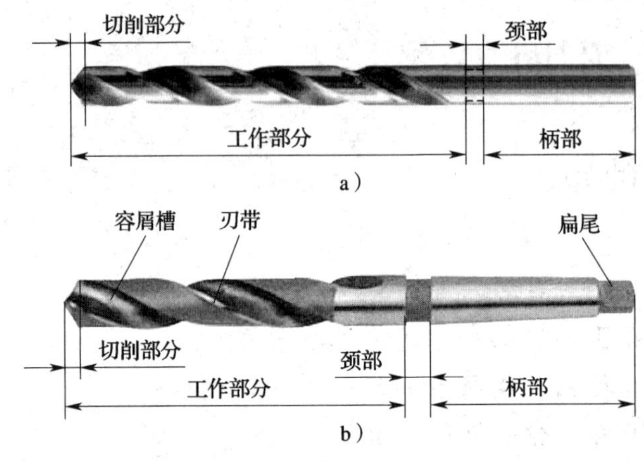

图 1—3—2　麻花钻的构成

a）直柄式麻花钻　b）锥柄式麻花钻

(2) 颈部

颈部是普通麻花钻在磨制加工时遗留的退刀槽。一般普通麻花钻的尺寸规格、材料和商标都标刻在颈部。

(3) 工作部分

普通麻花钻的工作部分可以分为切削部分和导向部分。

1）切削部分。普通麻花钻的切削部分有两个刀瓣，每一个刀瓣都具有切削作用。普通麻花钻的切削部分主要由五刃、六面组成，即两条主切削刃、两条副切削刃和一条横刃，此为五刃；两个前面、两个主后面和两个副后面，此为六面，如图 1—3—3 所示。

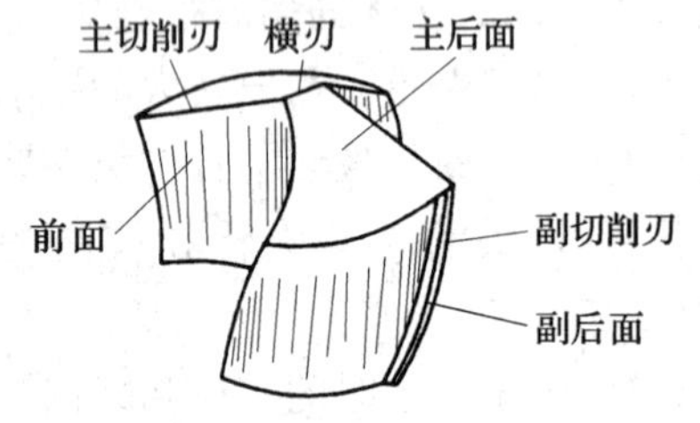

图 1—3—3　麻花钻切削部分的组成

①前面。前面是钻头切削加工时切屑流经的表面(即普通麻花钻上的两条螺旋槽)。

②后面（主后面)。主后面是钻头切削加工时与工件上的过渡表面相对的面。

③副后面。副后面是钻头切削加工时与工件上的已加工表面相对的面。

④主切削刃。主切削刃是前面与主后面的交线。

⑤副切削刃。副切削刃是前面与副后面的交线。

⑥横刃。横刃是两个主后面的交线。

2）导向部分。普通麻花钻的导向部分主要用来保持麻花钻在切削加工时的方向准确。当钻头进行重新刃磨后，导向部分又逐渐转变为切削部分。

导向部分的两条螺旋槽（即前面）主要起形成切削刃以及容纳和排除切屑的作用，同时也方便切削液沿螺旋槽流入切削部分。

导向部分外缘的两条棱带（副后面)，其直径在长度方向略有倒锥，倒锥量为每 100 mm 长度内直径向柄部减小 0. 05 ~ 0. 1 mm，目的在于减小钻头与孔壁之间的摩擦。

2. 标准麻花钻的切削角度

（1）辅助平面

在测量麻花钻的切削角度时，主要利用其辅助平面进行测量。辅助平面包括基面、切削平面、正交平面和柱剖面。其中，基面、切削平面和正交平面三者互相垂直，如图 1—3—4 所示。

1）基面。基面是通过主切削刃上任一点，与切削速度方向垂直的平面。由于普通麻花钻两主切削刃不通过钻心，而是平行并相互错开一个钻心厚度，因此，钻头主切削刃上各点的基面是不同的。

2）切削平面。切削平面是通过主切削刃上任一点的切削速度方向与钻刃构成的平面。

3）正交平面。正交平面是通过主切削刃上任一点，并垂直于基面和切削平面的平面。

4）柱剖面。柱剖面是通过主切削刃上任一点作与钻头轴线平行的直线，该直线绕钻头轴线旋转所形成的圆柱面的切面。

（2）标准麻花钻的切削角度

标准麻花钻的切削角度如图 1—3—5 所示。

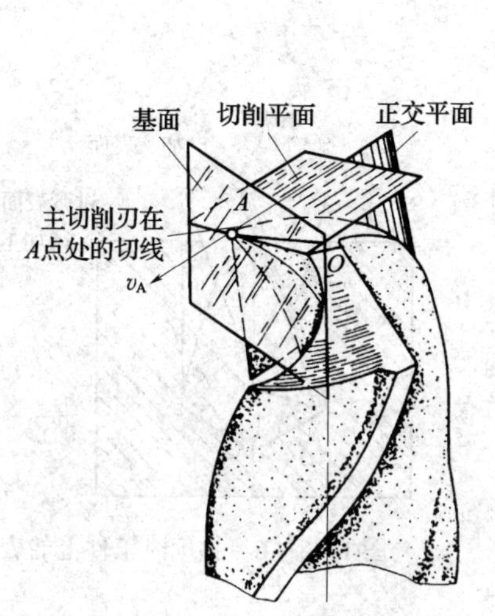

图 1—3—4　麻花钻的辅助平面

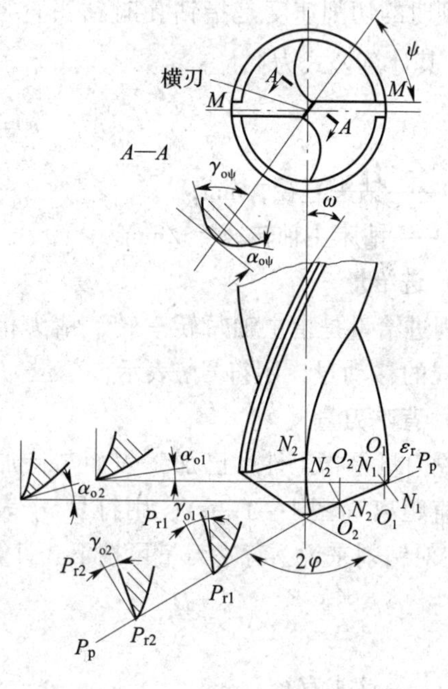

图 1—3—5　标准麻花钻的切削角度

1）前角 γ_o。前角 γ_o 是在正交平面（N_1—N_1 或 N_2—N_2）内前面与基面之间的夹角。前角的大小决定着切除材料的难易程度和切屑在前面上摩擦阻力的大小。前角越大，切削越省力。

2）后角 α_o。后角 α_o 是在柱剖面（O_1—O_1 或 O_2—O_2）内后面与切削平面之间的夹角。后角的大小影响钻头后面与工件切削表面的摩擦程度。刃磨时，一般要求外缘处后角为 8°～14°，近横刃处为 20°～26°。后角越小，摩擦越严重，但切削刃强度较高。

3）顶角 2φ。顶角又称锋角，是钻头两主切削刃在其平行平面 M—M 上的投影之间的夹角。顶角的大小可根据加工条件通过刃磨钻头决定。标准麻花角的顶角 $2\varphi = 118° \pm 2°$，这时两主切削刃呈直线形。若 $2\varphi > 118°$ 时，主切削刃呈内凹形；$2\varphi < 118°$ 时，主削刃呈

外凸形。顶角的大小影响主切削刃上轴向力的大小。顶角越小，则轴向力越小，外缘处刀尖角 ε_r 增大，有利于散热和提高钻头耐用度。但顶角减小后，在相同条件下钻头所受扭矩增大，切屑变形加剧，排屑困难，会妨碍切削液进入。

4）横刃斜角 ψ。横刃斜角 ψ 是横刃与主切削刃在钻头端面（M—M）上投影之间的夹角，标准麻花钻的横刃斜角 $\psi=50°\sim55°$。横刃斜角 ψ 的大小与后角、顶角的大小有关，是在刃磨钻头时自然形成的。靠近横刃处的后角磨得越大，横刃斜角 ψ 越小，横刃越锋利，但横刃的长度会增大，钻头不易定中心。横刃斜角 ψ 刃磨准确，说明近横刃处的后角刃磨也准确。

三、钻削用量的选择

1. 钻削用量

钻削用量包括三个要素，即切削速度、进给量和背吃刀量。

(1) 切削速度

钻削时的切削速度是指钻孔时钻头直径上任一点的线速度，用符号 v_c 表示，单位为 m/min。其计算公式为：

$$v_c=\frac{\pi Dn}{1\ 000}$$

式中 D——钻头直径，mm；

n——钻床主轴转速，r/mm。

(2) 进给量

钻削进给量是指主轴每转一转，钻头相对工件沿主轴轴线的移动量，用符号 f 表示，单位为 mm/r。

(3) 背吃刀量

背吃刀量是指工件上已加工表面与待加工表面之间的垂直距离（图 1—3—6），用符号 a_p 表示，单位为 mm。对钻削来说，背吃刀量可按下式计算：

$$a_p=\frac{D}{2}$$

式中 D——钻头直径，mm。

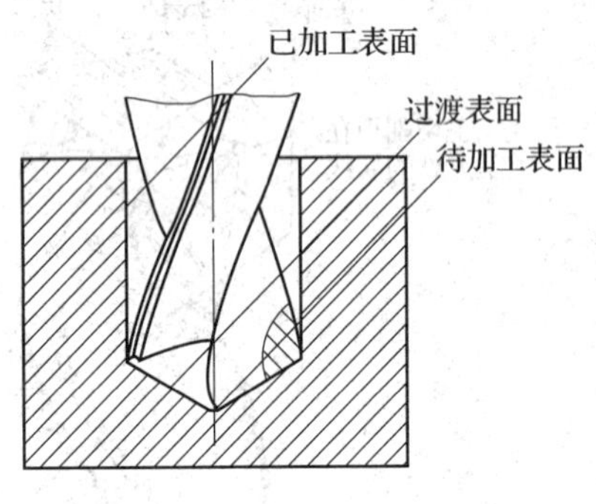

图 1—3—6 钻削时工件上的表面

2. 钻削用量的选择原则

选择钻削用量的目的是在保证加工精度和表面质量以及刀具合理使用寿命的前提下，尽可能使生产效率最高；同时，又不允许超过机床的功率以及机床、刀具、工件等的强度和刚度的承受范围。

钻孔时，由于背吃刀量已由钻头直径所决定，所以只需选择切削速度和进给量。

对钻孔生产效率的影响，切削速度 v_c 和进给量 f 是相同的；对钻头使用寿命的影响，切削速度 v_c 比进给量 f 大；对孔的表面粗糙度的影响，进给量 f 比切削速度 v_c 大。所以，综合以上因素，钻孔时选择切削用量的基本原则如下：在允许的范围内，尽量先选较大的进给量 f；当进给量 f 受到表面粗糙度和钻头刚度的限制时，再考虑较大的切削速

度 v_c。

3. 钻削用量的选择方法

（1）背吃刀量的选择

在钻孔过程中，可根据实际情况，先用直径为（0.5～0.7）D 的钻头钻底孔，然后用直径为 D 的钻头将孔进行扩大加工，这样可以减小背吃刀量和轴向力，保护机床，同时可以提高钻孔质量。

（2）进给量的选择

孔的加工精度要求较高以及表面粗糙度值要求较小时，应选取较小的进给量；钻孔深度较深、钻头较长、钻头的刚度和强度较低时，也应选取较小的进给量。

（3）切削速度的选择

当钻头直径和进给量确定后，切削速度应按照钻头的使用寿命选取合理的数值。当钻孔的深度较深时，应选取较小的切削速度。

高速钢麻花钻钻削时的进给量可参考表 1—3—1 选择，切削速度可参考表 1—3—2 选择。

表 1—3—1　　高速钢麻花钻的推荐进给量

钻头直径 D（mm）	<3	3～6	6～12	12～25	>25
进给量 f（mm/r）	0.025～0.05	0.05～0.10	0.10～0.18	0.18～0.38	0.38～0.62

表 1—3—2　　高速钢麻花钻的推荐切削速度

加工材料	硬度 HBW	切削速度 v_c［m/s（m/min）］
低碳钢	100～125	0.45（27）
	125～175	0.40（24）
	175～225	0.35（21）
中、高碳钢	125～175	0.37（22）
	175～225	0.33（20）
	225～275	0.25（15）
	275～325	0.20（12）
合金钢	175～225	0.30（18）
	225～275	0.25（15）
	275～325	0.20（12）
	325～375	0.17（10）
高速钢	200～250	0.22（13）
灰铸铁	100～140	0.55（33）
	140～190	0.45（27）
	190～220	0.35（21）
	220～260	0.25（15）
	260～320	0.15（9）
铝合金、镁合金		1.25～1.50（75～90）
铜合金		0.33～0.80（20～48）

四、钻孔的方法

1. 工件划线

按钻孔的位置尺寸要求划出孔位的十字中心线，并在中心打上样冲眼，如图 1—3—7a 所示。为了便于在钻孔时检查和借正钻孔的位置，可以按加工孔直径的大小划出孔的圆周线；对于直径较大的孔，还可以划出几个大小不等的检查圆或检查方框（图 1—3—7b、c）。

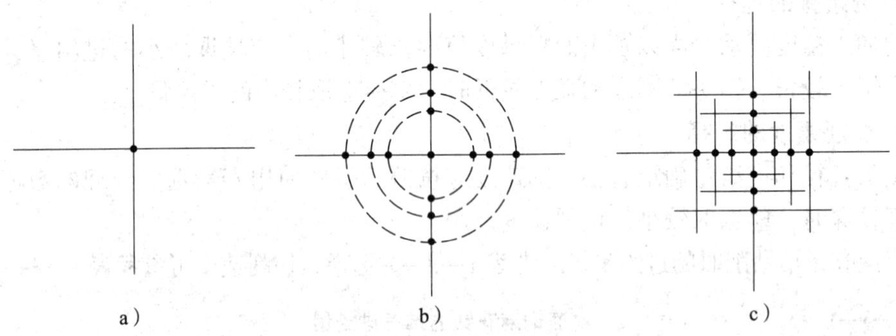

图 1—3—7　孔的检查线形式

a）孔位中心线　b）检查圆　c）检查方框

2. 工件的装夹

钻孔时，根据工件的不同形状以及钻削力的大小（或钻孔的直径大小）等情况，采用不同的装夹（定位和夹紧）方法，以保证钻孔的质量和安全。常用的工件装夹方法如图 1—3—8 所示。

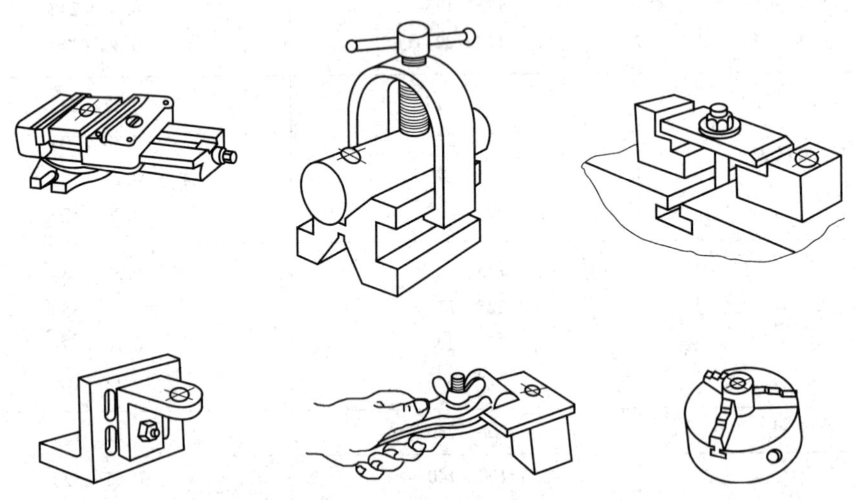

图 1—3—8　常用的工件装夹方法

3. 钻头的装夹

(1) 直柄钻头的装夹

直柄钻头用钻夹头夹持，其夹持长度不得小于 15 mm。使用钻夹头钥匙旋转外套，夹紧或放松钻头，如图 1—3—9 所示。

(2) 锥柄钻头的装夹(图 1—3—10)

锥柄钻头用莫氏锥套直接与钻床主轴连接。当钻头的锥柄小于钻床主轴的锥孔时,可加过渡套筒来连接。

4. 起钻的方法

(1) 打样冲眼法

划线时在孔十字中心上已打样冲眼的,可以直接对准样冲眼起钻。先起钻出一个浅坑,观察钻孔位置是否正确,并不断校正,使浅坑与划线圆同心。

(2) 压痕法

钻孔时,先使钻头横刃中心对准孔位十字中心压下,使横刃在十字中心处有一段压痕,退回钻头后将其转过 90°,再下压得压痕,看两次压痕的交点是否与十字中心同位(图 1—3—11),如同位,则相当于已在十字中心上打了样冲眼,可直接对准样冲眼起钻,同时观察钻孔位置是否正确,并及时找正。

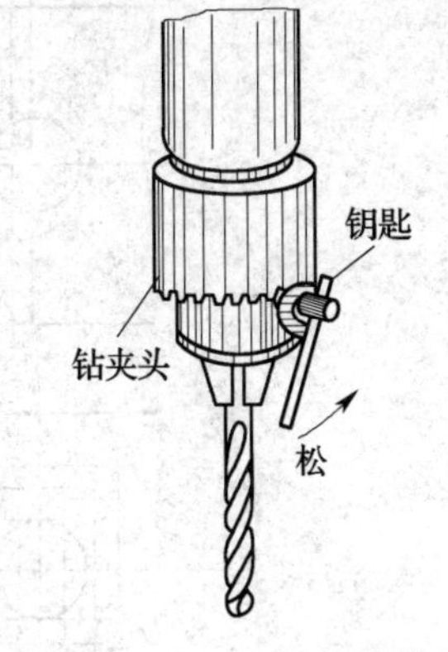

图 1—3—9 直柄钻头装夹

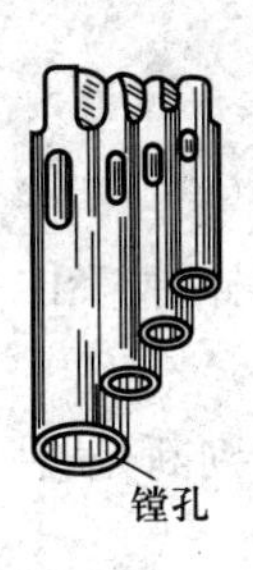

a)

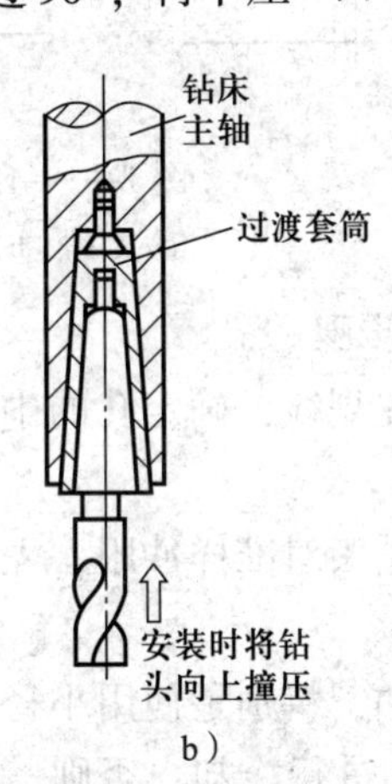

b)

图 1—3—10 锥柄钻头装夹

a)过渡套筒 b)钻头的装夹

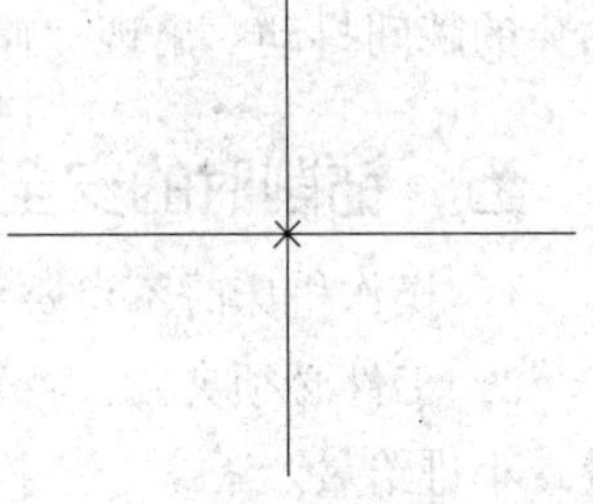
图 1—3—11 压痕法起钻

借正方法:如果偏位较少,可在起钻的同时用力将工件向偏位的相反方向推移,达到逐步校正的目的;如果偏位较多,可在校正的方向上打上几个样冲眼或用油槽錾錾出几条槽(图 1—3—12),以减小此处的钻削阻力,达到校正的目的。

5. 手动进给操作

当起钻达到钻孔的位置要求后,即可压紧工件完成钻孔。手动进给时,进给力不应使钻头产生弯曲现象,以免钻孔轴线歪斜(图 1—3—13);钻小直径孔或深孔时,进给力要小,并经常退钻排屑,以免切屑阻塞而扭断钻头;钻孔将穿时,钻头切削刃由于钻削材料急剧减少,导致两切削刃的切削力不平衡,这时进给力必须减小,以防止进给量突然增大,造成切削抗力增大,使钻头折断,或使工件随钻头转动造成事故。

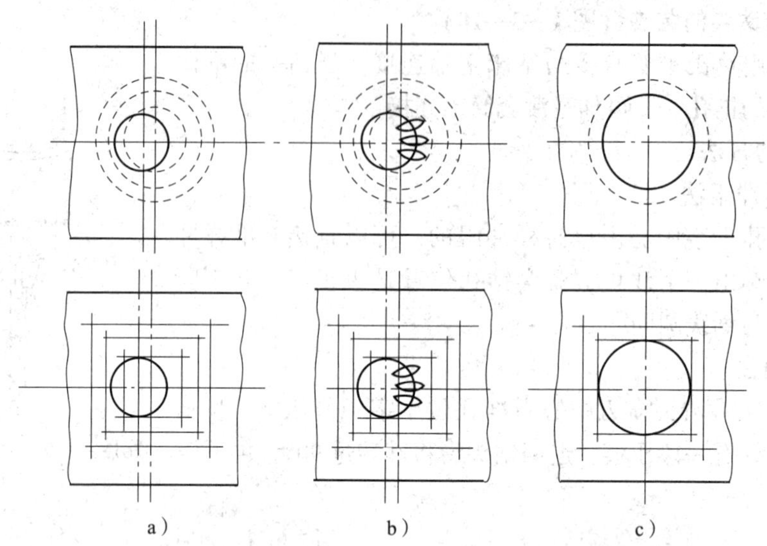

图 1—3—12　起钻偏位的借正

a）起钻　b）孔位借正　c）钻孔

6. 钻削操作一般步骤

（1）钻孔前一般先划线，确定孔的中心，在孔中心用样冲打出较大的样冲眼。

（2）钻孔时，用钻头对准样冲眼，先钻一个浅坑，以判断是否对中。

（3）在钻削过程中，特别是使用小径钻头或钻深孔时要经常退出钻头，以排出切屑和进行冷却；否则，可能使切屑堵塞或钻头过热磨损甚至折断，并影响加工质量。

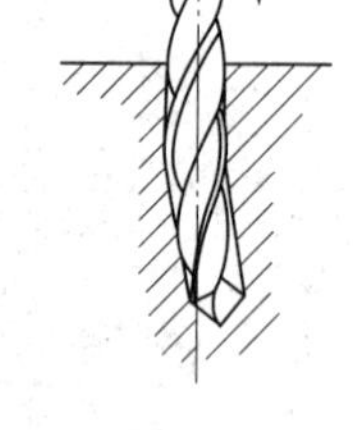

图 1—3—13　钻孔时轴线歪斜

（4）钻通孔时，当孔将被钻透时进给量要减小，以避免钻头在钻穿的瞬间抖动，出现“啃刀”现象，影响加工质量，损伤钻头，甚至发生事故。

五、钻削时的安全注意事项

1. 操作机床时不可戴手套，袖口必须扎紧；女生必须戴工作帽。

2. 工件必须夹紧，特别在小工件上钻较大直径孔时装夹必须牢固；孔将钻穿时，要尽量减小进给量。

3. 开动钻床前，应检查是否有钻夹头钥匙或楔铁插在钻床主轴上。

4. 钻孔时不可用手和棉纱或用嘴吹来清除切屑，必须用毛刷清除；钻出长条切屑时，要用钩子钩断后除去。

5. 操作者的头部不准与旋转着的主轴靠得太近。停车时应让主轴自然停止，不可用手阻挡主轴转动，也不能用反转制动。

6. 严禁在开车状态下装拆工件。检验工件和变换主轴转速必须在停车状况下进行。

7. 清洁钻床或加注润滑油时必须切断电源。

六、钻孔时可能出现的问题及产生原因

钻孔时可能出现的问题及产生原因见表 1—3—3。

表 1—3—3　　钻孔时可能出现的问题及产生原因

出现问题	产生原因
孔径大于规定尺寸	（1）钻头两条主切削刃长度不等，高低不一致 （2）钻床主轴径向偏摆；工作台未锁紧，有松动现象 （3）钻头本身弯曲或装夹不好，使钻头有过大的径向跳动
孔壁粗糙	（1）钻头不锋利 （2）进给量太大 （3）切削液选用不当或供应不足 （4）钻头过短，螺旋槽被切屑堵塞
孔位偏移	（1）工件划线不正确 （2）钻头横刃太长，定心不准，起钻偏位而没有校正
孔歪斜	（1）与孔垂直的平面与主轴不垂直，或钻床主轴与工作台面不垂直 （2）装夹工件时，接触面上的切屑未清除干净 （3）工件装夹不牢或工件有砂眼，钻孔时产生歪斜 （4）进给量过大，使钻头产生弯曲变形
钻孔呈多角形	（1）钻头后角太大 （2）钻头两条主切削刃长短不一，角度不对称
钻头工作部分折断	（1）钻头用钝仍然继续钻孔 （2）钻孔时未经常退钻排屑，使切屑在钻头螺旋槽内阻塞 （3）孔将钻通时没有减小进给量 （4）进给量过大 （5）工件未夹紧，钻孔时产生松动 （6）钻黄铜等软金属时，钻头后角太大，前角又没有修磨小而造成扎刀
切削刃迅速磨损或碎裂	（1）切削速度太高 （2）没有根据工件材料硬度来刃磨钻头角度 （3）工件表面或内部硬度高或有砂眼 （4）进给量过大 （5）切削液不足

七、钻孔实例

1. 钻孔图样

孔加工图样如图 1—3—14 所示。

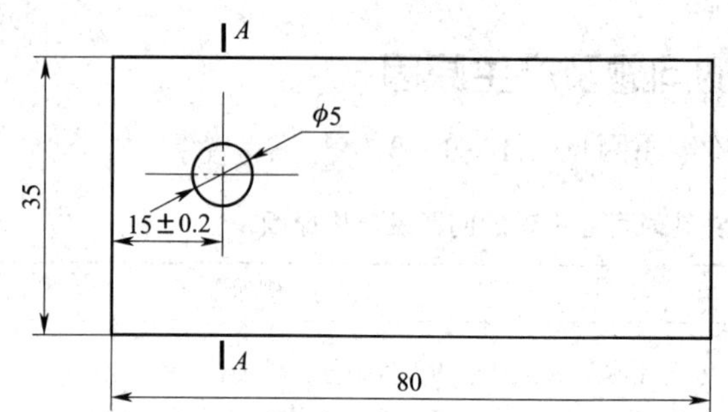

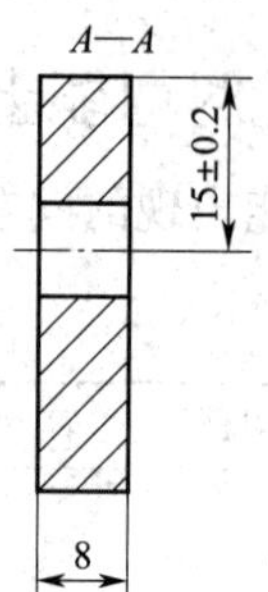

技术要求

1. 孔壁表面粗糙度*Ra* 6.3μm。
2. 安全、正确操作。
3. 材料：Q235钢。

图 1—3—14　孔加工图样

2. 加工准备

钻孔工具、量具准备清单见表 1—3—4。

表 1—3—4　　钻孔工具、量具准备清单

序号	名称	规格	精度	数量	备注
1	游标高度卡尺	0 ~ 300 mm	0. 02 mm	1 把	
2	游标卡尺	0 ~ 150 mm	0. 02 mm	1 把	
3	直角尺	100 mm × 80 mm	1 级	1 把	
4	刀口形直尺	100 mm	1 级	1 把	
5	标准麻花钻	ϕ3 mm、ϕ6 mm、ϕ7 mm、ϕ7. 8 mm、ϕ8 mm、ϕ12 mm 等		若干	
6	毛刷	中号		1 把	
7	铜棒			1 根	
8	软钳口			1 对	
9	划线工具			1 套	
10	测量平板			1 块	
11	纸、笔			自定	

3. 加工工艺步骤

孔加工工艺步骤见表 1—3—5。

表 1—3—5　　孔加工工艺步骤

工序号	工序内容	备注
1	检查来料	外形与基准合格
2	按图样划孔加工中心线	35　15　15　80

续表

工序号	工序内容	备注
3	打样冲眼	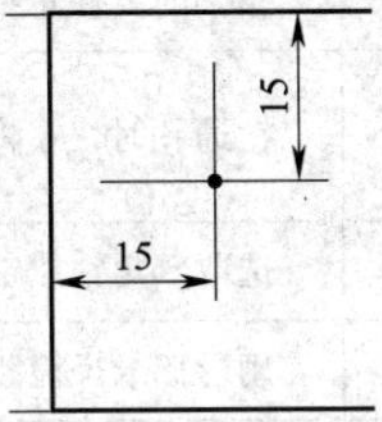 15 15
4	选 $\phi5$ mm 钻头	看钻头尾部的标记或用游标卡尺测量尺寸
5	选台式钻床	试机，钻床能正常运行即可
6	装夹钻头	将钻头夹在钻夹头上，先用手旋紧后试旋转钻头，钻头旋转平稳后再用钥匙沿周向均匀夹紧
7	装夹工件	将要钻孔的工件夹平在机床用平口虎钳上 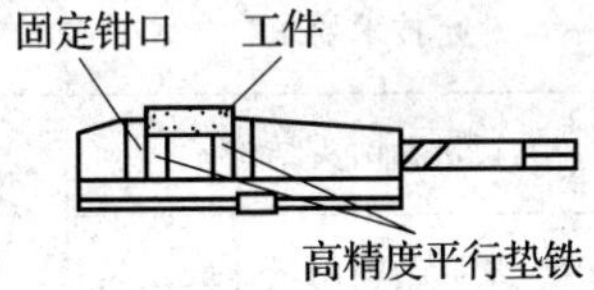 固定钳口 工件 高精度平行垫铁
8	切削用量的选择	（1）主轴转速 n：因 $v_c=\pi Dn_{计}/1\ 000=3.14\times5\times n_{计}/1\ 000=24$ m/min（Q235 为低碳钢，硬度为 140HBW 左右，查表 1—3—2 得 $v_c=24$ m/min），计算得 $n_{计}\approx$ 1 528 r/min （2）钻削进给量 $f=0.08$ mm/r （3）背吃刀量 $a_p=2.5$ mm
9	转速的调整	选 $n=1\ 400$ r/min（因 $n_{计}=1\ 528$ r/min，在转速铭牌上没有相同的转速挡，故选用相近的 1 400 r/min 挡为钻削转速）
10	对中心	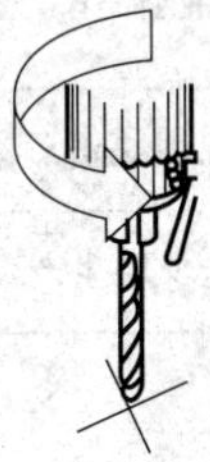 将钻头中心对准样冲眼中心，用手反转一圈，确认两中心重合
11	起钻	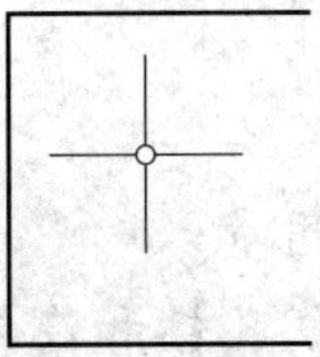 将工件钻出一个小坑，判断小坑中心与划线中心是否一致

续表

工序号	工序内容	备注
12	钻孔	钻削时要注意抬升钻头断屑，以方便钻头散热，避免钻头被卡死
13	钻通孔将穿时的处理	钻通孔时，在将要钻穿时要减轻小钻头压力，以钻头自由切削将孔钻穿
14	孔口倒角 *C*1 mm	选取倒角钻按钻孔的方法钻去孔口 1 mm 深度，即完成倒角
15	检测孔径	用游标卡尺检测 ϕ5 mm 孔径和孔距，用样板法检测孔壁表面粗糙度值

4. 检测记录及评分标准

钻孔检测记录及评分标准见表 1—3—6。

表 1—3—6　　钻孔检测记录及评分标准

时限	2 h	开始时间		结束时间		实考时间	
项目	序号	技术要求		配分	评分标准	检测记录	得分
理论基础	1	熟悉钻头结构		10	不规范不得分		
	2	掌握钻削用量计算		15	计算错误不得分		
操作技能	3	正确选用钻头		10	不正确不得分		
	4	正确操作钻床		10	不正确不得分		
	5	正确检测孔径		15	不正确不得分		
	6	(15 ±0.2) mm (2 处)		2 × 10	不合格不得分		
	7	孔壁表面粗糙度 *Ra*3.2 μm		10	不合格不得分		
综合能力	8	团结协作		10	不合格不得分		
其他	9	出现缺陷			每处扣 1 ~ 5 分		
	10	安全文明生产			违者酌情扣 1 ~ 10 分		

子课题 2　扩孔、锪孔

学习目标

1. 掌握扩孔切削用量。
2. 能够正确选用扩孔钻和锪钻。
3. 能够熟练进行扩孔和锪孔操作。

一、扩孔加工

用扩孔工具（如扩孔钻）扩大工件铸造孔和预钻孔孔径的加工方法称为扩孔。用扩孔钻扩孔，可以是为精加工孔做准备，也可以是精度要求不高的孔加工的最终工序。钻孔后进行扩孔，可以校正孔的轴线偏差，使其获得较正确的几何形状和较小的表面粗糙度值。扩孔的加工经济精度等级为 IT11 ~ IT10 级，表面粗糙度 Ra 值为 6. 3 ~ 3. 2 μm。

1. 用麻花钻扩孔

如果孔径较大或孔面有一定的表面质量要求，孔不能用麻花钻在实体上一次钻出，常用直径较小的麻花钻预钻一孔，然后用修磨后的大直径麻花钻进行扩孔。由于扩孔时避免了麻花钻横刃切削的不良影响，可适当提高切削用量；同时，由于背吃刀量减小，使切屑容易排出，孔的表面粗糙度值可减小。扩孔如图 1—3—15 所示。

用麻花钻扩孔时，扩孔前的钻孔直径为所扩孔径的 50% ~70%，扩孔时的切削速度约为钻孔的 1/2，进给量为钻孔的 1. 5 ~2 倍，加工余量为 0. 5 ~4 mm。

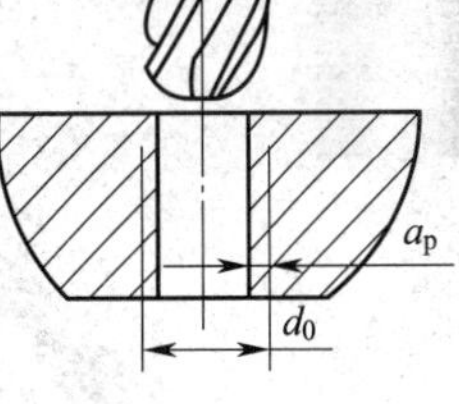

图 1—3—15　扩孔

2. 用扩孔钻扩孔

为提高扩孔的加工精度，预钻孔后，在不改变工件与机床主轴相互位置的情况下，换上专用扩孔钻（图 1—3—16）进行扩孔。这样可使扩孔钻的轴线与已钻孔的中心线重合，使切削平稳，保证加工质量。扩孔钻对已有的孔进行再加工时，其加工质量及效率优于麻花钻。

图 1—3—16　扩孔钻

在原铸造孔、锻造孔上进行扩孔时，为提高质量，可先用镗刀镗出一段直径与扩孔钻相同的导向孔，然后再进行扩孔。这样可使扩孔钻在一开始进行扩孔时就有较好的导向，而不会随原有不正确的孔偏斜。

扩孔钻的结构分为高速钢整体式（图 1—3—17a）、镶齿套式（图 1—3—17b）和镶硬质合金套式（图 1—3—17c）。

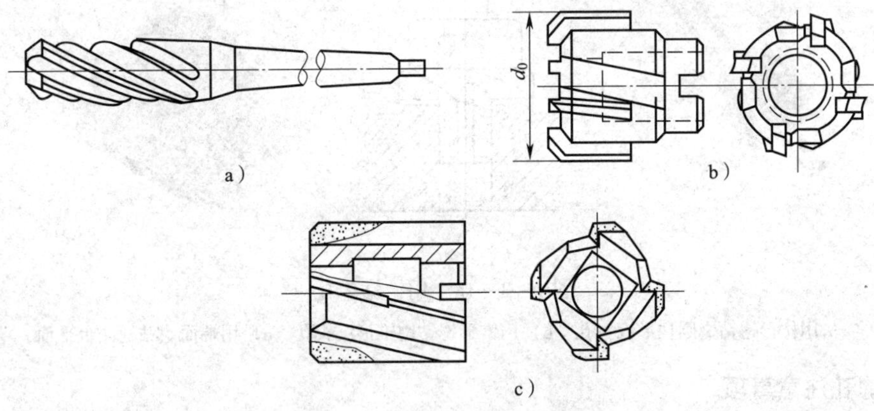

图 1—3—17　扩孔钻的结构

3. 扩孔的余量与切削用量

扩孔的余量一般为孔径的1/8。对于直径小于25 mm的孔，扩孔余量为1~3 mm；较大的孔为3~9 mm。

扩孔时进给量的大小主要受表面质量要求限制，切削速度受刀具耐用度限制。

二、锪孔加工

锪钻是用来加工各种沉头孔和锪平孔口端面的。锪钻通常通过其定位导向结构（如导向柱）来保证被锪的孔或端面与原有孔的同轴度和垂直度要求，可手动或自动控制钻床轴向进给量来保证所锪孔的深度。

1. 锪钻

锪钻一般分为柱形锪钻、锥形锪钻和端面锪钻三种，如图1—3—18所示。锪圆柱形沉头孔（台阶孔）的锪钻称为柱形锪钻，锪锥形沉头孔的锪钻称为锥形锪钻，专门用来锪平孔口端面的锪钻称为端面锪钻。

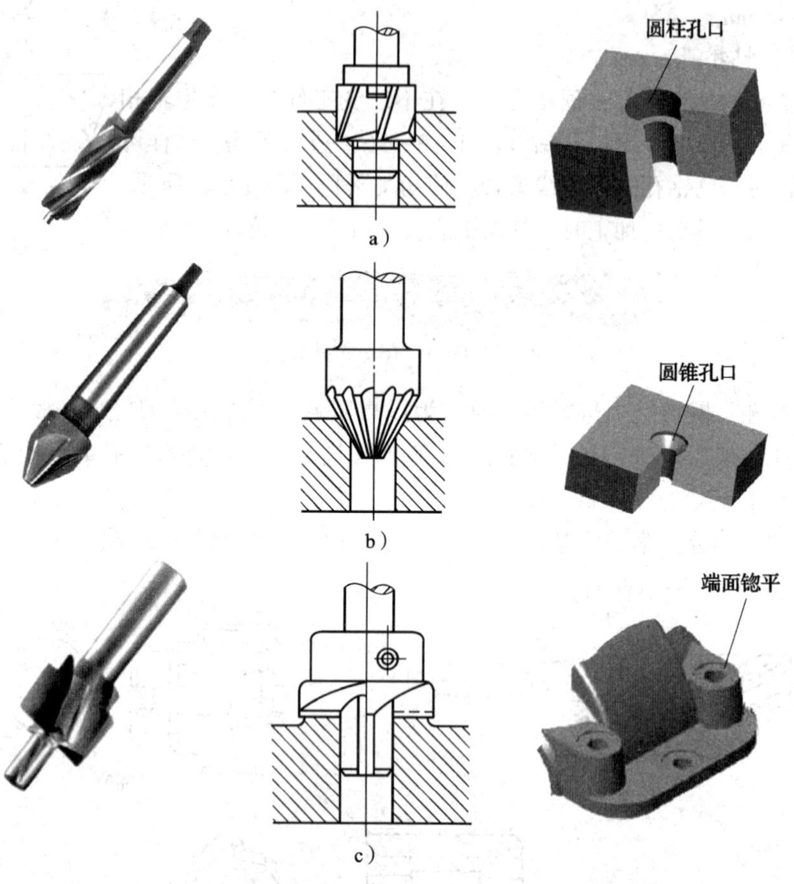

图1—3—18　用锪钻锪孔

a）用柱形锪钻锪圆柱形沉头孔　b）用锥形锪钻锪锥形沉头孔　c）用端面锪钻锪凸台平面

2. 锪孔注意事项

锪孔方法与钻孔基本相同。锪孔时如果操作不当，会导致所锪的端面或锥面有振痕，特别是用麻花钻改制的锪钻尤为严重。为了避免这种现象，锪孔时应注意以下几点：

(1) 尽量选用较短的麻花钻改制锪钻，防止锪孔时出现振动。

(2) 锪钻的前角、后角不能太大，并注意修磨前面，后面上要修磨一些零后角的消振棱，防止扎刀和出现多角形。

(3) 锪孔时进给量为钻孔时的 2 ~ 3 倍，切削速度为钻孔时的 1/3 左右，甚至可利用钻床停车后的主轴惯性进行锪孔，以减小振动，提高锪孔表面质量。

(4) 当锪至所需深度时，停止进给后应让锪钻继续旋转几圈，然后提起。

(5) 锪钢件时，因切削热量大，应向导柱和切削表面加入切削液。

(6) 精锪时，往往用较小的主轴转速来锪孔，以减小振动，获得光滑表面。

高速钢、硬质合金锪钻切削用量选用可参考表 1—3—7。

表 1—3—7　　高速钢、硬质合金锪钻切削用量选用参考

材料	高速钢锪钻		硬质合金锪钻	
	进给量（mm/r）	切削速度（m/s）	进给量（mm/r）	切削速度（m/s）
铝	0. 13 ~ 0. 38	2. 0 ~ 4. 08	0. 15 ~ 0. 30	2. 50 ~ 4. 08
黄铜	0. 13 ~ 0. 25	0. 75 ~ 1. 50	0. 15 ~ 0. 30	2. 0 ~ 3. 50
软铸铁	0. 13 ~ 0. 18	0. 62 ~ 0. 72	0. 15 ~ 0. 30	1. 50 ~ 1. 78
软钢	0. 08 ~ 0. 13	0. 38 ~ 0. 43	0. 10 ~ 0. 20	1. 25 ~ 1. 50
合金钢及工具钢	0. 08 ~ 0. 13	0. 20 ~ 0. 40	0. 10 ~ 0. 20	0. 92 ~ 1. 0

3. 锪孔时可能出现的问题及产生原因

锪孔时可能出现的问题及产生原因见表 1—3—8。

表 1—3—8　　锪孔时可能出现的问题及产生原因

可能出现的问题	产生原因
锪孔表面呈多角形	(1) 前角太大，有扎刀现象 (2) 切削速度太高 (3) 切削液选择不当 (4) 锪钻切削刃不对称 (5) 工件或刀具装夹不牢
表面粗糙度值大	(1) 锪钻几何角度不合理 (2) 刀具磨损 (3) 切削液选用不当
平面呈凹凸形	锪钻切削刃与柄部旋转轴线不垂直

4. 锪孔操作

(1) 加工任务

加工零件如图 1—3—19a 所示。

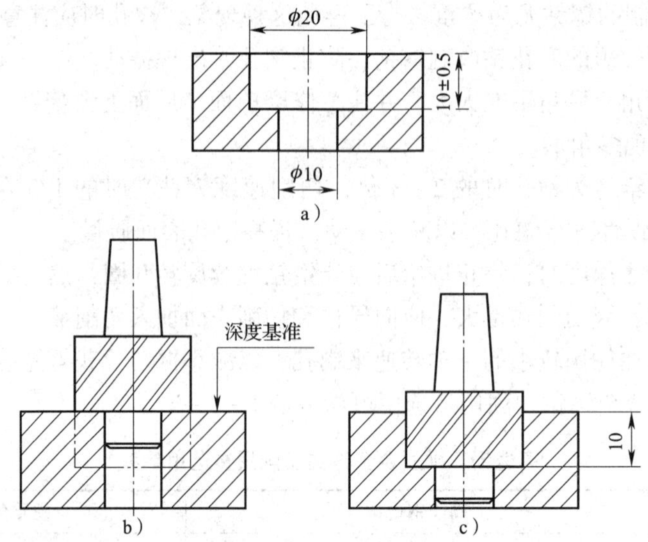

图 1—3—19　沉头孔加工

a）加工零件　b）轴向进给初始位置　c）加工到位

（2）加工前准备

锪孔工具、量具准备清单见表 1—3—9。

表 1—3—9　　锪孔工具、量具准备清单

序号	名称	规格	精度	数量	备注
1	游标高度卡尺	0 ~ 300 mm	0.02 mm	1 把	
2	游标卡尺	0 ~ 150 mm	0.02 mm	1 把	
3	直角尺	100 mm × 80 mm	1 级	1 把	
4	刀口形直尺	100 mm	1 级	1 把	
5	标准麻花钻	ϕ6、ϕ8、ϕ12 mm 等		若干	
6	沉头复合锪钻	ϕ10 mm/ϕ20 mm		若干	
7	毛刷	中号		1 把	
8	铜棒			1 根	
9	软钳口			1 对	
10	划线工具			1 套	
11	测量平板			1 块	
12	纸、笔			自定	

（3）加工工艺步骤

1）按图钻出孔整体通孔 ϕ6 mm，再扩孔至 ϕ10 mm。

2）夹持锪钻，操作方法同钻孔或扩孔。

3）在停机状态下，压下主轴，使锪钻切削部分贴紧底孔孔口，以找准轴向进给深度基准（沉头深度的起始位置），如图 1—3—19b 所示。

4）调整轴向游标定位螺母至基准位置所对应刻度为 20 mm，如图 1—3—20b、c 所示。

5）根据图样的沉孔深度 H 计算出锪钻轴向进给量 $H_{锪}$。对于柱形锪钻，$H_{锪}=H$，（图

1—3—19中 $H=10$ mm）。对于锥形锪钻，需根据锥度进行角度转换，计算出实际的轴向进给量。

6）调整轴向游标定位螺母至所需深度的刻度，即 20 + 10 = 30 mm，如图 1—3—20d 所示。

7）驱动锪钻轴向进给所需沉头孔深度。

8）轴向退出锪钻，加工完成。

a）

b）

c）

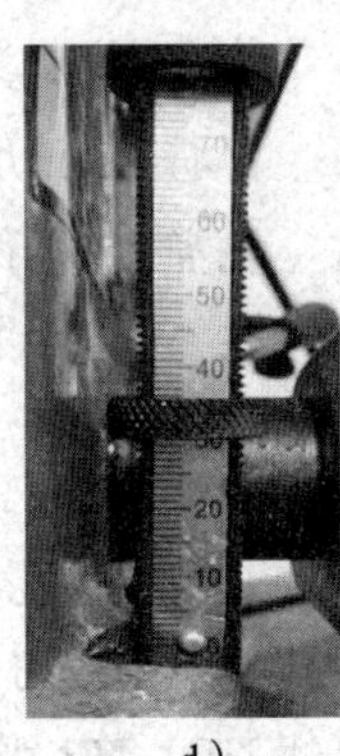

d）

图 1—3—20　在钻床上调整锪孔深度

a）主轴自由位置　b）锪钻进给初始位置　c）游标上初始刻度　d）调整定位螺母

5．检测记录及评分标准

扩孔、锪孔加工检测记录及评分标准见表 1—3—10。

表 1—3—10　　扩孔、锪孔加工检测记录及评分标准

时限	2 h	开始时间	结束时间		实考时间	
项目	序号	技术要求	配分	评分标准	检测记录	得分
理论基础	1	熟悉扩孔钻、锪钻的结构及加工范围	10	不能正确表述不得分		
	2	正确计算扩孔切削用量	15	计算错误不得分		
操作技能	3	正确选用扩孔钻进行扩孔	10	不正确不得分		
	4	正确选用锪钻进行加工	10	不正确不得分		
	5	正确进行沉头孔深度控制	15	不正确不得分		
	6	（10 ±0.5）mm	20	不合格不得分		
	7	ϕ10 mm/ϕ20 mm 孔径合格	10	不合格不得分		
综合能力	8	团结协作	10	不合格不得分		
其他	9	出现缺陷		每处扣 1 ~ 5 分		
	10	安全文明生产		违者酌情扣 1 ~ 10 分		

子课题 3　铰孔

学习目标

1. 熟悉铰刀类型、结构和工作原理。
2. 掌握铰削用量的选用。
3. 能熟练进行手铰和机铰操作。
4. 会合理选用切削液。
5. 熟悉铰削质量分析。

用铰刀从工件孔壁上切除微量金属层，以提高其尺寸精度和降低表面粗糙度值的方法称为铰孔。由于铰刀的刀齿数量多，切削量小，故切削阻力小；导向性好，故加工精度高，一般可达 IT9 ~ IT7 级，表面粗糙度 Ra 值可达 3.2 ~ 0.8 μm。

一、铰刀

铰刀的种类很多，按使用方式可分为手用铰刀和机用铰刀两种；按结构可分为整体式铰刀和可调节式铰刀；按切削部分材料可分为高速钢铰刀和硬质合金铰刀；按用途可分为圆柱铰刀和圆锥铰刀；按齿槽形式可分为直槽铰刀和螺旋槽铰刀，如图 1—3—21 所示。

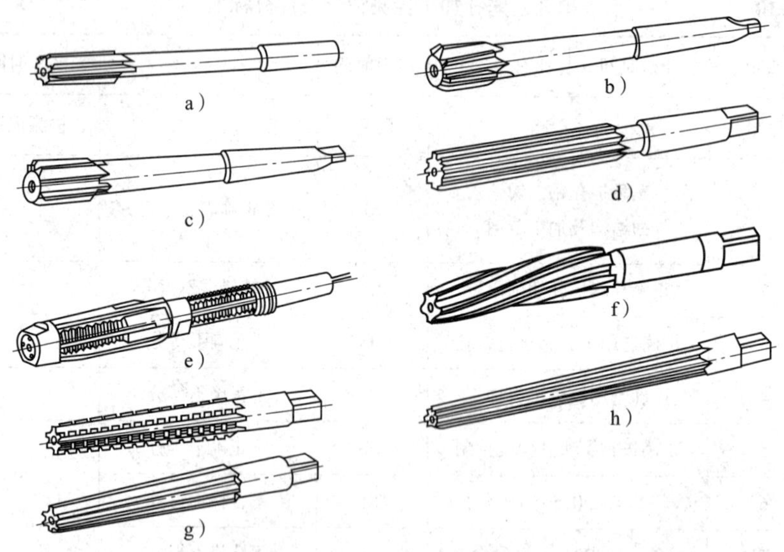

图 1—3—21　铰刀基本类型

装配钳工常用的铰刀有整体式圆柱铰刀、手用可调节式圆柱铰刀和整体式圆锥铰刀。

1. 整体式圆柱铰刀

整体式圆柱铰刀由柄部、颈部和工作部分组成，工作部分又有切削部分和校准部分，如图 1—3—22 所示。其主要结构参数有直径 D、切削锥角 2ϕ、切削部分和校准部分的前角 γ_o与后角 α_o、校准部分的刃带宽度 f、齿数 z 等。

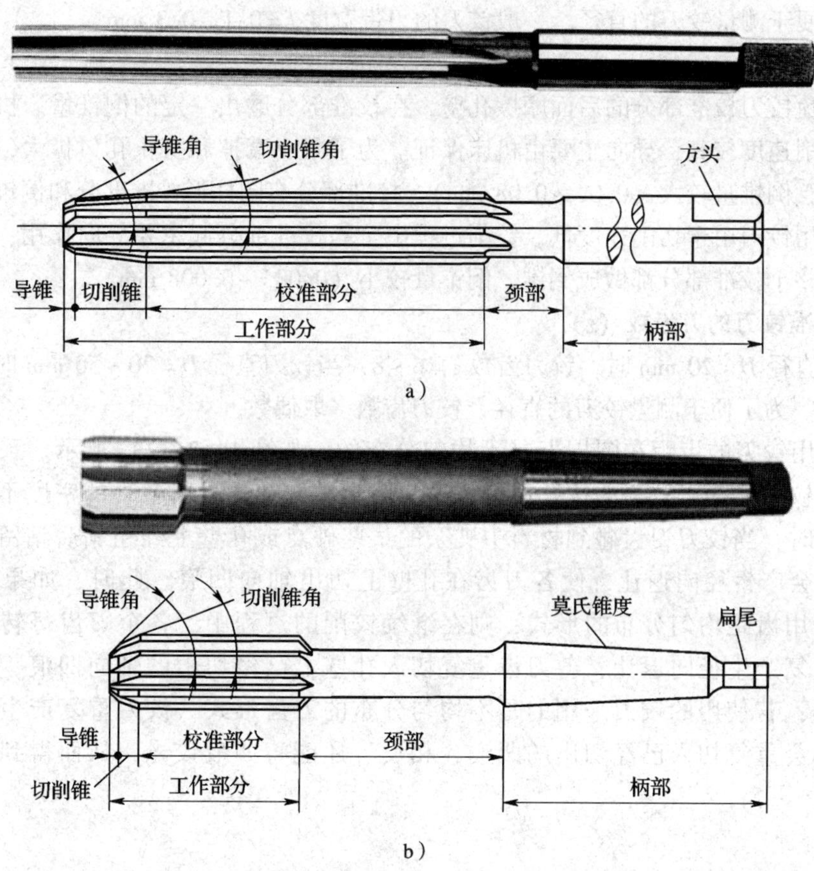

图 1—3—22　整体式圆柱铰刀

a）手用铰刀　b）机用铰刀

切削部分的参数由切削条件决定。校准部分用来校准孔径尺寸及引导铰削的方向，同时也是切削部分的备磨部分。

（1）切削锥角（2φ）

切削锥角 2φ 决定铰刀切削部分的长度，对切削力的大小和铰削质量也有较大影响。适当减小切削锥角 2φ 是获得较小表面粗糙度值的重要条件。一般手用铰刀 $\varphi=30'\sim1°30'$，这样定心作用较好，铰削时轴向力也较小，切削部分较长。机用铰刀铰削钢或其他韧性材料的通孔时，$\varphi=15°$；铰削铸铁或其他脆性材料的通孔时，$\varphi=3°\sim5°$。机用铰刀铰削盲孔（不通孔）时，为了使铰出的孔的圆柱部分尽量长，要采用 $\varphi=45°$ 的铰刀。

（2）切削角度

铰孔切削余量很小，切削变形也较小。一般铰刀切削部分前角 $\gamma_o=0°\sim3°$，校准部分前角 $\gamma_o=0°$，使铰削近似于刮削，以减小孔壁表面粗糙度值。铰刀切削部分和校准部分的后角都磨成 $\alpha_o=6°\sim8°$。

（3）校准部分刃带宽度（f）

校准部分的切削刃上留有无后角的棱边，其作用是引导铰刀的铰削方向和修正孔的尺寸，同时也便于测量铰刀的直径。一般铰刀的刃带宽度 $f=0.1\sim0.3$ mm。

(4) 倒锥量

为了避免铰刀校准部分的后面摩擦孔壁，在校准部分磨出一定的倒锥量。机用铰刀铰孔时，因切削速度较高，导向主要由机床保证。为了减小摩擦和防止孔口扩大，其校准部分做得较短，倒锥量较大（0.04～0.08 mm），校准部分有圆柱形校准部分和倒锥形校准部分两段。手用铰刀由于切削速度低，铰削过程中全靠校准部分起主要导向作用，所以校准部分较长，整个校准部分都做成倒锥，倒锥量较小（0.005～0.008 mm）。

(5) 标准铰刀的刀齿数（z）

当铰刀直径 $D<20$ mm 时，铰刀齿数 $z=6\sim8$；当铰刀直径 $D=20\sim50$ mm 时，铰刀齿数 $z=8\sim12$。为了便于测量铰刀的直径，铰刀齿数多取偶数。

一般手用铰刀的齿距在圆周上是不均匀分布的，如图 1—3—23a 所示。采用齿距不均匀分布的铰刀能获得较高的铰孔质量。这是因为被铰孔的材料各处的密度不可能完全一样，铰削时，当铰刀刀齿碰到材料中夹杂的某些硬点或孔壁上经粗钻后粘留下来的切屑时，铰刀会产生径向退让，使各刀齿在孔壁上切出轴向凹痕。此时，如果使用的铰刀刀齿是采用齿距均匀分布的形式，则在继续铰削的过程中，各个刀齿每转到此处都会使铰刀重复产生径向退让，各刀齿重复切入孔壁上已经切出的轴向凹痕，使铰出的孔成多角形；若使用的铰刀采用的是不均匀分布的刀齿形式，铰刀重复产生径向退让时各刀齿不会重复切入已经切出的凹痕，相反，还能将凹痕铰光，从而得到较高的铰孔质量。

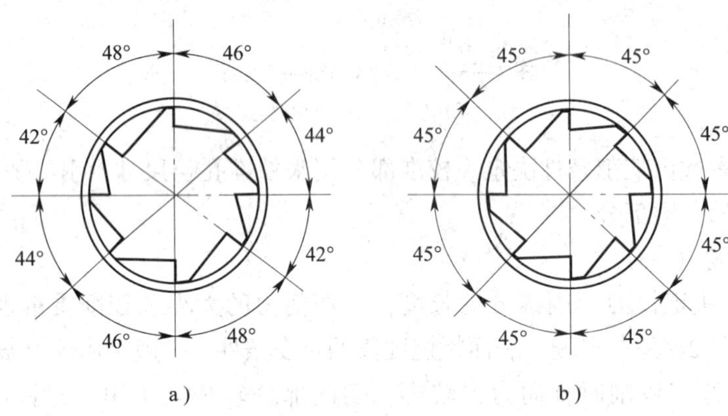

图 1—3—23　铰刀的齿距

a) 不均匀分布　b) 均匀分布

机用铰刀工作时靠机床带动，由于锥柄与机床主轴锥孔连接在一起，因此受到的径向退让影响较小，为了制造方便，一般都做成等距分布的刀齿，如图 1—3—23b 所示。

(6) 铰刀的直径（D）

铰刀的直径是铰刀最基本的结构参数，其精确程度直接影响铰孔的精度。标准铰刀按直径公差分为一号、二号、三号，直径尺寸一般留有 0.005～0.02 mm 的研磨量，待使用者按需要的尺寸进行研磨。未经研磨的铰刀，其公差大小、适用的铰孔精度及研磨后能达到的铰孔精度见表 1—3—11。

表 1—3—11　　刀具厂出品未经研磨的铰刀的直径公差及其适用范围

铰刀公称直径（mm）	一号铰刀			二号铰刀			三号铰刀		
	上极限偏差（μm）	下极限偏差（μm）	公差（μm）	上极限偏差（μm）	下极限偏差（μm）	公差（μm）	上极限偏差（μm）	下极限偏差（μm）	公差（μm）
3 ~ 6	17	9	8	30	22	8	38	26	12
>6 ~ 10	20	11	9	35	26	9	46	31	15
>10 ~ 18	23	12	11	40	29	11	53	35	18
>18 ~ 30	30	17	13	45	32	13	59	38	21
>30 ~ 50	33	17	16	50	34	16	68	43	25
>50 ~ 80	40	20	20	55	35	20	75	45	30
>80 ~ 120	46	24	22	58	36	22	85	50	35
未经研磨适用的场合	H9			H10			H11		
经研磨后适用的场合	N7、M7、K7、J7			H7			H9		

2. 可调节式铰刀

在单件生产和修配工作中需要铰削少量的非标准孔，则应使用可调节式铰刀，如图 1—3—24 所示。此类铰刀可分为可调式手用铰刀（图 1—3—24a）、径向可调式铰刀（图 1—3—24b）、浮动铰刀（图 1—3—24c）。

可调节式铰刀的刀体上开有斜底槽，具有同样斜度的刀片放置在槽内，利用前后两个调整螺母使刀片沿斜底槽移动，即能改变铰刀的直径，以适应加工不同孔径的需要。加工孔径的范围为 6. 25 ~ 44 mm，直径的调节范围为 0. 75 ~ 10 mm。刀片切削部分的前角 $\gamma_o = 0°$，后角 $\alpha_o = 6° \sim 8°$，倒棱宽度 $f = 0.25 \sim 0.4$ mm。

可调式手用铰刀的刀体用 45 钢制作，直径小于或等于 12. 75 mm 的刀片用合金工具钢制作，直径大于 12. 75 mm 的刀片用高速钢制作。

3. 锥铰刀

锥铰刀用于铰削圆锥孔。用锥铰刀铰孔时加工余量大，整个刀齿都作为切削刃投入切削，负荷重，因此，每进刀 3 mm 应将铰刀取出一次，以清除切屑。1∶10 锥孔和莫氏锥孔的锥度大，加工余量就更大，为使铰孔省力，这类铰刀一般制成 2 ~ 3 把一套，其中一把是精铰刀，其余是粗铰刀。如图 1—3—25a 所示。粗铰刀的切削刃上开有螺旋形分布的分屑槽，以减轻切削负荷。

常用的锥铰刀有以下几种：

（1）1∶50 锥铰刀，用来铰削圆锥定位销孔，如图 1—3—25b 所示。

（2）1∶10 锥铰刀，用来铰削联轴器上的锥孔。如图 1—3—25c 所示。

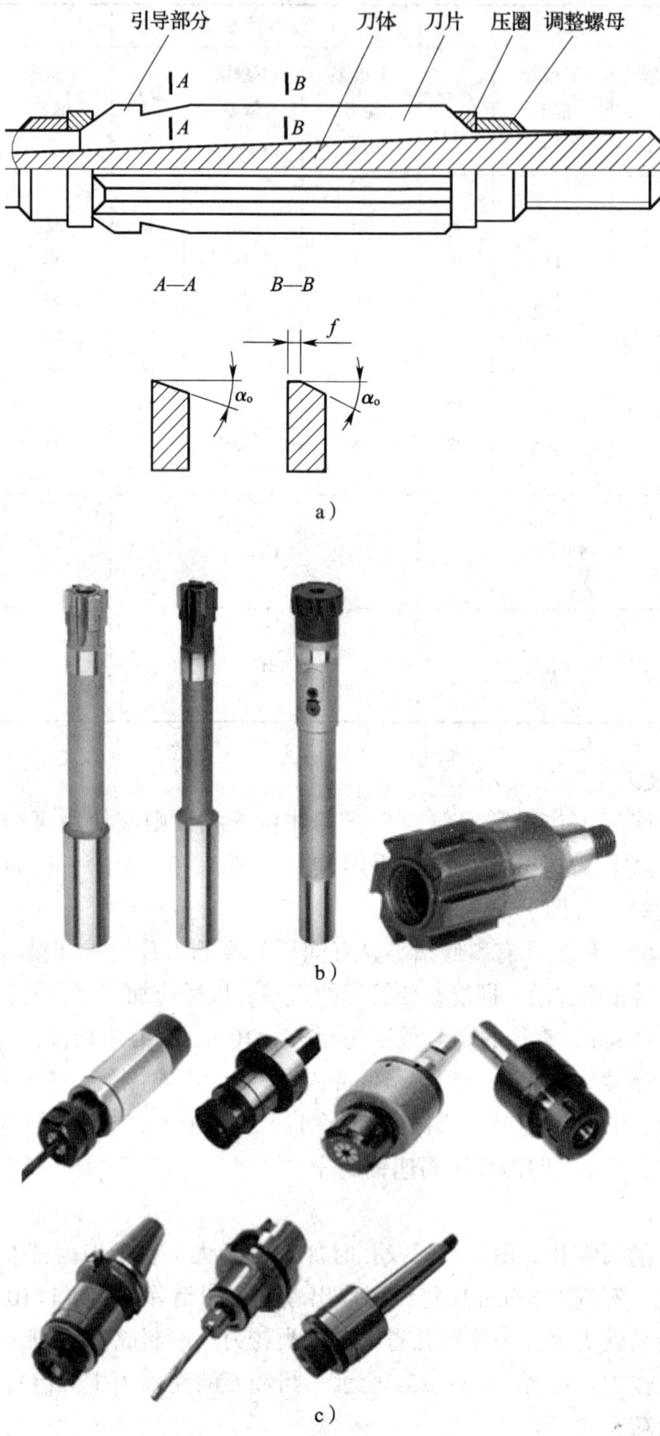

图 1—3—24　可调节式铰刀

a）可调式手用铰刀　b）径向可调式铰刀　c）浮动铰刀

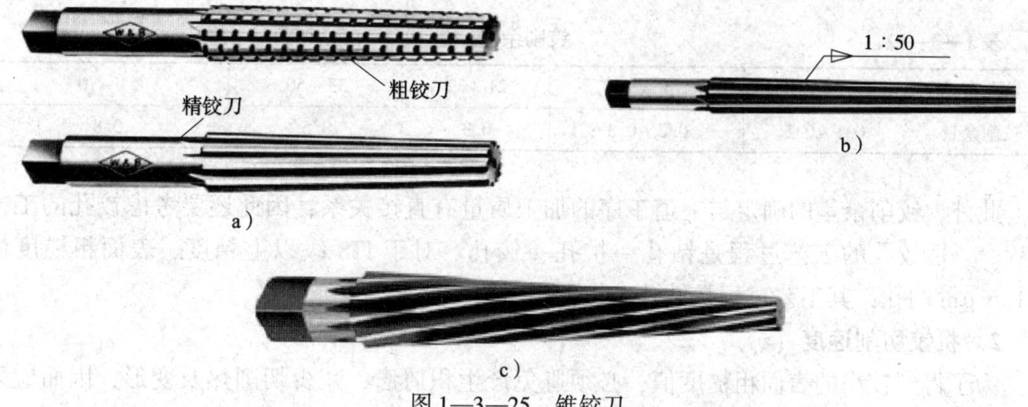

图 1—3—25 锥铰刀

a）成组锥铰刀 b）1∶50 锥铰刀 c）1∶10 锥铰刀

（3）莫氏锥铰刀，用来铰削 0 ~ 6 号莫氏锥孔，其锥度近似于 1∶20。

（4）1∶30 锥铰刀，用来铰削套式刀具上的锥孔。

4. 螺旋槽铰刀

用普通直槽铰刀铰削有键槽的孔时，因为切削刃会被键槽边钩住而使铰削无法进行，因此必须采用螺旋槽铰刀，如图 1—3—26 所示。用这种铰刀铰孔时，铰削阻力沿圆周均匀分布，铰削平稳，铰出的孔光滑。螺旋槽铰刀的方向有左旋和右旋两种。右旋铰刀切削时切屑向后排出，适用于加工不通孔，但铰削时产生的轴向力与进给方向相同，容易使铰刀产生自动旋进的现象，故一般用右旋铰刀时要选择较小的切削用量。左旋铰刀切削时切屑向前排出，容易将铰下的切屑排出孔外，适用于铰削通孔。

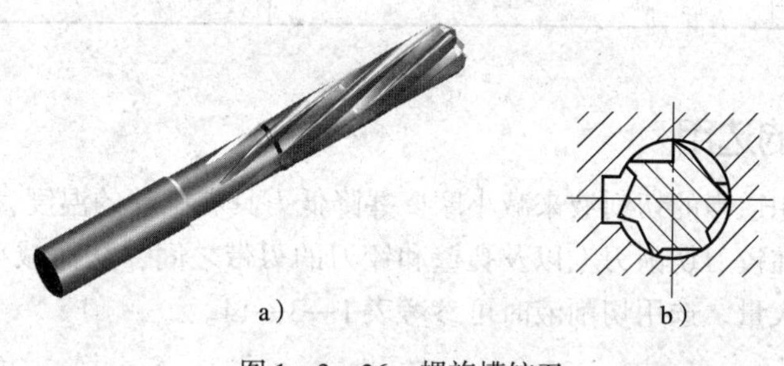

图 1—3—26 螺旋槽铰刀

a）外形 b）工作状态

二、铰削用量

1. 铰削余量 $2a_p$

铰削余量 $2a_p$ 是指上道工序（钻孔或扩孔）完成后留下的直径方向的加工余量。铰削余量不宜过大，因为铰削余量过大会使刀齿切削负荷增大，变形增大，切削热增加，被加工表面呈撕裂状态，致使尺寸精度降低，表面粗糙度值增大，同时加剧铰刀磨损。铰削余量也不宜太小；否则，上道工序残留变形难以纠正，原有刀痕不能去除，铰削质量达不到要求。

选择铰削余量时，应考虑到孔径大小、材料软硬、尺寸精度、表面粗糙度要求及铰刀类型等诸因素的综合影响。用普通标准高速钢铰刀铰孔时，铰削余量可参考表 1—3—12 选取。

表 1—3—12　　铰削余量　　mm

铰孔直径	<5	5~20	21~32	33~50	51~70
铰削余量	0.1~0.2	0.2~0.3	0.3	0.5	0.8

此外，铰削余量的确定与上道工序的加工质量有直接关系，因此还要考虑铰孔的工艺过程。一般铰孔的工艺过程是钻孔→扩孔→铰孔。对于 IT8 级以上精度、表面粗糙度值 $Ra1.6\ \mu m$ 的孔，其工艺过程是钻孔→扩孔→粗铰→精铰。

2. 机铰切削速度（v_c）

为了得到较小的表面粗糙度值，必须避免产生积屑瘤，减少切削热及变形，因而应采用较小的切削速度，可参考表 1—3—13 选取。

3. 机铰进给量（f）

进给量要适当，进给量过大铰刀易磨损，也影响加工质量；进给量过小则很难切下金属材料，形成对材料的挤压，使工件产生塑性变形和表面硬化，最后导致切削刃撕去大片切屑，使工件表面粗糙度值增大，并加快铰刀磨损。

机铰进给量可参考表 1—3—13 选取。

表 1—3—13　　机铰切削速度和进给量的选用

工件材料	切削速度 v_c（m/min）	进给量 f（mm/r）
钢	4~8	0.4~0.8
铸铁	6~10	0.5~1
铜或铝	8~12	1~1.2

三、切削液的选用

铰削时必须选用适当的切削液来减小摩擦并降低刀具和工件的温度，防止产生积屑瘤，减少切屑细末黏附在铰刀切削刃上以及孔壁和铰刀的刃带之间，从而减小加工表面的表面粗糙度值和孔的扩大量。选用切削液时可参考表 1—3—14。

表 1—3—14　　铰孔时的切削液选择

工件材料	切削液
钢	（1）10%~20%乳化液 （2）铰孔要求较高时，采用30%菜籽油加70%肥皂水 （3）铰孔要求更高时，可用菜籽油、柴油、猪油等
铸铁	（1）不用 （2）煤油，但会引起孔径缩小，最大缩小量达0.02~0.04 mm （3）3%~5%低浓度的乳化液
铜	5%~8%低浓度的乳化液
铝	煤油、松节油

四、铰孔的操作方法

1. 铰刀的安装

在手工铰孔时，常用的工具是铰刀和铰杠，铰刀安装在铰杠的方孔上，然后进行铰削，如图 1—3—27 所示。

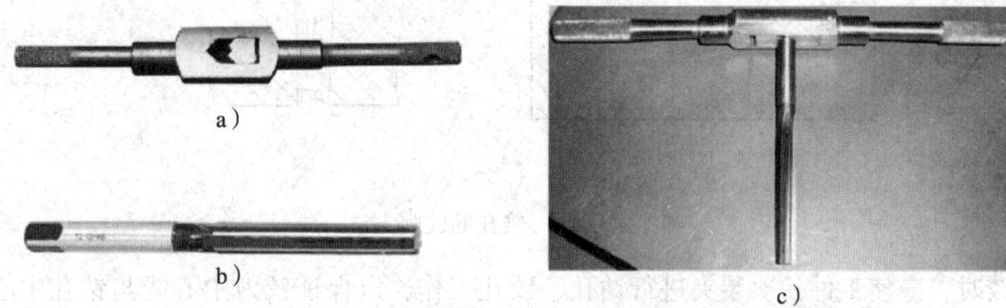

a）　b）　c）

图 1—3—27　铰刀的安装

a）铰杠　b）铰刀　c）铰刀的安装

2. 手工铰孔的方法

手工铰孔的方法如图 1—3—28 所示。在起铰时，一般采用单手对铰刀施加压力，所施加压力必须通过铰孔轴线，同时慢慢转动铰刀进行起铰。正常铰削时，两手用力要平衡，均匀、平稳地旋转，不得有侧向压力；同时适当向下加压，使铰刀均匀地进给，以保证铰刀正确切削，获得较小的表面粗糙度值，并避免孔口形成喇叭形或将孔径扩大。铰刀不能反转，退出时也要顺转；否则会使切屑卡在孔壁和铰刀后面之间而将孔壁拉毛，铰刀也容易磨损甚至崩刃。

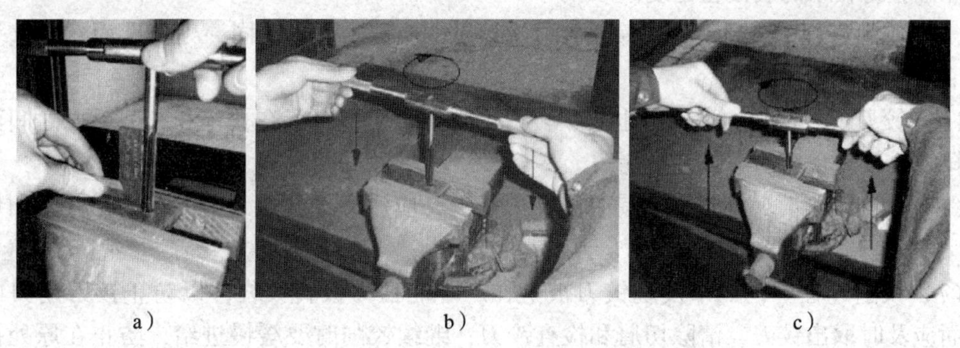

a）　b）　c）

图 1—3—28　手工铰孔的方法

a）起铰　b）正常铰削　c）铰刀退出

3. 锥孔的铰削方法

铰削尺寸较小的圆锥孔时，可先按小端直径钻出圆柱底孔，要求留有一定的铰削余量，然后再用锥铰刀铰削即可。对尺寸和深度较大的锥孔，为了减小铰削余量，铰孔前可先钻出台阶孔，然后再用铰刀铰削。铰削过程中要经常用相配的圆锥销来检验铰孔的尺寸，如图 1—3—29 所示。

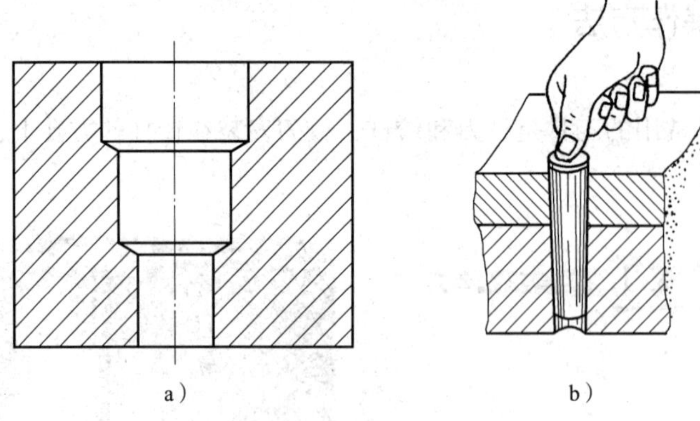

a） b）

图 1—3—29 锥孔的铰削方法

机铰时，应使工件一次装夹进行钻孔、铰孔工作，以保证铰刀中心线与钻孔中心线一致。铰削完毕，要等铰刀退出后再停车，以防止将孔壁拉出痕迹。

五、铰削时的注意事项

1. 手工铰削注意事项

（1）工件要夹正、夹紧，尽可能使被铰孔的轴线处于水平或垂直位置。对薄壁零件夹紧力不要过大，以防止将孔夹扁而使铰孔后产生变形。

（2）手铰过程中，两手用力要平衡、均匀，防止铰刀偏摆，避免孔口处出现喇叭口或孔径扩大。

（3）铰削进给时不能猛力压铰杠，应一边旋转一边轻轻加压，使铰刀缓慢、均匀地进给，保证获得较小的表面粗糙度值。

（4）铰削过程中，要注意变换铰刀每次停歇的位置，避免在同一处停歇而在孔壁上造成振痕。

（5）铰刀不能反转，退出时也要顺转；否则，会使切屑卡在孔壁和铰刀后面之间而将孔壁拉毛，铰刀也容易磨损甚至崩刃。

（6）铰削钢料时，切屑碎末易黏附在刀齿上，应注意经常退刀清除切屑，并添加切削液。

（7）铰削过程中，如果发现铰刀被卡住，不能猛力扳转铰杠，以防止铰刀崩刃或折断，而应及时取出铰刀，清除切屑和检查铰刀；继续铰削时要缓慢进给，防止在原处再次被卡住。

2. 机动铰削注意事项

使用机用铰刀铰孔时，除应注意手铰时的各项要求外，还应注意以下几点：

（1）要选择合适的铰削余量、切削速度和进给量。

（2）必须保证钻床主轴、铰刀和工件孔三者之间的同轴度要求。对于高精度孔，必要时要采用浮动铰刀夹头来装夹铰刀。

（3）开始铰削时先采用手动进给，正常切削后改用自动进给。

（4）铰不通孔时，应经常退刀清除切屑，以防止切屑拉伤孔壁；铰通孔时，铰刀校准部分不能全部出头，以免将孔口处刮坏或退刀困难。

（5）铰孔完毕，应先退出铰刀后再停车，否则孔壁会被拉出刀痕。

六、铰孔时铰刀损坏的原因及废品分析

1. 铰刀损坏的原因

铰削时，铰削用量选择不合理、操作不当都会使铰刀过早地损坏，具体损坏形式及原因见表1—3—15。

表1—3—15　　铰刀损坏的原因

铰刀损坏形式	损坏原因
过早磨损	（1）切削刃表面粗糙，使耐磨性降低 （2）切削液选择不当 （3）工件材料硬
崩刃	（1）前角、后角太大，导致切削刃强度低 （2）铰刀偏摆过大，造成切削负荷不均匀 （3）铰刀退出时反转，使切屑嵌入切削刃与孔壁之间
折断	（1）铰削用量太大 （2）工件材料硬 （3）铰刀已被卡住，继续用力扳转 （4）进给量太大 （5）两手用力不均匀或铰刀轴线与孔轴线不重合

2. 铰孔时常见的废品形式及产生原因

铰孔时，铰刀质量不好、铰削用量选择不当、切削液使用不当、操作疏忽等都会产生废品，具体分析见表1—3—16。

表1—3—16　　铰孔时常见的废品形式及产生原因

废品形式	产生原因
表面粗糙度达不到要求	（1）铰刀刃口不锋利或有崩刃，铰刀切削部分和校准部分粗糙 （2）切削刃上有积屑瘤或容屑槽内切屑堆积过多未清除 （3）铰削余量太大或太小 （4）切削速度太高，以致产生积屑瘤 （5）铰刀退出时反转，手铰时铰刀旋转不平稳 （6）切削液不充足或选择不当 （7）铰刀偏摆过大
孔径扩大	（1）铰刀中心线与孔中心线不重合 （2）进给量和铰削余量太大 （3）切削速度太高，使铰刀温度上升，导致孔径增大 （4）铰刀未研磨，铰刀直径不符合要求

续表

废品形式	产生原因
孔径缩小	(1) 铰刀超过磨损标准，尺寸变小仍继续使用 (2) 铰刀磨钝后继续使用，引起过大的孔径收缩 (3) 铰削钢料时加工余量太太，铰削完毕内孔弹性回复使孔径缩小 (4) 铰削铸铁时使用煤油作为切削液
孔轴线不直	(1) 铰孔前的预加工孔不直，铰削小孔时铰刀刚度较低，未能使原有的弯曲度得到纠正 (2) 铰刀的切削锥角太大，导向不良，使铰削时方向发生偏斜 (3) 手铰时两手用力不均匀
孔呈多棱形	(1) 铰削余量太大和铰刀切削刃不锋利，使铰削发生“啃切”现象，或发生振动而出现多棱形 (2) 钻孔不圆，使铰孔时铰刀发生弹跳现象 (3) 钻床主轴振摆太大

七、铰孔加工

1. 加工任务

在材料厚度为20 mm的Q235钢板上加工一个通孔，要求保证孔的尺寸为ϕ12H9，试确定其加工步骤，并选择相应的刀具规格。

2. 加工前准备

铰孔工具、量具准备清单见表1—3—17。

表1—3—17　　铰孔工具、量具准备清单

序号	名称	规格	精度	数量	备注
1	游标高度卡尺	0~300 mm	0.02 mm	1把	
2	游标卡尺	0~150 mm	0.02 mm	1把	
3	直角尺	100 mm×80 mm	1级	1把	
4	刀口形直尺	100 mm	1级	1把	
5	标准麻花钻	ϕ3 mm、ϕ6 mm、ϕ7 mm、ϕ7.8 mm、ϕ8 mm、ϕ12 mm等		若干	
6	扩孔钻	ϕ11.7 mm、ϕ11.8 mm		若干	
7	铰刀	ϕ12H9		1把	
8	毛刷	中号		1把	
9	铜棒			1根	
10	软钳口			1对	
11	划线工具			1套	
12	测量平板			1块	
13	纸、笔			自定	

3. 加工工艺步骤

铰孔加工步骤见表 1—3—18。

表 1—3—18　　铰孔加工步骤

序号	步骤	刀具规格	说明
1	划中心线	游标高度卡尺	根据图样孔位置划出加工线
2	钻底孔	ϕ6 ~ 8. 4 mm 普通麻花钻	根据公式（0. 5 ~ 0. 7）D 计算得出结果，式中 D 为所加工孔的直径，这里为 12 mm
3	扩孔	ϕ11. 7 ~ 11. 8 mm 扩孔钻	根据表 1—3—12 选择铰削余量为 0. 2 ~ 0. 3 mm，再根据公式 D –（0. 2 ~ 0. 3）算出结果。式中 D 为所加工孔的直径，这里为 12 mm
4	铰孔	ϕ12H9 整体式圆柱铰刀	直接按孔的加工要求选择铰刀

4. 检测记录及评分标准

铰孔加工检测记录及评分标准见表 1—3—19。

表 1—3—19　　铰孔加工检测记录及评分标准

时限	2 h	开始时间		结束时间		实考时间	
项目	序号	技术要求		配分	评分标准	检测记录	得分
理论基础	1	能正确区分钻、扩、铰工序		15	不会区分不得分		
	2	会计算底孔直径		15	不会计算不得分		
扩孔、铰孔技能	3	会正确选用扩孔钻		10	选不对不得分		
	4	会正确选用铰刀		10	选不对不得分		
	5	铰削要领正确		10	铰刀反转不得分		
	6	能铰出合格的孔		20	不合格不得分		
	7	使用工具、操作姿势正确		10	不正确不得分		
综合能力	8	能团结协作		10	不合格不得分		
其他	9	出现缺陷			每处酌情扣 1 ~ 5 分		
	10	安全文明生产			违者酌情扣 1 ~ 10 分		

课题四　螺纹加工

子课题1　攻螺纹

学习目标

1. 了解丝锥的结构特点和相关知识。
2. 熟悉切削液的选择和使用。
3. 能根据不同材料确定攻螺纹前底孔直径
4. 能用丝锥攻内螺纹。

用丝锥在工件孔中切削出内螺纹的加工方法称为攻螺纹。

一、丝锥

丝锥是加工内螺纹的工具，有机用丝锥和手用丝锥两类。机用丝锥通常用高速钢制成，一般是单独一支，其螺纹公差带分为 H1、H2、H3 三种。手用丝锥用碳素工具钢或合金工具钢制成，一般由两支或三支组成一组，其螺纹公差带为 H4。

1. 丝锥的构造

丝锥的构造如图 1—4—1 所示，它由工作部分和柄部组成。工作部分又分为切削部分和校准部分。

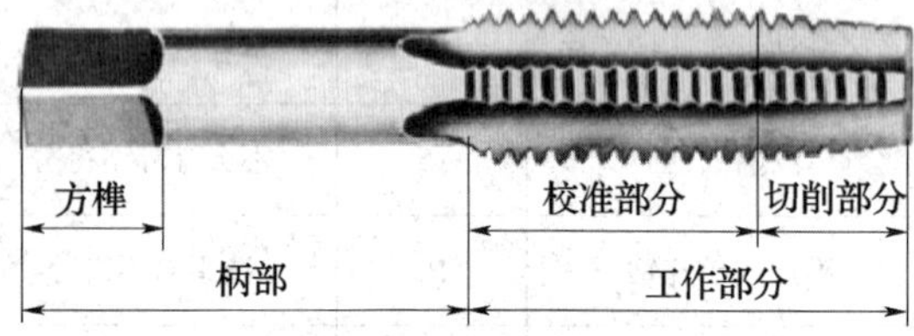

图 1—4—1　丝锥的构造

丝锥沿轴向开有几条容屑槽，以形成切削部分锋利的切削刃，起主切削作用。前端磨出切削锥角，切削负荷分布在几个刀齿上，使切削省力，便于切入。丝锥校准部分有完整的牙型，用来修光和校准已切出的螺纹，并引导丝锥沿轴向前进。

为了制造和刃磨方便，丝锥上的容屑槽一般做成直槽。有些专用丝锥为了控制排屑方向，做成螺旋槽，如图 1—4—2 所示。加工不通孔螺纹时，为使切屑向上排出，容屑槽做成右旋槽；加工通孔螺纹时，为使切屑向下排

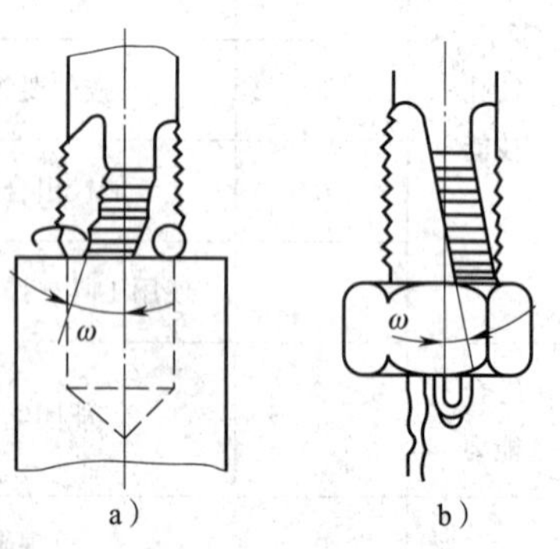

图 1—4—2　螺旋形容屑槽
a）右旋槽　b）左旋槽

出，容屑槽做成左旋槽。一般丝锥的容屑槽为 3 ~4 个。丝锥柄部有方榫，供夹持用。

2. 丝锥的种类

丝锥的种类很多，钳工常用的有机用和手用普通螺纹丝锥、圆锥管螺纹丝锥等。

机用和手用普通螺纹丝锥有粗牙、细牙之分，粗柄、细柄之分，单支、成组之分，等径、不等径之分。此外还有长柄机用丝锥、短柄螺母丝锥、长柄螺母丝锥等。

圆柱管螺纹丝锥的结构与一般手用丝锥相近，只是其工作部分较短，一般为两支一组。圆锥管螺纹丝锥的直径从头到尾逐渐增大，呈圆锥形，牙型与丝锥轴线相垂直，以保证内外螺纹结合时有良好的接触。

3. 铰杠

铰杠是手工攻螺纹时用来夹持丝锥的工具，分为丁字铰杠（图 1—4—3）和普通铰杠（图 1—4—4）两类。丁字铰杠适用于在高凸台旁边或箱体内部攻螺纹。各类铰杠又可分为固定式和活络（可调）式两种，活络式丁字铰杠用于夹持 M6 以下丝锥，固定式普通铰杠用于夹持 M5 以下丝锥。

铰杠的方孔尺寸和柄的长度都有一定规格，使用时应按丝锥尺寸大小，参考表 1—4—1 合理选用。

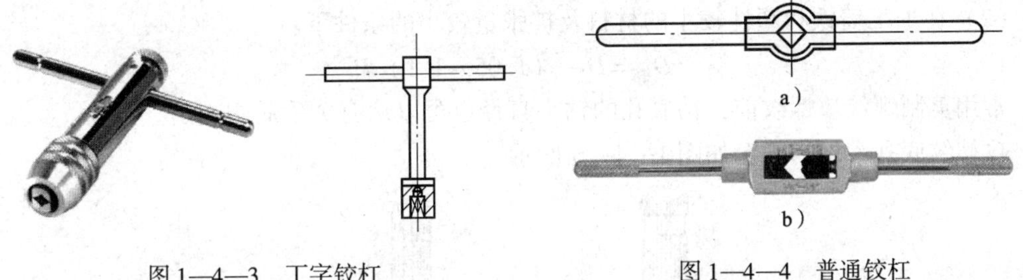

图 1—4—3　丁字铰杠

图 1—4—4　普通铰杠

a）固定式普通铰杠　b）可调式普通铰杠

表 1—4—1　**铰杠与丝锥的选择**

活络铰杠规格（mm）	150	225	275	375	475	600
适用的丝锥范围	M5 ~ M8	M8 ~ M12	M12 ~ M14	M14 ~ M16	M16 ~ M22	M24 以上

二、攻螺纹

1. 攻螺纹前底孔的直径和深度

攻螺纹时，丝锥在切削金属的同时还伴随较强的挤压作用，使工件金属产生塑性变形，形成凸起并挤向牙尖（图 1—4—5），攻出的螺纹小径小于底孔直径。因此，攻螺纹前的底孔直径应稍大于螺纹小径；否则，攻螺纹时因挤压作用，使螺纹牙顶与丝锥牙底之间没有足够的容屑空间，将丝锥箍住，甚至导致丝锥折断。这种现象在攻塑性较大的材料时将更为严重。但是底孔不宜过大；否则会使螺纹牙型高度不够，降低强度。

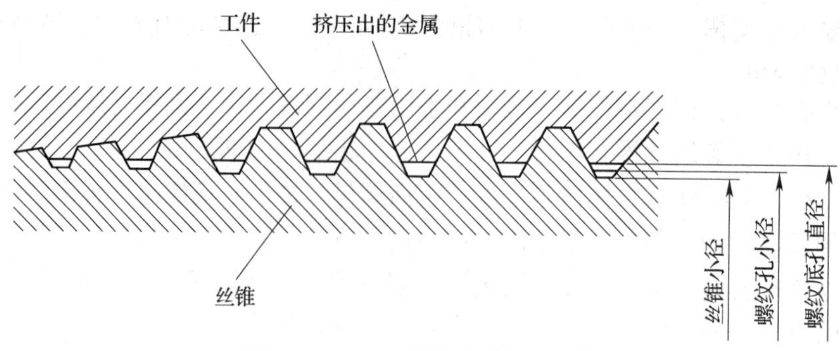

图 1—4—5　攻螺纹时的挤压现象

底孔直径的大小要根据工件材料塑性及钻孔扩张量考虑，按经验公式计算得出。

（1）在加工钢和塑性较大的材料及扩张量中等的条件下：

$$D_{钻} = D - P$$

式中　$D_{钻}$——攻螺纹前钻底孔用钻头直径，mm；

D——螺纹大径，mm；

P——螺距，mm。

（2）在加工铸铁和塑性较小的材料及扩张量较小的条件下：

$$D_{钻} = D - (1.05 \sim 1.1)P$$

常用英制螺纹攻螺纹前，钻底孔的钻头直径也可以从有关手册中查出。

攻螺纹底孔深度的确定如图 1—4—6 所示。

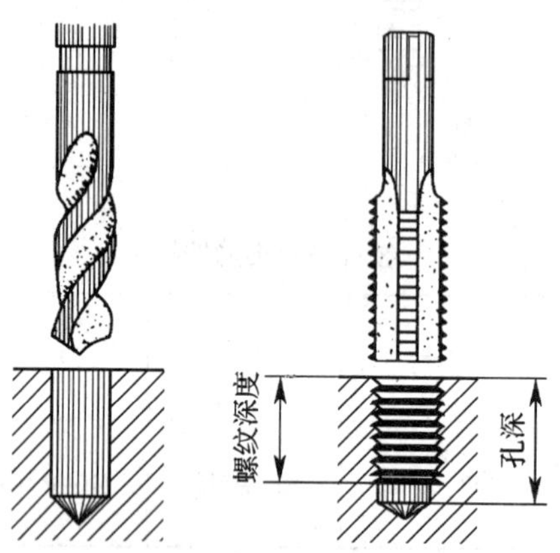

图 1—4—6　攻螺纹底孔深度的确定

攻不通螺纹时，由于丝锥切削部分有锥角，端部不能切出完整的牙型，所以钻孔深度要大于螺纹的有效深度。一般取：

$$H_{钻} = h_{有效} + 0.7D$$

式中　$H_{钻}$——底孔深度，mm；

$h_{有效}$——螺纹有效深度，mm；

D——螺纹大径，mm。

例 1　分别计算在钢件和铸铁件上攻 M10 螺纹时的底孔直径各为多少？若攻不通孔螺纹，其螺纹有效深度为 50 mm，则底孔深度为多少（$2\varphi = 120°$，只计算钢件）？

解：(1) 在钢件上攻螺纹底孔直径

$$D_{钻} = D - P = 10 - 1.5 = 8.5\ \text{mm}$$

(2) 在铸铁件上攻螺纹底孔直径

$$\begin{aligned} D_{钻} &= D - (1.05 \sim 1.1)P \\ &= 10 - (1.05 \sim 1.1) \times 1.5 \\ &= 10 - (1.575 \sim 1.65) \\ &= 8.35 \sim 8.425\ \text{mm} \end{aligned}$$

取 $D_{钻} = 8.4$ mm（按钻头标准直径系列取一位小数）。

(3) 底孔深度

$$\begin{aligned} H_{钻} &= h_{有效} + 0.7D \\ &= 50 + 0.7 \times 10 \\ &= 57\ \text{mm} \end{aligned}$$

2. 攻螺纹的方法

(1) 划线，钻底孔。

(2) 螺纹底孔孔口倒角（通孔螺纹两端都倒角），倒角处直径可略大于螺纹大径，这样可使丝锥开始切削时容易切入，并可防止孔口出现挤压出的凸边。

(3) 用头锥起攻。起攻时，可一只手用手掌按住铰杠中部，沿丝锥轴线用力加压，另一只手配合做顺向旋进（图 1—4—7a）；或两只手握住铰杠两端均匀施加压力，并将丝锥顺向旋进（图 1—4—7b）。起攻时，应保证丝锥中心线与孔中心线重合，不得歪斜。在丝锥攻入 1 ~ 2圈后，应及时从前后左右两个方向用直角尺进行检查（图 1—4—7c），并不断校正。

a)　　　b)

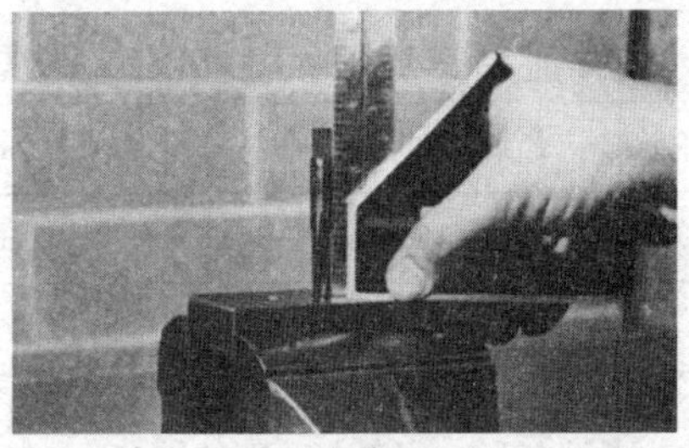

c)

图 1—4—7　起攻方法

（4）当丝锥的切削部分全部进入工件时，就不需要再施加压力，而靠丝锥旋进切削。此时，两只手旋转用力要均匀，并要经常倒转 1/4～1/2 圈，使切屑碎断后容易清除，避免因切屑阻塞而使丝锥卡住。

攻螺纹时，必须以头锥、二锥、三锥的顺序攻削至标准尺寸。在较硬的材料上攻螺纹时，可用各丝锥交替攻下，以减小切削部分负荷，防止丝锥折断。

攻不通孔螺纹时，可在丝锥上做好深度标记，并要经常退出丝锥，清除留在孔内的切屑；否则会因切屑堵塞使丝锥折断或达不到深度要求。当不便利用丝锥倒向进行清屑时，可用弯曲的小管子吹出切屑，或用磁性针棒将其吸出。

攻韧性材料的螺孔时要加切削液，以减小切削阻力，减小所加工螺孔的表面粗糙度值，延长丝锥使用寿命。攻钢件时用机油或乳化液，螺纹质量要求高时可用工业植物油；攻铸铁件可用煤油。攻螺纹时切削液的选用见表 1—4—2。

表 1—4—2　　攻螺纹用切削液

工件材料及螺纹精度		切削液	工件材料及螺纹精度	切削液
钢	精度要求一般	L—AN32 全损耗系统用油、乳化液	可锻铸铁	乳化液
	精度要求较高	菜籽油、二硫化钼、豆油	黄铜、青铜	全损耗系统用油
灰铸铁	精度要求一般	不用	铝及铝合金	机油加适当煤油或浓度较高的乳化液
不锈钢		L—AN46 全损耗系统用油、豆油、黑色硫化油	纯铜	浓度较高的乳化液

3. 手工攻螺纹实例

（1）加工任务

在 Q235 钢板料上加工两个 M8 螺纹。

（2）加工前准备

攻螺纹工具、量具准备清单见表 1—4—3。

表 1—4—3　　攻螺纹工具、量具准备清单

序号	名称	规格	精度	数量	备注
1	游标高度卡尺	0～300 mm	0.02 mm	1 把	
2	游标卡尺	0～150 mm	0.02 mm	1 把	
3	直角尺	100 mm×80 mm	1 级	1 把	
4	刀口形直尺	100 mm	1 级	1 把	
5	标准麻花钻	ϕ6 mm、ϕ6.7 mm、ϕ7.8 mm、ϕ12 mm 等		若干	

续表

序号	名称	规格	精度	数量	备注
6	丝锥	M8		1套	
7	铰杠			1把	
8	毛刷	中号		1把	
9	铜棒			1根	
10	软钳口			1对	
11	V形木块			1对	
12	测量平板			1块	

(3) 加工工艺步骤

1）识读零件图，了解螺纹尺寸为M8，螺距为1.25 mm。

2）选取台虎钳一台。

3）根据螺纹直径选取台式钻床。

4）选取铰杠和直角尺。

5）选取装有机油的杯子和毛刷一把。

6）根据螺纹尺寸选取丝锥一套两支，锥角为90°的锪钻一支。

7）查表计算螺纹底孔直径：

$$D_{钻} = D - P = 8 - 1.25 = 6.75\ \text{mm}$$

8）根据螺纹底孔直径及Q235钢的材料选取ϕ6.7 mm的麻花钻一把。

9）划线，打样冲眼，在台式钻床上用ϕ6.7mm的麻花钻钻螺纹底孔。

10）用90°锪钻在台式钻床上对螺纹底孔两端倒角，深度一般为2 mm。

11）用台虎钳把工件夹紧，要求螺纹底孔轴线与钳口上平面垂直。

12）将头锥放入铰杠方孔内，如图1—4—8所示。

13）用手转动铰杠手柄锁紧丝锥，如图1—4—9所示。

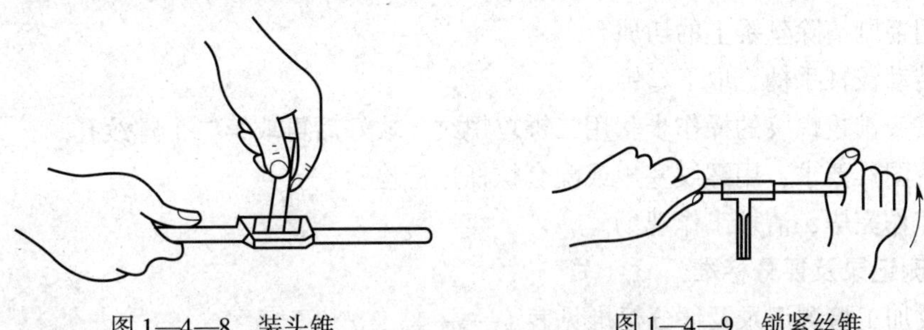

图1—4—8　装头锥　　　图1—4—9　锁紧丝锥

14）用毛刷在丝锥的切削部分涂抹机油，将丝锥切入底孔端部。

①两腿稍分开与肩同宽，站在台虎钳正面，双手握住铰杠，使丝锥垂直对准工件表面，

并使丝锥轴线与螺纹底孔轴线重合，如图 1—4—10 所示。

②两手握住铰杠中部，均匀用力，使铰杠保持水平转动，并在转动过程中对丝锥施加垂直压力，使丝锥切入底孔 1 ~ 2 圈，如图 1—4—11 所示。

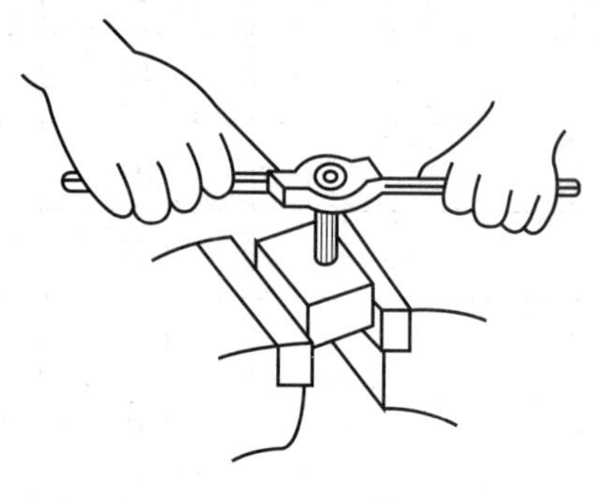

图 1—4—10　攻螺纹准备

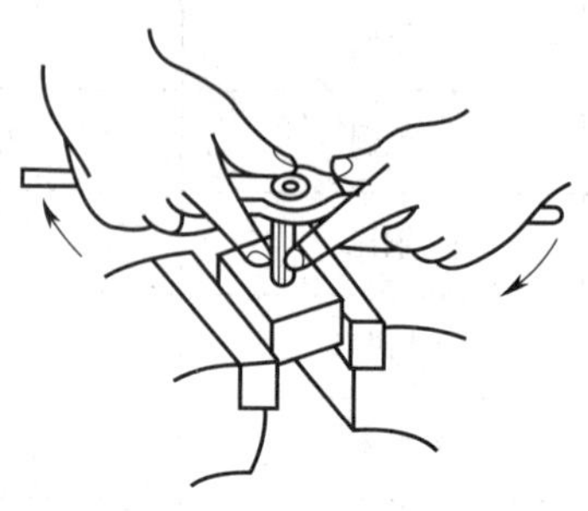

图 1—4—11　试攻

③用直角尺检查丝锥与工件表面是否垂直，若不垂直，丝锥要重新切入，直至垂直为止，如图 1—4—12 所示。

15）深入攻螺纹时，两只手紧握铰杠两端，正转 3/4 圈后，反转 1/4 圈，如图 1—4—13 所示。在攻螺纹过程中，要经常用毛刷对丝锥加注机油。

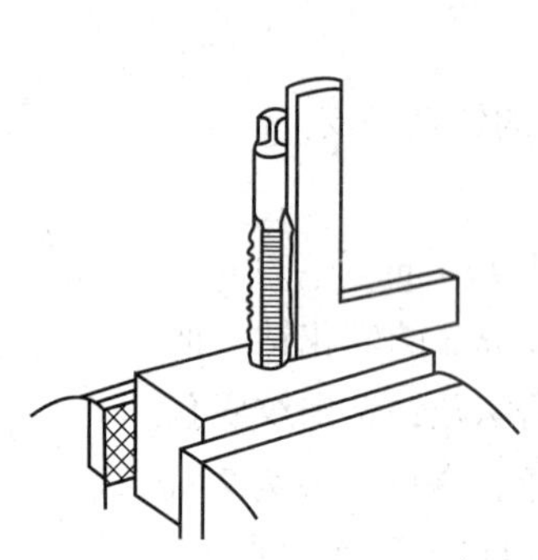

图 1—4—12　检查丝锥垂直度

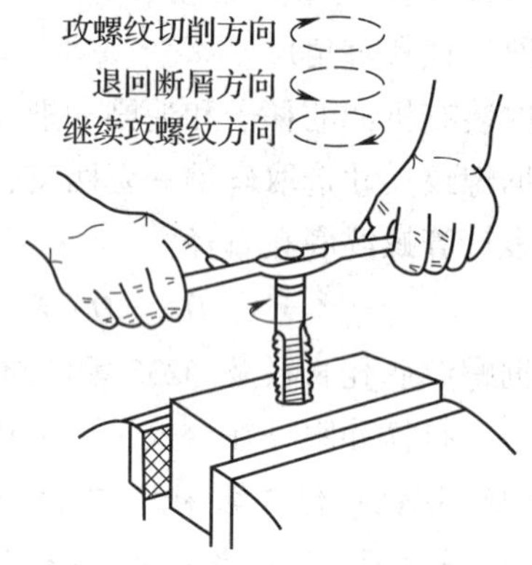

图 1—4—13　攻螺纹操作

16）轻轻倒转丝锥，将丝锥退出。注意退出丝锥时不能让丝锥掉下。

17）用毛刷清除丝锥上的切屑。

18）转动铰杠手柄，取下丝锥。

19）按头锥攻螺纹的操作步骤用二锥攻螺纹。攻好后再攻第二个螺纹孔。

20）按图样要求，用螺纹塞规或配套螺杆进行检验。

21）工作完毕，清理工作现场。

4．检测记录及评分标准

攻螺纹加工检测记录及评分标准见表 1—4—4。

表 1—4—4 攻螺纹加工检测记录及评分标准

时限	2 h	开始时间		结束时间		实考时间	
项目	序号	技术要求		配分	评分标准	检测记录	得分
理论基础	1	熟悉丝锥结构及工作原理		10	不正确不得分		
	2	正确确定底孔直径		15	计算错误不得分		
操作技能	3	正确选用丝锥进行加工		10	不正确不得分		
	4	攻螺纹动作规范		10	不规范不得分		
	5	与螺杆能顺利配合（2 处）		2 × 10	不合格不得分		
	6	螺纹垂直度		10	不合格不得分		
	7	加工工艺合理		15	不合理不得分		
综合能力	8	团结协作		10	不合格不得分		
其他	9	出现缺陷			每处扣 1 ~ 5 分		
	10	安全文明生产			违者酌情扣 1 ~ 10 分		

子课题 2　套螺纹

学习目标

1. 了解圆板牙的结构特点。
2. 能根据不同材料确定套螺纹前圆杆直径。
3. 能用圆板牙套外螺纹。

用圆板牙在圆杆上切削出外螺纹的加工方法称为套螺纹。

一、圆板牙和板牙架

1. 圆板牙

圆板牙是加工外螺纹的工具，用合金工具钢或高速钢制作并经淬火处理。

图 1—4—14 所示为圆板牙的构造，由切削部分、校准部分和容屑孔组成。它本身就像一个螺母，在它的上面钻有几个容屑孔而形成切削刃。

切削部分是圆板牙两端有切削锥角的部分。它不是个圆锥面，而是一个经过铲磨而成的阿基米德螺旋面，能形成后角。圆板牙两端都有切削部分，待一端磨损后，可换另一端使用。

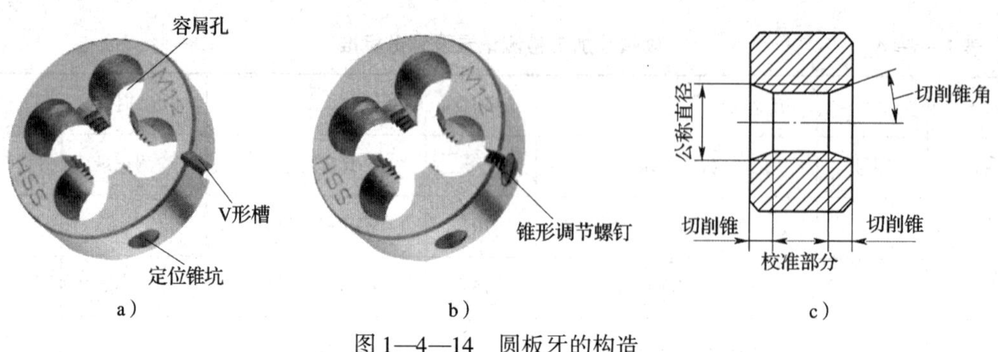

图 1—4—14　圆板牙的构造

a）整体式　b）可调式　c）工作部分结构

圆板牙中间一段是校准部分，也是套螺纹的导向部分。

2. 板牙架

板牙架是装夹圆板牙的工具。图 1—4—15 所示为圆板牙架。圆板牙放入后，用螺钉紧固。

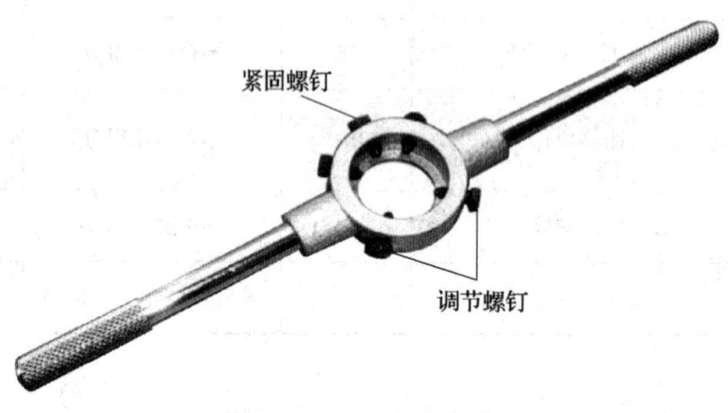

图 1—4—15　圆板牙架

二、套螺纹前圆杆直径的确定及端部倒角

与用丝锥攻螺纹一样，用圆板牙在工件上套螺纹时，材料同样因受挤压而变形，牙顶将被挤高一些，所以，套螺纹前圆杆直径应稍小于螺纹的大径尺寸。一般圆杆直径用下式计算：

$$d_{杆} = d - 0.13P$$

式中　$d_{杆}$——套螺纹前圆杆直径，mm；

d——螺纹大径，mm；

P——螺距，mm。

三、套螺纹的方法

1. 为了使圆板牙起套时容易切入工件并被正确引导，圆杆端部要倒角，即倒成圆锥半角为 15°～20°的锥体（图 1—4—16）。其倒角的最小直径可略小于螺纹小径，以免螺纹端部出现峰口和卷边。

2. 套螺纹时的切削力矩较大，且工件都为圆杆，一般要用 V 形木块或厚铜皮作衬垫，才能保证夹紧可靠。

3. 起套方法与攻螺纹起攻方法一样，一只手用手掌按住板牙架中部，沿圆杆轴向施加压力，另一只手配合做顺向切进，转动要慢，压力要大，并保证圆板牙端面与圆杆轴线的垂直度。特别注意，在圆板牙切入圆杆 2 ~ 3 牙时，应及时检查其垂直度并校正。

4. 正常套螺纹时不要加压，让圆板牙自然引进，以免损坏螺纹和圆板牙，也要经常倒转以断屑，如图 1—4—17 所示。

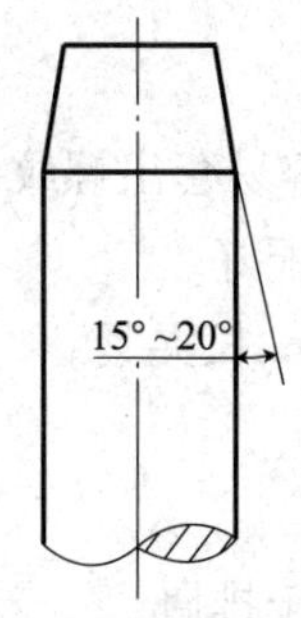

图 1—4—16　圆杆端部倒角

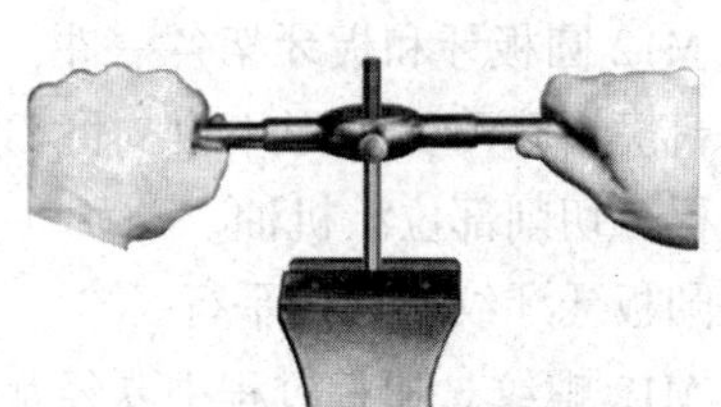
图 1—4—17　套螺纹

5. 在钢件上套螺纹时要加切削液，一般可以用机油或较浓的乳化液，要求较高时可用工业植物油。

四、套螺纹实例

在一根长 100 mm、材料为 Q235 钢的圆杆上，套出双头 M12 普通外螺纹，螺纹长度均为（25 ±0. 5） mm，试确定圆杆直径，并完成螺纹加工。

1. 加工前准备

套螺纹工具、量具准备清单见表 1—4—5。

表 1—4—5　　套螺纹工具、量具准备清单

序号	名称	规格	精度	数量	备注
1	游标高度卡尺	0 ~300 mm	0. 02 mm	1 把	
2	游标卡尺	0 ~150 mm	0. 02 mm	1 把	
3	直角尺	100 mm ×80 mm	1 级	1 把	
4	刀口形直尺	100 mm	1 级	1 把	
5	圆板牙	M12		1 个	
6	板牙架			1 个	
7	毛刷	中号		1 个	
8	铜棒			1 根	
9	软钳口			1 对	
10	V 形木块			1 对	
11	螺母	M12		1 个	

2. 加工工艺步骤

（1）按任务要求，确定圆杆直径：

$$d_{杆}=d-0.13P$$
$$=12-0.13\times1.75$$
$$\approx11.77\text{ mm}$$

另查表得：

$$d_{杆}=11.75\sim11.9\text{ mm}$$

故取 ϕ11.77 mm 圆杆直径能满足加工要求。

(2) 领取圆杆并下料 100 mm。

(3) 圆杆两头按要求倒角，一般倒角要倒大些，较容易套出螺纹。

(4) 选取 M12 圆板牙和板牙架各一件，并将两者装配好。

(5) 选取台虎钳和两块 V 形木块，将工件伸出 60 mm 长夹紧。

(6) 在圆板牙切削部位涂机油。

(7) 保证圆板牙牙纹与轴线平行。

(8) 套制 M12 螺纹。加工过程中要经常倒转，以利于排屑。

(9) 检查螺纹长度达 (25 ±0.5) mm。

(10) 反向退出圆板牙。

(11) 旋入螺母检查螺纹是否合格。

(12) 用同样方法加工出另一螺纹。

(13) 工作完毕，清理现场。

3. 检测记录及评分标准

套螺纹加工检测记录及评分标准见表 1—4—6。

表 1—4—6　　套螺纹加工检测记录及评分标准

时限	2 h	开始时间		结束时间		实考时间	
项目	序号	技术要求		配分	评分标准	检测记录	得分
理论基础	1	熟悉圆板牙结构及工作原理		10	不正确不得分		
	2	正确确定圆杆直径		15	计算错误不得分		
操作技能	3	正确选用圆板牙进行加工		10	不正确不得分		
	4	套螺纹动作规范		10	不规范不得分		
	5	与螺母能顺利配合（2 处）		2×10	不合格不得分		
	6	(25 ±0.5) mm（2 处）		2×5	不合格不得分		
	7	加工工艺合理		15	不合理不得分		
综合能力	8	团结协作		10	不合格不得分		
其他	9	出现缺陷			每处扣 1～5 分		
	10	安全文明生产			违者酌情扣 1～10 分		

课题五　刮削与研磨

子课题 1　刮削

学习目标

1. 了解刮刀和显示剂的种类。
2. 熟悉手刮法和挺刮法。
3. 掌握刮削的特点和动作要领。
4. 能进行刮刀的刃磨。
5. 掌握平板的刮削方法。

刮削是将工件与校准工具或与其相配合的工件之间涂上一层显示剂，经过对研，使工件上较高的部位显示出来，然后用刮刀进行微量切削，刮去较高金属层。刮削时，刮刀对工件还有推挤和压光的作用。这样反复地显示和刮削，就能使工件的加工精度达到预定的要求。

一、刮刀的种类与刮削余量

1. 刮刀的种类

刮刀是刮削的主要工具。刮削时，由于工件的形状不同，因此要求刮刀有不同的形式。

(1) 平面刮刀

平面刮刀用于刮削平面和刮花，一般多采用碳素工具钢 T12A 或耐磨性较好的滚动轴承钢 GCr15 锻造，并经磨制和淬硬而成。当工件表面较硬时，也可以焊接高速钢或硬质合金刀头。常用的平面刮刀有直头刮刀和弯头刮刀两种，如图 1—5—1 所示。刮刀头部形状和角度如图 1—5—2 所示。平面刮刀的规格见表 1—5—1。

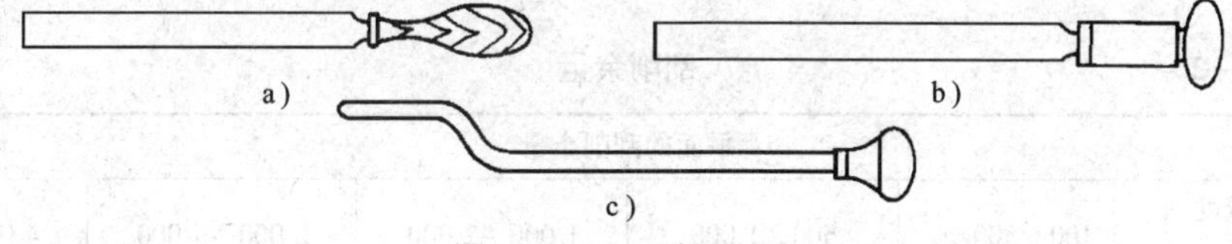

图 1—5—1　平面刮刀

a）直头手刮刀　b）直头挺刮刀　c）弯头刮刀

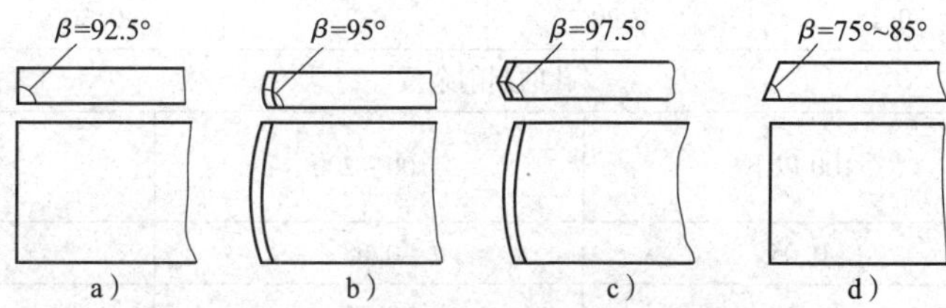

图 1—5—2　刮刀头部形状和角度

a）粗刮刀　b）细刮刀　c）精刮刀　d）韧性材料刮刀

表 1—5—1　　平面刮刀的规格　　mm

种类	尺寸		
	全长 L	宽度 B	厚度 t
粗刮刀	450～600	25～30	3～4
细刮刀	400～500	15～20	2～3
精刮刀	400～500	10～12	1.5～2

(2) 曲面刮刀

曲面刮刀主要用于刮削内曲面，如滑动轴承的内孔等。曲面刮刀的形状如图 1—5—3 所示，刮削时的几何角度如图 1—5—4 所示。

a)　　b)

图 1—5—3　曲面刮刀的形状

a) 三角刮刀　b) 蛇头刮刀

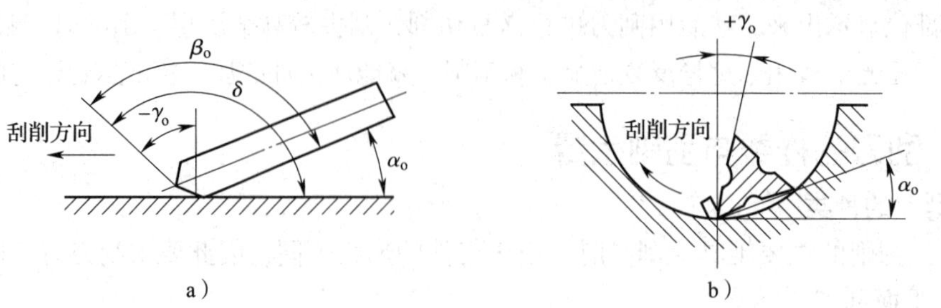

图 1—5—4　刮削时的几何角度

a) 平面刮削　b) 曲面刮削

2. 刮削余量

平面和孔的刮削余量见表 1—5—2。

表 1—5—2　　刮削余量　　mm

平面的刮削余量					
平面宽度 / 平面长度	100～500	500～1 000	1 000～2 000	2 000～4 000	4 000～6 000
100 以下	0.10	0.15	0.20	0.25	0.30
100～500	0.15	0.20	0.25	0.30	0.40

孔的刮削余量			
孔长 / 孔径	100 以下	100～200	200～300
80 以下	0.05	0.08	0.12
80～180	0.10	0.15	0.25
180～300	0.15	0.20	0.35

二、显示剂的种类和选用

工件和校准工具对研时，所加的涂料叫作显示剂，其作用是显示工件误差的位置和大小。

1. 显示剂的种类

(1) 红丹粉

红丹粉分为铅丹（氧化铅，呈橘红色）和铁丹（氧化铁，呈红褐色）两种，颗粒较细，用机油调和后使用，广泛用于钢件和铸铁工件。

(2) 蓝油

蓝油是用蓝粉和蓖麻油及适量机油调和而成的，呈深蓝色，其研点小而清楚，多用于精密工件和有色金属及其合金工件。

2. 显示剂的用法

刮削时，显示剂可以涂在工件表面，也可以涂在校准件上。前者在工件表面显示的结果是红底黑点，没有闪光，容易看清，适用于精刮。后者只在工件表面的高处着色，研点暗淡，不宜看清，但切屑不易黏附在切削刃上，刮削方便，适用于粗刮。

在调和显示剂时应注意：粗刮时，可调得稀些，这样便于在刀痕较多的工件表面上涂抹，显示的研点也大；精刮时，应调得干些，涂抹要薄而均匀，这样显示的研点细小，否则研点会模糊不清。

3. 显点的方法

显点的方法应根据不同形状和刮削面积的大小有所区别，如图 1—5—5 所示。

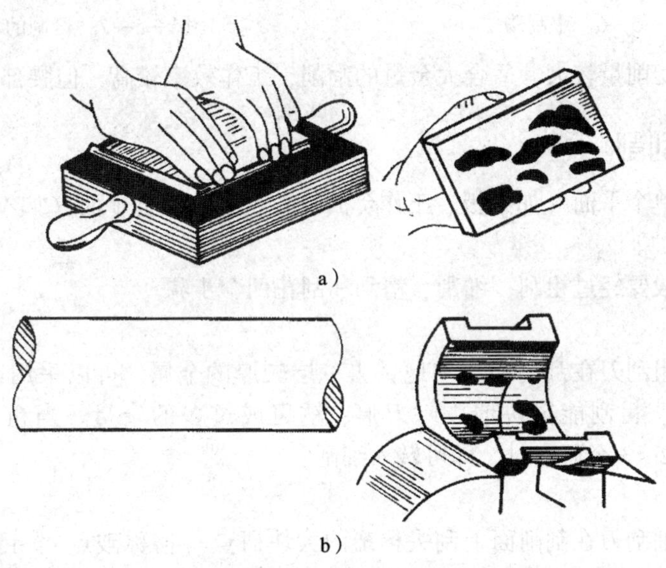

图 1—5—5　显点的方法

a）平面显点　b）曲面显点

三、刮削方法

1. 手刮法

手刮法如图 1—5—6 所示，右手握刮刀柄，左手四指向下握住近刮刀头部约 50 mm

处，刮刀与被刮削表面成 20°～30°角。同时，左脚前跨一步，上身随着往前倾斜，这样可以增加左手压力，也易看清刮刀前面点的情况。刮削时，右手随着上身前倾，使刮刀向前推进，左手下压，落刀要轻，当推进到所需要的位置时，左手迅速提起，完成一个手刮动作。

手刮法动作灵活，适应性强，适用于各种工作位置，对刮刀长度要求也不太严格，姿势可合理掌握，但手较易疲劳，故不适用于加工余量较大的场合。

2. 挺刮法

挺刮的姿势如图 1—5—7 所示。将刮刀柄放在小腹右下侧，双手并拢握在刮刀前部距切削刃约 80 mm 处（左手在前，右手在后）。刮削时刮刀对准研点，左手下压，利用腿部和臀部的力量使刮刀向前推挤，在推动到位的瞬间同时用双手将刮刀提起，完成一次刮点。

图 1—5—6　手刮法

图 1—5—7　挺刮的姿势

挺刮法每刀切削量较大，适合大余量的刮削，工作效率较高，但腰部易疲劳。

四、平面刮削

平面刮削有单个平面（如平板、工作台面等）刮削和组合平面（如 V 形导轨面、燕尾槽面等）刮削两种。

平面刮削一般要经过粗刮、细刮、精刮和刮花四个步骤。

1. 粗刮

粗刮是指用粗刮刀在刮削面均匀地铲去一层较厚的金属，可以采用连续推铲的方法，刀迹要连成长片。粗刮能很快地去除刀痕、锈斑或过多的余量。当粗刮到每 25 mm × 25 mm 方框内有 2～3 个研点时，即可转入细刮。

2. 细刮

细刮是指用细刮刀在刮削面上刮去稀疏的大块研点（俗称破点），目的是进一步改善不平现象。细刮时采用短刮法，刀痕宽而短，刀迹长度均为切削刃宽度，而且随着研点的增多，刀迹逐步缩短。每刮一遍时，须按同一方向刮削（一般要与平面的边成一定角度）；刮第二遍时要交叉刮削，以消除原方向刀迹。在整个刮削面上达到 12～15 点/（25 mm × 25 mm）时，细刮结束。

3. 精刮

精刮是指用精刮刀更仔细地刮削研点（俗称摘点），目的是增加研点，改善表面质量，使刮削面符合精度要求。精刮时采用点刮法（刀迹长度约为 5 mm）。刮削面越窄小，精度越高，刀迹越短。精刮时，更要注意压力要轻，提刀要快，在每个研点上只刮一刀，不要重复刮削，并始终交叉地进行刮削。注意交叉刀迹的大小应该一致，排列应该整齐，以增加刮削面的美观。当研点增加到 20 点/（25 mm×25 mm）以上时，精刮结束。

4. 刮花

刮花是指在刮削面或机器外观表面上用刮刀刮出装饰花纹，目的是使刮削面美观，并使滑动件之间形成良好的润滑条件。常见刮花的花纹如图 1—5—8 所示。

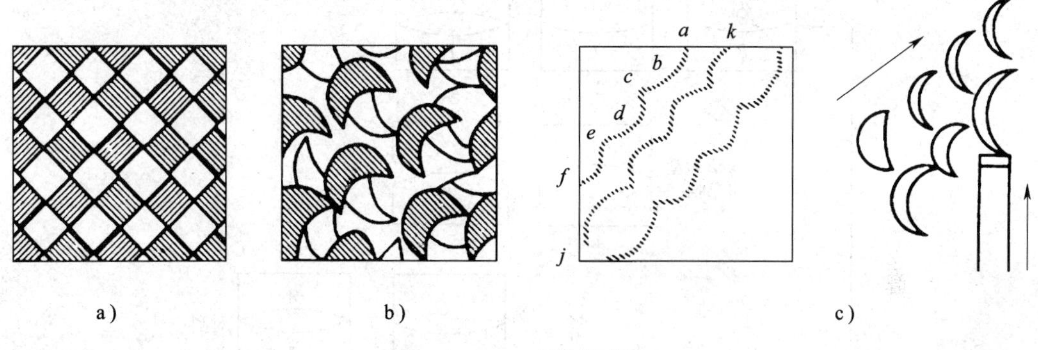

图 1—5—8　刮花的花纹

a）斜花纹　b）鱼鳞纹　c）半月花纹

五、刮削面缺陷分析

刮削面的缺陷形式及其产生原因见表 1—5—3。

表 1—5—3　　刮削面的缺陷形式及其产生原因

缺陷形式	特征	产生原因
深凹痕	刀迹太深，局部显点稀少	（1）粗刮时用力不均匀，局部落刀太重 （2）多次刮削刀痕重叠 （3）切削刃圆弧过小
梗痕	刀迹单面产生刻痕	刮削时用力不均匀，使刃口单面切削
撕痕	刮削面上呈现粗糙刮痕	（1）切削刃粗糙、不锋利 （2）切削刃有缺口或裂纹
落刀或起刀痕	在刀迹的起始或终了处产生深的刀痕	落刀时左手压力和速度较大，起刀不及时
振痕	刮削面上呈现有规则的波纹	多次同向刮削，刀迹没有交叉
划痕	刮削面上划有深浅不一的直线	显示剂不清洁，或研点时混有沙粒和切屑等杂物
刮削面精度不高	显点变化情况无规律	（1）研点时压力不均匀，工件外露太多而出现假点子 （2）研具不正确 （3）研点时放置不平稳

六、原始平板刮削方法

1. 刮削原始平板采用的方法一般为渐近法，即不用标准平板，而以三块（或三块以上）平板依次循环互研、互刮，来达到平板平面度要求。

2. 刮削的步骤按图1—5—9所示顺序进行。

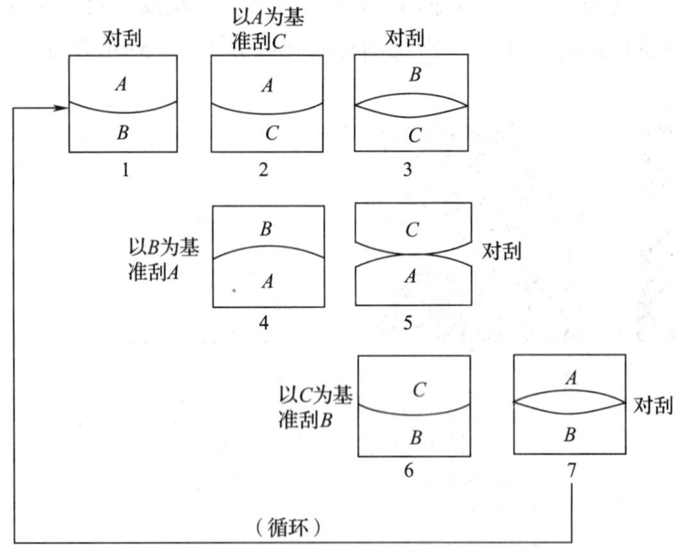

图1—5—9　原始平板刮削步骤

3. 研点方法如下：先直研（纵向、横向）以消除纵横起伏误差，通过几次循环刮削，达到各平板显点一致；然后必须采用对角刮研以消除平面的扭曲误差，直到直研和对角研时三块平板显点一致为止。

4. 一般平板通过按接触精度分级，以每25 mm×25 mm内25点以上为0级平板，25点为1级平板，20点以上为2级平板，16点以上为3级平板。

七、刮削技能训练

1. 加工任务

原始平板刮削。

2. 实习准备

刮削实习准备清单见表1—5—4。

表1—5—4　　刮削实习准备清单

序号	名称	规格	精度	数量	备注
1	直角尺	100 mm×80 mm	1级	1把	
2	毛刷	中号		1把	
3	平面刮刀			1把	
4	锉刀			1把	

续表

序号	名称	规格	精度	数量	备注
5	红丹粉			若干	
6	机油			若干	
7	25 mm×25 mm 方框			1 个	
8	平板	300 mm×200 mm×20 mm		3 块	备料
9	纸、笔			自定	

3. 技术要求

(1) 刀迹整齐、美观。

(2) 接触点每 25 mm×25 mm 内 16 点以上。

(3) 点子清晰、均匀，每 25 mm×25 mm 内点数允差 6 点。

(4) 无明显落刀痕，无丝纹和振纹。

4. 操作步骤

每两人刮一组原始平板，即包括每两人合用的一块基准平板在内共三块平板。

(1) 将三块平板编号，四周用锉刀倒角、去毛刺，如图 1—5—10 所示。

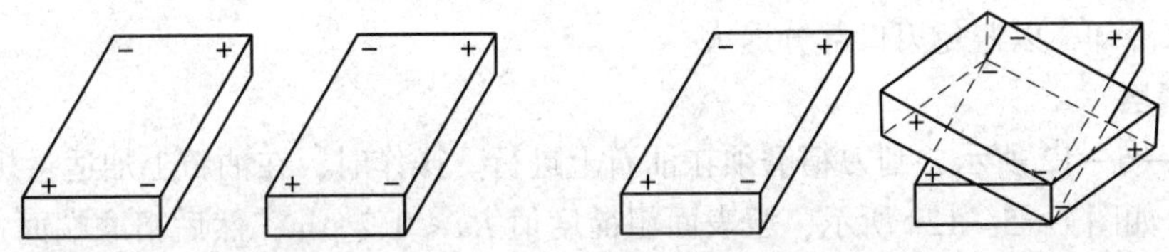

图 1—5—10 对角研点方法

(2) 按原始平板刮研步骤进行第一循环刮削，要求刀迹交叉，无落刀和起刀痕及振痕，平板表面研点分布均匀。

(3) 进行第二循环刮削，直到直研、横研和对角研三块平板显点一致，分布均匀。

(4) 在确认平板平整后，即进行精刮工序，直至用各种研点方法得到相同的清晰点，且在任意 25 mm×25 mm 内的点数达到 16 点以上、表面粗糙度值 $Ra \leq 0.8$ μm 时即完成。

5. 刮削注意事项

(1) 刮削姿势动作正确是本课题的重点，必须严格训练。

(2) 要重视刮刀的修磨。正确刃磨刮刀是提高刮削速度和保证精度的基本条件。

(3) 粗刮是为了获得工件初步的几何精度，一般都要刮去较多的金属，所以刮削要有力，每刀的刮削量要大；而细刮和精刮主要是为了提高刮削表面的光整程度和接触点数，所以必须挑点准确，刀迹细小、光整。因此，不要在平板还没有达到粗刮要求的情况下过早地进入细刮工序，这样既影响刮削速度，也不易将平板刮好，这一点必须注意。

(4) 在原始平板刮研中，每三块板轮流刮削后应换一次研点方法，并在粗刮到细刮过程中逐渐缩短研点移动距离，逐步减薄显示剂涂层，使显点真实、清楚。

（5）在刮削中要勤于思考，善于分析，随时掌握工件的实际误差情况，并选择适当的部位进行刮削修整，以最少的加工量和刮削时间来达到技术要求。

6．平面刮刀的刃磨

（1）粗磨

如图 1—5—11 所示，刮刀粗磨在砂轮机上进行。粗磨时先粗磨两平面，分别将刮刀两平面贴在砂轮侧面上，开始时应先接触砂轮边缘，再慢慢平放在侧面上，不断地前后移动进行刃磨，使两面都平整，在刮刀全宽上用肉眼看不出有显著的厚薄差别。然后粗磨顶端面，把刮刀的顶端放在砂轮轮缘上平稳地左右移动刃磨，要求端面与刮刀中心线垂直。刃磨时刮刀应先以一定倾斜度与砂轮接触，再逐步按图 1—5—11c 所示箭头方向转至水平。如直接按水平位置靠上砂轮，刮刀会颤抖，不容易磨削，甚至会出事故。

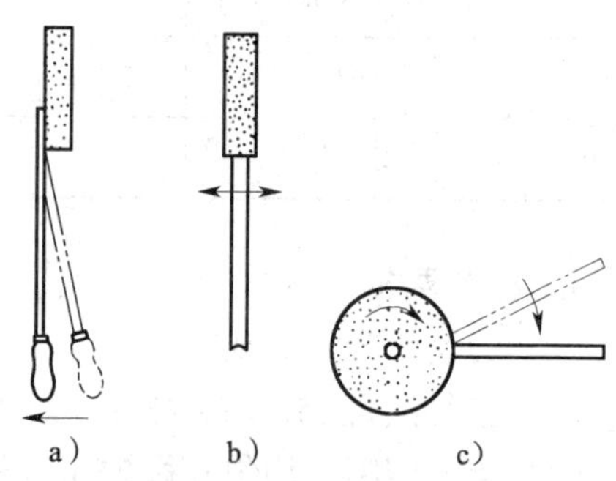

图 1—5—11　刮刀在砂轮上粗磨
a）粗磨刮刀平面　b）粗磨刮刀顶端面
c）顶端面粗磨方法

（2）细磨

热处理后的刮刀要在细砂轮上细磨，基本达到刮刀的形状和角度要求。刮刀刃磨时必须经常蘸水冷却，以避免刃口部分退火。

（3）精磨

如图 1—5—12 所示，刮刀精磨须在油石上进行。操作时，在油石上加适量机油，先磨平两平面，如图 1—5—12a 所示，至表面粗糙度值 $Ra<0.2$ μm；然后精磨端面，如图 1—5—12b 所示，刃磨时左手扶住刮刀柄，右手紧握刀身，使刮刀直立在油石上，略带前倾（前倾角度根据刮刀楔角而定）地向前推移，拉回时刀身略微提起，以免磨损刃口，如此反复，直到切削部分形状和角度符合要求，且刃口锋利为止。初学时还可将刮刀上部靠在肩上，两手握刀身，向后拉动磨锐刃口，而向前则将刮刀提起。此法速度较慢，但容易掌握，在初学时常采用此方法练习，待熟练后再采用前述方法。

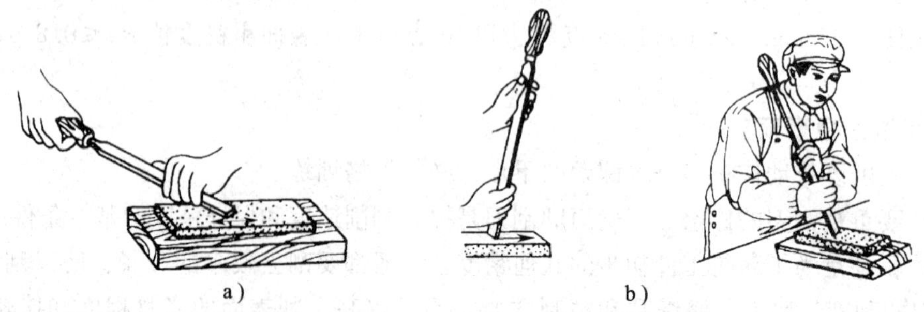

图 1—5—12　刮刀精磨

7．检测记录及评分标准

刮削加工检测记录及评分标准见表 1—5—5。

表 1—5—5　　刮削加工检测记录及评分标准

时限	24 h	开始时间		结束时间		实考时间	
项目	序号	技术要求		配分	评分标准	检测记录	得分
理论基础	1	熟悉刮削原理及方法		10			
	2	熟悉平板刮削工艺		10			
操作技能	3	姿势（站立、两手）正确		10	不正确不得分		
	4	刀迹整齐、美观（三块）		15	不合格不得分		
	5	接触点每 25 mm×25 mm 内 16 点以上（三块）		15	不合格不得分		
	6	点子清晰、均匀，每 25 mm×25 mm 内点数允差 6 点（三块）		15	不合格不得分		
	7	无明显落刀痕，无丝纹和振纹（三块）		15	不合格不得分		
综合能力	8	团结协作		10	不合格不得分		
其他	9	出现缺陷			每处扣 1～5 分		
	10	安全文明生产			违者酌情扣 1～10 分		

子课题 2　平面研磨

学习目标

1. 了解研具、研磨剂的种类。
2. 熟悉研磨的作用。
3. 掌握研磨的动作要领。
4. 能研磨刀口角尺。

使用研磨工具和研磨剂，利用研具和被研零件之间做相对的滑动，从零件表面研去一层极薄金属层，以提高零件的尺寸精度、几何精度，减小表面粗糙度值的精加工方法称为研磨。

图 1—5—13　手工研磨的一般方法

手工研磨的一般方法如图 1—5—13 所示，即在研磨工具的研磨表面涂上适量的研磨剂，在一定的压力作用下，工件与研磨工具之间按一定的轨迹做相对运动，直至研磨完毕。

一、研磨的作用

1. 减小表面粗糙度值

一般情况下，研磨后表面粗糙度值为 $Ra1.6 \sim 0.1$ μm，最小可达到 $Ra0.012$ μm。

2. 能达到精确的尺寸精度

研磨后的尺寸精度可达到 0.001 ~0.005 mm。

3. 能改进工件的几何形状

经过研磨加工，可以使一般机械加工所产生的几何误差得到校正，从而使零件得到准确的形状。

由于研磨后零件的表面粗糙度值很小，形状准确，所以，零件的耐磨性、耐腐蚀性和疲劳强度等都相应地提高，可延长零件的使用寿命。

二、研磨余量

研磨是微量切削，每研磨一遍所能磨去的金属层一般不超过 0.002 mm，因此，研磨余量不能太大，一般研磨余量控制在 0.005 ~0.030 mm 比较适宜。研磨余量应根据零件加工表面的大小、精度要求的高低以及研磨条件的不同进行合理选择，有时研磨余量可以留在零件的加工公差之内。

三、研磨剂

研磨剂是由磨料和研磨液调配而成的混合剂。

1. 磨料

磨料在研磨过程中起主要的切削作用，研磨工作的效率、工件的精度和表面粗糙度都与磨料有着密切的关系。磨料的种类很多，使用时应根据零件材料和加工要求合理选择。常用磨料的代号、特性和用途见表 1—5—6。

表 1—5—6　　常用磨料的代号、特性和用途

系列	名称	代号	特性	用途
氧化物	棕刚玉	A	棕褐色，硬度高，韧性好，价格便宜	用于粗、精研磨钢、铸铁、铜合金
	白刚玉	WA	白色，硬度比棕刚玉高，韧性比棕刚玉差	精研磨淬火钢、高速钢和薄壁零件
	铬刚玉	PA	玫瑰红或紫红色，韧性比白刚玉好，研磨表面质量高	研磨量具、仪表零件和高精度零件
	单晶刚玉	SA	淡黄色或白色，硬度和韧性都比白刚玉高	研磨不锈钢、高钒高速钢等强度高、韧性好的材料

续表

系列	名称	代号	特性	用途
碳化物	黑碳化硅	C	黑色有光泽，硬度比白刚玉高，性脆而锋利，导热性和导电性好	研磨铸铁、铜合金、铝合金和非金属材料
	绿碳化硅	GC	绿色，硬度和脆性比黑碳化硅高，具有良好的导热性和导电性	研磨硬质合金、硬铬、宝石、陶瓷、玻璃等材料
	碳化硼	BC	灰黑色，硬度仅次于金刚石，耐磨性好	精研磨和抛光硬质合金、人造宝石等硬质材料
金刚石	人造金刚石	JR	淡黄色、黄绿色或黑色，硬度高，比天然金刚石略脆，表面粗糙	粗、精研磨硬质合金、人造宝石、单晶硅等高硬度脆性材料
	天然金刚石	JT	无色透明或淡黄色，硬度最高，价格昂贵	
其他	氧化铬		深绿色	精研磨或抛光钢、铁、玻璃等材料
	氧化铁		红色至暗红色，比氧化铬软	

磨料的粗细用粒度表示。粒度有两种表示方法，分为粒度号和微粉号两种。粒度号是用筛网的方法测定，粒度号越大，磨粒就越细。微粉号是用显微镜测量的方法测定，用符号“W”表示，微粉号数越小，则磨粒越细。常用研磨粉的粒度及适用范围见表 1—5—7。

表 1—5—7　　常用研磨粉的粒度及适用范围

研磨粉粒度	研磨加工类别	可达到的表面粗糙度值
100 ~ W50	用于最初的研磨加工	
W40 ~ W20	用于粗研磨加工	*Ra*0.4 ~ 0.2 μm
W14 ~ W7	用于半精研磨加工	*Ra*0.2 ~ 0.1 μm
W5 以下	用于精研磨加工	*Ra*0.1 μm 以下

2. 研磨液

研磨液在研磨加工中起到调和磨料、冷却和润滑的作用。研磨液的质量高低和选用是否正确直接关系到研磨加工的效果。

常用的研磨液有煤油、汽油和机油等。此外，根据需要在研磨液中加入适量的石蜡和蜂蜡等填料，以及黏度较高而氧化作用较强的油酸、脂肪酸、硬脂酸等，可以提高研磨效果。

四、研具

1. 通用研具

平面研磨通常采用标准平板。粗研磨时，平板表面可开槽（图 1—5—14a），避免过多的研磨剂浮在平板上影响研磨效果；精研磨时则使用精密无槽平板（图 1—5—14b）。

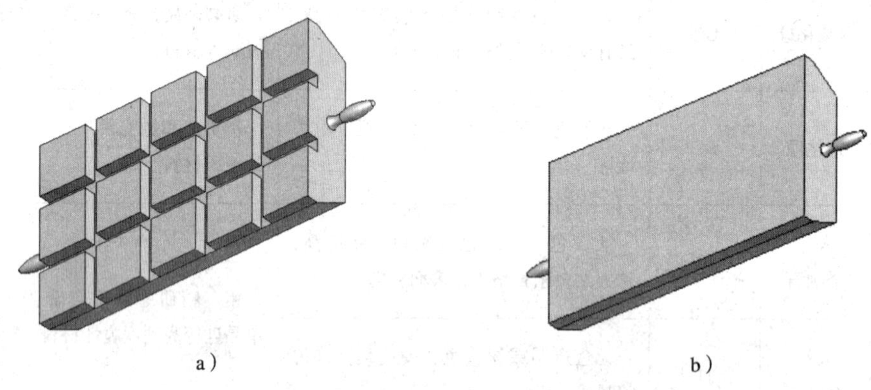

图 1—5—14　研磨平板
a）粗研磨平板　b）精研磨平板

2. 辅助工具

狭窄平面研磨时，为防止研磨平面产生倾斜或圆角，应利用靠块（图 1—5—15）保证研磨精度；如研磨工件数量较多，可采用 C 形夹头（图 1—5—16）将几个工件夹在一起研磨，能有效防止工件倾斜。

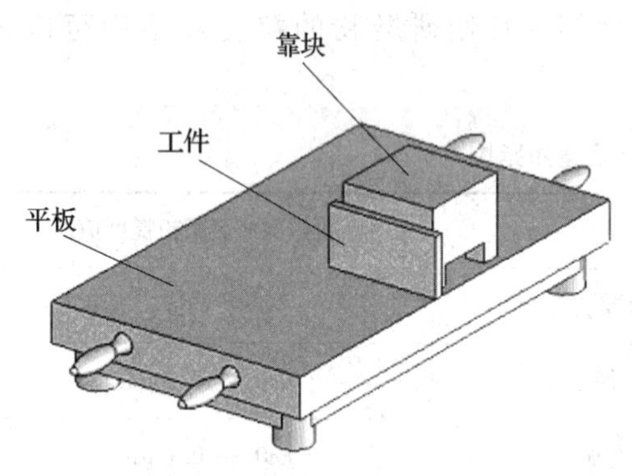

图 1—5—15　利用靠块研磨狭窄平面

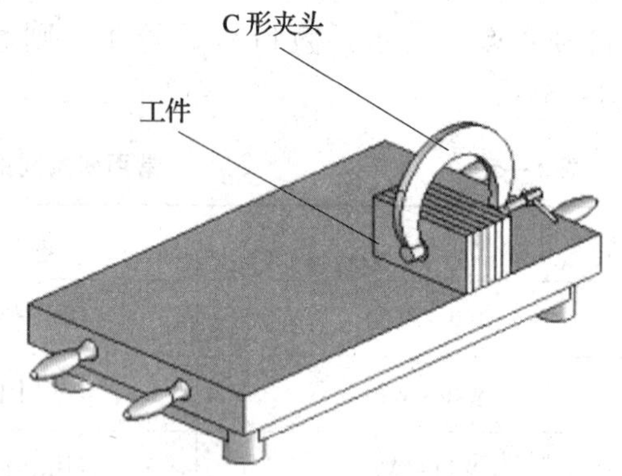

图 1—5—16　利用 C 形夹头研磨狭窄平面

五、研磨的运动轨迹

为了使工件达到理想的研磨效果，并保持研具的磨损均匀，根据工件的不同形状，可采用以下研磨轨迹。

1. 直线运动轨迹（图 1—5—17a）

直线运动轨迹可使工件表面研磨纹路平行，适用于狭长平面工件的研磨。

2. 直线摆动运动轨迹（图 1—5—17b）

工件在左右摆动的同时作直线往复运动，适用于对平直的圆弧面工件的研磨。

3. 螺旋形运动轨迹（图 1—5—17c）

螺旋形研磨运动能使工件获得较高的平面度和很小的表面粗糙度值，适用于对圆柱工件端面进行研磨。

4. “8”字形和仿“8”字形运动轨迹（图 1—5—17d）

“8”字形和仿“8”字形运动使研具与工件间的研磨表面保持均匀接触，既能提高工件的研磨质量，又能使研具磨损均匀，常用于研磨平板的修整或小平面工件的研磨。

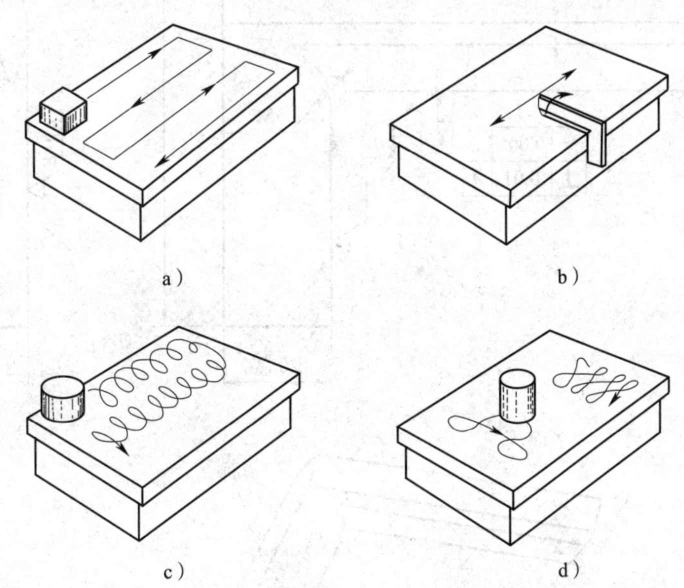

图 1—5—17　研磨的运动轨迹

a）直线运动轨迹　b）直线摆动运动轨迹　c）螺旋形运动轨迹

d）“8”字形和仿“8”字形运动轨迹

六、研磨速度和压力

研磨应在低压、低速的条件下进行。研磨压力过大，研磨切削量大，表面粗糙度值大，还会使磨料压碎，划伤工件表面。研磨速度太快，容易引起工件发热，降低研磨质量。粗研磨时，压力以（1 ~ 2）$\times 10^5$ Pa，速度以 50 次/min 左右为宜；精研磨时，压力以（1 ~ 5）$\times 10^5$ Pa，速度以 30 次/min 左右为宜。

七、刀口角尺的研磨

1. 加工任务——研磨刀口角尺

（1）研磨要求

如图 1—5—18 所示。

（2）技术要求

1）*A* 面与 *B* 面、*C* 面与 *D* 面应互相平行，其平行度误差要求小于 0.02 mm。

2）*A* 面和 *B* 面的平面度误差要求在 0.005 mm 以内。

2. 实习准备

研磨实习准备清单见表 1—5—8。

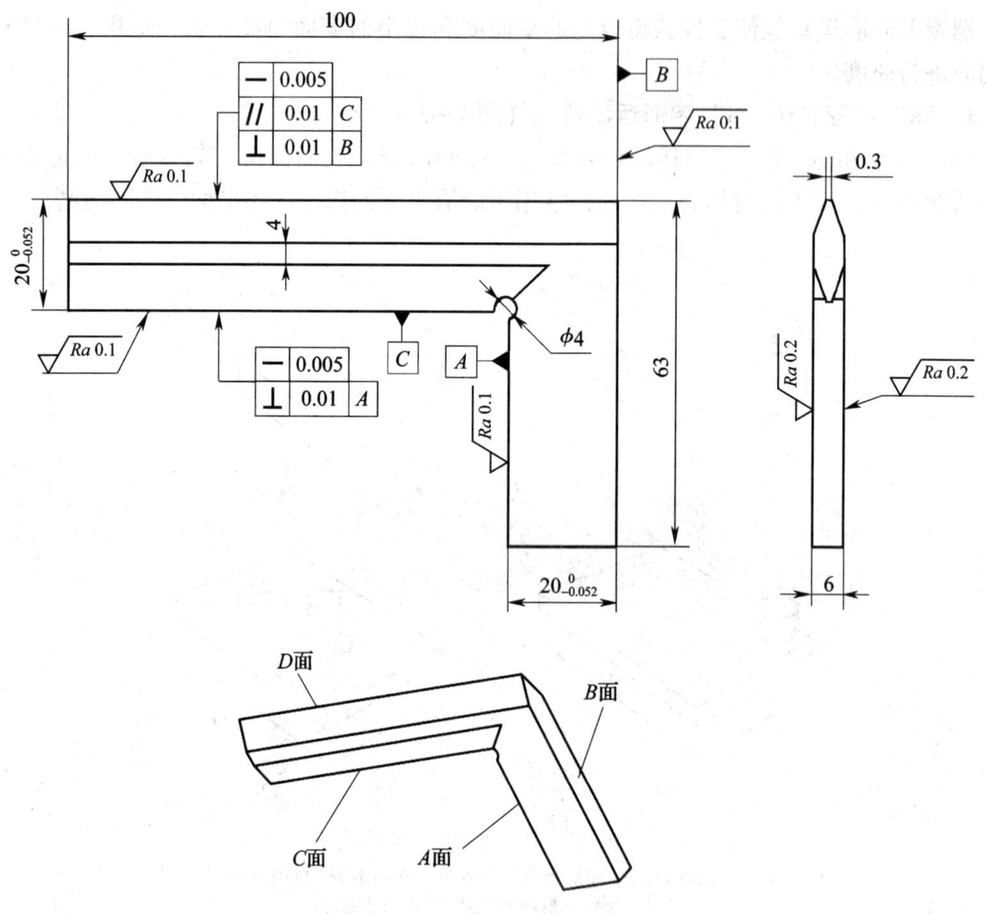

图1—5—18 研磨刀口角尺

表1—5—8 **研磨实习准备清单**

序号	名称	规格	精度	数量	备注
1	研磨粉	W20～W10		若干	
2	研磨粉	W5（W7）		若干	
3	研磨平板			1块	
4	靠铁			1个	
5	纯铜皮			1张	
6	测量角铁			1个	
7	杠杆百分表		0.01 mm	1个	
8	90°检验角尺			1把	

续表

序号	名称	规格	精度	数量	备注
9	标准平尺			1 把	
10	灯箱			1 套	
11	荧光灯			1 只	
12	刀口角尺毛坯件	63 mm × 100 mm		1 件	

3. 加工工艺步骤

(1) 研磨 *A* 面

用靠铁靠住角尺的侧面，平稳地推动角尺沿纵向移动（图 1—5—19）。研磨时要随时观察和检查研磨效果。

(2) 研磨 *B* 面

用靠铁靠住角尺侧面进行研磨，避免 *B* 面前后摆动（图 1—5—20）。研磨时采用横向研磨，保证研磨痕迹一致。

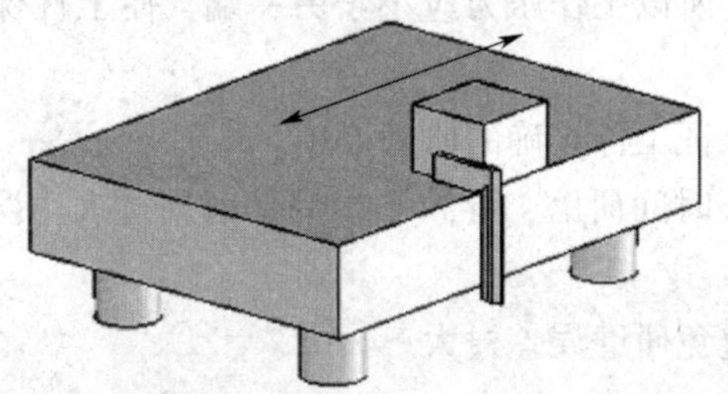

图 1—5—19　研磨 *A* 面

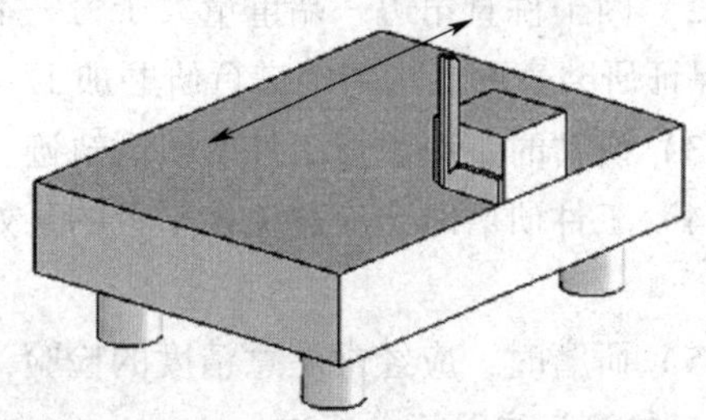

图 1—5—20　研磨 *B* 面

(3) 研磨 *C* 面

用双手捏住角尺侧面做横向摆动（图 1—5—21），将 *C* 面研磨成圆弧面。因其研磨量小，应随时检验（图 1—5—22），防止研磨过量。研磨时用纯铜皮作夹套，护住已研磨好的 *A* 面，防止被碰撞和擦伤。

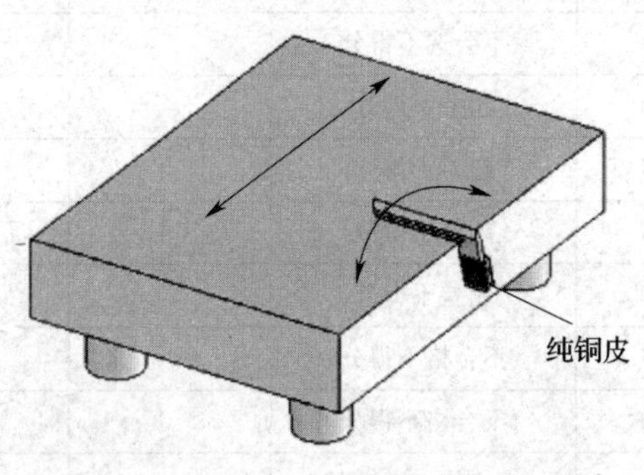

图 1—5—21　研磨 *C* 面

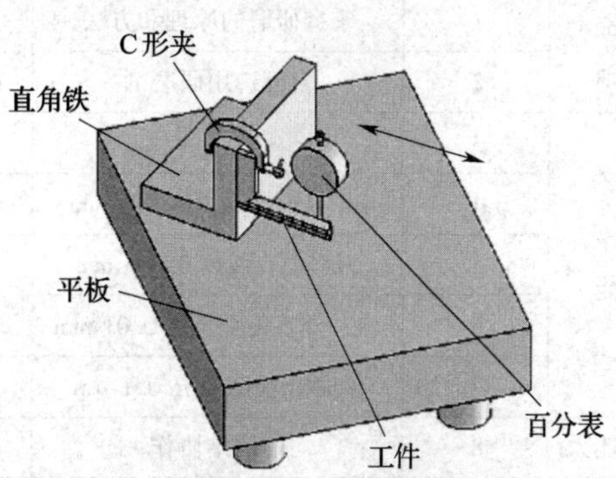

图 1—5—22　*C* 面精度检验

(4) 研磨 *D* 面

用双手捏住角尺侧面使 *D* 面做横向摆动(图 1—5—23),研磨要求与 *C* 面相同,精度检验如图 1—5—23 所示。

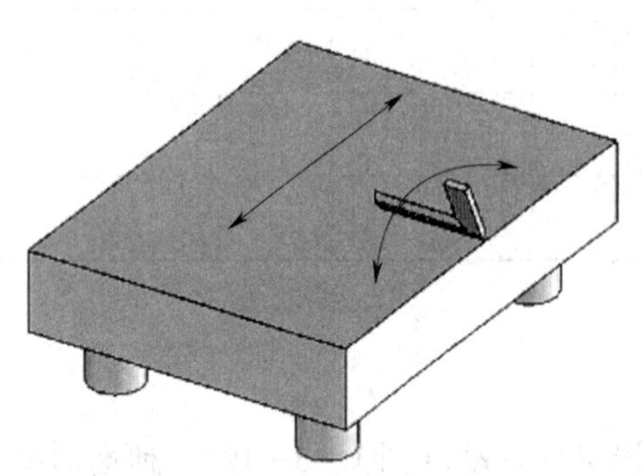

图 1—5—23　研磨 *D* 面

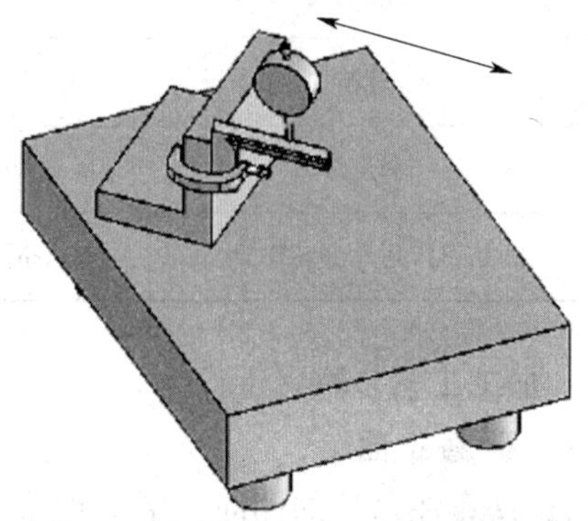

图 1—5—24　*D* 面精度检验

4. 注意事项

(1) 工件研磨过程中,用力要均匀,压力要适中,研磨量要均匀。

(2) 因工件直角边一端重量大于另一端,所以工作压力应小于另一端,使工件保持平衡,保证研磨表面能均匀地进行研磨加工。

(3) 研磨时,应注意工件的研磨轨迹,保证工件正确的研磨痕迹。

(4) 工件研磨时,应避免在平板的某处长时间研磨,导致平板局部磨损过大,误差不均匀。

(5) 研磨时,应经常注意精度的检验,避免研磨误差过大。

5. 检测记录及评分标准

刀口角尺研磨加工检测记录及评分标准见表 1—5—9。

表 1—5—9　　刀口角尺研磨加工检测记录及评分标准

时限	24 h	开始时间		结束时间		实考时间	
项目	序号	技术要求		配分	评分标准	检测记录	得分
理论基础	1	掌握研磨的原理和方法		10	不熟悉不得分		
	2	合理选用研磨剂		10	不会选不得分		
操作技能	3	$20_{-0.052}^{0}$ mm		10	超差不得分		
	4	*A*、*B* 面平面度 0.005 mm		15	超差不得分		
	5	刀口面直线度 0.005 mm		15	超差不得分		
	6	内、外直角垂直度 0.01 mm		15	超差不得分		
	7	表面粗糙度值 *Ra*0.1 μm		15	不合格不得分		
综合能力	8	能团结协作		10	不合格不得分		
其他	9	出现缺陷			每处扣 1 ~ 5 分		
	10	安全文明生产			违者酌情扣 1 ~ 10 分		

课题六　综合技能训练

学习目标

1. 熟练识读加工图样。
2. 正确制定加工工艺步骤。
3. 遵守安全文明生产要求。
4. 熟悉钳工基本操作技能。

一、制作 L 形板

1. 加工图样

加工图样如图 1—6—1 所示。

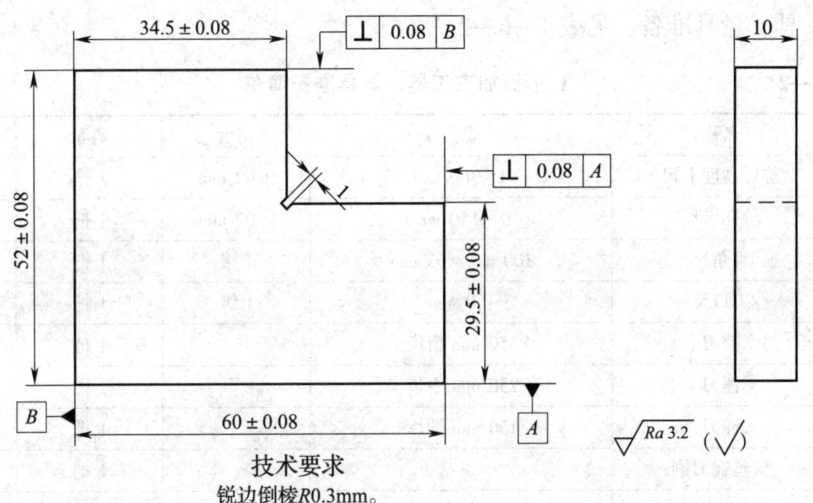

图 1—6—1　L 形板加工图样

2. 评分标准

评分标准见表 1—6—1。

表 1—6—1　　**L 形板加工评分标准**

序号	技术要求	配分	交检记录	得分
1	(60 ±0. 08) mm	10		
2	(52 ±0. 08) mm	10		
3	(34. 5 ±0. 08) mm	10		
4	(29. 5 ±0. 08) mm	10		

续表

序号	技术要求	配分	交检记录	得分
5	平面度 0.08 mm	2×6		
6	⊥ 0.08 *B*	7		
7	⊥ 0.08 *A*	7		
8	锉削姿势正确	8		
9	锉削纹路整齐	1×6		
10	外形无损伤	8		
11	表面粗糙度值 *Ra*3.2 μm	2×6		
12	安全文明生产	倒扣分		

3. 加工前准备

（1）加工坯料：Q235 带钢，53 mm×61 mm×10 mm。

（2）工具、量具准备：见表 1—6—2。

表 1—6—2　　L 形板加工工具、量具准备清单

序号	名称	规格	精度	数量	备注
1	游标高度卡尺	0～300 mm	0.02 mm	1 把	
2	游标卡尺	0～150 mm	0.02 mm	1 把	
3	直角尺	100 mm×63 mm	1 级	1 把	
4	刀口尺	100 mm	1 级	1 把	
5	锉刀	350 mm 粗齿		1 把	
6	锉刀	250 mm 中齿		1 把	
7	锉刀	150 mm 细齿		1 把	
8	铜丝锉刀刷			1 把	
9	毛刷	中号		1 把	
10	铜棒			1 根	
11	软钳口			1 对	
12	划线工具、锤子			1 套	
13	锯弓、锯条			1 套	锯条若干
14	测量平板			1 块	
15	纸、笔			自定	

（3）加工设备：标准钳桌配台虎钳若干。

4. 加工工艺分析

本任务为内直角加工，加工时两基准面之间的垂直度需要严格控制，误差越小越好，这项误差会直接影响内直角的垂直度，因此要格外重视基准的加工质量。L 形板加工工艺步骤如下：

（1）检查来料，精修基准。

（2）按图样要求加工外形。如图 1—6—2 所示，锉削面 1，保证面 1 与 A 基准之间的加工尺寸（52 ± 0.08）mm；锉削面 2，保证面 2 与 B 基准之间的加工尺寸（60 ± 0.08）mm。同时保证各面间的垂直度和表面粗糙度达标。

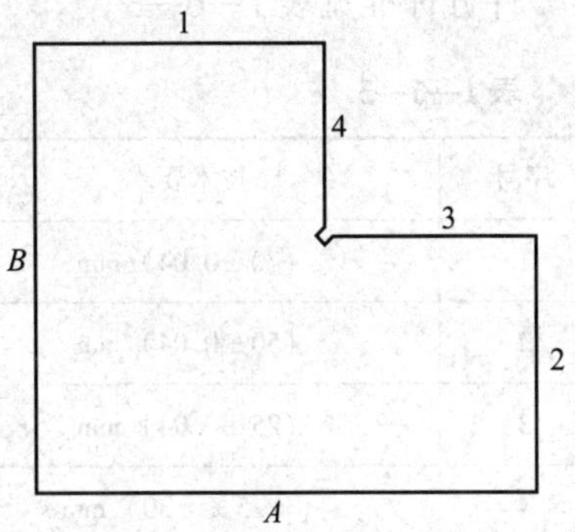

图 1—6—2　L 形板各面加工步骤

一般为保证尺寸精度，实际加工尺寸尽量取上下偏差的中间值，即锉削 1 面和 2 面的工序尺寸分别为 52.00 mm 和 60.00 mm。

（3）划线。划出 34.5 mm、29.5 mm 加工线。

（4）锯下右上直角初成 L 形外形，保证 34.5 mm、29.5 mm 尺寸有 0.25 ~ 0.5 mm 的加工余量。

（5）加工工艺槽。用锯条锯出图样要求的工艺槽。

（6）加工 L 形（内直角）。锉削面 3，保证面 3 与 A 基准之间的工序尺寸（29.5 ± 0.08）mm；锉削面 4，保证面 4 与 B 基准之间的工序尺寸（34.5 ± 0.08）mm。同时保证 3、4 两面之间的垂直度和表面粗糙度达标。

（7）去毛刺、倒棱，复检。

二、制作凸形板

1. 加工图样

加工图样如图 1—6—3 所示。

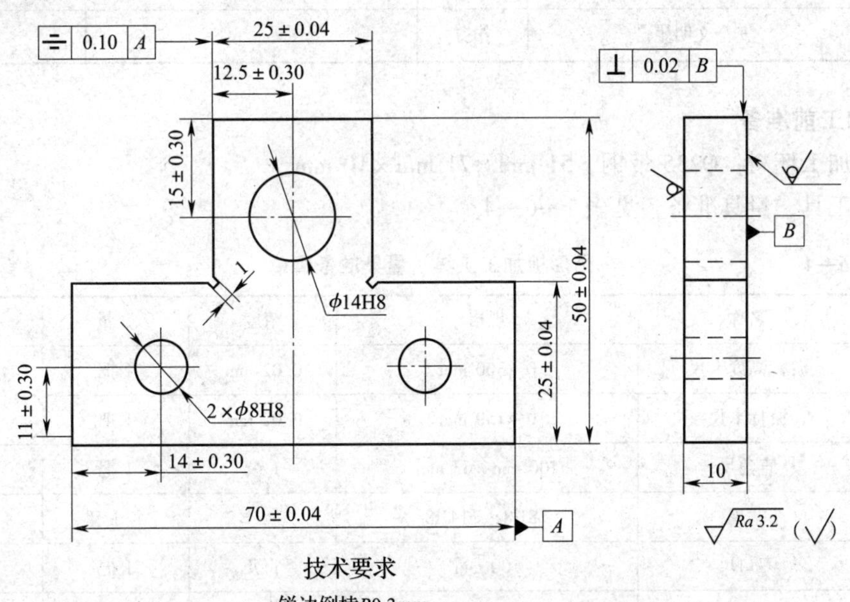

图 1—6—3　凸形板加工图样

2. 评分标准

评分标准见表 1—6—3。

表 1—6—3　凸形板加工评分标准

序号	技术要求	配分	交检记录	得分
1	(70 ±0.04) mm	4		
2	(50 ±0.04) mm	4		
3	(25 ±0.04) mm	4 ×3		
4	(12.5 ±0.30) mm	5		
5	(15 ±0.30) mm	5		
6	(14 ±0.30) mm	5 ×2		
7	(11 ±0.30) mm	5 ×2		
8	⌯ 0.10 A	7		
9	⊥ 0.02 B	7		
10	ϕ14H8	7		
11	2 × ϕ8H8	3 ×4		
12	锉削纹路整齐	1 ×8		
13	外形无损伤	2		
14	表面粗糙度值 Ra3.2 μm	1 ×7		
15	安全文明生产	扣分		

3. 加工前准备

(1) 加工坯料：Q235 带钢，51 mm ×71 mm ×10 mm。

(2) 工具、量具准备：见表 1—6—4。

表 1—6—4　凸形板加工工具、量具准备清单

序号	名称	规格	精度	数量	备注
1	游标高度卡尺	0 ~300 mm	0.02 mm	1 把	
2	游标卡尺	0 ~150 mm	0.02 mm	1 把	
3	直角尺	100 mm ×63 mm	1 级	1 把	
4	塞规	ϕ8H8、ϕ14H8		各 1 套	
5	刀口尺	100 mm	1 级	1 把	
6	锉刀	350 mm 粗齿		1 把	
7	锉刀	250 mm 中齿		1 把	

续表

序号	名称	规格	精度	数量	备注
8	锉刀	150 mm 细齿		1 把	
9	钻头	ϕ3 mm、ϕ6 mm、ϕ7 mm、ϕ7. 8 mm、ϕ10 mm、ϕ13. 8 mm		若干	
10	铰刀	ϕ8H8		1 把	
11	铰刀	ϕ14H8		1 把	
12	铰杠			1 把	
13	铜丝锉刀刷			1 把	
14	毛刷	中号		1 把	
15	铜棒			1 根	
16	软钳口			1 对	
17	划线工具、锤子			1 套	
18	锯弓、锯条			1 套	锯条若干
19	测量平板			1 块	
20	纸、笔			自定	

（3）加工设备：标准钳桌配台虎钳若干，台钻、立钻。

4. 加工工艺分析

本任务为凸形板加工，单侧内直角控制同 L 形板加工。本任务加工重点是尺寸（25 ± 0. 04）mm 等的处理和孔加工，难点在于凸台相对于两侧边的对称度控制。对称度控制有两种方法，即工序尺寸法和百分表打等高法。工序尺寸法将在加工工艺步骤中体现，这里主要介绍百分表打等高法控制对称度。如图 1—6—4 所示，对称度的检测方法是：测量时

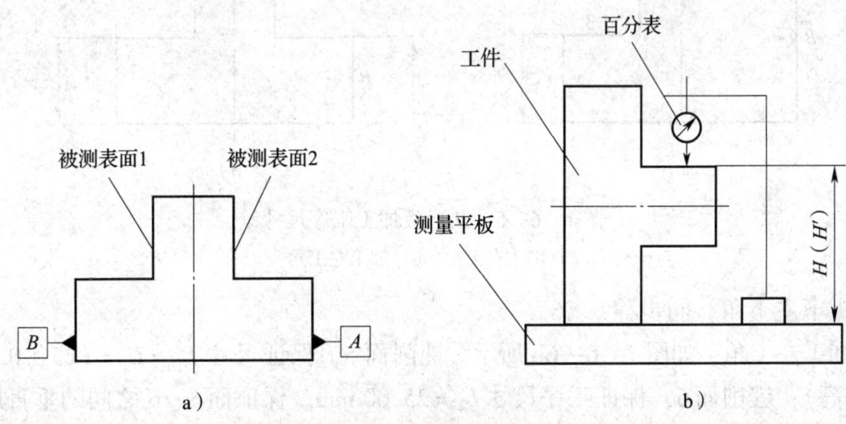

图 1—6—4　对称度的测量

a）测量工件　b）测量方法

分别以 A、B 面为测量基准，将外径百分表的测头分别与工件的两个测量表面垂直接触，测得相对尺寸 H 和 H'，两者之差即为对称度误差。如差值小于图样要求值，则该对称度合格；如差值大于图样要求值，则需在示值大的一边锉去差值，直至两侧打表后 H 和 H' 的差值符合图样要求。

凸形板加工工艺步骤如下：

(1) 检查来料，精修基准。

(2) 加工外形。锉削面 1 和面 2，分别保证外形尺寸（50 ±0.04）mm 和（70 ±0.04）mm，并保证两面垂直度和表面粗糙度。

(3) 划线。根据图样要求，划出加工线，如图 1—6—5 所示，并打好样冲眼。

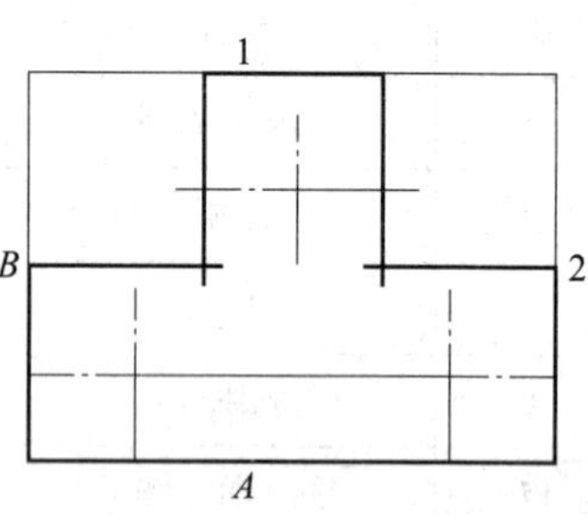

图 1—6—5 凸形板外形及孔加工划线

(4) 孔加工。按图样要求，通过钻 $\phi3$→扩 $\phi6$→扩 $\phi7.8$→铰 $\phi8H8$，两个 $\phi8$ mm 孔加工到位，保证孔距（11 ±0.30）mm、（14 ±0.30）mm 和表面粗糙度值 $Ra\leqslant1.6$ μm；通过钻 $\phi3$→扩 $\phi6$→扩 $\phi10$→扩 $\phi13.8$→铰 $\phi14H8$，孔 $\phi14$ mm 加工到位，保证孔距（12.5 ±0.30）mm、（15 ±0.30）mm 和表面粗糙度值 $Ra\leqslant1.6$ μm（注：孔口倒角应在铰孔前完成）。

(5) 锯下右上角，保证面 3 和面 4 有 0.25 ~0.5 mm 的加工余量。

(6) 锯右上角工艺槽。

(7) 加工右上角，如图 1—6—6a 所示。锉削面 3，保证尺寸 $L_1=(25\pm0.04)$ mm；锉削面 4，保证工序尺寸 $L_2=70-(70-25)/2=47.5$ mm，取上下偏差中间值，故 $L_2=47.50$ mm。保证面 3、4 之间的垂直度、表面粗糙度达标。

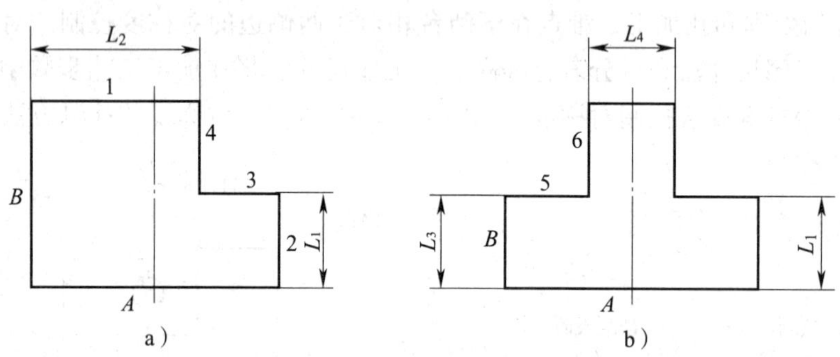

图 1—6—6 凸形板加工工序尺寸
a）加工右上角 b）加工左上角

(8) 锯下左上角，同步骤 5、6。

(9) 加工左上角，如图 1—6—6b 所示。锉削面 5，保证尺寸 $L_1=L_3=(25\pm0.04)$ mm（与面 3 等高）；锉削面 6，保证工序尺寸 $L_4=25.00$ mm。保证面 5、6 之间的垂直度、表面粗糙度达标。

(10) 去毛刺、倒棱，复检。

三、制作工形板

1. 加工图样

加工图样如图 1—6—7 所示。

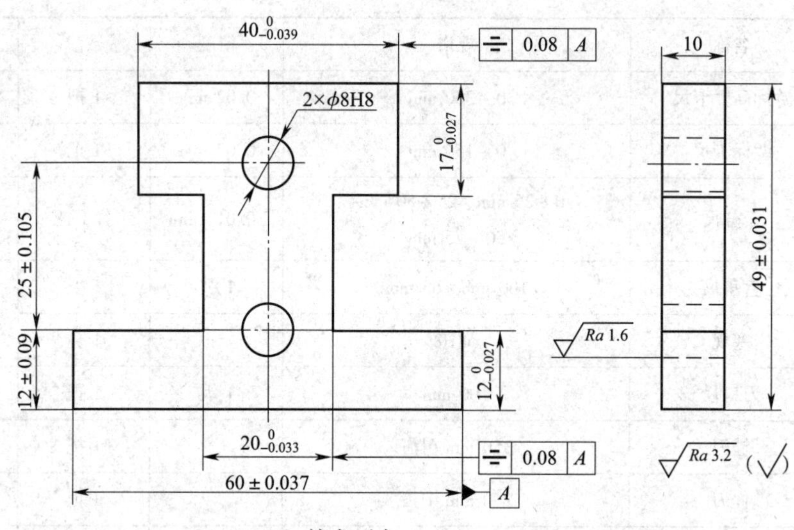

图 1—6—7 工形板加工图样

2. 评分标准

评分标准见表 1—6—5。

表 1—6—5　　工形板加工评分标准

项目	序号	技术要求	评分标准	交检记录	得分
锉削	1	$20^{0}_{-0.033}$ mm	5		
	2	$40^{0}_{-0.039}$ mm	5		
	3	$17^{0}_{-0.027}$ mm	5×2		
	4	$12^{0}_{-0.027}$ mm	5×2		
	5	(49±0.031) mm	5		
	6	(60±0.037) mm	5		
钻铰	7	2×φ8H8	5×2		
	8	*Ra*1.6 μm	3×2		
	9	(12±0.09) mm	6		
	10	(25±0.105) mm	6		
其他	11	锉削纹路一致整齐	3×4		
	12	外形无损伤	8		
	13	表面粗糙度值 *Ra*3.2 μm	2×6		
	14	安全文明生产	倒扣分		

3. 加工前准备

（1）加工坯料：Q235带钢，50 mm×61 mm×10 mm。

（2）工具、量具准备：见表1—6—6。

表1—6—6　　工形板加工工具、量具准备清单

序号	名称	规格	精度	数量	备注
1	游标高度卡尺	0～300 mm	0.02 mm	1把	
2	游标卡尺	0～150 mm	0.02 mm	1把	
3	千分尺	0～25 mm、25～50 mm、50～75 mm	0.01 mm	各1把	
4	直角尺	100 mm×63 mm	1级	1把	
5	塞规	ϕ8H8		1套	
6	刀口尺	100 mm	1级	1把	
7	锉刀	350 mm粗齿		1把	
8	锉刀	250 mm中齿		1把	
9	锉刀	150 mm细齿		1把	磨成清角锉刀
10	钻头	ϕ3 mm、ϕ6 mm、ϕ7 mm、ϕ7.8 mm		若干	
11	铰刀	ϕ8H8		1把	
12	铰杠			1把	
13	铜丝锉刀刷			1把	
14	毛刷	中号		1把	
15	铜棒			1根	
16	软钳口			1对	
17	划线工具、锤子			1套	
18	锯弓、锯条			1套	锯条若干
19	测量平板			1块	
20	纸、笔			自定	

（3）加工设备：标准钳桌配台虎钳若干，台钻。

4. 加工工艺分析

本任务加工件外形为工字形，左右两侧方槽对称分布，为保证对称度，加工时两侧方槽不能同时去余料，应按凸形件的凸台加工顺序加工，两槽的对称度控制仍可用工序尺寸法和百分表打等高法进行。本任务尺寸精度和孔距精度较前两个任务有所提高，因此加工时要使用千分尺测量，以保证加工精度。

5. 加工步骤

(1) 检查来料，精修基准。

(2) 加工外形。分别保证外形尺寸 (60 ± 0.039) mm 和 (49 ± 0.031) mm，保证两面垂直度和表面粗糙度。

(3) 划线。根据图样要求，划出加工线，并打好样冲眼。

(4) 孔加工。

1) 加工 2 × ϕ8H8 孔。按图样要求，通过钻 ϕ3→扩 ϕ6→扩 ϕ7.8 →铰 ϕ8H8，两个 ϕ8 孔加工到位，保证孔距 (25 ± 0.105) mm、(12 ± 0.09) mm 和表面粗糙度值 $Ra \leqslant 1.6$ μm。

2) 钻去料工艺孔。如图 1—6—8 所示，在两侧槽内图示位置各钻一个去料工艺孔 (孔径按锯条宽度定)。

(5) 去左侧槽余料。如图 1—6—8 所示，左侧槽内沿锯缝 1 锯过去料工艺孔至槽底；将锯条穿入工艺孔，按锯缝 2 锯至对角槽底；最后按锯缝 3 锯下余料。

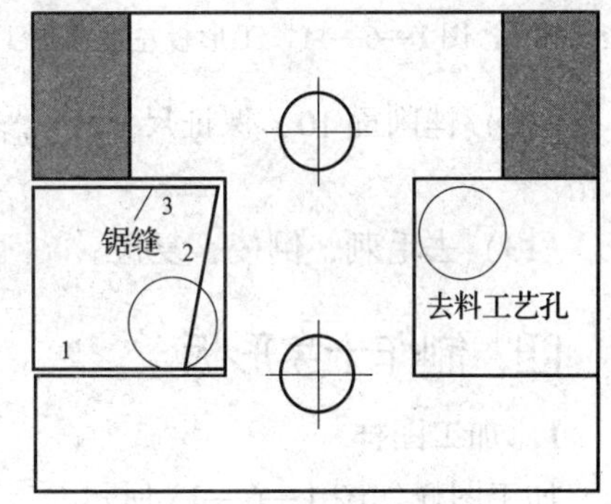

图 1—6—8 工形板方槽去料工艺孔

(6) 锉削左侧方槽。如图 1—6—9 所示，先锉削面 3，保证工序尺寸 $12_{-0.027}^{0}$ mm，并和工件底面平行；再锉削面 4 整长面，保证尺寸 $17_{-0.027}^{0}$ mm；最后锉削面 5，保证工序尺寸 $L_1 = 40.00$ mm。注意保证槽底两处内直角的垂直度并清角到位。

(7) 去右侧槽余料，同步骤 5。

(8) 锉削右侧方槽。如图 1—6—10 所示，先锉削面 6，保证工序尺寸 $12_{-0.027}^{0}$ mm，并和工件底面平行；再锉削面 7 整长面，保证尺寸 $17_{-0.027}^{0}$ mm；最后锉削面 8，保证尺寸 $20_{-0.033}^{0}$ mm。注意保证槽底两处内直角的垂直度并清角到位。

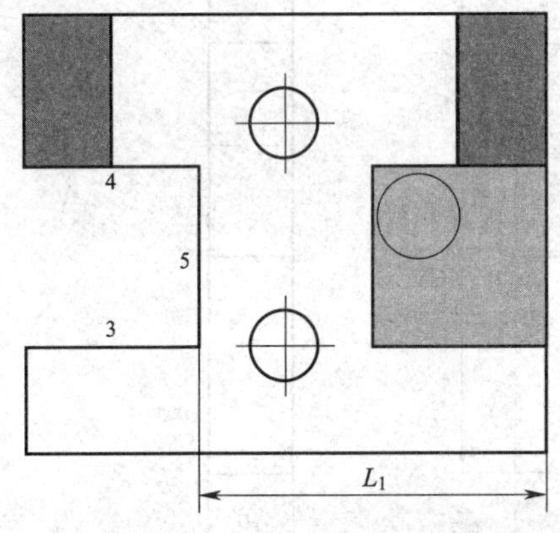

图 1—6—9 工形板左侧方槽加工

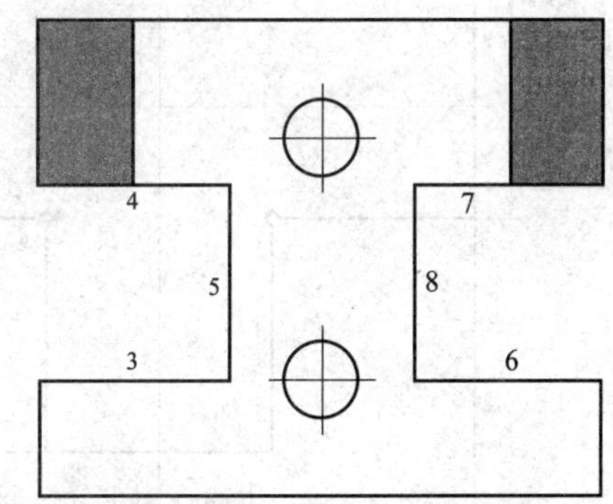

图 1—6—10 工形板右侧方槽加工

(9) 锯去面 9 余料，如图 1—6—11 所示。

(10) 锉削面 9，保证工序尺寸 $L_2 = 50.00$ mm，并保证面 9 与上侧面的垂直度和表面粗糙度。

(11) 锯去面 10 余料，如图 1—6—12 所示。

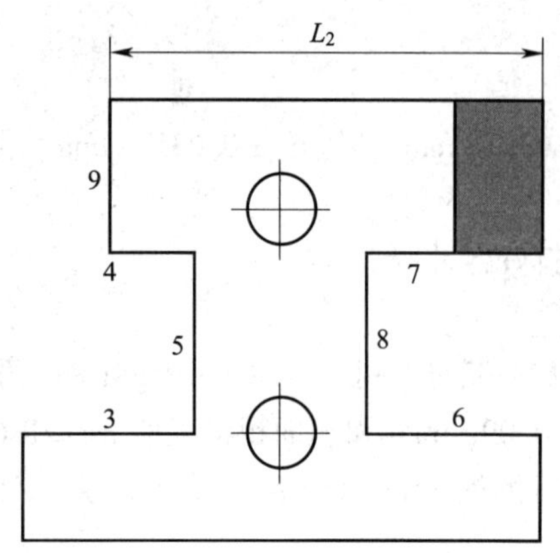

图 1—6—11　工形板左上角加工

图 1—6—12　工形板右上角加工

（12）锉削面 10，保证尺寸 40 $^{0}_{-0.039}$ mm，并保证面 10 与上侧面的垂直度和表面粗糙度合格。

（13）去毛刺，倒棱，复检。

四、制作十字形板

1. 加工图样

加工图样如图 1—6—13 所示。

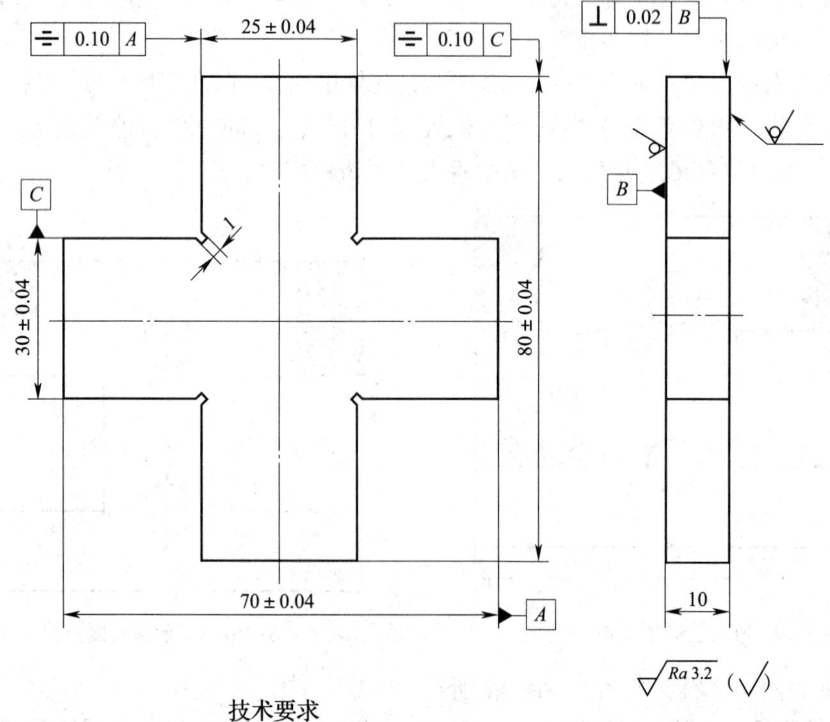

技术要求

锐边倒棱R0.3mm。

图 1—6—13　十字形板加工图样

2. 评分标准

评分标准见表1—6—7。

表1—6—7　　十字形板加工评分标准

序号	技术要求	配分	交检记录	得分
1	(70 ±0.04) mm	8		
2	(80 ±0.04) mm	8		
3	(25 ±0.04) mm	8		
4	(30 ±0.04) mm	8		
5	⌯ 0.10 *A*	8		
6	⌯ 0.10 *C*	8		
7	⊥ 0.02 *B*	4×4		
8	锉削姿势正确	6		
9	锉削纹路整齐	3×4		
10	外形无损伤	6		
11	表面粗糙度值 *Ra*3.2 μm	2×6		

3. 加工前准备

(1) 加工坯料：Q235带钢，71 mm×81 mm×10 mm。

(2) 工具、量具准备：见表1—6—8。

表1—6—8　　十字形板加工工具、量具准备清单

序号	名称	规格	精度	数量	备注
1	游标高度卡尺	0~300 mm	0.02 mm	1把	
2	游标卡尺	0~150 mm	0.02 mm	1把	
3	千分尺	0~25 mm、25~50 mm、50~75 mm、75~100 mm	0.01 mm	各1把	
4	直角尺	100 mm×63 mm	1级	1把	
5	刀口尺	100 mm	1级	1把	
6	锉刀	350 mm粗齿		1把	
7	锉刀	250 mm中齿		1把	
8	锉刀	150 mm细齿		1把	

续表

序号	名称	规格	精度	数量	备注
9	铜丝锉刀刷			1 把	
10	毛刷	中号		1 把	
11	铜棒			1 根	
12	软钳口			1 对	
13	划线工具、锤子			1 套	
14	锯弓、锯条			1 套	锯条若干
15	测量平板			1 块	
16	纸、笔			自定	

（3）加工设备：标准钳桌配台虎钳若干，台钻。

4. 加工工艺分析

先加工出类似于凸形工件，再加工出最后的十字形工件。如图 1—6—14 所示，四个角分别标注为 A、B、C、D，用工序尺寸法加工时，四个角不能同时锯下。四个角的加工顺序，可以由 A 开始顺序加工，也可以对角两两加工。下面列举的是对角两两加工的工艺步骤。

（1）检查来料，精修基准。

（2）划出图样所有加工线。

（3）锯下角 A、C，如图 1—6—15 所示。

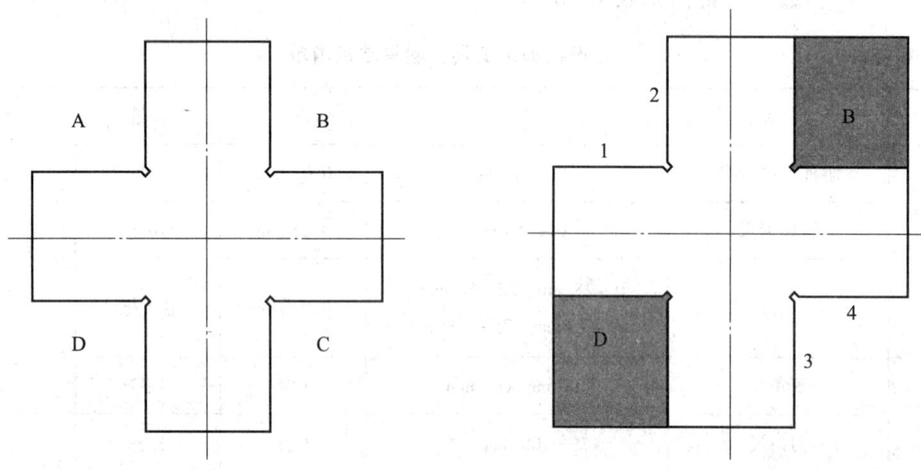

图 1—6—14　十字形板加工图样　　图 1—6—15　十字形板 A、C 角加工

（4）锉削角 A、C，如图 1—6—16 所示。锉削面 1、面 4，保证工序尺寸 L_1 =55 mm；锉削面 2、面 3，保证工序尺寸 L_2 =47. 5 mm。同时保证面 1 与面 2、面 3 与面 4 之间的垂直度和表面粗糙度。

（5）锯下角 B、D。

（6）锉削角 B、D，如图 1—6—17 所示。锉削面 5、面 7，保证尺寸 30 至图样要求；锉削面 6、面 8，保证尺寸 25 至图样要求。同时保证内直角的垂直度和各面的表面粗糙度要求。

（7）去毛刺、倒棱，复检。

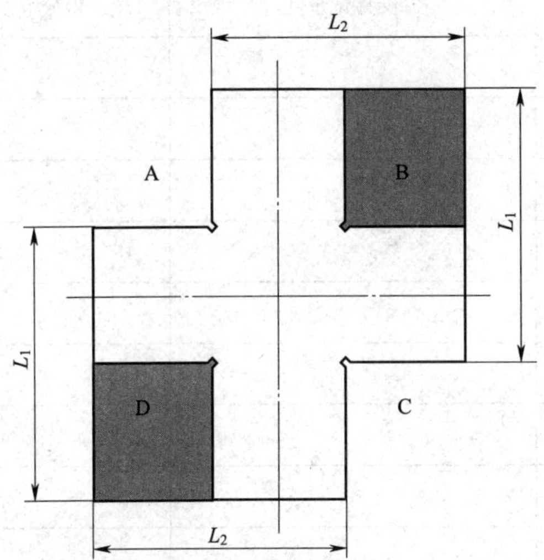

图 1—6—16　十字形板 A、C 角加工工序尺寸

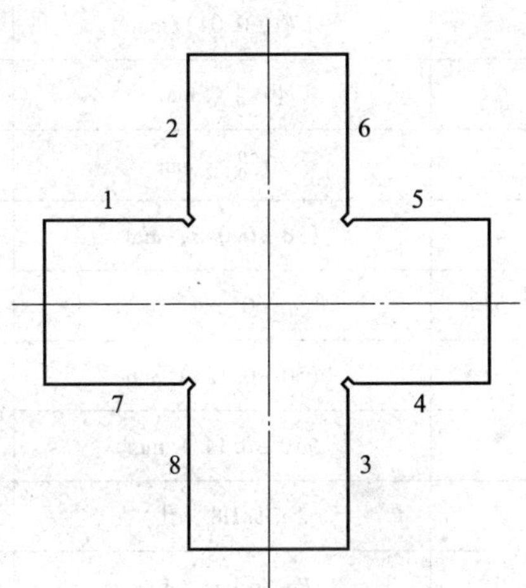

图 1—6—17　十字形板 B、D 角加工

五、制作燕尾板

1. 加工图样

加工图样如图 1—6—18 所示。

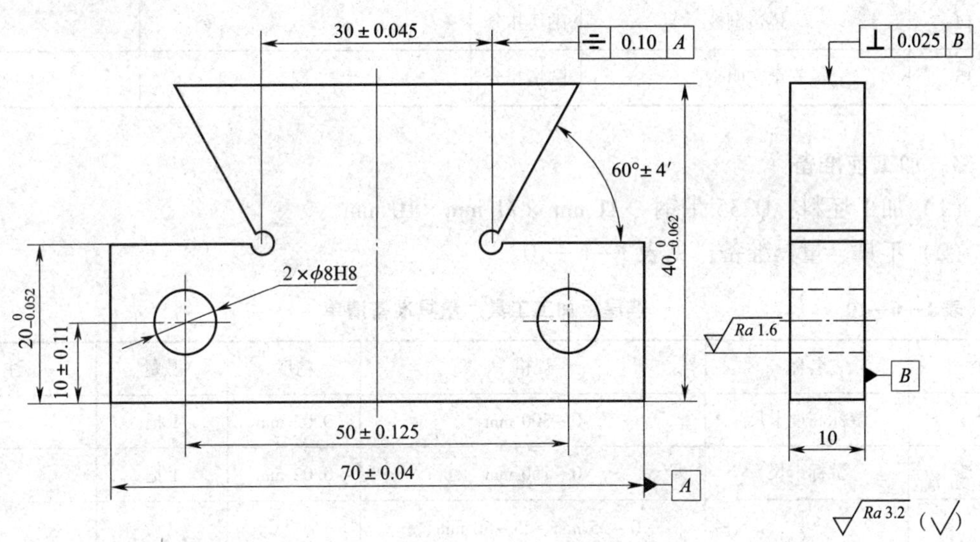

图 1—6—18　燕尾板加工图样

2. 评分标准

评分标准见表1—6—9。

表1—6—9　　燕尾板加工评分标准

序号	技术要求	配分	交检记录	得分
1	(70 ±0.04) mm	8		
2	$40_{-0.62}^{0}$ mm	8		
3	$20_{-0.052}^{0}$ mm	8×2		
4	(30 ±0.045) mm	7		
5	60° ±4′	7×2		
6	(50 ±0.125) mm	7		
7	(10 ±0.11) mm	7×2		
8	2×ϕ8H8 (孔)	2×2		
9	*Ra*1.6 μm (孔)	2×2		
10	⌯ 0.10 *A*	8		
11	⊥ 0.025 *B*	0.5×8		
12	*Ra*3.2 μm (锉)	0.5×8		
13	孔口倒角	0.5×4		
14	锐边倒棱	酌情扣分		
15	安全文明生产	酌情扣分		

3. 加工前准备

(1) 加工坯料：Q235带钢，41 mm×71 mm×10 mm。

(2) 工具、量具准备：见表1—6—10。

表1—6—10　　燕尾板加工工具、量具准备清单

序号	名称	规格	精度	数量	备注
1	游标高度卡尺	0～300 mm	0.02 mm	1把	
2	游标卡尺	0～150 mm	0.02 mm	1把	
3	千分尺	0～25 mm、25～50 mm、50～75 mm、75～100 mm	0.01 mm	各1把	
4	直角尺	100 mm×63 mm	1级	1把	
5	塞规	ϕ8H8		1套	

续表

序号	名称	规格	精度	数量	备注
6	刀口尺	100 mm	1 级	1 把	
7	锉刀	350 mm 粗齿		1 把	
8	锉刀	250 mm 中齿		1 把	
9	锉刀	150 mm 细齿		1 把	
10	钻头	$\phi3$ mm、$\phi6$ mm、$\phi7$ mm、$\phi7.8$ mm		若干	
11	铰刀	$\phi8$H8		1 把	
12	铰杠			1 把	
13	铜丝锉刀刷			1 把	
14	毛刷	中号		1 把	
15	铜棒			1 根	
16	软钳口			1 对	
17	划线工具、锤子			1 套	
18	锯弓、锯条			1 套	锯条若干
19	杠杆百分表			1 套	
20	斜 90°V 形块			1 块	
21	测量平板			1 块	
22	纸、笔			自定	

（3）加工设备：标准钳桌配台虎钳若干。

4. 加工工艺分析

本任务加工件外形为对称双燕尾形，其实质就是加工 60°斜面。两中心孔的孔距尺寸要求为（30 ± 0.045）mm，此处实际是两斜面的尺寸控制要求为（30 ± 0.045）mm，如图 1—6—19 中的尺寸 A。这类斜面尺寸控制需采用辅助测量，常用的方法有圆柱销测量法和 V 形块测量法。

（1）圆柱销测量法

如图 1—6—20 所示，通过测量两圆柱销外母线之间的垂直距离 L，间接保证尺寸 A。

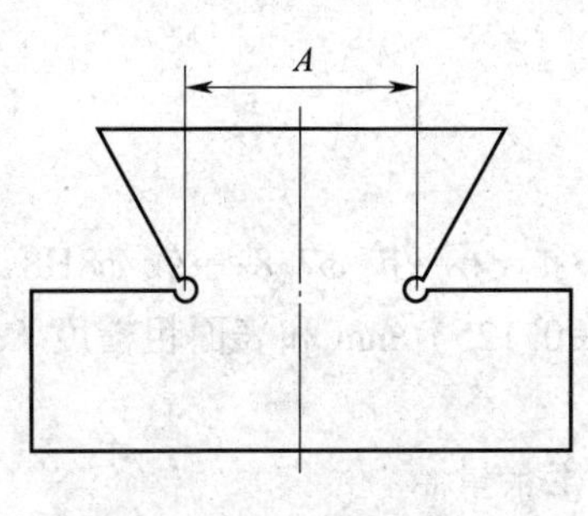

图 1—6—19　燕尾斜边尺寸 A

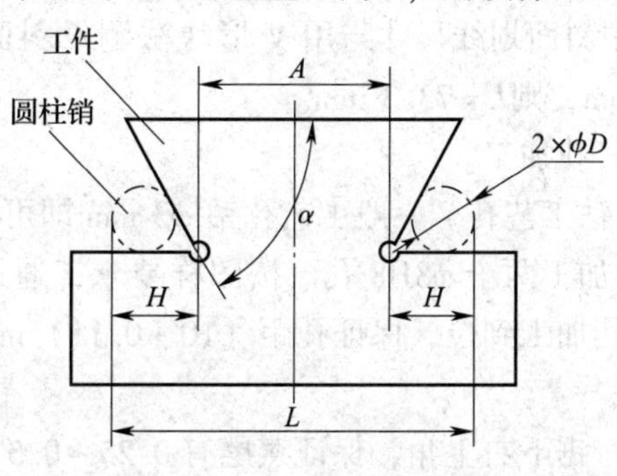

图 1—6—20　圆柱销测量法

计算公式如下：

$$L = A + 2H$$

$$H = \left(1 + \frac{1}{\tan\frac{\alpha}{2}}\right)D$$

（2）斜 90° V 形块测量法

如图 1—6—21 所示，通过测量零件斜边与斜 90° V 形块底边之间的尺寸 L，就可以间接控制尺寸 A；同时，在翻转角度测量两个斜边时，还可以测量出工件的对称度误差。

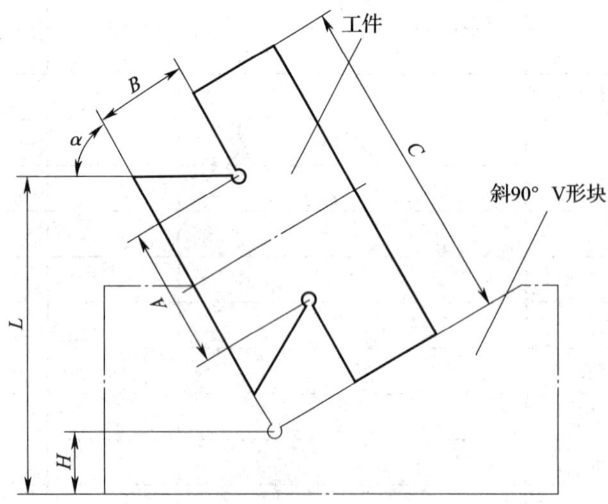

图 1—6—21 斜 90° V 形块测量法

计算公式如下：

$$L = H + \frac{A + C}{2}\sin\alpha + B\cos\alpha$$

5. 加工工艺步骤（V 形块测量法）

（1）检查来料，精修基准。

（2）加工外形。分别锉削基准对面的两面，保证外形尺寸（50 ±0. 04）mm 和（70 ±0. 04）mm，保证两面垂直度和表面粗糙度。

（3）划线。根据图样要求划出加工线，并打好样冲眼。

其中斜面划线尺寸与用 V 形块法测量斜面工序尺寸一致，为 $L = H + 53.3$ mm。如果 $H = 20$ mm，则$L = 73.3$ mm。

（4）孔加工。

1）钻工艺孔。一般工艺孔钻 $\phi3$ mm 即可。

2）加工两个 $\phi8$H8 孔。按图样要求，通过钻 $\phi3$→扩 $\phi6$→扩 $\phi7.8$ →铰 $\phi8$H8，两个 $\phi8$ mm 孔加工到位，保证孔距（10 ±0. 11）mm、（50 ±0. 125）mm 和表面粗糙度 Ra 值≤1. 6 μm。

（5）锯下右上角，保证燕尾有 0. 25 ~0. 5 mm 的加工余量。

（6）加工右上角。先锉削与基准平行的面，保证尺寸 $20_{-0.052}^{\ 0}$ mm 和 Ra3. 2 μm；再锉削斜面，用V形块测量法保证工序尺寸 $L=73.3$ mm。其中60°由V形块测量间接保证。

（7）加工左上角。同步骤5、6。

（8）去毛刺，倒棱，复检。

6. 注意事项

（1）用杠杆百分表测量时，测量杆与工件表面接触压力不可过大，否则，容易造成量具的损坏。

（2）选用斜90° V形块进行测量时，应先确保V形块不能有较大的误差。

（3）燕尾形加工时，应随时注意其加工变形和装夹变形，一旦发现应及时修整，避免产生不必要的误差。

模块二 机械装配

按照一定的精度标准和技术要求将零件组合起来，使之成为部件或产品的过程称为装配。装配操作包括清洗、刮削、平衡、配合件的连接、部件组合以及总装配。装配方法一般有完全互换法、选配法、修配法、调整法四种。

课题一　零件清洗与防护

学习目标

1. 熟悉零件清洗、防护的目的和作用。
2. 了解零件清洗、防护的方法及相关工艺。
3. 能正确对零件进行清洗和防护。

在装配过程中，零件的清理和清洗工作对提高装配质量、延长产品使用寿命具有重要的意义，特别是对于轴承、精密配件、液压元件、密封件以及有特殊清洗要求的零件更为重要。清理和清洗工作做得不好，轻则影响设备的使用性能及使用寿命，重则在设备运转过程中直接或间接地引起安全事故。如：会使轴承发热和过早失去精度；会因为污物和毛刺划伤配合表面，使相对滑动的工作面出现研伤，甚至发生咬合等严重事故；会因为油路堵塞，造成相互运动的零件之间得不到良好的润滑，使得零件磨损加快。为此，装配过程中必须认真做好零件的清理和清洗工作。清洗方法的选择和清理质量的好坏，对零件鉴定的准确性、设备的装配质量、修理成本和使用寿命等都将产生重要影响。通常对机械设备而言，零件的清洗包括除锈，清除油污、水垢、积炭、锈层、旧涂装层等。

一、零件的清理

零件的清理主要是清除零件上残存的型砂、切屑、研磨剂等，特别是要仔细清除小孔、沟槽等易存油污、脏物的角落。对箱体内部，清理后应涂上淡色底漆。

清理非加工表面（如铸造机座箱体等），可用錾子、钢丝刷清除上面型砂和铁渣；清理加工面上的铁锈和油漆等，则用刮刀、锉刀和砂布等工具。

清理后，用毛刷、皮风箱或压缩空气清理干净。重要的配合面，清理时要注意保持其精度。

二、防锈与除锈

金属材料与外界介质发生化学反应而损坏的现象称为化学腐蚀。对不同的金属而言，氧化物的结构和性质是不同的。有的能在金属表面形成一层细密而又稳定牢固的氧化膜，使内层金属与外界介质隔离，起到保护作用，如铬、铝、锌等；而有的氧化层则疏松易脱落，使内层金属继续受到腐蚀介质的侵蚀，这种金属腐蚀的速度就很快，如铁、镁、铜等。

金属的氧化速度除取决于金属本身的化学性质外，还与周围的介质和金属的组织结构有很大关系。如潮湿环境下比干燥环境下容易锈蚀，杂质多的金属比杂质少的金属容易锈蚀，高温条件下比低温条件下容易锈蚀，脏的环境比干净的环境容易锈蚀，金属零件表面粗糙度低的比表面粗糙度高的易锈蚀等等。

1. 防锈

常用的金属零件防锈方法有氧化法、磷化法、电镀法、喷涂塑料涂层法、刷涂防锈涂料法等。前几种一般为零件制造过程中所采用的防锈技术，这里以刷涂防锈涂料法为例进行详细介绍。

(1) 各种钢铁零件可涂防锈涂料进行防锈。先将红丹防锈漆（底漆）涂在零件表面上，再涂一层灰防锈漆（面漆）。需要注意的是，零件的加工表面不能涂防锈漆。

(2) 轴承处可涂含有1%精制松香的凡士林涂剂。

(3) 弹簧通常不得涂油。如发现弹簧上有锈痕，可用软刷清除后涂石墨。

(4) 各种螺栓可用煤油刷洗干净后，涂薄薄一层中性矿物质废机油。

(5) 各种精密零件、工具等可涂各种防锈油脂。在金属零件的防锈工作中，涂刷防锈油脂的方法简便实用。市售的成品防锈油料品种很多，常见的有防锈油、防锈脂、防锈润滑两用脂、气相缓蚀剂、可剥性塑料等，可根据配件的不同品种和不同的防护要求来选择。

2. 除锈

除锈的方法见表2—1—1，常见的有三种，其中手工除锈法最简单，机械除锈法应用较广泛，化学除锈（酸洗法）最有效却也最危险。

表2—1—1　　除锈的方法

序号	除锈方法	原理	特点
1	手工除锈	用刮刀、锤子、钢丝刷、砂布（纸）、砂轮等工具，进行敲、铲、磨、刮等操作来除掉锈污	操作简单易行、成本低，缺点是劳动强度大、工作效率低、质量不稳定、劳动环境差
2	机械除锈	利用冲击和摩擦作用有效地除掉锈蚀及污物，常用的工具有手提式电动砂轮、电动刷、风动刷、除锈枪等	除锈质量和效率都比较高，缺点是人工操作工具，劳动强度较大，对几何形状复杂及精密零件不太适用，也不能满足大规模除锈的需要
3	化学除锈	利用酸液与被清理金属表面的锈污（氧化物）发生化学反应使之溶解在酸液内，另外酸与金属作用产生的氢气又可使氧化皮机械脱落	是一种化学处理方法，除污彻底、见效快，但酸液有腐蚀作用，要做好安全防护工作。这类工作需持证上岗

(1) 机械除锈

当前应用较广泛的机械除锈法是喷射除锈法。喷射除锈法是以压缩空气为动力，将磨料以一定速度喷向被处理的钢材表面，以除去氧化皮和铁锈及其他污物的一种高效表面处理方法，包括抛丸除锈和喷砂除锈两种。

1）抛丸除锈。抛丸除锈是利用抛丸机的叶轮在高速旋转时所产生的离心力，把磨料以很高的线速度射向被处理的钢材表面，产生打击和磨削作用，除去钢材表面的氧化皮和锈蚀，并产生一定的粗糙度。抛丸处理效率很高，可以在密闭环境下进行，目前广泛应用于车间钢材预处理流水线。

2）喷砂除锈。喷砂主要是指开放式的喷砂，其移动性好、工作效率高，但是灰尘很大，噪声大，具有一定的危险性。

喷砂处理所使用的磨料可以分为两种：金属质和非金属质（矿物质或矿渣）。金属质磨料如钢丸、钢渣及钢丝段等，可以多次使用；非金属质的磨料有石英砂、石榴石、橄榄石、十字石（一种硅酸铝铁矿）、铜矿渣、铁矿渣、镍矿渣、煤渣、熔化氧化铝渣等，它们多为一次性使用的磨料。其中，石英砂会导致矽肺，因此其使用受到限制。

(2) 化学除锈

化学处理除锈法主要包括浸渍法和综合处理法两类。

1）浸渍法。浸渍酸洗是当前广泛用来酸洗黑色金属的一种处理方法。浸渍酸洗的工艺流程为：酸洗除锈→清水冲洗→碱液中和→清冷水冲洗→热水冲洗（或继续进行磷化处理）。

2）综合处理法。综合处理法是将金属的除油、除锈、磷化和钝化合并起来处理的一种方法，也称“四合一”处理法。

三、油污的清洗

机械零件油污主要是由不可皂化油与灰尘、杂质等形成的，清除零件上的油污，常采用清洗液。因为不可皂化油不能与强碱起作用，如各种矿物油、润滑油均不能溶于水，但可溶于有机溶剂。所以去除此类油污常用的清洗液为有机溶剂、碱性溶液和化学清洗液等。

1. 清洗方式

清洗方式有人工清洗和机械清洗两种。

2. 清洗剂的种类及特点

清洗剂的种类及特点见表 2—1—2。

表 2—1—2　　清洗剂种类及特点

清洗剂	种类	特点	方法
有机溶剂	煤油、轻柴油、汽油、丙酮、酒精和三氯乙烯等	除油效果好；对金属材料均无腐蚀作用；可在常温下清洗，节约能源。主要用于金属防锈封存用除油污，镀、涂、涂装前除油污。缺点是该类型的溶剂多数为易燃物，而且成本高，所以适用于精密件且不宜用热碱溶液清洗的零件，如塑料、尼龙、牛皮、毡质零件等	擦洗、浸洗、超声波清洗、喷射清洗、蒸气清洗等

续表

清洗剂	种类	特点	方法
碱性溶液	碱或碱性盐的水溶液、肥皂、水玻璃（硅酸钠）、骨胶、树胶、三乙醇胺、合成洗涤剂等	利用乳化剂对不可皂化油的乳化作用除油，是一种应用最广的除污清洗液。清洗不同材料的零件应采用合适的清洗液。碱性溶液对金属有不同程度的腐蚀作用，尤其对铝的腐蚀性较强	一般需将溶液加热到 80～90℃。除油后要用热水冲洗零件，以去掉零件表面残留的碱性溶液，防止零件被腐蚀，并及时使之干燥，以防残液损伤零件表面。油垢过厚时，先将其擦除。材料性质不同的零件不宜放在一起清洗
化学清洗液	105 清洗剂、6501 清洗剂	具有很强的去污能力。清洗剂中还有一些辅助剂，能提高或增加金属清洗剂的防腐、防锈、去积炭等综合性能	清洗可分为粗洗和精洗，清洗前应经一定时间的浸泡，满足湿润、浸透的要求。若清洗后的清洗液油污不严重，则可撇去上层飘浮油污再次使用 手工清洗时应严格控制温度，可用毛刷、擦布清洗。若有严重的油污或积炭，可用钢丝刷刷洗 清洗时应严格遵守操作规程

3. 零件清洗工艺的分类

（1）湿式清洗工艺

根据清洗阶段的不同特点，湿式清洗工艺可分为蒸气清洗、刷洗清洗、浸泡清洗、循环清洗、喷射清洗、超声波清洗、电解清洗、高压水射流清洗、喷雾清洗、摇动清洗等多种。

（2）干式清洗工艺

干式清洗不使用液体清洗剂，因而不需要进行清洗后的干燥处理。常用的干式清洗方式有紫外线—臭氧清洗、激光清洗、干冰清洗。

4. 常用清洗液

常用清洗液有汽油、煤油、柴油和化学清洗液。

（1）工业汽油

主要用于清洗油脂、污垢和一般黏附的机械杂质，适用于清洗较精密的零部件。航空汽油用于清洗质量要求更高的零件。

（2）煤油和柴油

用途与汽油相似，但清洗能力不及汽油，清洗后干燥较慢，但比汽油安全。

（3）化学清洗液

又称乳化剂清洗液，对油脂、水溶性污垢具有良好的清洗能力。这种清洗液配制简单，稳定耐用，无毒，不易燃，使用安全，同时以水代油，可节约能源。如 105 清洗剂、6501 清洗剂，可用于冲洗钢件上以机油为主的油垢和机械杂质。

四、清洗时的注意事项

1. 对于橡胶制品，如密封圈等零件，严禁用汽油清洗，以防发胀变形，而应使用酒精或清洗液进行清洗。

2．清洗零件时，可根据零件的不同精度，选用棉纱或泡沫塑料擦拭。滚动轴承不能使用棉纱清洗，防止棉纱头进入轴承内影响轴承装配质量。

3．清洗后的零件，应等零件上的油滴干后再进行装配，以防止污油影响装配质量；同时清洗后的零件不应该放置时间过长（暂不装配的零件应妥善保管），以防止脏物和灰尘弄脏零件。

4．零件的清洗工作，可分一次性清洗和二次性清洗。零件在第一次清洗后，应检查配合表面有无碰损和划伤，轮齿和棱角有无毛刺，螺纹有无损坏。对零件的毛刺和轻微碰损的部位应进行修整，可用油石、刮刀、砂布、细锉进行去刺修光，但应注意不要损伤零件。经过检验修整后的零件，再进行二次性清洗。

五、零件的防护方法

在装配过程中，零件的防护工作对提高装配质量、延长产品使用寿命具有重要的意义。为此，装配过程中必须认真做好零件的防护工作。

1．在介质中加缓蚀剂

在介质中加缓蚀剂的优点是：不改变金属构件的性质和生产工艺；用量少，一般添加剂的质量分数在0.1%～1%就可起到防腐蚀作用；方法简单，无需特殊的附加设备。常用的缓蚀剂类型见表2—1—3。

表2—1—3　　常用的缓蚀剂类型

序号	类型	防护特点
1	氧化型缓蚀剂	在中性介质中添加适当的氧化性物质，它们在金属表面少量还原便能修补原来的覆盖膜，起到保护或缓蚀作用，这种氧化性物质称为氧化型缓蚀剂
2	沉淀型缓蚀剂	缓蚀剂本身并无氧化性，但它们能与金属的腐蚀产物（2价铁离子、3价铁离子）或共轭阴极反应的产物（一般是氢氧根）生成沉淀，起到缓蚀或阻止金属腐蚀的作用
3	吸附型缓蚀剂	容易在金属表面形成吸附膜，从而改变金属表面性质，阻滞腐蚀过程
4	油溶性缓蚀剂	能溶于油中，即通常所说的防锈油。防锈油在零件表面形成油膜，缓蚀剂分子容易吸附于金属表面上，阻滞因环境介质渗入而在金属表面上发生的腐蚀过程
5	水溶性缓蚀剂	指以水为溶剂的缓蚀剂，可方便地作为机械加工过程的工序间防锈
6	气相缓蚀剂（简称VPI）	具有足够高的蒸气压，即在常温下能很快充满周围的大气中，吸附在金属表面上，从而阻滞大气环境对金属的腐蚀过程

2．电化学保护

电化学保护是通过施加外电流将被保护金属的电位移向免蚀区或钝化区，以降低腐蚀速度。这是一种经济有效的控制措施。

目前电化学保护技术已广泛应用于海洋工程、造船、石油化工及电力行业等。例如地下管道必须采用电化学保护，并成为一种标准的防腐蚀措施。电化学保护可单独采用，也可与涂层联合使用。按其保护原理不同，电化学保护可分为阴极保护和阳极保护。阴极保护是利用阴极极化来消除金属表面的电化学不均匀性，而阳极保护是利用阳极极化在金属表面生成一种钝化膜。

3. 金属表面涂层保护

金属表面涂层保护方法很多，如热喷涂、电镀、钢铁氧化和金属磷化等。

(1) 热喷涂

热喷涂是采用专用设备把某种固体材料熔化并使其雾化，加速喷射到机件表面，形成特制薄层，以提高机件耐蚀、耐磨、耐高温等性能的一种工艺方法。该涂层因涂层材料的不同，可实现耐高温、耐腐蚀、抗磨损、隔热、抗电磁波等功能。

1）分类。按照热源种类可分为：火焰类，包括火焰喷涂、爆炸喷涂、超音速喷涂；电弧类，包括电弧喷涂和等离子喷涂；电热类，包括电爆喷涂、感应加热喷涂和电容放电喷涂；激光类，激光喷涂。

2）特点。喷涂材料取材范围广；可用于各种基体；基材变形小、工效高，与电镀相比，耗费时间少得多；被喷涂物件的大小一般不受限制；涂层厚度容易控制；可赋予普通材料以特殊的表面性；成本低，经济效益显著。

3）选择原则。若涂层结合力要求不是很高，采用的喷涂材料的熔点不超过 2 500℃，可采用设备简单、成本低的火焰喷涂；等离子喷涂适用于对涂层性能要求较高的某些比较贵重的机件；工程量大的金属喷涂施工最好采用电弧喷涂；要求高结合力、低孔隙度的金属或合金涂层，可采用气体火焰超音速喷涂；要求高结合力、低孔隙度的金属或陶瓷涂层，则可采用低压等离子喷涂。对于批量大的工件，宜采用自动喷涂。

4）注意事项。热喷涂涂层材料一般有粉状、带状、丝状或棒状等形状，可根据需要选择。进行热喷涂前，应进行去油、除锈、表面粗糙化等基体表面预处理；喷涂后，要立即进行封闭处理或热处理，并进行精加工。

(2) 电镀

电镀是利用电解作用，把具有导电性能的工件表面与电解质溶液接触并作为阴极，通过外电流的作用，在工件表面沉积与基体牢固结合的镀覆层，并赋予制品特殊的表面性能如美丽的外观、较强的耐蚀性或耐磨性、较高的硬度、反光性、导电性、磁性、可焊性等。

电镀层按功能可以分为防护镀层、防护—装饰镀层、功能镀层、修复镀层等。

电镀镀覆层主要是各种金属和合金。单金属镀层有锌、镉、铜、镍、铬、锡、银、金、钴、铁等数十种，合金镀层有锌—铜、镍—铁、锌—镍—铁等。

电镀在工业上使用广泛。大量的金属和非金属（如塑料、陶瓷、玻璃）制品，飞机、汽车和轮船的配件等，都要经过电镀加工以提高其使用价值和经济效益。但是，电镀对环境的污染也是十分严重的。如何减少和避免环境污染，研究无污染的绿色电镀技术，成为电镀技术研究的重点。

(3) 钢铁的氧化处理

钢铁的氧化处理又称发蓝，也称发黑，是将钢铁在空气中加热或直接浸于浓氧化性溶液中，使其表面产生极薄的氧化物膜的材料保护技术。

根据处理温度的高低，钢铁化学氧化可分为高温化学氧化（碱性化学氧化）和常温化学氧化（酸性化学氧化）。

1）钢铁高温化学氧化。这是传统的钢铁氧化处理方法，氧化膜颜色与材料成分和工艺条件有关，有灰黑、深黑、亮蓝等。

2）钢铁常温化学氧化。此方法具有氧化速度快、膜层抗蚀性好、节能、高效、成本低、操作简单、环境污染小等优点。氧化后零件的外观为均匀的黑色或蓝黑色。

发蓝氧化膜很薄，对零件尺寸和精度几乎没有影响，因此钢铁化学氧化技术在精密仪器、光学仪器、武器及机器制造业中都得到广泛应用。钢铁工件通过化学氧化处理得到的氧化膜虽然能提高耐蚀性，但其防护性仍然较差，经涂油、涂蜡或涂清漆后，其耐蚀性和抗摩擦性能有所改善，故氧化后还需进行皂化处理、浸油或在铬酸盐溶液里进行填充处理。

（4）金属的磷化处理

磷化处理就是用含有磷酸、磷酸盐和其他化学药品的稀溶液处理金属，使金属表面形成完整的、具有中等防蚀作用的不溶性磷酸盐层，即磷化膜。磷化膜层为微孔结构，与基体结合牢固，具有良好的吸附性、润滑性、耐蚀性、不黏附熔融金属（锡、铝、锌、锰、钙、镍、铅、镁等）性及较高的电绝缘性等。磷化膜厚度一般为5 ~ 20 μm，颜色一般由暗灰到黑灰色。

磷化处理工艺按磷化温度可分为高温磷化（90 ~ 98℃）、中温磷化（50 ~ 70℃）、常温磷化（15 ~ 35℃）。为了提高磷化膜的防护能力，磷化后应对磷化膜进行填充和封闭处理。磷化处理工艺简单、操作方便、成本低廉、生产效率高，被广泛用于汽车、船舶、航空航天、机械制造及家电制造等生产领域。

由于环境保护法规的明确要求，传统的金属涂层保护及表面处理方法面临挑战。如在航空工业中广泛使用的铝材铬酸表面处理和含铬颜料底漆要求用无铬钝化技术取代；钢铁表面涂覆处理目前大多采用磷化技术，但是磷化工艺产生的沉渣，磷酸盐造成的水质富氧化污染，亚硝酸钠、重金属离子对水质的污染等，也呼唤可取代磷化的新的表面处理方法。

课题二　固定连接装配

连接是指被连接件与连接件的组合。连接分可拆连接和不可拆连接。允许多次装拆而不损坏连接中的任一零件就可以将被连接件拆开的连接称为可拆连接，如螺纹连接、键连接和销连接等。不可拆连接是指必须毁坏连接中的某一部分才能拆开的连接，如焊接、铆接和粘接等。

子课题 1　螺栓的装配和拆卸

学习目标

1. 熟悉各类旋具、扳手的结构特点和选用。
2. 掌握螺纹连接的类型、应用特点和防松装置。

3. 能选择使用通用工具，进行各种形式螺纹连接的装配和拆卸。

螺纹连接是利用内、外螺纹旋合构成的螺旋副的自锁特性进行连接的。螺纹连接要满足两个基本要求：不断，即要有足够的强度；不松，即要求使用时连接可靠，保证不会松动。

一、螺纹紧固件

螺纹紧固件的种类很多，常用的有螺栓、螺柱、螺钉、垫圈和螺母等。它们都是标准件，一般均由专业化工厂进行大批量生产和供应，需要时可直接进行采购而不必自行生产，所以一般不必画出它们的零件图。设计者在设计机器时，只要在装配图上画出这些标准件，并在明细栏中注出它们的规定标记即可。国家标准 GB/T 1237—2000《紧固件标记方法》中，规定的螺纹紧固件标记的简化形式为：名称　标准编号　规格。

（1）螺栓

螺栓的类型如图 2—2—1 所示，其中六角头螺栓精度分 A、B、C 三级，通用机械制造多用 C 级。按螺栓上螺纹长度可分为全螺纹（GB/T 5783—2000）、部分螺纹（GB/T 5782—2000）。六角头加强杆螺栓（GB/T 27—2013）的光杆部分较其螺纹部分的直径大，精度也较高。

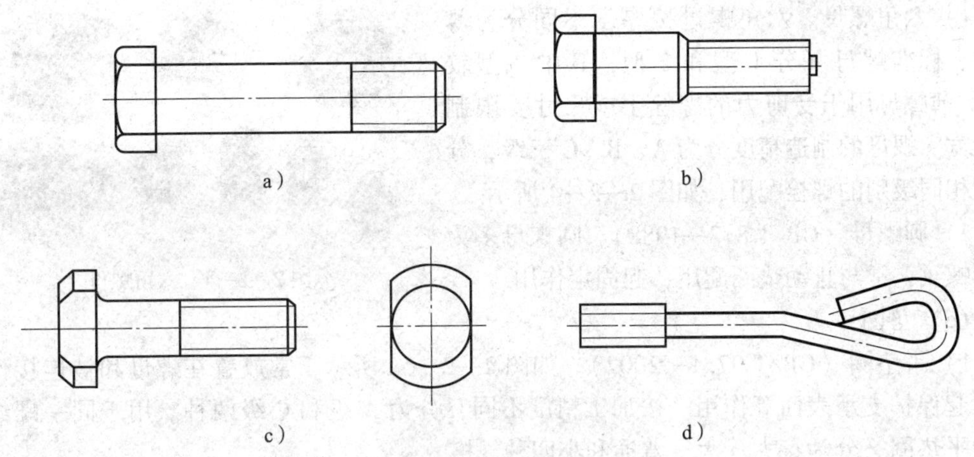

图 2—2—1　螺栓
a）六角头螺栓　b）六角头加强杆螺栓
c）T 形槽螺栓　d）地脚螺栓

（2）双头螺柱

双头螺柱外形如图 2—2—2 所示，螺柱两端有螺纹，中间为光杆。A 型带退刀槽，末端倒角；B 型制成腰杆，末端碾制。

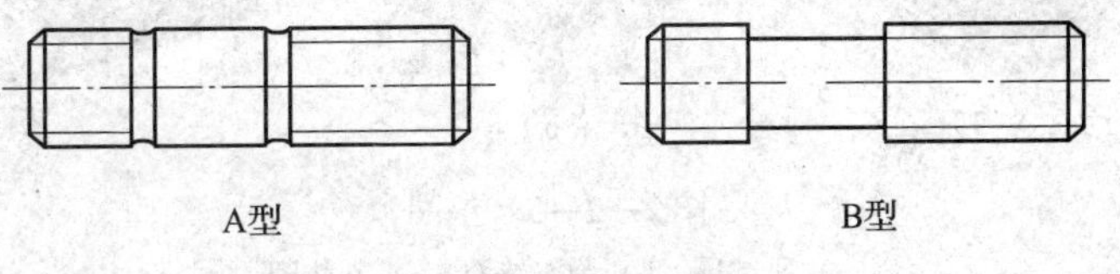

图 2—2—2　双头螺栓

(3) 螺钉与紧定螺钉

螺钉头部有六角头、圆柱头、半圆头、沉头等形状，如图 2—2—3 所示。普通螺栓也可用作螺钉。

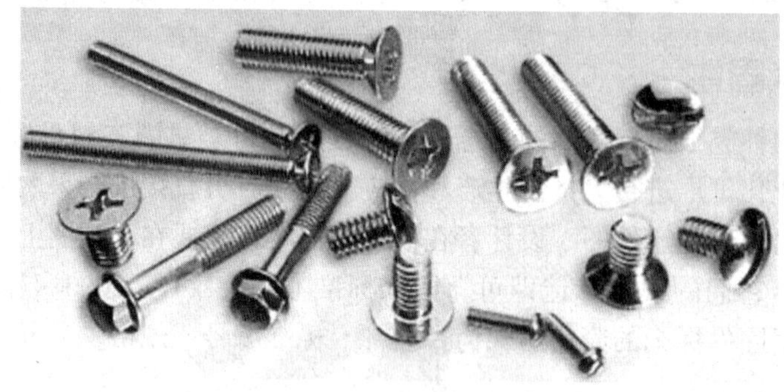

图 2—2—3 螺钉

紧定螺钉头部有开槽头和六角头，以适应不同拧紧力矩的要求。端部结构有锥端、平端、凹端、圆柱端，以适应不同的支承面。

(4) 螺母

1) 六角螺母。六角螺母按厚度不同分为薄螺母、标准螺母（分 1 型和 2 型，其中 2 型较厚）。薄螺母用于受剪力的螺栓上或尺寸受限制的地方。螺母的制造精度分为 A、B、C 三级，分别与相同级别的螺栓配用，如图 2—2—4 所示。

图 2—2—4 六角螺母

2) 圆螺母（GB/T 812—1988）。圆螺母多为细牙螺纹，常与止动垫圈配用，起固定作用。

(5) 垫圈

1) 平垫圈（GB/T 97. 1—2002）。如图 2—2—5a 所示，常放置在螺母和被连接件之间，起保护支承表面等作用。按加工精度不同，分为 A 级和 C 级两种。用于同一螺纹直径的平垫圈又分为特大、大、普通和小四种规格。

2) 弹簧垫圈（GB 93—1987）。如图 2—2—5b 所示，弹簧垫圈与螺母配合使用，可起摩擦防松作用。

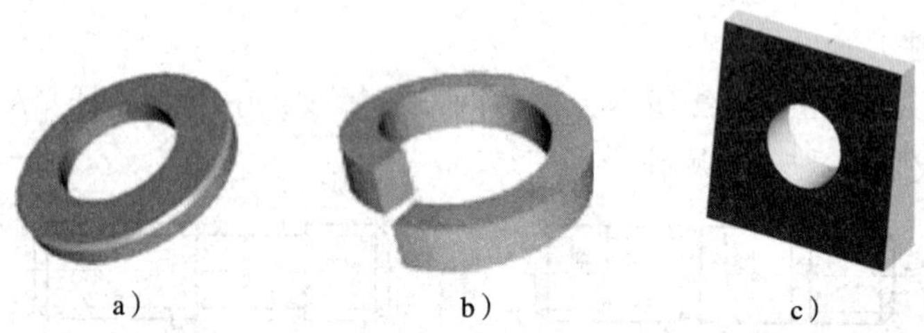

a)　　b)　　c)

图 2—2—5 垫圈

a) 平垫圈 b) 弹簧垫圈 c) 斜垫圈

3）斜垫圈。在焊接结构中，槽钢和工字钢的应用十分广泛。槽钢、工字钢的翼缘面都具有一定的斜度。在采用螺栓连接时，槽钢和工字钢翼缘面的斜度会使连接螺栓产生变形，加剧螺栓受力的复杂程度。通过在螺母（或螺栓头部）和工字钢翼缘的斜面上增加一个斜垫圈（图 2—2—5c），螺栓受力的复杂现象得到消除。斜垫圈的作用如图 2—2—6 所示。斜垫圈的摆放如图 2—2—7 所示。斜垫圈在工字钢和槽钢上的应用区分是：用在槽钢上的斜垫圈左上角有一个 $C5$ 的斜角，两者不能混用，如图 2—2—8 所示。

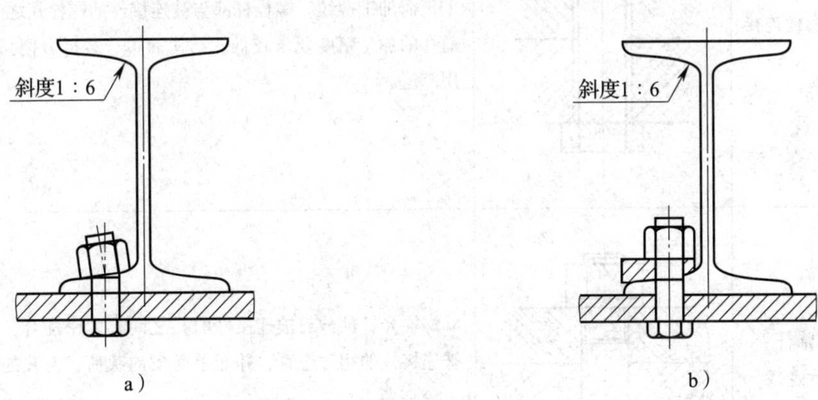

图 2—2—6　斜垫圈的作用

a）螺栓受力复杂　b）螺栓受力均匀

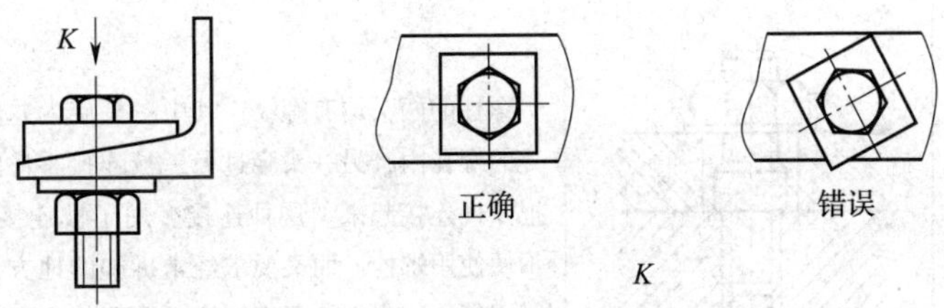

图 2—2—7　斜垫圈的正确摆放

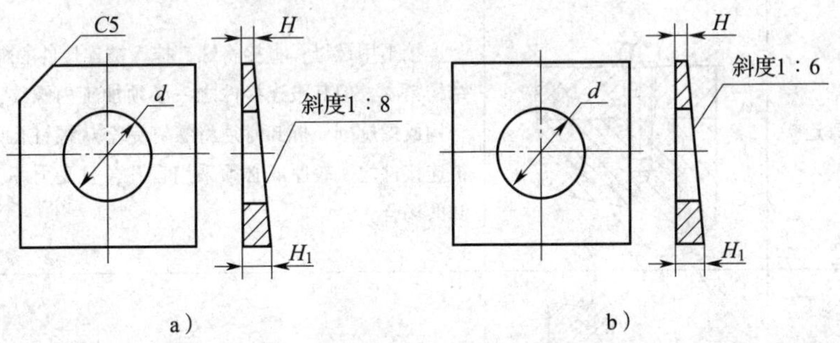

图 2—2—8　斜垫圈的应用场合

a）槽钢用斜垫圈　b）工字钢用斜垫圈

二、螺纹连接的类型、应用特点

螺纹连接的类型见表 2—2—1。

表 2—2—1 **螺纹连接的类型**

连接类型		图例	特点
螺栓连接	普通螺栓连接	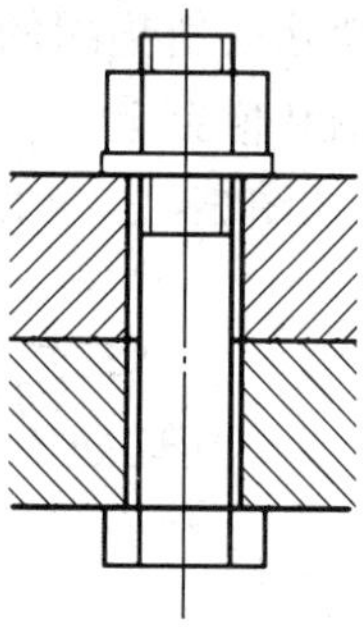	将螺栓穿过被连接件的通孔，另一端用螺母拧紧。被连接件上不需加工螺纹。螺栓杆部与被连接件的螺栓孔之间留有间隙，通孔的加工精度要求较低。结构简单、装拆方便，成本低，应用广泛
螺栓连接	加强杆螺栓连接	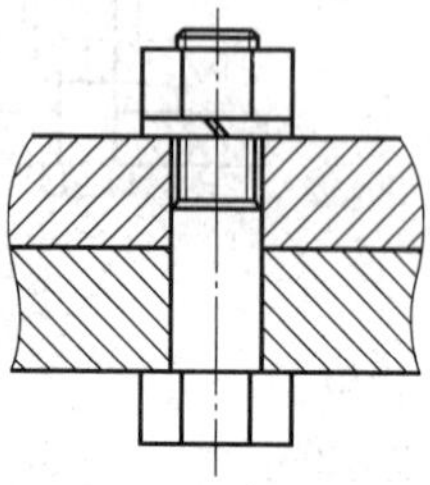	螺栓光杆部分与被连接件的孔之间有紧密配合，能精确确定被连接件的相对位置，并能承受横向载荷，但孔的加工精度要求较高
双头螺柱连接		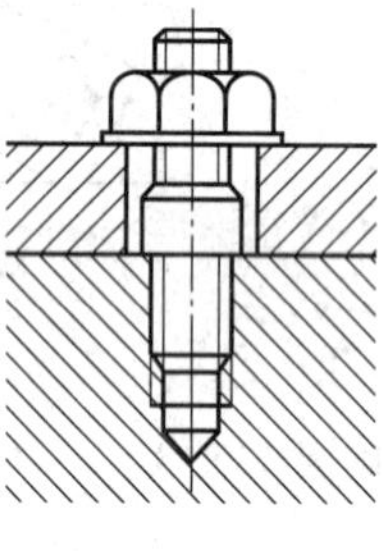	螺柱的两头均有螺纹，其中一头旋入并固定在被连接零件之一的螺孔内，另一头穿过另一被连接零件的通孔，再拧上螺母把零件连接起来。这种连接多用于被连接零件之一厚度较大，不便使用螺栓，而又要求经常拆卸的地方，如气缸盖与缸体的紧固等。双头螺柱可根据实际需要做成各种形状
螺钉连接	普通螺钉连接	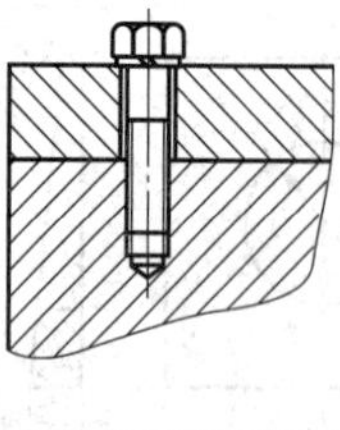	连接不用螺母，直接将螺钉拧入被连接件的螺纹孔中并拧紧。结构紧凑，但其被连接件之一必须加工内螺纹，用于与螺钉旋合构成螺旋副，拆卸时须将螺钉完全从螺钉孔中拧出。常用于被连接件之一较厚或必须采用盲孔，且受力不大，不需经常拆卸的场合
螺钉连接	紧定螺钉连接	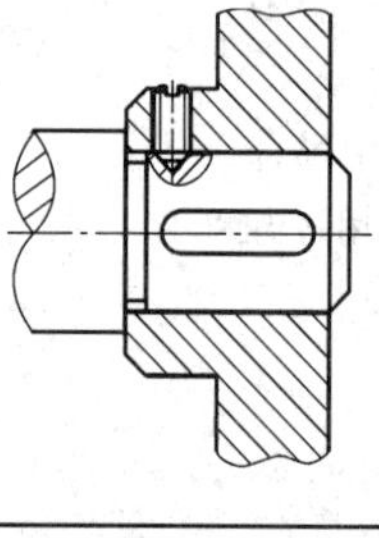	直接将螺钉拧入被连接件的螺纹孔中拧紧，利用紧定螺钉端部结构顶紧（或顶入）另一被连接件，用以固定两零件间的相对位置，并可传递不大的力或扭矩

三、螺纹连接的防松

1. 螺纹连接的预紧

大多数螺纹连接在装配时就已经拧紧，使连接在承受工作载荷之前预先受到力的作用，称为预紧。

螺纹连接预紧的目的是增强连接的可靠性和紧密性，以防止受载后被连接件间出现缝隙或发生相对滑移。拧紧时螺栓所受轴向拉力 F_0 称为预紧力。为避免拧紧时螺杆被拧断，预紧力不能过大。

通常拧紧力矩由工人操作时的手感控制，其大小不易控制，称不可控制预紧力。为保证安全，一般承载螺栓不宜小于 M12 ~ M16。

对于重要的连接，需经计算并严格控制拧紧力矩，称控制预紧力。装配时拧紧力矩的大小可由测力矩扳手（图 2—2—9）或定力矩扳手（图 2—2—10）等控制。

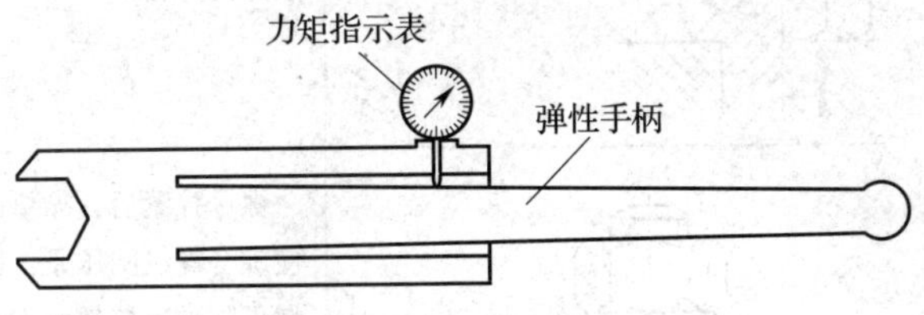

图 2—2—9　测力矩扳手

对于铸、锻、焊件等的粗糙表面，应加工成凸台、沉头座或采用球面垫圈，支承面倾斜时应采用斜面垫圈，这样可使螺栓轴线垂直于支承面，避免承受偏心载荷，如图 2—2—11 所示。图中尺寸 E 要保证扳手所需活动空间。

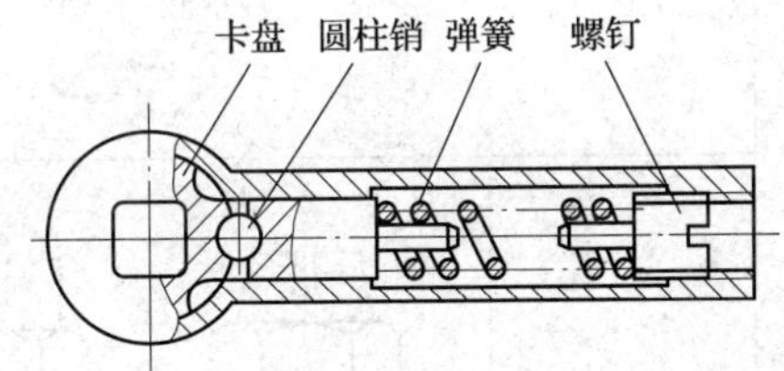

图 2—2—10　定力矩扳手

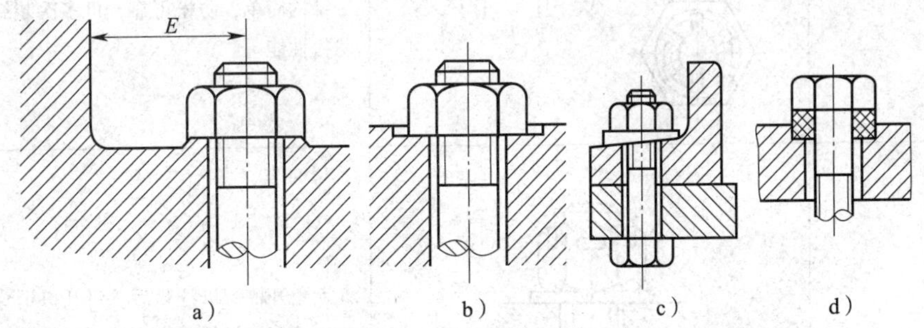

图 2—2—11　铸、锻、焊件的螺栓连接

a) 凸台　b) 沉头座　c) 斜面垫圈　d) 球面垫圈

2. 螺纹连接的防松

螺纹连接一般都能满足自锁条件，不会自动松脱。但在冲击、振动或变载荷作用下，或在温度变化较大的情况下，螺纹连接可能会产生松脱现象。为了防止螺纹连接松脱，保

证连接安全可靠，设计时必须采取有效的防松措施。

螺纹连接防松的根本在于防止螺旋副在受载时发生相对转动。防松的方法按其工作原理可分为摩擦防松、机械防松和其他防松等。摩擦防松简单、方便，但没有机械防松可靠。重要的连接，特别是机器内部不易检查的连接应采用机械防松。

螺纹连接防松形式与特点见表 2—2—2。

表 2—2—2　　螺纹连接防松形式与特点

防松形式		图例	特点
摩擦防松	双螺母防松	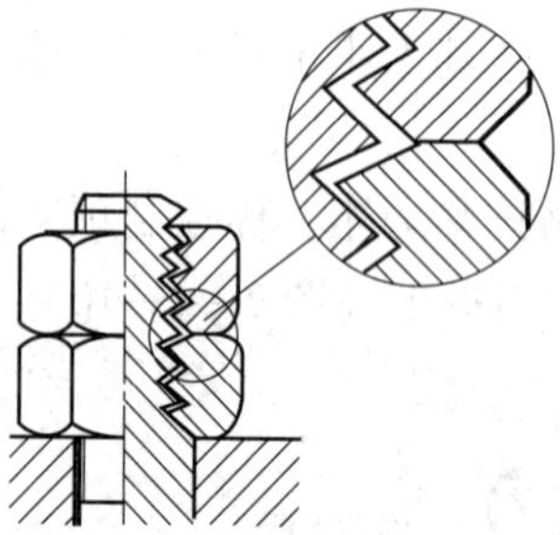	两螺母对顶拧紧后，使旋合螺纹间始终受到附加的压力和摩擦力的作用 结构简单，适用于平稳、低速和重载的固定装置的连接
	弹簧垫圈防松	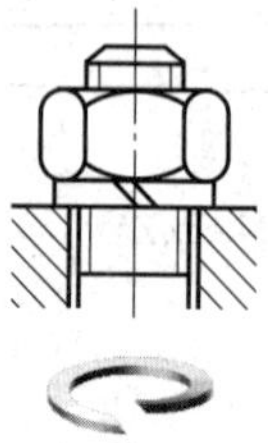	螺母拧紧后，靠垫圈压平而产生的弹性反力使旋合螺纹间压紧；同时垫圈斜口的尖端抵住螺母与被连接件的支承面也有防松作用 结构简单，使用方便，但在振动、冲击载荷作用下防松效果较差，一般用于不太重要的连接
	自锁螺母防松	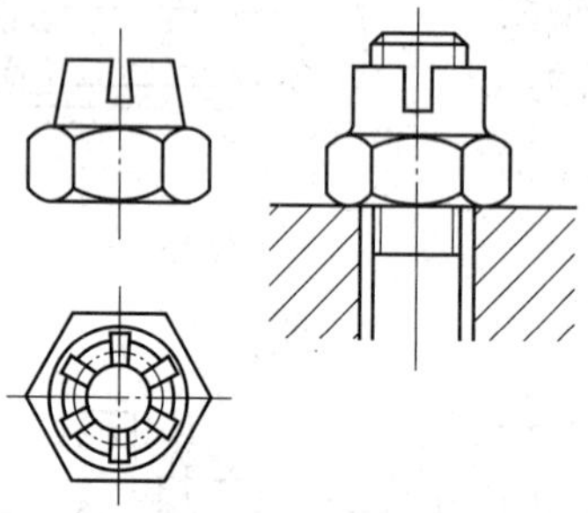	螺母一端制成非圆形收口或开缝后径向收口。当螺母拧紧后，收口胀开，利用收口的回弹力使旋合螺纹间压紧 结构简单，防松可靠，可多次装卸而不降低防松性能
机械防松	开口销与六角螺母防松	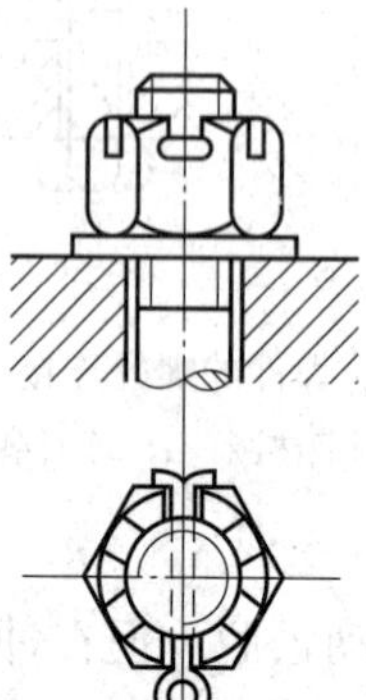	六角开槽螺母拧紧后，将开口销穿入螺栓尾部小孔和螺母的槽内，并将开口销尾部掰开与螺母侧面贴紧 适用于有较大冲击、振动的高速机械中运动部件的连接

续表

防松形式		图例	特点
机械防松	止动垫圈防松		螺母拧紧后，将单耳或双耳止动垫圈分别向螺母和被连接件的侧面折弯贴紧，即可将螺母锁住。若两个螺栓需要双联锁紧时，可采用双联止动垫圈，使两个螺母相互制动 结构简单，使用方便，防松可靠
	串联钢丝防松	正确 不正确	用钢丝穿入各螺钉头部的孔内，将各螺钉串联起来，使其相互制动。但需注意钢丝的穿入方向，钢丝的回弹力趋势是要使螺钉拧紧 适用于螺钉组连接，但是拆卸不方便

四、螺纹连接装拆工具

由于螺栓、螺柱和螺钉种类繁多，形状各异，螺纹连接的装拆工具也有很多，使用时应根据具体情况选择合适的装拆工具。下面介绍几种常用的螺纹连接装拆工具。

1. 螺钉旋具

螺钉旋具用于旋紧或松开头部带沟槽的螺钉。一般螺钉旋具的工作部分用碳素工具钢制成，并经淬火处理。常用的螺钉旋具如下：

（1）一字槽螺钉旋具

如图2—2—12a所示，一字槽螺钉旋具由木柄、刀体和刃口组成，以刀体部分的长度代表其规格。常用规格有100 mm、150 mm、200 mm、300 mm和400 mm等几种。使用时，应根据螺钉沟槽的宽度选用相应的螺钉旋具。

（2）其他螺钉旋具

图2—2—12b所示为十字槽螺钉旋具，主要用来旋紧头部带十字槽的螺钉，其优点是旋具不易从槽中滑出。图2—2—12c所示为弯头螺钉旋具，两头各有一个刃口，互成垂直位置，适用于螺钉头部空间受到限制的拆装场合。

2. 扳手

扳手是用来旋紧六角形、正方形螺钉及各种螺母的，常用工具钢、合金钢或可锻铸铁制成，其开口处要求光整、耐磨。扳手分通用、专用和特殊三类。

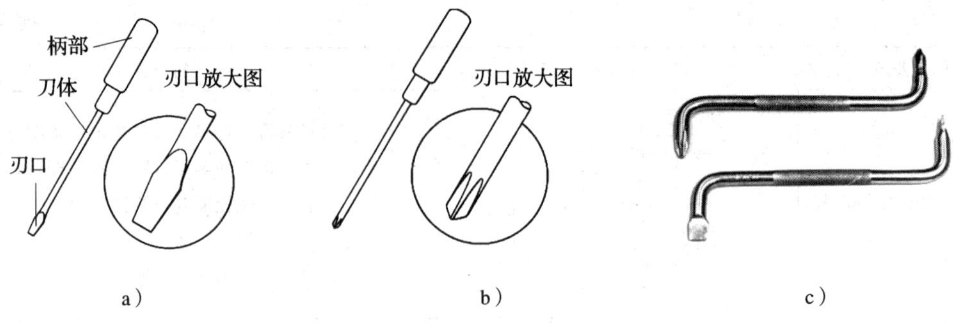

图 2—2—12　螺钉旋具

a）一字槽螺钉旋具　b）十字槽螺钉旋具　c）弯头螺钉旋具

（1）活扳手

活扳手的结构如图 2—2—13 所示，由固定钳口、活动钳口、螺杆、扳手体组成。其工作原理是：用拇指按在螺杆上，使得螺杆顺时针或逆时针旋转，活动钳口通过螺纹传动实现开口和闭口的动作。活扳手的使用如图 2—2—14 所示。

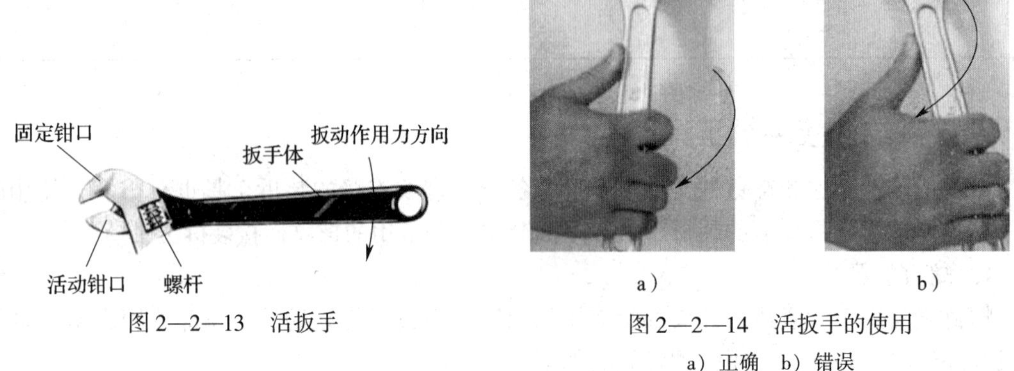

图 2—2—13　活扳手

图 2—2—14　活扳手的使用

a）正确　b）错误

活扳手的规格用扳手长度表示，见表 2—2—3。

表 2—2—3　　**活扳手的规格**

长度	公制（mm）	100	150	200	250	300	375	450	600
	英制（in）	4	6	8	10	12	15	18	24
开口最大宽度（mm）		14	19	24	30	36	46	55	65

使用活扳手时，应让其固定钳口承受主要作用力，否则容易损坏扳手。钳口的开度应适合螺母对边间距尺寸，过宽会损坏螺母。不同规格的螺母，应选用相应规格的活扳手。扳手手柄不可任意接长，以免拧紧力矩过大而损毁扳手或螺母。活扳手操作费时，活动钳

口容易歪斜，往往会损坏螺母或螺钉头部的表面。

(2) 专用扳手

专用扳手只能扳一个尺寸的螺母或螺钉，根据其用途的不同可分为以下几种：

1）呆扳手。用于装拆六角形或方头的螺母或螺钉（图2—2—15a）。它的开口尺寸与螺母或螺钉的对边间距相适应，并根据标准尺寸做成一套。

2）整体扳手。整体扳手可分为正方形、六角形、十二角形（梅花扳手）等（图2—2—15b）。梅花扳手只要转过30°，就可改变方向再扳，适用于工件空间小，不能容纳普通扳手的场合，应用较为广泛。

3）钳形扳手。专门用来锁紧各种结构的圆螺母，其结构多种多样（图2—2—15c、d、e）。

4）内六角扳手。如图2—2—15f所示，用于装拆内六角螺钉。成套的内六角扳手，可提供装拆M4 ~ M30的内六角螺钉。

5）成套套筒扳手。由一套尺寸不等的梅花套筒组成（图2—2—15g）。使用时，扳手柄方榫插入梅花套筒的方孔内，弓形手柄能连续地转动，使用方便，工作效率较高。

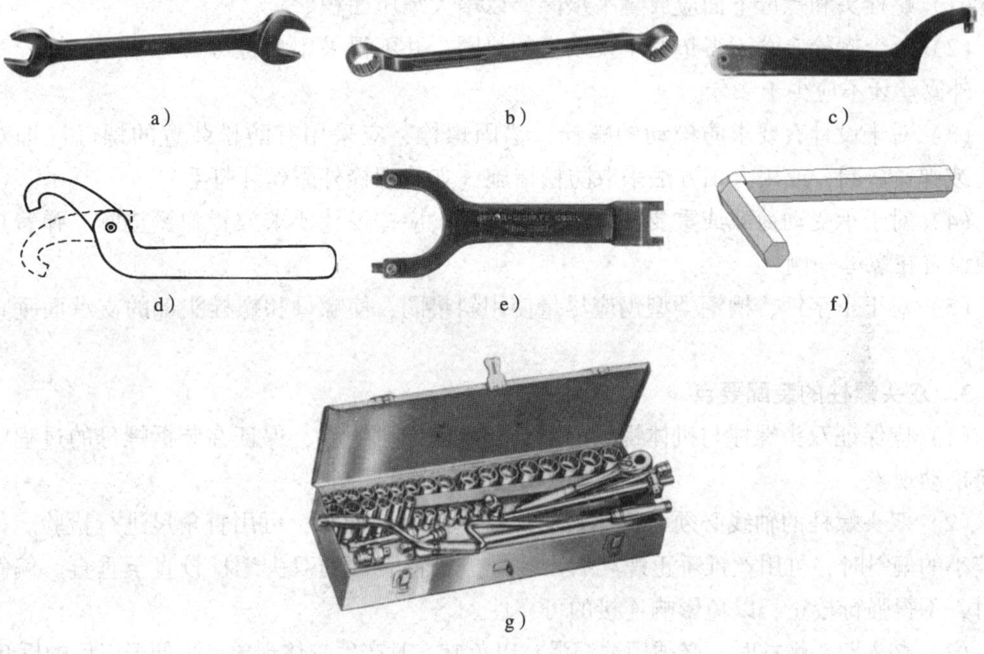

图2—2—15　专用扳手

a）呆扳手　b）梅花扳手　c）钩头钳形扳手　d）U形钳形扳手
e）锁头钳形扳手　f）内六角扳手　g）成套套筒扳手

除了以上介绍的普通扳手以外，在成批生产和装配流水线上广泛采用风动、电动扳手。为了满足不同需要，还可采用各种专用工具，如定力矩扳手、液力拉伸器、装拆双头螺柱工具等。

五、螺纹连接装配工艺

1. 控制预紧力的方法

规定预紧力的螺纹连接，常用控制扭矩法、控制扭角法、控制螺栓伸长法来保证准确的预紧力。

(1) 控制扭矩法

用指针式扭力扳手（图 2—2—16）使预紧力达到给定值。工作时，由于扳手杆和刻度板一起向旋转的方向弯曲，因此指针就可在刻度板上指出拧紧力矩的大小。

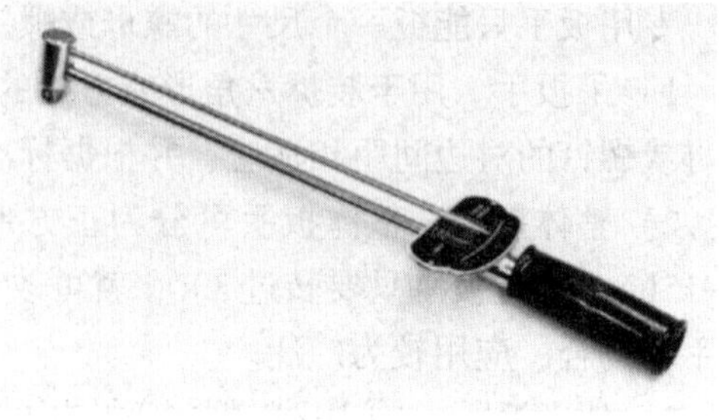

图 2—2—16　扭力扳手

(2) 控制扭角法

通过控制螺母拧紧时应转过的角度来控制预紧力。

(3) 控制螺栓伸长法

通过控制螺栓伸长量来控制预紧力，一般以技术要求为准。

2. 螺栓的装配要点

(1) 螺栓头和螺母下面应放置平垫圈，以增大承压面积。

(2) 每个螺栓一端不得垫两个及以上的垫圈，并不得采用大螺母代替垫圈。螺栓拧紧后，外露丝牙不应少于 2 牙。

(3) 对于设计有要求防松动的螺栓、锚固螺栓，应采用有防松装置的螺母（即双螺母）或弹簧垫圈，或用人工方法采取防松措施（如将螺栓外露丝牙打毛）。

(4) 对于承受动荷载或重要部位的螺栓连接，应按设计要求放置弹簧垫圈，弹簧垫圈必须设置在螺母一侧。

(5) 对于工字钢、槽钢类型钢应尽量使用斜垫圈，使螺母和螺栓头部的支承面垂直于螺杆。

3. 双头螺柱的装配要点

(1) 应保证双头螺柱与机体螺纹的配合有足够的紧固性，保证在装拆螺母的过程中无任何松动现象。

(2) 双头螺柱的轴线必须与机体表面保持垂直，装配时，可用直角尺进行检验。如发现较小的偏斜时，可用丝锥矫正螺孔后再装配，或将装入的双头螺柱校直至垂直。偏斜过大时，不得强行校正，以免影响连接的可靠性。

(3) 装入双头螺柱时，必须用油润滑，以免旋入时产生咬住现象，也便于以后的拆卸。

(4) 常用的拧紧双头螺柱的方法有以下几种：

1) 两个螺母拧紧。如图 2—2—17a 所示，将两个螺母相互锁紧在双头螺柱上，然后扳动上面一个螺母，把双头螺柱拧入螺孔中。

2) 长螺母拧紧。如图 2—2—17b 所示，用止动螺钉阻止长螺母与双头螺柱之间的相对转动，然后扳动长螺母，即可旋转双头螺柱。松开止动螺钉，可以拆掉长螺母。

4. 螺母和螺钉的装配要点

螺母和螺钉装配除了要按一定的拧紧力矩来拧紧以外，还应注意以下几点。

(1) 螺杆不产生弯曲变形，螺钉头部、螺母底面应与被连接件接触良好。

(2) 被连接件应均匀受压，互相紧密贴合，连接牢固。

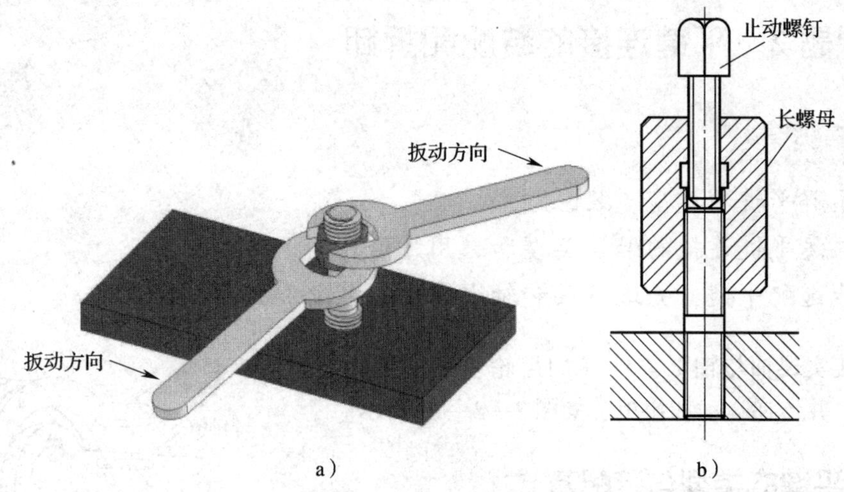

图 2—2—17　拧紧双头螺柱的方法
a）两个螺母拧紧　b）长螺母拧紧

（3）成组螺栓或螺母拧紧时，应根据被连接件形状和螺栓的分布情况，按"由内而外、对称、顺序、分阶段逐批进行"的原则进行拧紧，不能随意拧。一般分 2 ~ 3 阶段拧紧螺母，第一阶段为预紧，按要求将每一个螺母顺序拧好后（每个螺母的拧紧量应差不多）再进行第二阶段的拧紧工作，第二阶段按第一阶段的拧紧顺序拧完每一个螺母后再进入第三阶段的加固工作。

在拧紧长方形布置的成组螺母时（图 2—2—18a），应从中间开始，逐渐向两边对称地扩展。在拧紧圆形或方形布置的成组螺栓或螺母时（图 2—2—18b），必须对称地进行（如有定位销，应从靠近定位销的螺栓开始），以防止螺栓受力不一致，甚至变形。

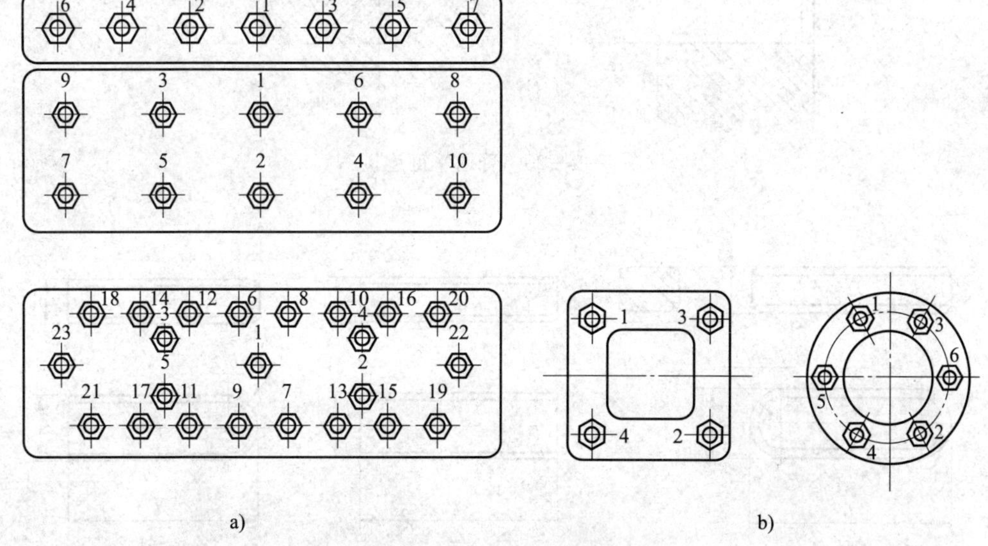

图 2—2—18　成组螺栓或螺母拧紧
a）拧紧长方形布置的成组螺母　b）拧紧圆形或方形布置的成组螺母

子课题 2　平键连接的装配和拆卸

学习目标

1. 了解平键的类型与装配方式。
2. 熟悉平键连接的配合类型和选用方法。
3. 能选配平键，并进行轴和轴上零件的装配和拆卸。

键连接实现轴与轴上零件（如齿轮、带轮等）之间的周向固定，并传递运动和扭矩，如图 2—2—19 所示。

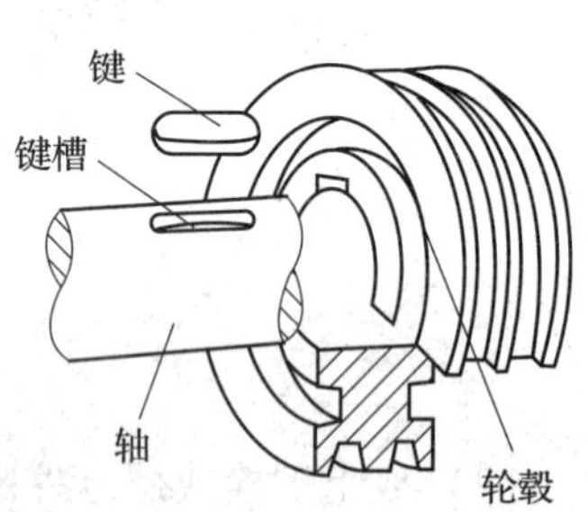

图 2—2—19　键与轮毂连接

一、平键的类型与装配方式

1. 普通平键连接（图 2—2—20）

普通平键连接时其工作面为左右两侧面，这两面与轮毂上的槽孔侧面为紧配合，因此对中性良好，装拆方便，适用于高速、高精度和承受变载、冲击的场合，但不能实现轴上零件的轴向定位。普通平键的基本类型分为 A、B、C 三类，如图 2—2—21 所示。

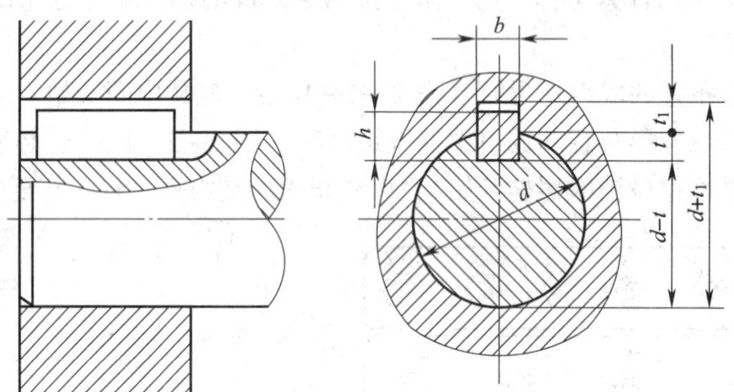

图 2—2—20　普通平键连接

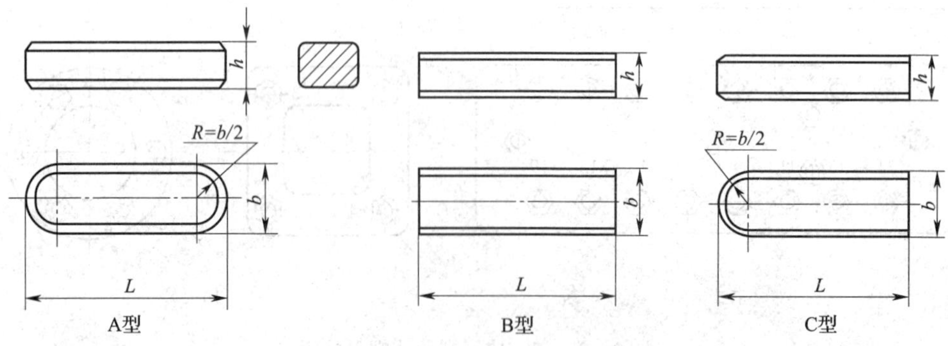

图 2—2—21　普通平键的基本类型

2. 导向平键连接

轴上安装的零件需要沿轴向移动时，可将普通平键加长，采用图 2—2—22 所示的导向平键连接。

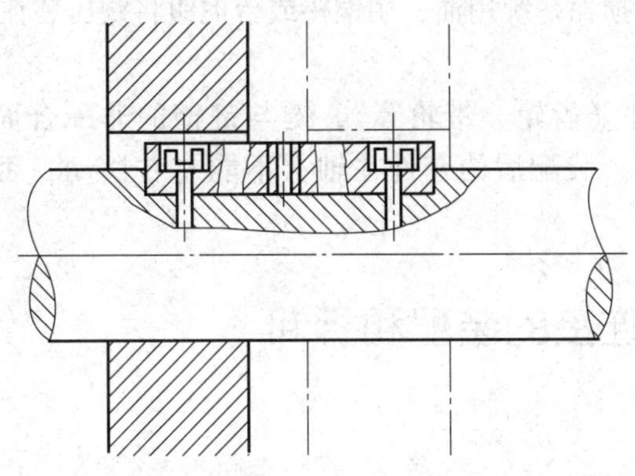

图 2—2—22　导向平键连接

二、平键连接的配合类型和选用方法

由于键为标准件，所以键配合按基轴制配合选用。根据传动要求不同，键的侧面同时与轮毂槽和轴槽连接的松紧程度也不同。对键宽只规定了一种公差带——h9，对平键的轴槽宽与轮毂槽宽各规定有三种公差带，得到三种松紧程度不同的配合，分别用于不同的场合。常用平键配合的公差带规定见表 2—2—4。

表 2—2—4　**平键配合的公差带规定**

键的类型	配合种类	尺寸 b 的公差		
		键	轴槽	毂槽
平键	较松连接	h9	H9	D10
	一般连接	h9	N9	JS9
	较紧连接	h9	P9	P9

三、键的损坏形式和修理

1. 键磨损或损坏时，一般应更换新键。

2. 轴与轮上的键、键槽损坏时，可将轴槽（即轮毂）用锉或铣的方法加宽，然后重新配键来修复。

3. 键产生变形或剪断，说明键承受不了所传递的转矩，在条件允许的情况下，可适当增加键和键槽宽度或增加键长度来解决。

四、平键连接装配

1. 清理键及键槽上的毛刺，以防止配合产生过大的过盈量而破坏连接的正确性。

2. 对于重要的平键连接，装配前应检查键的直线度误差、键槽对轴线的对称度误差和平行度误差等。

3. 用键的头部与轴槽试配，应能使键较紧地嵌入轴槽中。

4. 锉配键长，在键长方向，键与轴槽有 0.1 mm 左右的间隙。

5. 在配合面上加全损耗系统用油，用铜棒或台虎钳将键压装在轴槽中，并与槽底接触良好。

6. 试配并安装套件（齿轮、带轮等），键与键槽的非配合面应留有间隙，以使轴和套件达到同轴度要求。装配后的套件在轴上不能左右摆动，否则容易引起冲击和振动。

子课题 3　销连接的装配和拆卸

学习目标

1. 了解销的形式及应用特点。
2. 熟悉销连接的应用。
3. 能进行圆柱销的装配操作。
4. 能进行圆锥销的装配和拆卸操作。

销连接可以用作固定零件间的相对位置，或作为组合加工和装配时的辅助零件，或用于轴与毂的连接或其他零件的连接，或用作安全装置中的过载剪断零件，如图 2—2—23 所示。

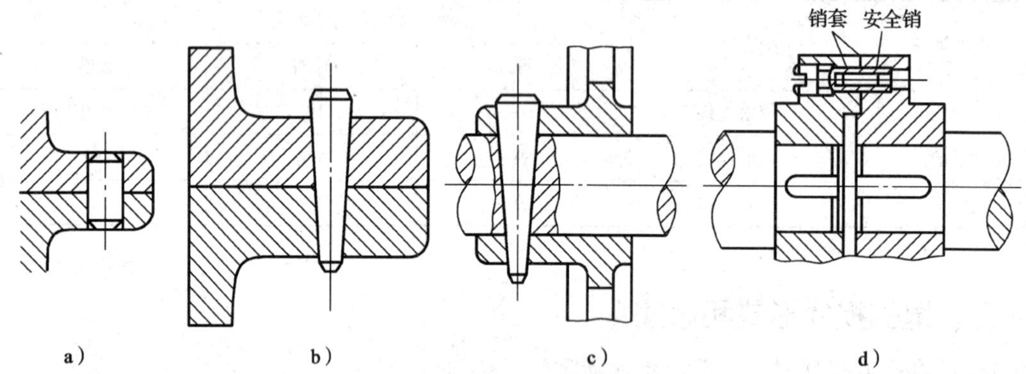

图 2—2—23　销连接的作用形式

a）圆柱销连接　b）圆锥销连接　c）轴毂连接　d）过载安全保护

一、销的形式及应用特点

销是标准件，其形状和尺寸已标准化。销的种类较多，按结构形式一般有圆柱销和圆锥销两种类型，它们均有带螺纹和不带螺纹两种。常用圆柱销和圆锥销的形式及应用见表 2—2—5。销的材料常用 35 钢或 45 钢，并经热处理达到一定硬度。通常对销孔的精度要求较高，一般需要铰制。

表 2—2—5　　常用圆柱销和圆锥销的形式及应用

类型		应用图例	特点和说明
圆柱销	普通圆柱销		圆柱销利用较小的过盈量固定在销孔中，多次装拆会降低定位精度和可靠性
	内螺纹圆柱销		适用于不通孔的场合，螺纹供拆卸用
圆锥销	普通圆锥销		圆锥销有 1∶50 的锥度，装配方便，定位精度高，用于经常装拆的场合。按加工精度不同分为 A、B 两种类型，A 型精度较高
	带螺纹圆锥销	螺尾圆锥销　内螺纹圆锥销	带内螺纹和大端带螺尾的圆锥销，适用于不通孔的场合，螺纹供拆卸用 小端带螺尾的圆锥销可用螺母锁紧，适用于有冲击、振动的场合

二、销连接的作用

1．定位作用

销起定位作用时一般不承受载荷，并且使用的数目不得少于两个。定位销主要用于零件间位置定位，如图 2—2—24 所示。

2．连接作用

连接销主要用于零件间的连接或锁定，如图 2—2—25 所示，可传递不大的载荷。

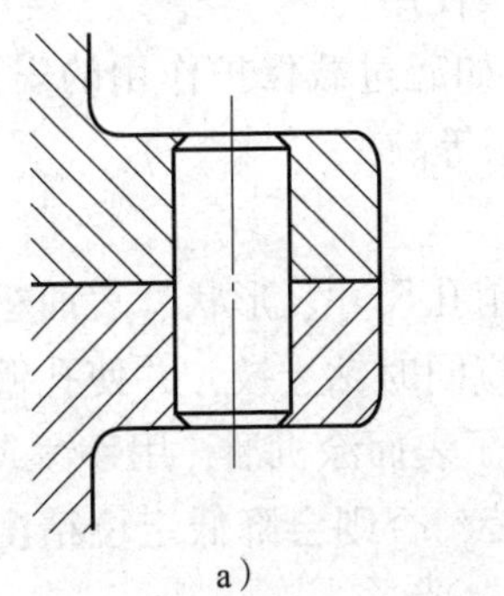
a）

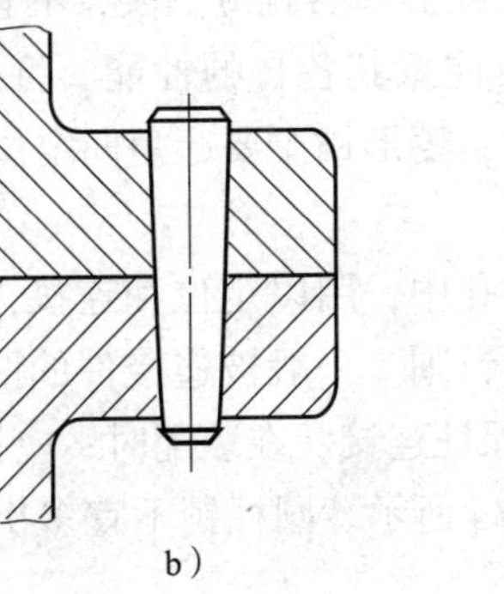
b）

图 2—2—24　起定位作用的销

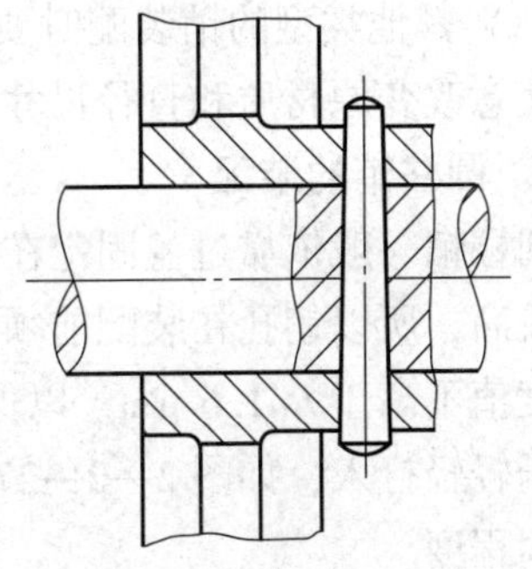

图 2—2—25　起连接作用的销

3. 安全保险作用

安全销主要用作安全保护装置中的过载剪断元件。一般来说，销作为安全销使用时应有销套及相应结构，如图2—2—26所示。

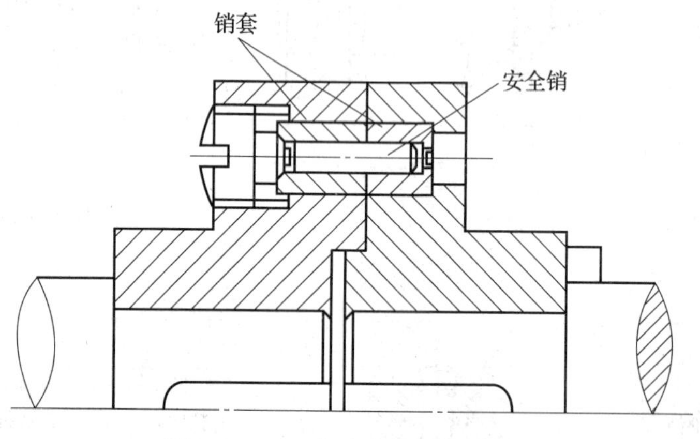

图2—2—26 起安全保险作用的销

三、销的装配与拆卸

1. 销的装配要点

（1）圆柱销按配合性质分为间隙配合、过渡配合和过盈配合，使用时要按规定选取。

（2）销孔加工一般需将相关零件调好位置后，一起钻、铰。

（3）圆柱销孔要严格控制孔径尺寸，销装入前涂润滑油，用锤子敲入时应垫软金属棒。销装入盲孔前应磨出通气平面，让孔底空气能够排出。

（4）锥孔铰削时，宜和锥销试配，以手推入80%～85%锥销长度即可；锥销敲实后，大端应稍露出工件平面而小端不应显露。

（5）开尾圆锥销打入孔中后，将小端开口扳开，振动时不易脱出。

（6）销顶端的内或外螺纹均为方便拆卸用，除借助于螺母螺钉拆卸外，还可使用拔销器等专用拆卸工具。

（7）过盈配合的圆柱销，一经拆卸后就应更换，不宜继续使用。

（8）其他类型的销装配时要注意其各自的性能、特点。如起过载保护作用的安全销，不应随意改变原材质和直径尺寸；菱形销主要起角向定位作用等。

2. 圆柱销的装配

圆柱销一般依靠过盈固定在孔中，用以定位和连接，对销孔尺寸、形状、表面粗糙度要求较高，所以销孔在装配前须铰削。一般被连接件的两孔应同时钻、铰，并使孔壁表面粗糙度值不高于$Ra1.6$ μm，以保证连接。在装配时，应在销子表面涂机油，用手锤或铜棒将销子轻轻打入，如图2—2—27a所示。圆柱销不宜多次拆装，否则会降低定位精度和连接紧固程度。

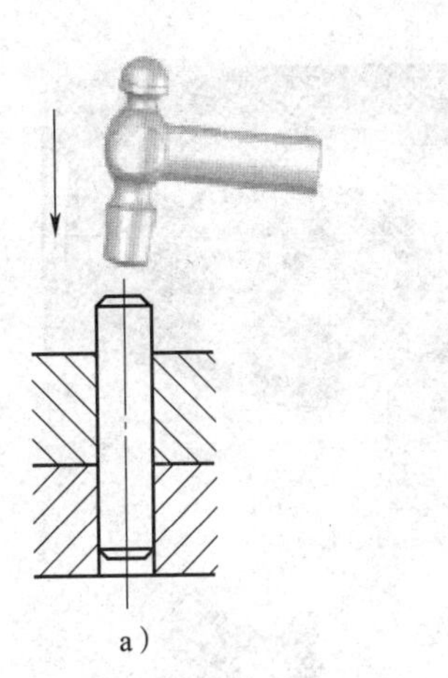
a）

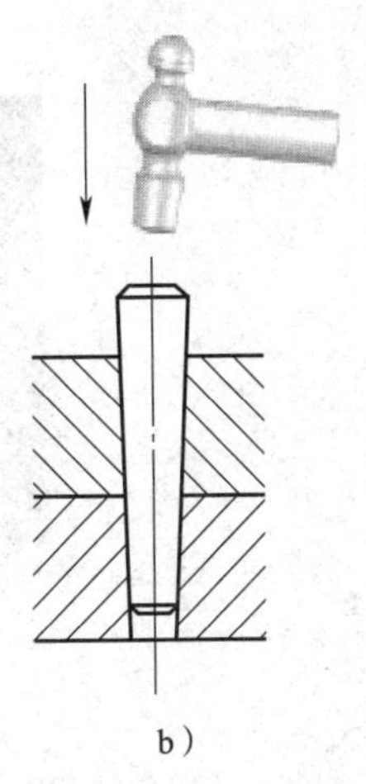
b）

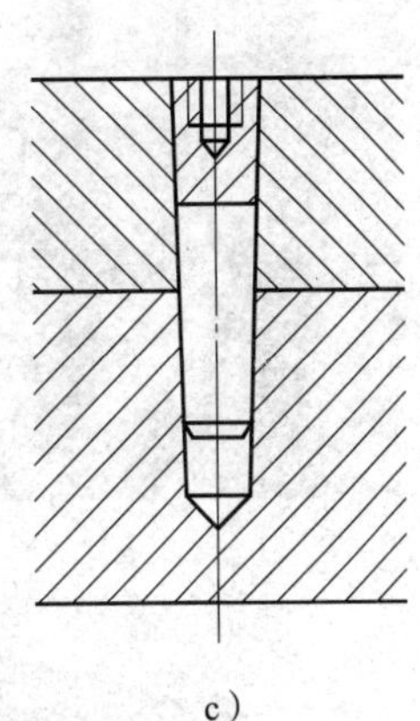
c）

图 2—2—27　销的装拆

3. 圆锥销的装配

圆锥销装配时，两连接件的销孔也应一起钻、铰。钻孔时按圆锥销小头直径选用钻头（圆锥销以小头直径和长度表示规格），用 1∶50 锥度铰刀铰孔。铰孔时，用试装法控制孔径，以圆锥销自由地插入全长的 80% ~85% 为宜。然后用锤子敲入（图 2—2—27b），销子的大头可稍微露出，或与被连接件表面平齐。

4. 销的拆卸

拆卸销孔为通孔中的圆锥销时，可从销的小头向外敲出。拆卸销孔为不通孔中的带内螺纹的圆柱销和圆锥销（图 2—2—27c）时，可用拔销器拔出。

课题三　传动机构装配

子课题 1　带传动机构的装配

学习目标

1. 了解带传动的类型和特点。
2. 掌握 V 带传动的参数和选用。
3. 熟悉带传动的张紧装置和调整方法。
4. 能进行带轮和传动带的装配、拆卸和张紧力的调整。

在实际生活中，缝纫机、洗衣机、拖拉机、钻床、机床等利用带传动的例子有许多，V 带传动独有的缓冲吸振、过载打滑的特点，是获得广泛应用的主要原因；同步带传动具有传动比恒定、效率高、不需润滑、噪声小等特点，主要用于计算机、数控机床、纺织机械、烟草机械等。传动带的应用如图 2—3—1 所示。

图 2—3—1　带传动的应用

a）台钻　b）纺织机械　c）发动机　d）缝纫机

一、带传动概述

1. 带传动的工作原理

带传动是以张紧在至少两轮上的带作为中间挠性件，靠带与轮接触面间产生的摩擦力，或靠轮上的齿与带上的齿或孔啮合，来传递运动和动力。带传动一般由主动轮、从动轮和挠性带组成，如图 2—3—2 所示。

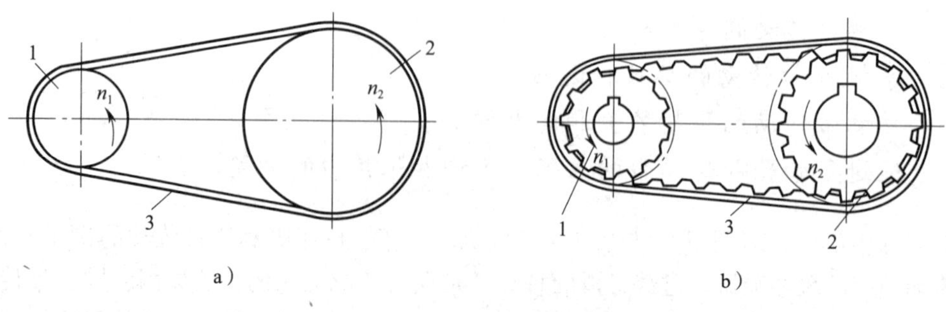

图 2—3—2　带传动的组成

a）摩擦型带传动　b）啮合型带传动

1、2—带轮　3—传动带

2. 带传动的类型

(1) 摩擦带传动

摩擦带传动依靠带与带轮之间的摩擦力传递运动和动力。摩擦带传动按带的横截面形状不同可分为四种类型，如图 2—3—3 所示。

1）平带传动。平带的横截面为扁平矩形（图 2—3—3a)，内表面与轮缘接触为工作面。平带适用于平行轴交叉传动和交错轴的半交叉传动。

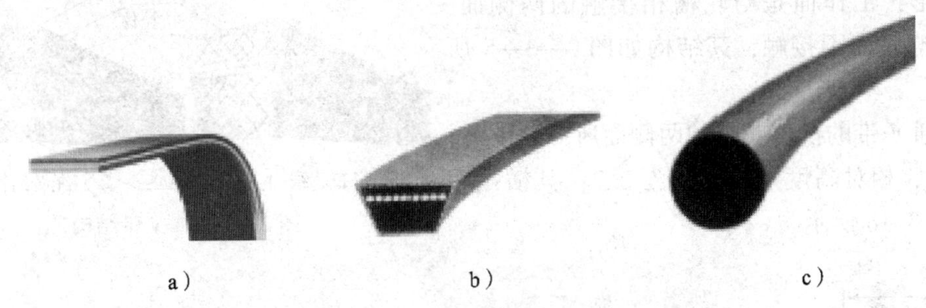

图 2—3—3 带传动的类型

a）平带传动 b）V 带传动 c）圆形带传动

2）V 带传动。V 带的横截面为梯形，两侧面为工作面（图 2—3—3b)，工作时与带轮槽两侧面接触。在同样压力 F_Q 的作用下，V 带传动的摩擦力约为平带传动的三倍，故能传递较大的载荷。

3）圆形带传动。圆形带的横截面为圆形（图 2—3—3c)，只用于小功率传动。

(2) 啮合带传动

啮合带传动依靠带轮上的齿与带上的齿或孔啮合传递运动和动力。啮合带传动有两种类型，如图 2—3—4 所示。

1）同步带传动。利用带上的齿与带轮上的齿相啮合传递运动和动力，带与带轮间为啮合传动没有相对滑动，可保持主、从动轮线速度同步（图 2—3—4a)。

2）齿孔带传动。带上的孔与轮上的齿相啮合，同样可避免带与带轮之间的相对滑动，使主、从动轮保持同步运动（图 2—3—4b)。

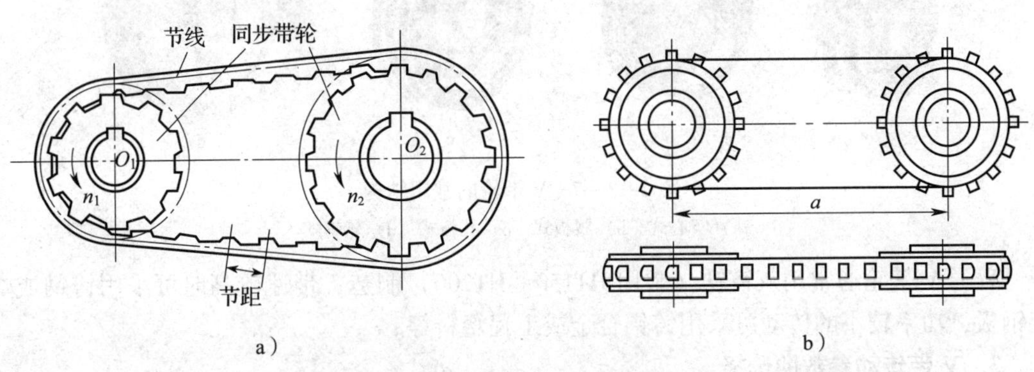

图 2—3—4 啮合带传动

a）同步齿形带传动 b）齿孔带传动

二、V 带传动

V 带传动是由一条或数条 V 带和 V 带轮组成的摩擦传动。V 带安装在相应的轮槽内，仅与轮槽的两侧面接触，而不与槽底接触。

1. V 带

V 带是一种无接头的环形带，其横截面为等腰梯形，工作面是与轮槽相接触的两侧面，带与轮槽底面不接触，其结构如图 2—3—5 所示。

普通 V 带的楔角（带的两侧面所夹的锐角）α 为 40°，相对高度（h/b_p）为 0.7，其横截面如图 2—3—6 所示。

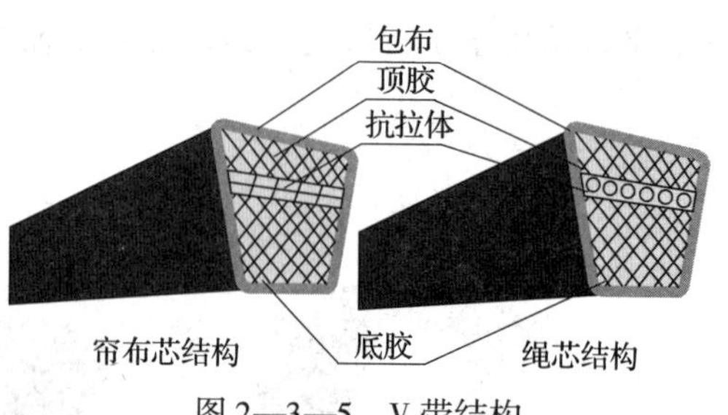

图 2—3—5　V 带结构

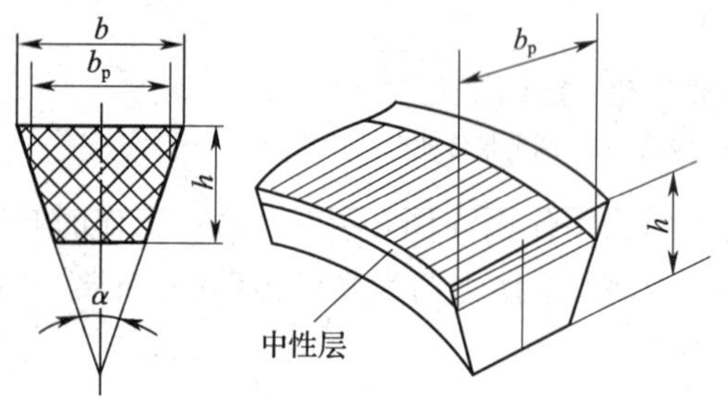

顶宽b——V带横截面中梯形轮廓的最大宽度

节宽b_p——V带绕带轮弯曲时，长度和宽度均保持不变的面层称为中性层，中性层的宽度称为节宽

高度h——梯形轮廓的高度

相对高度h/b_p——带的高度与其节宽之比

图 2—3—6　普通 V 带横截面

2. V 带轮

V 带轮由轮缘、轮辐、轮毂组成，常用结构有实心式、腹板式、孔板式、轮辐式四种，如图 2—3—7 所示。

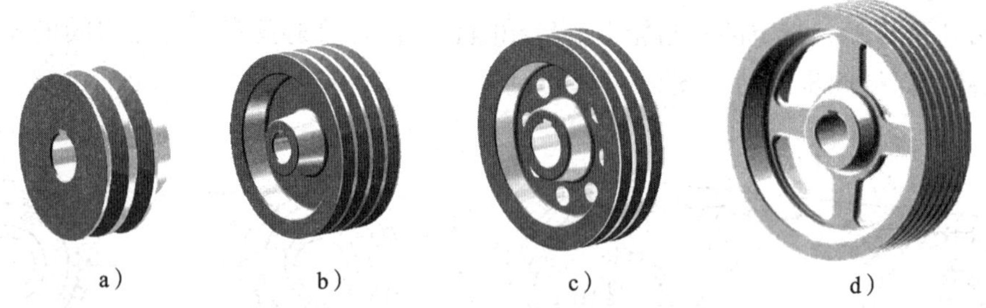

图 2—3—7　V 带轮的常用结构

a）实心式　b）腹板式　c）孔板式　d）轮辐式

普通 V 带轮通常用灰铸铁（常用 HT150、HT200）制造，带速较高时可采用铸钢或焊接钢板，功率较小的传动可采用铸铝合金或工程塑料等。

3. V 带传动参数的选择

（1）V 带的型号

普通 V 带已经标准化，按横截面尺寸由小到大分为 Y、Z、A、B、C、D、E 七种型号，见表 2—3—1。在相同的条件下，横截面尺寸越大则传递的功率越大。

表 2—3—1　　普通 V 带截面尺寸（摘自 GB/T 11544—2012）　　mm

参数	V 带型号						
	Y	Z	A	B	C	D	E
节宽 b_p	5.3	8.5	11	14	19	27	32
顶宽 b	6	10	13	17	22	32	38
高度 h	4	6	8	11	14	19	23
楔角 α	40°						

（2）V 带轮的基准直径 d_d

V 带轮的基准直径 d_d，是指 V 带轮上与所配用 V 带的节宽 b_p 相对应处的直径，如图 2—3—8 所示。

在带传动中，带轮基准直径越小，传动时带在带轮上的弯曲变形越严重，V 带的弯曲应力越大，从而会降低带的使用寿命。为了延长传动带的使用寿命，对各型号的普通 V 带轮都规定了最小基准直径 d_{dmin}，见表 2—3—2。

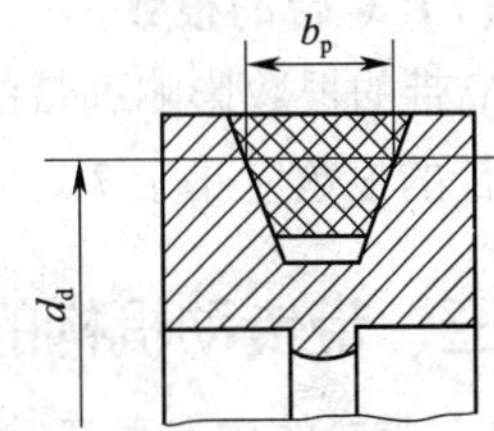

图 2—3—8　V 带轮的基准直径 d_d

表 2—3—2　　普通 V 带轮的基准宽度和最小基准直径　　mm

V 带型号	Y	Z	A	B	C	D	E
V 带轮的基准宽度	5.3	8.5	11	14	19	27	32
V 带轮的最小基准直径	20	50	75	125	200	355	500

（3）传动比 i

机构中瞬时输入角速度与输出角速度的比值称为机构的传动比。因为带传动存在弹性滑动，所以传动比不是恒定的。

（4）中心距 a

中心距是两带轮中心连线的长度，如图 2—3—9 所示。

（5）带轮的包角 α

包角是带与带轮接触弧所对应的圆心角。包角的大小反映了带与带轮轮缘表面间接触弧的长短，如图 2—3—9 所示。

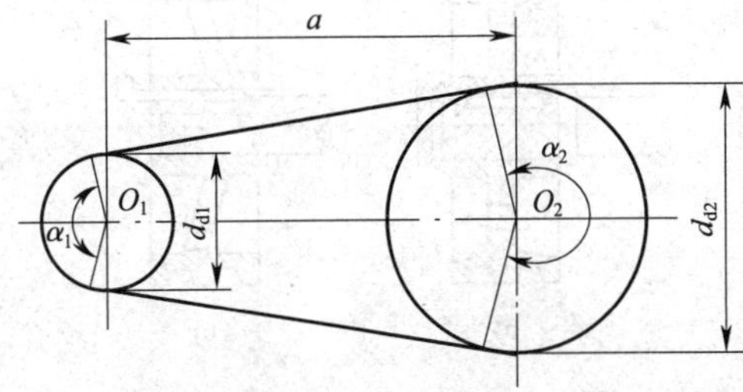

图 2—3—9　两带轮的中心距和带轮的包角

小带轮包角的计算公式为：

$$\alpha_1 \approx 180° - \left(\frac{d_{d2} - d_{d1}}{a}\right) \times 57.3°$$

包角的大小反映了带与带轮轮缘表面接触弧的长短。两带轮中心距越大，小带轮包角 α_1 也越大，带与带轮的接触弧也越长，带能传递的功率就越大；反之，所能传递的功率就越小。为了使带传动可靠，一般要求小带轮包角 $\alpha_1 \geqslant 120°$。

（6）带速 v

带速 v 过快或过慢都不利于带的传动。带速太低，传动尺寸大且不经济；带速太高，离心力又会使带与带轮间的压紧程度减小，传动能力降低。一般带速取 5 ~ 25 m/s。

（7）V 带的根数

V 带的根数影响到带的传动能力。根数多，传递功率大；但根数过多，受力会不均匀。通常带的根数应小于 7。

三、带传动机构的装配技术要求

1. 带轮的安装要正确

其径向圆跳动量和轴向圆跳动量应控制在规定范围内。

2. 两带轮的中间平面应重合

其倾斜角和轴向偏移量不得超过规定要求。一般倾斜角不应超过 1°，否则带易脱落或加快带侧面磨损。

3. 带轮工作表面粗糙度要符合要求

带轮工作表面粗糙度值一般为 Ra3.2 μm。表面过于粗糙，工作时加剧带的磨损；表面过于光滑，加工经济性差，且带易打滑。

4. 带的张紧力要适当

张紧力过小，不能传递一定的功率；张紧力过大，带、轴和轴承都将迅速磨损。

四、带传动的装配

1. 带轮与轴的装配

一般带轮孔与轴为过渡配合（H7/k6），有少量过盈，同轴度较高，并且用紧固件作周向和轴向固定。带轮在轴上的固定形式如图 2—3—10 所示。

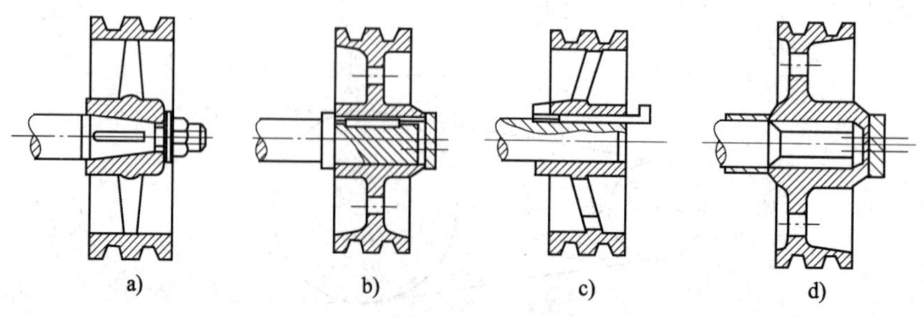

图 2—3—10　带轮与轴的连接

a）圆锥形轴头连接　b）平键连接　c）楔键连接　d）花键连接

带轮与轴装配后，要检查带轮的径向圆跳动量和轴向圆跳动量，如图 2—3—11 所示。径向圆跳动量（0.002 5 ~ 0.000 5）D，轴向圆跳动量（0.000 5 ~ 0.000 1）D（D 为带轮直径）。还要检查两带轮相对位置是否正确，如图 2—3—12 所示。两带轮的中心平面应重合，其倾斜角和轴向偏移量不应太大，一般倾斜角不应超过 1°。

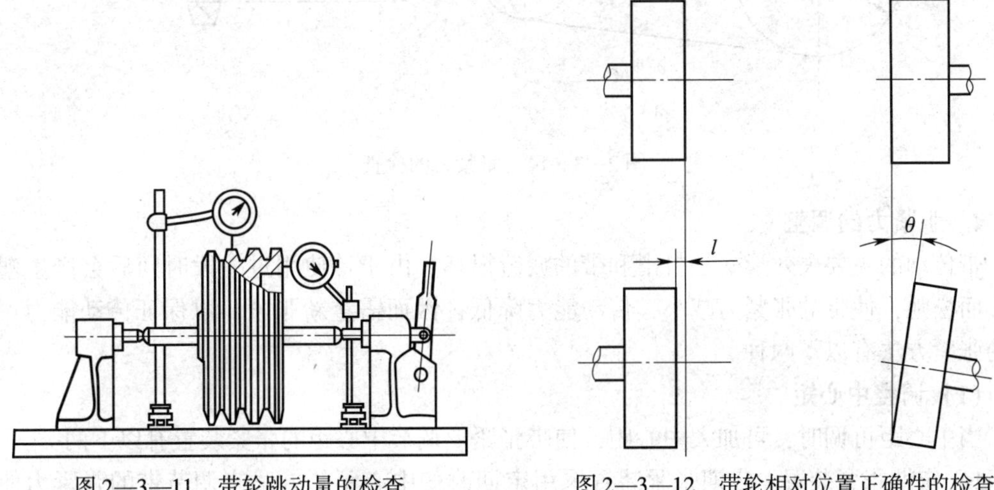

图 2—3—11　带轮跳动量的检查　　图 2—3—12　带轮相对位置正确性的检查

2. V 带的安装

安装 V 带时，先将其套在小带轮轮槽中，然后套在大带轮上，边转动大带轮，边用一字旋具将带拨入带轮槽中。装好后的 V 带在槽中的正确位置如图 2—3—13 所示。

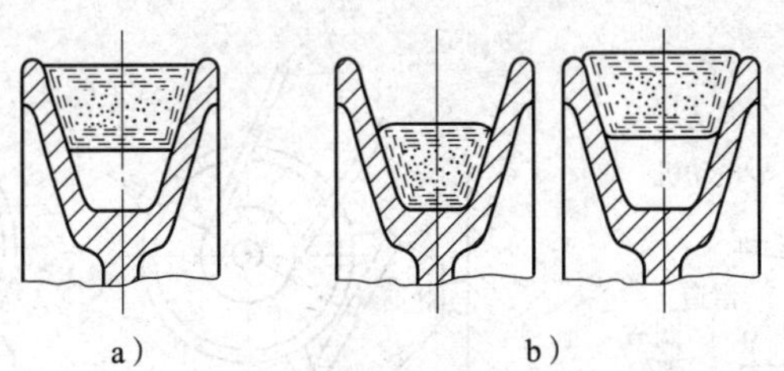

a）　　b）

图 2—3—13　V 带在轮槽中的正确位置

a）正确　b）错误

五、张紧力的控制

1. 张紧力的检查

V 带传动是摩擦传动，适当的张紧力是保证带传动正常工作的重要因素。张紧力不足，带将在带轮上打滑，使带急剧磨损；张紧力过大，则会使带的寿命降低，轴和轴承上作用力增大。合适的张紧力可通过计算确定，即在带与两轮的切点 B 和 A 的中点且垂直于传动带加一载荷 W，通过测量产生的挠度 $y = 1.6a/100$ 来检查张紧力的大小，如图 2—3—14a 所示。

在实际装配中，常根据经验来控制或检查张紧力的大小。对中心距中等的一般 V 带传动，可用拇指按在 V 带与带轮两切点的中间处，以能将 V 带按下 15 mm 左右为宜，如图 2—3—14b 所示。

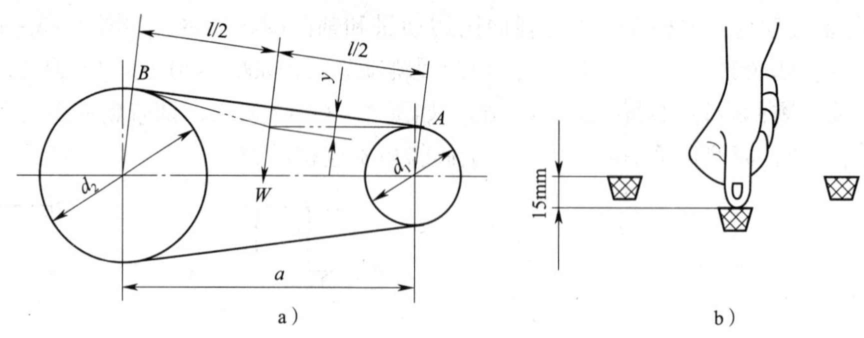

图 2—3—14　张紧力的检查

2. 张紧力的调整

带传动的主要失效形式是打滑和带的疲劳损坏。由于带使用过一段时间后会产生塑性变形而松弛，使带的张紧力减小，传动能力降低，因而需重新张紧，以保证传动能力。常用的张紧方法有以下两种。

（1）调整中心矩

当中心距可调时，可加大中心距，使带张紧。调节中心距的张紧装置有以下两类：

1）定期张紧装置。定期张紧装置采用定期改变中心距的方法来调节带的张紧力使带重新张紧，常见的有水平式（图 2—3—15a）和垂直式（图 2—3—15b）两种结构。

2）自动张紧装置。自动张紧装置常用于中、小功率的传动，如图 2—3—15c 所示。将装有带轮的电动机安装在浮动的机架上，利用电动机和机架的重量自动保持张紧力。

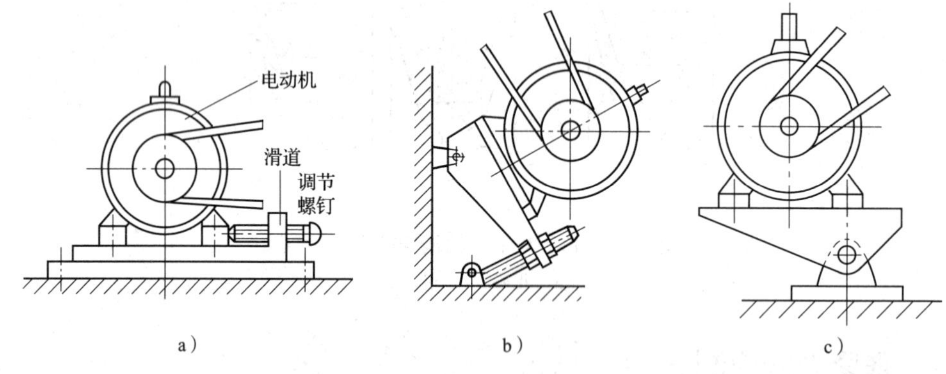

图 2—3—15　带传动张紧装置

a）水平式定期张紧装置　b）垂直式定期张紧装置　c）自动张紧装置

（2）张紧轮法

带传动的中心距不能调整时，可采用张紧轮法。如图 2—3—16 所示，定期调整张紧轮的位置即可达到张紧的目的。V 带和同步带张紧时，张紧轮一般放在带的松边内侧并应尽量靠近大带轮一边，这样可使带只受单向弯曲，且小带轮的包角不致过分减小。

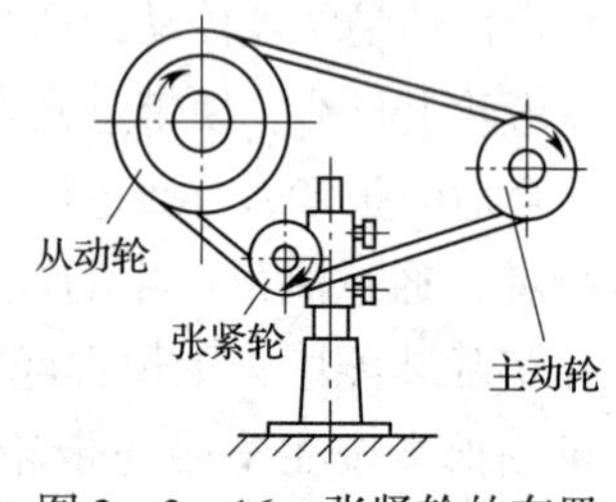

图 2—3—16　张紧轮的布置

六、带传动安装注意事项

正确的安装和维护是保证带传动正常工作、延长带使用寿命的有效措施，一般应注意以下几点：

1. 平行轴传动时各带轮的轴线必须保持规定的平行度。V 带传动主、从动轮轮槽必须调整在同一平面内，误差不得超过 20′，否则会引起 V 带扭曲使两侧面过早磨损。

2. 安装带时先将中心距缩小将带套在带轮上后，慢慢地增大中心距，满足规定的初拉力要求。严禁用其他工具强行撬入和撬出以免对带造成不必要的损坏。

3. 多根 V 带传动时，为避免各根 V 带载荷分布不均，带的配组公差（请参阅有关手册）应在规定的范围内。

4. 对带传动应定期检查并及时调整，发现损坏的 V 带应及时更换，新旧带、普通 V 带和窄 V 带、不同规格的 V 带均不能混合使用。

5. 带传动装置必须安装安全防护罩，这样既可防止绞伤人，又可以防止灰尘、油及其他杂物飞溅到带上影响传动。

子课题 2　链传动机构的装配

1. 了解链传动的类型和特点。
2. 熟悉链传动的参数选用。
3. 熟悉链传动的安装与维护。
4. 能进行链轮和链条的装配和拆卸。

链传动是日常生活中常见的一种运动传递机构，如图 2—3—17、图 2—3—18 所示，是常见的自行车、运输机构的链传动机构，生产中也经常用到链传动。

图 2—3—17　自行车链轮

图 2—3—18　运输机构

一、链传动概述

1. 链传动的工作原理

链传动机构是由两个链轮和连接它们的链条组成，通过链条和链轮的啮合来传递运动和动力，如图 2—3—19 所示。

2. 链传动的类型

常用链传动的类型有传动链、输送链和起重链三种。

(1) 传动链

常用的传动链有套筒滚子链和齿形链，适用于高速、低噪声、运动精度要求较高的传动装置，如图 2—3—20、图 2—3—21 所示。

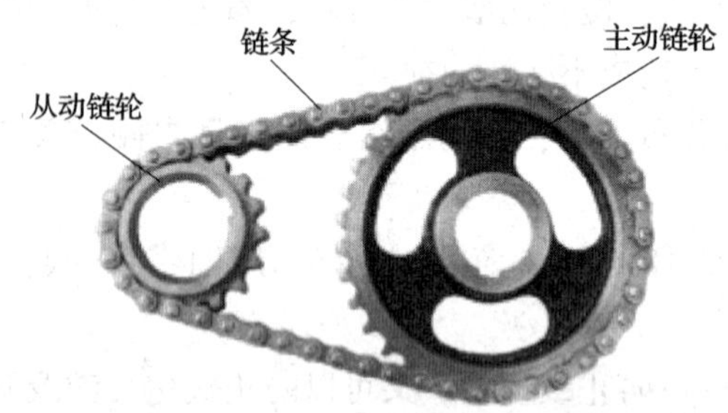

图 2—3—19　链传动的组成

图 2—3—20　套筒滚子链

(2) 输送链

常见的输送链如图 2—3—22 所示，用于输送工件、物品和材料，可直接用于各种机械上，也可以组成链式输送机作为一个单元出现。

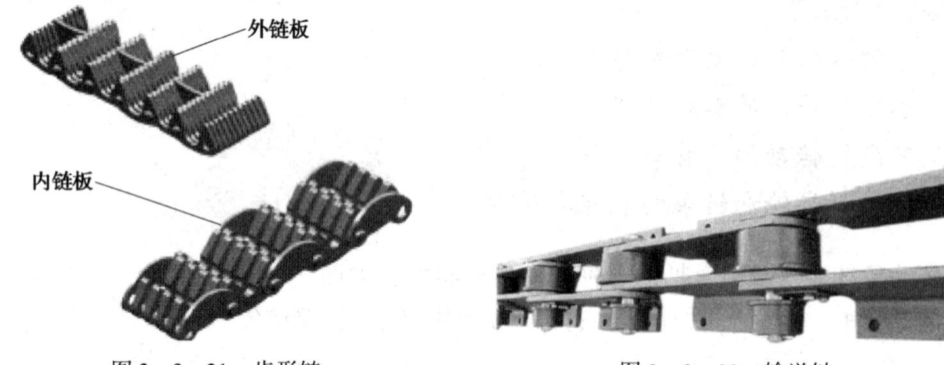

图 2—3—21　齿形链

图 2—3—22　输送链

(3) 起重链

起重链主要用以传递力，起牵引、悬挂物品作用，兼做缓慢运动，如图 2—3—23 所示。

图 2—3—23　起重链

二、链传动的参数选用

因套筒滚子链的应用最广泛，所以本章节主要介绍套筒滚子链的结构及参数的选用。

1. 套筒滚子链的结构

套筒滚子链由内链板、外链板、销轴、套筒、滚子组成，如图3—2—24所示。

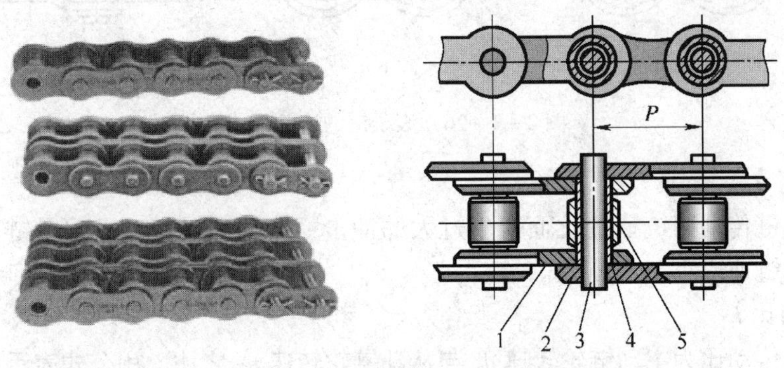

图2—3—24　套筒滚子链的结构

1—内链片　2—外链片　3—销轴　4—套筒　5—滚子

2. 链传动参数的选用

（1）节距 *P*

链条相邻两销轴中心线之间的距离为节距，用 P 表示，如图3—2—24b所示。节距越大，链传动各部分尺寸越大，传动能力越大，但传动的平稳性较差，冲击、振动和噪声也越严重。因此，选用链传动时，在满足传递功率的前提下，应选用较小节距的单排链。在高速传动时，可选小节距多排链，如图2—3—25所示。

图2—3—25　多排链

a）双排链　b）三排链

（2）链节数

链的长度用节数来表示，按带传动求带长的公式可导出，由此算出的链节数须为整数，最好取为偶数。当链节数为偶数时，连接方式可采用可拆卸的外链板连接，接头处用开口销或弹簧卡固定（图2—3—26a、b）；当链节数为奇数时，常用过渡链节（图2—3—26c）。过渡链节的链板工作时会受到附加的弯矩，故链节数应尽量取偶数，以避免使用过渡链节。

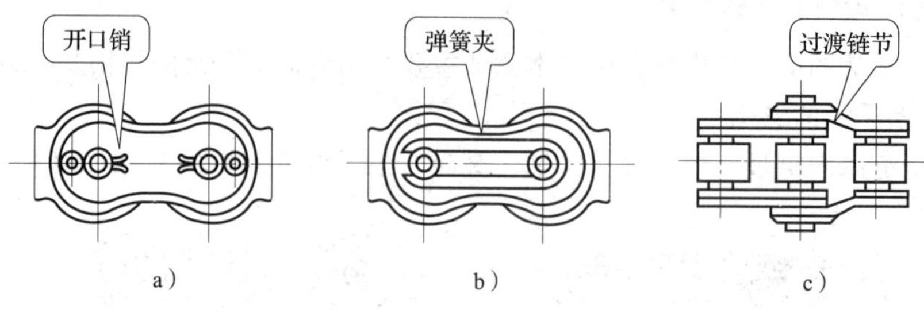

图 2—3—26　滚子链的连接形式

（3）链速 *n*

为了防止链传动因链速变化而产生过大的冲击、振动和噪声，必须对链速加以限制，通常滚子链的链速应小于 12 m/s。

（4）传动比 *i*

链传动的传动比为主动链轮转速 n_1 与从动链轮转速 n_2 之比，用公式表示为：

$$i_{12}=\frac{n_1}{n_2}=\frac{z_2}{z_1}$$

式中　n_1、n_2——主、从动链轮的转速，r/min；

z_1、z_2——主、从动链轮的齿数。

由于链轮的齿数是有限制的，受链条在链轮上的包角不能太小以及传动尺寸不能太大等条件的制约，链传动的传动比 $i \leqslant 6$，最好在 2～3.5。

（5）中心距 *a*

在链速不变的情况下，中心距过小会使链节在单位时间里承受载荷的次数增多，加剧疲劳和磨损；同时小轮的包角减小，受力的齿数也减少，使轮齿受力增大。反之，若中心距过大，由于链条自重而产生的垂度增加，致使松边易发生过大的上下颤动，会增加传动的不平稳性。一般取 $a=(30\sim50)P$。

（6）链轮齿数 *z*

链轮的齿数对传动的平稳性和使用寿命都有很大影响。齿数选得越少，传动越不平稳，冲击、振动越剧烈。链轮齿数太多除使传动尺寸增大外，还会因链条磨损严重而导致节距变大，易引起脱链。

三、链传动机构的装配技术要求

1. 两链轮轴线必须平行，否则会加剧链条和链轮的磨损、降低传动平稳性并增大噪声。检查方法如图 2—3—27 所示，通过测量 *A*、*B* 两尺寸来确定其误差。

2. 两链轮之间轴向偏移量必须在要求范围内。一般当两轮中心距小于 500 mm 时，允许轴向偏移量 *a* 为 1 mm；当两轮中心距大于 500 mm 时，允许轴向偏移量 *a* 为 2 mm。

3. 链轮的跳动量必须符合要求。链轮的跳动量可用划线盘或百分表进行检查，如图 2—3—28 所示。允许跳动量可参考表 2—3—3。

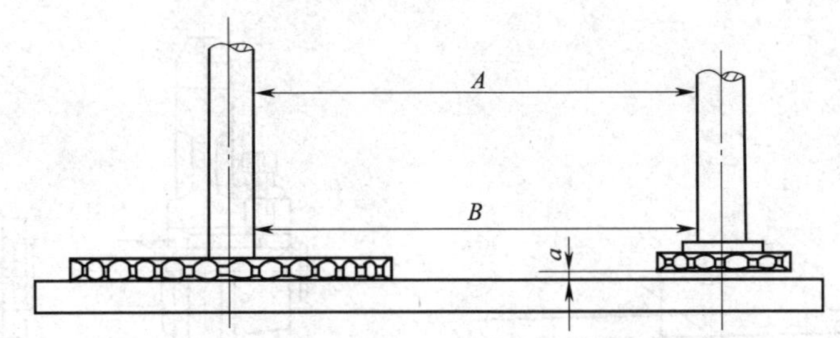

图 2—3—27　两链轮轴线平行度及轴向偏移量的测量

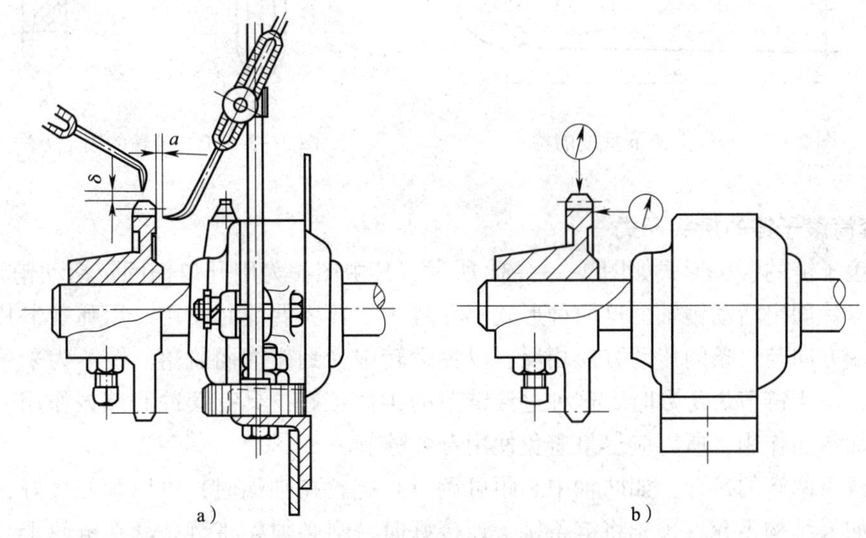

图 2—3—28　链轮跳动量的检查

a）用划线盘检查　b）用百分表检查

表 2—3—3　　**链轮允许跳动量**　　mm

链轮直径	套筒滚子链的链轮跳动量	
	径向圆跳动量	轴向圆跳动量
100 以下	0.25	0.3
100 ~ 200	0.5	0.5
200 ~ 300	0.75	0.8
300 ~ 400	1.0	1.0
400 以上	1.2	1.5

4. 链条的松紧度要适当。链条过紧会加剧磨损，过松则容易产生振动或脱链现象。检查链条松紧度的方法如图 2—3—29 所示。对于水平或倾斜 45°以内的链传动，f 应小于 $0.02a$（a 为链轮的中心距）；倾斜度增大时，就要减小 f 值；在链垂直放置时，f 应小于 $0.002a$。

四、链传动机构的装配方法

1. 链轮在轴上的固定方法

如图 2—3—30 所示，链轮装配方法与带轮装配方法基本相同。其中图 2—3—30a 为键连接、紧定螺钉固定，图 2—3—30b 为圆锥销固定。

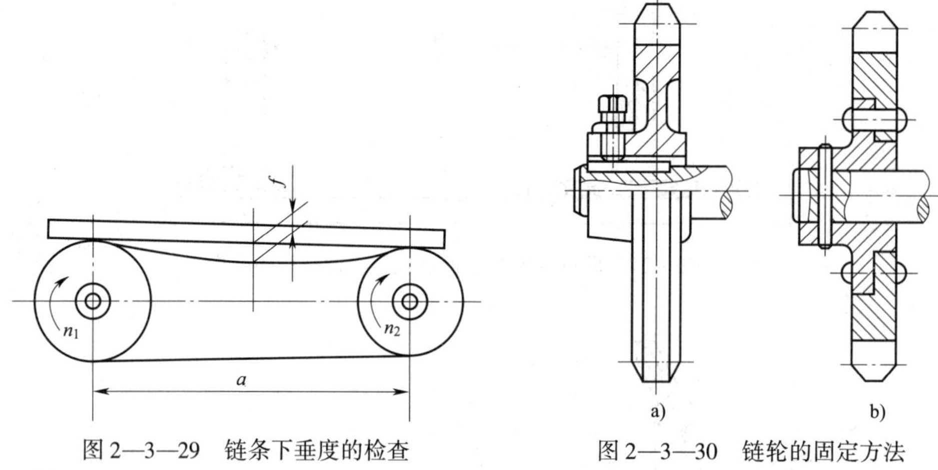

图 2—3—29 链条下垂度的检查

图 2—3—30 链轮的固定方法

2. 套筒滚子链的接头形式

套筒滚子链的接头形式如图 2—3—31 所示。其中图 a 为用开口销固定活动销轴，图 b 为用弹簧卡片固定活动销轴，这两种形式都在链条节数为偶数时使用。用弹簧卡片时要注意使开口端方向与链条的传动方向相反，以免运转中受到碰撞而脱落。图 c 为采用过渡链节接合，适用于链节为奇数时。这种过渡链节的柔性较好，具有缓冲和减振作用，但链板会受到附加弯曲作用，所以应尽量避免使用奇数链节。

对于链条两端的接合，如两轴中心距可调节且链轮在轴端时，可以预先接好，再装到链轮上；如果结构不允许预先将链条接头连接好时，则必须先将链条套在链轮上，再采用专用的拉紧工具进行连接，如图 2—3—32 所示。

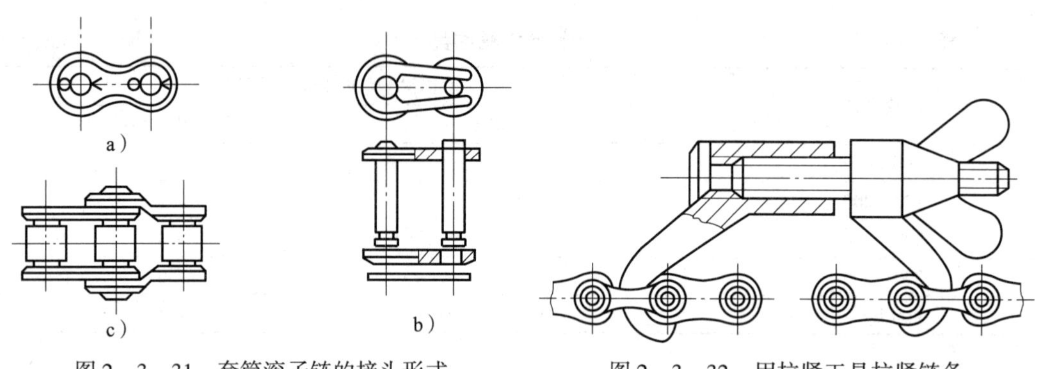

图 2—3—31 套筒滚子链的接头形式

图 2—3—32 用拉紧工具拉紧链条

五、链传动的张紧

链传动张紧目的是为了避免链条的下垂度过大造成啮合不良或链条振动，同时也为了增大链条与链轮的啮合包角。当两轴轴线的连线与水平面的倾斜角度大于 45°时，通常需要张紧装置。

张紧的方法很多，通常可通过调整中心距控制张紧程度；中心距不能调整时，可以卸掉一个或几个链节来调整，也可以采用定期调整或自动张紧轮，如图 2—3—33 所示。

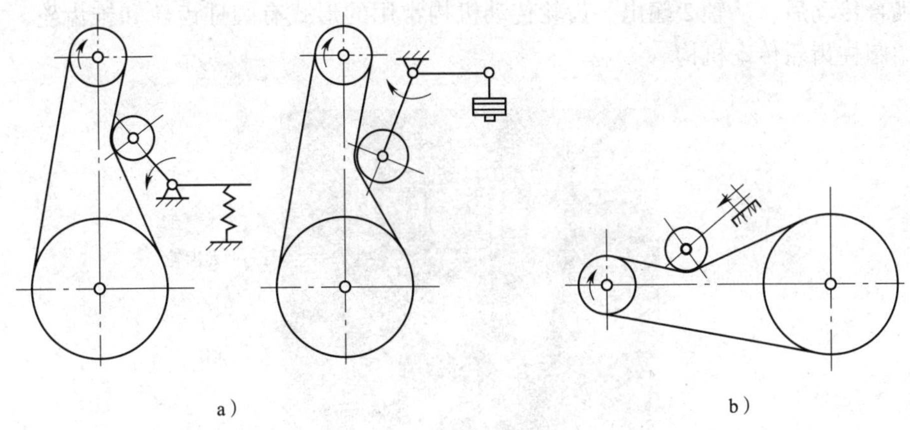

a）　　　　b）

图 2—3—33　张紧的方法

a）采用自动张紧轮　b）定期张紧

六、链传动机构的修复

链传动机构常见的损坏形式有以下几种：链条拉长、链或链轮磨损、链轮个别轮齿折断和链节断裂等。

1. 链条拉长

链条经长时间使用后会被拉长而下垂，产生抖动和掉链现象，链节拉长后会使链和链轮磨损加剧。当链轮中心距可以调整时，可通过调整中心距使链条拉紧；若中心距不能调节时，可使用张紧轮张紧，也可以卸掉一个或几个链节来调整。

2. 链和链轮磨损

链轮轮齿磨损后，节距增大，使磨损加快。当磨损严重时，应更换新的链轮。

3. 链轮个别轮齿折断

可采用堆焊后修锉来修复，或更换新链轮。

4. 链节断裂

可采用更换断裂链节的方法修复。

子课题 3　圆柱齿轮传动机构的装配

学习目标

1. 熟悉圆柱齿轮传动的特点。
2. 熟悉圆柱齿轮的主要参数及计算方法。
3. 能进行圆柱齿轮传动机构的装配。

齿轮传动是利用齿轮副来传递运动和（或）动力的一种机械传动。齿轮副的一对齿轮的齿依次交替地接触，从而实现一定规律的相对运动的过程和形态称为啮合。齿轮传动属于啮合传动。图 2—3—34 所示为减速器中的齿轮传动。动力从轴 1 输入，经过小齿轮和大齿轮的啮合传动后，从轴 2 输出。齿轮传动机构常用的形式有圆柱齿轮和锥齿轮，本课题主要介绍圆柱齿轮传动机构。

图 2—3—34　减速器中的齿轮传动

一、渐开线标准直齿圆柱齿轮的基本参数和几何尺寸的计算

1. 渐开线标准直齿圆柱齿轮各部分的名称

图 3—3—35 所示渐开线标准直齿圆柱齿轮，其各部分的名称、定义、代号及说明见表 2—3—4。

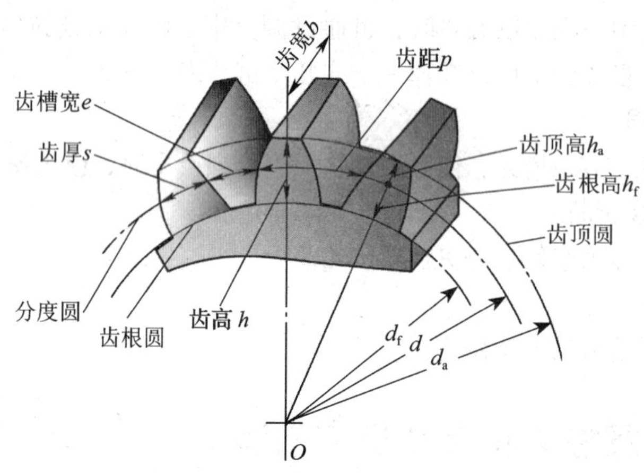

图 2—3—35　渐开线标准直齿圆柱齿轮各部分的名称

表 2—3—4　　渐开线标准直齿圆柱齿轮各部分的名称、定义、代号及说明

名称	定义	代号及说明
齿顶圆	通过轮齿顶部的圆周直径	齿顶圆直径以 d_a 表示
齿根圆	通过轮齿根部的圆周直径	齿根圆直径以 d_f 表示
分度圆	齿轮上具有标准模数和标准压力角的圆	对于标准齿轮，分度圆上的齿厚与齿槽宽相等。分度圆上的尺寸和符号不加脚注。分度圆直径以 d 表示

续表

名称	定义	代号及说明
齿厚	在端平面（垂直于齿轮轴线的平面）上，一个齿的两侧齿廓之间的分度圆弧长	齿厚以 s 表示
齿槽宽	在端平面上，一个齿槽的两侧齿廓之间的分度圆弧长	齿槽宽以 e 表示
齿距	两个相邻且同侧的齿廓之间的分度圆弧长	齿距以 p 表示
齿顶高	齿顶圆与分度圆之间的径向距离	齿顶高以 h_a 表示
齿根高	齿根圆与分度圆之间的径向距离	齿根高以 h_f 表示
齿高	齿顶圆与齿根圆之间的径向距离	齿高以 h 表示

2. 渐开线标准直齿圆柱齿轮的基本参数

(1) 标准齿轮的压力角 α

压力角——在端平面上，过端面齿廓上任意点 K 的径向直线与齿廓在该点处的切线所夹的锐角，用 α 表示。如图 2—3—36 所示，K 点的压力角为 α_K。渐开线齿廓上各点的压力角不相等，K 点离基圆越远，压力角越大。基圆上的压力角 $\alpha=0°$。

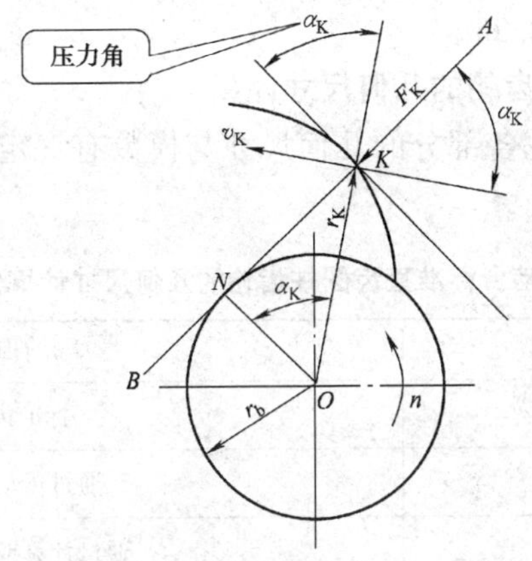

图 2—3—36　齿轮轮齿的压力角

我国国家标准规定渐开线圆柱齿轮分度圆上的压力角 $\alpha=20°$。

(2) 齿数 z

齿数 z 是指一个齿轮的轮齿总数。

(3) 模数 m

模数 m 是齿距 p 除以圆周率 π 所得的商，即 $m=\frac{p}{\pi}$，单位为 mm。为了便于齿轮的设计和制造，模数已经标准化。

齿数相等的齿轮，模数越大，齿轮尺寸就越大，轮齿也越大，承载能力越大，如图 2—3—37 所示。

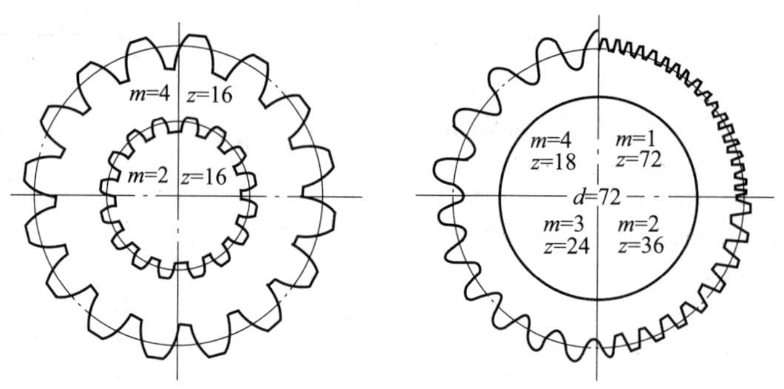

图 2—3—37　模数大小和齿轮尺寸大小的比较

(4) 齿顶高系数 h_a^*

对于标准齿轮，规定 $h_a = h_a^* m$，h_a^* 称为齿顶高系数。我国国家标准规定：正常齿 $h_a^* = 1$。

(5) 顶隙系数 c^*

当一对齿轮啮合时，为使一个齿轮的齿顶面不与另一个齿轮的齿槽底面相抵触，轮齿的齿根高应大于齿顶高，即应留有一定的径向间隙，称为顶隙，用 c 表示，如图 2—3—38 所示。对于标准齿轮，规定 $c = c^* m$。c^* 称为顶隙系数。我国国家标准规定：正常齿 $c^* = 0.25$。

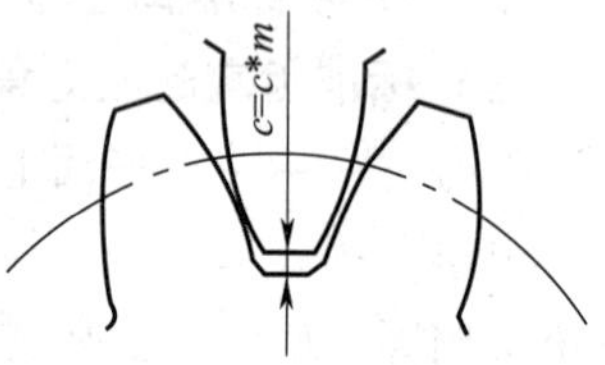

图 2—3—38　一对齿轮啮合时的顶隙

3. 外啮合标准直齿圆柱齿轮的几何尺寸计算

外啮合标准直齿圆柱齿轮各部分的几何尺寸与模数有一定的关系，计算公式见表 2—3—5。

表 2—3—5　外啮合标准直齿圆柱齿轮的几何尺寸计算公式

名称	代号	计算公式
压力角	α	标准齿轮为 20°
齿数	z	通过传动比计算确定
模数	m	通过计算或结构设计确定
齿厚	s	$s = \frac{p}{2} = \frac{\pi m}{2}$
齿槽宽	e	$e = \frac{p}{2} = \frac{\pi m}{2}$
齿距	p	$p = \pi m$
基圆齿距	p_b	$p_b = p\cos\alpha = \pi m\cos\alpha$
齿顶高	h_a	$h_a = h_a^* m = m$
齿根高	h_f	$h_f = (h_a^* + c^*) m = 1.25m$

续表

名称	代号	计算公式
齿高	h	$h=h_a+h_f=2.25\ m$
分度圆直径	d	$d=mz$
齿顶圆直径	d_a	$d_a=d+2h_a=m\ (z+2)$
齿根圆直径	d_f	$d_f=d-2h_f=m\ (z-2.5)$
基圆直径	d_b	$d_b=d\cos\alpha$
标准中心距	a	$a=\ (d_1+d_2)\ /2=m\ (z_1+z_2)\ /2$　（外啮合）

4. 渐开线直齿圆柱齿轮传动的正确啮合条件

为保证渐开线直齿圆柱齿轮传动中轮齿能依次正确啮合，避免因齿廓局部重叠或侧隙过大而引起的卡死或冲击现象，必须使两齿轮的基圆齿距相等，即 $p_{b1}=p_{b2}$（图 2—3—39），即：

（1）两齿轮的模数相等，即 $m_1=m_2=m$。

（2）两齿轮分度圆上的压力角相等，即 $\alpha_1=\alpha_2=\alpha$。

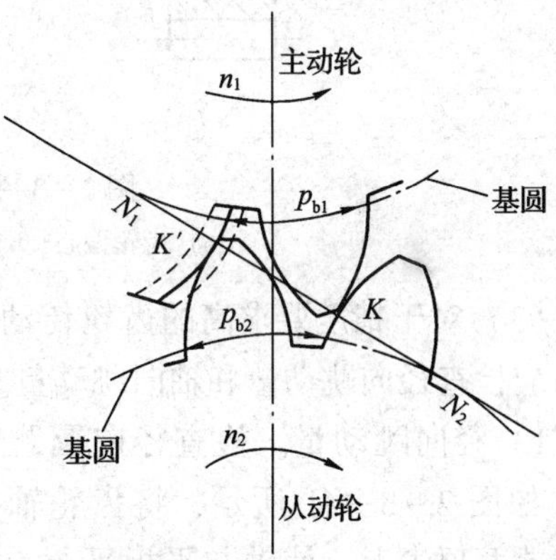

图 2—3—39　渐开线齿轮的正确啮合条件

二、齿轮传动机构的装配技术要求

1. 齿轮孔与轴的配合要满足使用要求。空套齿轮在轴上不得有晃动现象，滑移齿轮不应有咬死或阻滞现象，固定齿轮不得有偏心或歪斜现象。

2. 保证齿轮有准确的安装中心距和适当的齿侧间隙。齿侧间隙（简称侧隙）是指齿轮副非工作表面间法线方向的距离。中心距偏小，会造成侧隙过小，齿轮转动不灵活，热胀时易卡齿，从而加剧齿面磨损；中心距偏大，会造成侧隙过大，换向时空行程大，易产生冲击和振动。

3. 保证齿面有正确的接触位置和足够的接触面积。

4. 进行必要的平衡试验。对转速高、直径大的齿轮，装配前应进行动平衡检查，以免工作时产生过大的振动。

三、圆柱齿轮传动机构的装配

圆柱齿轮传动机构的装配内容包括：齿轮与轴的装配，齿轮轴组件与箱体的装配，齿轮副啮合质量的检验及调整。

1. 齿轮与轴的装配

（1）在轴上空套或滑移的齿轮，一般与轴为间隙配合，装配精度主要取决于零件本身的加工精度，这类齿轮装配较方便。

（2）在轴上固定的齿轮，与轴的配合多为过渡配合，有少量的过盈，装配时需加一定的外力。如过盈量较小时，用手工工具敲击装入；过盈量较大时，可用压力机压装；过盈量很大时，则采用液压套合法装配。压装齿轮时要尽量避免齿轮偏心、歪斜和端面未紧贴轴肩等造成的安装误差，如图 2—3—40 所示。

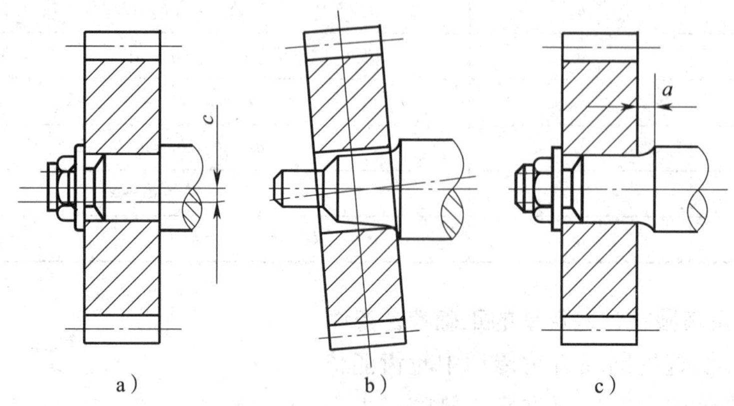

图 2—3—40　齿轮在轴上的安装误差
a）齿轮偏心　b）齿轮歪斜　c）齿轮端面未紧贴轴肩

（3）对于精度要求高的齿轮传动机构，压装后应检查径向跳动量和轴向跳动量。

1）径向跳动量。检查径向圆跳动误差的方法如图 2—3—41 所示，将齿轮轴支承在 V 形架或两顶尖上，使轴与平板平行，把圆柱规放在齿轮的轮齿间，将百分表的测头抵在圆柱规上并读数，然后转动齿轮，每隔 3 ~4 个齿检查一次。在齿轮旋转一周内，百分表的最大读数与最小读数之差，就是齿轮分度圆上的径向圆跳动误差。

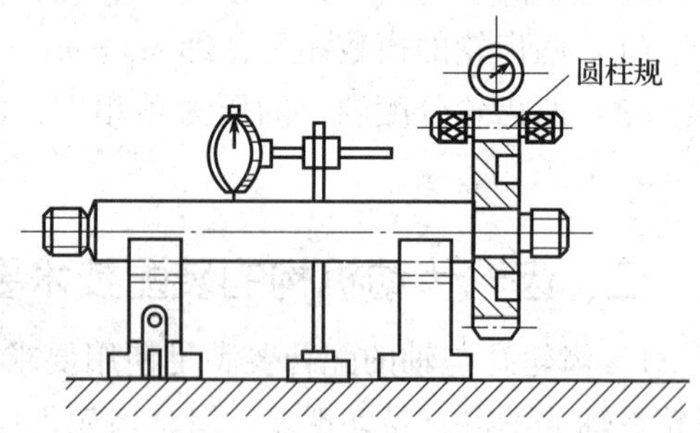

图 2—3—41　齿轮径向圆跳动误差的检查

2）轴向跳动量。齿轮轴向圆跳动误差的检查如图 2—3—42 所示，用两顶尖顶住齿轮轴，并使百分表的测头抵在齿轮端面上，在齿轮旋转一周范围内，百分表的最大读数与最小读数之差即为齿轮轴向圆跳动误差。

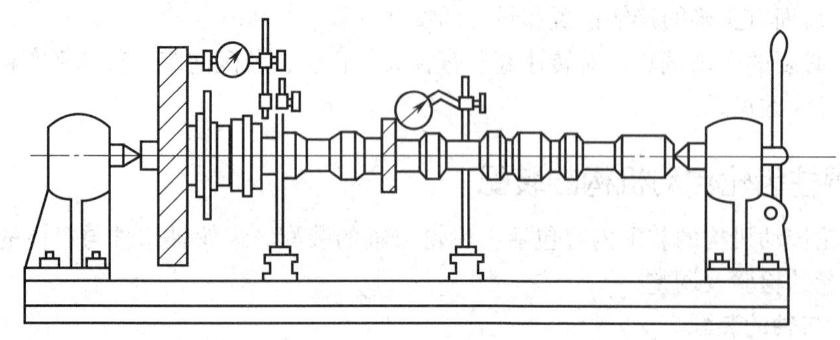

图 2—3—42　齿轮轴向圆跳动误差的检查

2. 齿轮轴组件与箱体的装配

一般先将齿轮装在轴上，然后将齿轮轴组件装入箱体内。齿轮传动的装配与齿轮箱的结构特点有关。对开式齿轮箱（如减速器齿轮箱就是两半对开式），其装配方法是先将齿轮按要求装到轴上，然后将齿轮轴组件装入箱体内，盖上上盖，对轴承进行固定、调整即可。非开式齿轮箱齿轮传动的装配是在箱内进行的，即在齿轮装入轴上的同时也将轴组件装入箱内。但不管哪种装配方式，齿轮传动的啮合质量要求都包括适当的齿侧间隙、一定的接触面积以及正确的接触位置。齿轮啮合质量的好坏，除了齿轮本身的制造精度外，箱体孔的尺寸精度、形状及位置精度都直接影响齿轮的啮合质量。所以，齿轮轴组件装入箱体前，应对箱体进行检查。

（1）装配前对箱体的检查

1）孔距检查。相互啮合的一对齿轮的安装孔中心距是影响齿侧间隙的主要因素，应使孔距在规定的公差范围内。孔距检查方法如图 2—3—43 所示。

图 2—3—43a 所示是用游标卡尺分别测得 d_1、d_2、L_1和 L_2，然后计算出中心距：

$$A = L_1 + \left(\frac{d_1}{2} + \frac{d_2}{2}\right) \quad 或\ A = L_2 - \left(\frac{d_1}{2} + \frac{d_2}{2}\right)$$

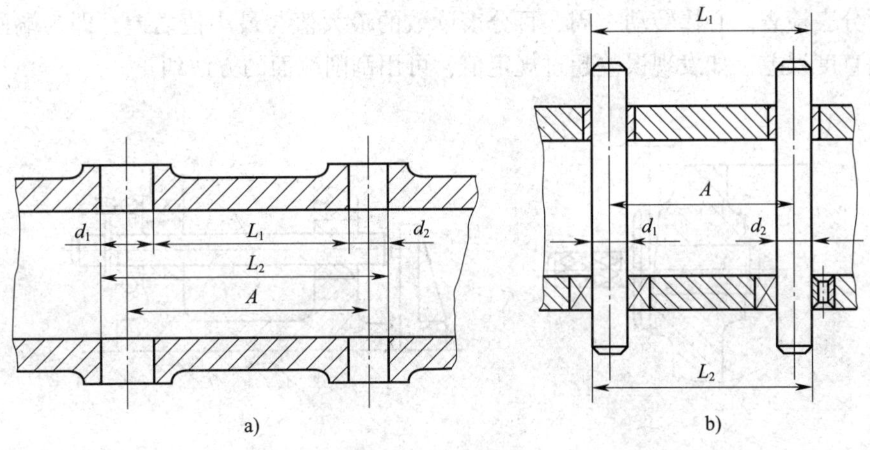

图 2—3—43　箱体孔距检查

a）用游标卡尺测量　b）用游标卡尺和心棒测量

图 2—3—43b 所示是用游标卡尺和心棒测量孔中心距，计算公式为：

$$A = \frac{L_1 + L_2}{2} - \frac{d_1 + d_2}{2}$$

2）孔系（轴系）平行度检验。图 2—3—43b 所示方法也可作为齿轮安装孔中心线平行度的测量方法。分别测量出心棒两端尺寸 L_1、L_2，则 $L_1 - L_2$就是两孔轴线的平行度误差值。

3）孔轴线与基面距离尺寸精度和平行度检验。如图 2—3—44 所示，箱体基面用等高垫块支承在平板上，心棒与孔紧密配合。用游标高度卡尺（或量块与百分表）测量心棒两端尺寸 h_1和 h_2，则轴线与基面的距离：

$$h = \frac{h_1 + h_2}{2} - \frac{d}{2} - a$$

平行度误差 Δ 为：

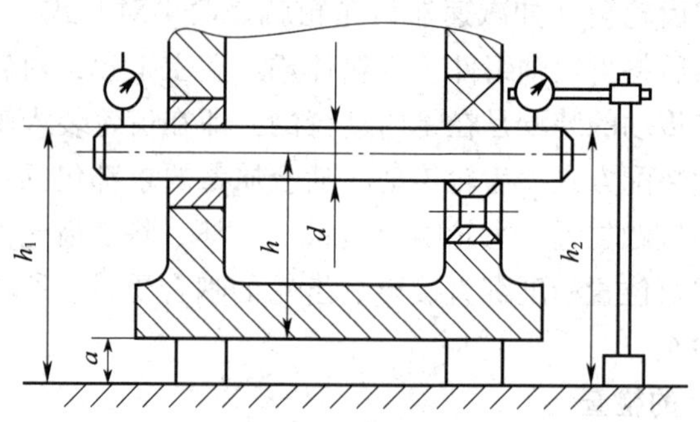

图 2—3—44　孔轴线与基面距离和平行度检验

$$\Delta = h_1 - h_2$$

平行度误差太大时，可用刮削基面的方法纠正。

4）孔中心线与端面垂直度检验。图 2—3—45 所示为常用的两种方法。其中图 a 是将带圆盘的专用心棒插入孔中，用涂色法或塞尺检查孔中心线与孔端面的垂直度。图 b 是用心棒和百分表检查。心棒转动一周，百分表读数的最大值与最小值之差，即为端面对孔中心线的垂直度误差。如发现误差超过规定值，可用刮削端面的方法纠正。

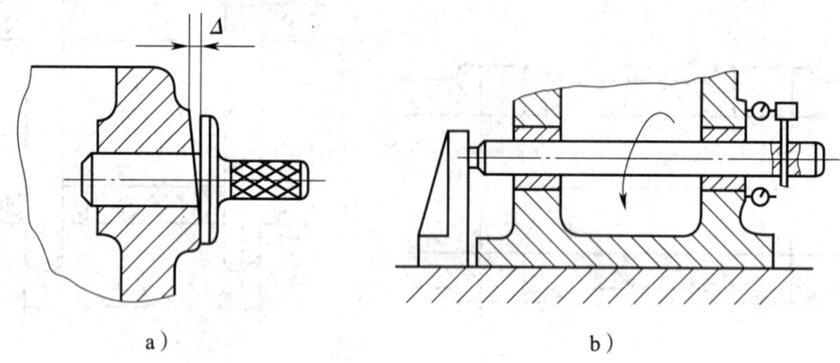

图 2—3—45　孔中心线与端面垂直度检验

5）孔中心线同轴度的检验。图 2—3—46a 所示为成批生产时，用专用检验心棒进行检验，若心棒能自由地推入几个孔中，即表明孔同轴度合格。有不同直径的孔时，可用不同外径的检验套配合检验，以减少检验心棒数量。

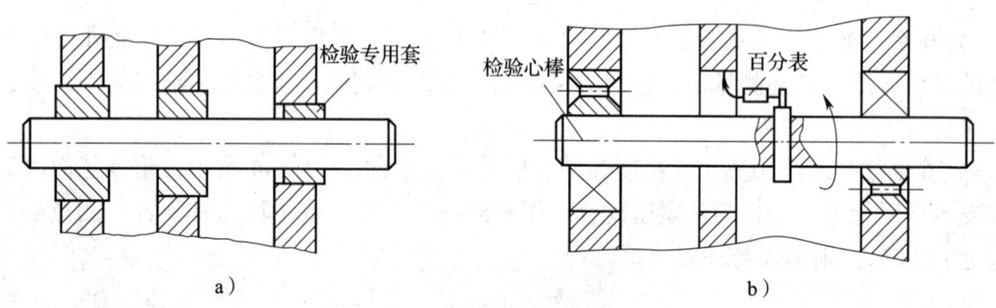

图 2—3—46　孔中心线同轴度检验

a）用专用心棒检验　b）用百分表及心棒检验

图 2—3—46b 所示为用百分表及心棒检验，将百分表固定在心棒上，心棒转动一周内，百分表最大读数与最小读数之差的一半即为同轴度误差值。

（2）装配质量的检验与调整

齿轮轴组件装入箱体后，必须检验其装配质量。装配质量的检验包括齿侧间隙的检验和接触精度的检验。

1）齿侧间隙的检验。常用的检验方法有压铅丝检验法和百分表检验法两种。

①压铅丝检验法。齿侧间隙最直观、最简单的检验方法就是压铅丝法。如图 2—3—47 所示，在齿宽两端的齿面上平行放置两条（宽齿应放置 3 ~ 4 条）直径不超过最小间隙 4 倍的铅丝，转动齿轮挤压铅丝，铅丝被挤压后最薄处的厚度尺寸就是齿侧间隙。

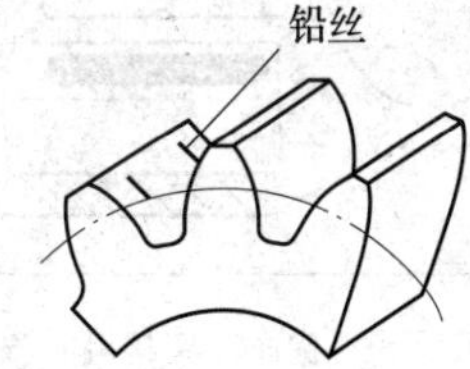

图 2—3—47　压铅丝法检验侧隙

②百分表检验法。如图 2—3—48 所示为用百分表测量齿侧间隙的方法。测量时将百分表测头直接抵在一个齿轮的齿面上，另一个齿轮固定；将接触百分表测头的齿从一侧啮合迅速转到另一侧啮合，百分表上的读数差值即为齿侧间隙。

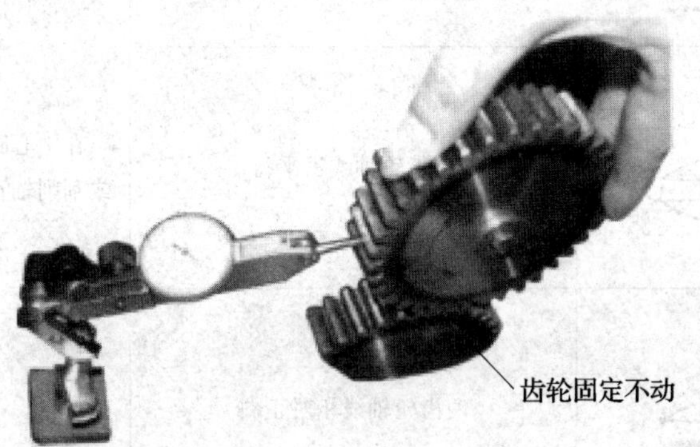

图 2—3—48　用百分表检验侧隙

2）接触精度的检验。接触精度的主要指标是接触斑点（即接触位置和接触面积），其检验一般用涂色法。将红丹粉涂于主动齿轮齿面上，转动主动齿轮并使从动齿轮轻微制动后，即可检查其接触斑点。对双向工作的齿轮，正反两个方向都应检查。齿轮上接触斑点的面积大小，应该随齿轮精度而定。一般传动齿轮（9 ~ 6 级精度）在轮齿的高度上接触斑点应不少于 30% ~ 50%，在轮齿的宽度上应不少于 40% ~ 70%，其分布的位置应是自节圆处上下对称分布。

通过接触斑点的位置及面积的大小，可以判断装配时产生误差的原因。影响齿轮接触精度的主要因素是齿形精度及安装是否正确。当接触斑点位置正确而面积太小时，是由于齿形误差太大所致，应在齿面上加研磨剂并使两齿轮转动进行研磨，以增大接触面积。齿形正确而安装有误差造成接触不良的原因及调整方法见表 2—3—6。

表 2—3—6　　渐开线圆柱齿轮接触斑点状况分析及调整方法

接触斑点	状况分析	调整方法
正常接触 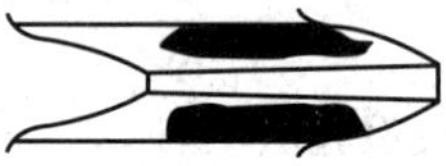	—	—
偏向齿顶接触 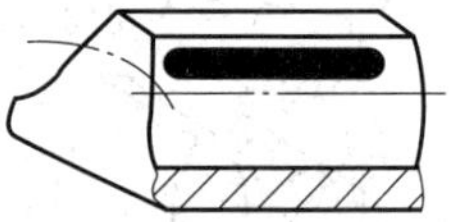	中心距偏大	在中心距公差范围内，调整轴承座或刮削轴瓦
偏向齿根接触 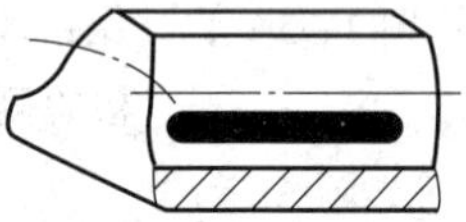	中心距偏小	
同向偏接触 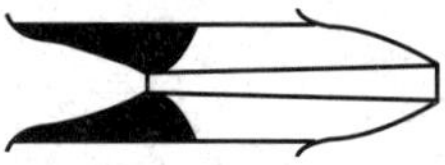	两齿轮轴线不平行	
异向偏接触 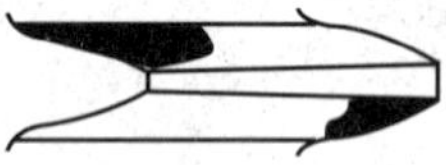	两齿轮轴线相对歪斜	
单面偏接触 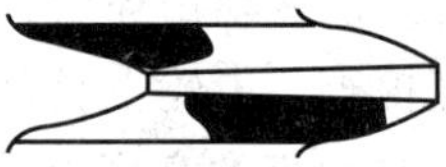	两齿轮轴线不平行同时歪斜	
游离接触 	齿轮端面与回转中心线不垂直	检查并校正齿轮端面与回转中心线的垂直度
不规则接触 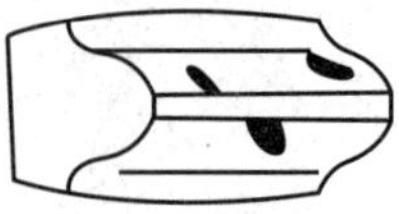	齿面有波纹或带有毛刺	去除毛刺，修整

子课题 4　螺旋传动机构的装配

学习目标

1. 熟悉螺纹的种类和主要参数。
2. 掌握螺旋传动机构的间隙及调整方法。
3. 能进行螺旋传动机构的装配。

螺旋传动是利用螺旋副来传递运动和（或）动力的一种机械传动，可以方便地把主动件的回转运动转变为从动件的直线运动。与其他将回转运动转变为直线运动的传动装置相比，螺旋传动具有结构简单，工作连续、平稳，承载能力大，传动精度高等优点，因此广泛应用于各种机械和仪器中（图 2—3—49）。螺旋传动的缺点是摩擦损失大，传动效率低；但滚动螺旋传动的应用，已使螺旋传动摩擦大、易磨损和效率低的缺点得到了很大程度的改善。

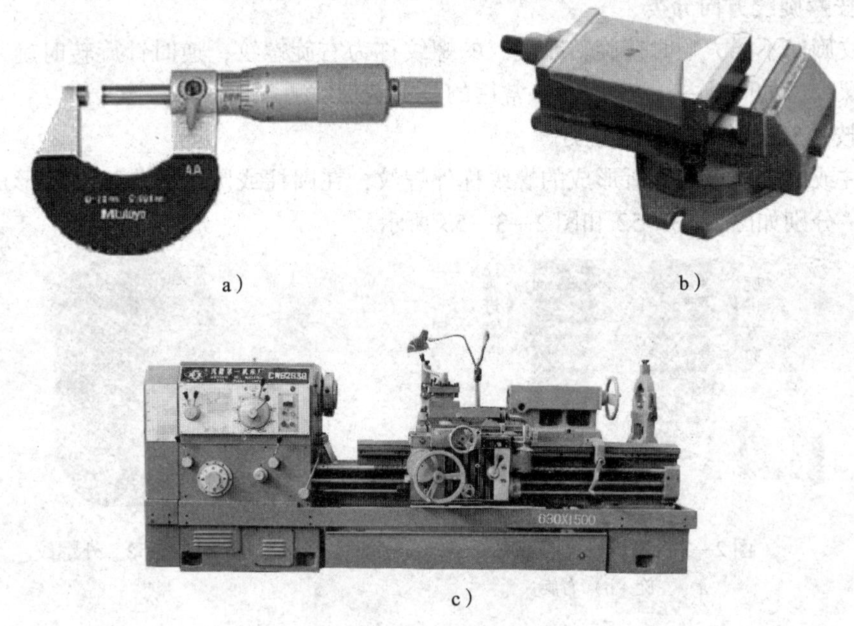

a）　b）　c）

图 2—3—49　螺旋传动举例

a）千分尺　b）台虎钳　c）车床横刀架

一、螺纹的种类和主要参数

1. 螺纹的种类

（1）按螺纹牙型分类

在通过螺纹轴线的剖面上，螺纹的轮廓形状称为螺纹牙型。按螺纹牙型不同，常用的螺纹有三角形螺纹、矩形螺纹、梯形螺纹和锯齿形螺纹，如图 2—3—50 所示。三角形螺纹常用于连接，矩形螺纹、梯形螺纹和锯齿形螺纹常用于螺旋传动。

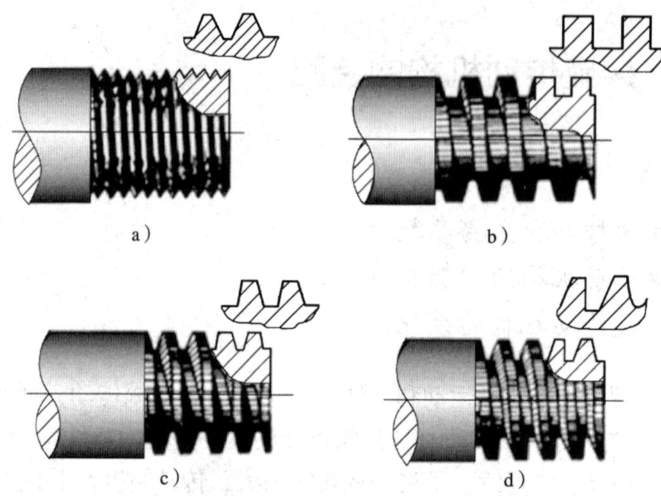

图 2—3—50　螺纹的牙型

a）三角形　b）矩形　c）梯形　d）锯齿形

（2）按螺旋线方向分类

按螺纹旋向不同，顺时针旋转时旋入的螺纹称为右旋螺纹，逆时针旋转时旋入的螺纹称为左旋螺纹，如图 2—3—51 所示。常用的是右旋螺纹。

（3）按螺旋线形成的表面分类

在圆柱或圆锥外表面上所形成的螺纹称外螺纹，在圆柱或圆锥内表面上所形成的螺纹称内螺纹，分别如图 2—3—52 和图 2—3—53 所示。

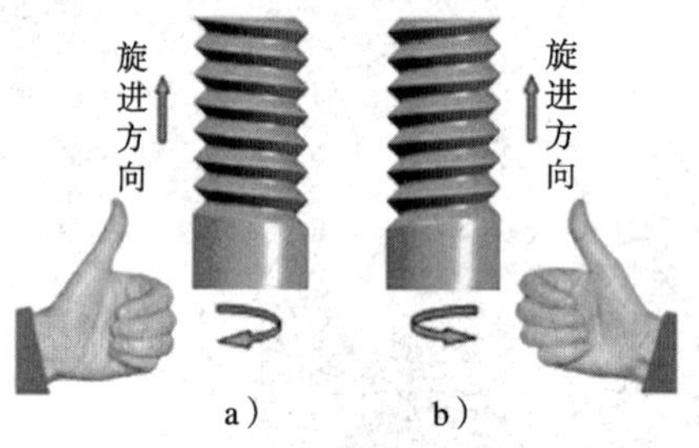

图 2—3—51　螺纹的旋向

a）左旋　b）右旋

图 2—3—52　外螺纹

（4）按螺纹线的线数分类

形成螺纹的螺旋线的数目称为线数，以 n 表示。螺纹的线数如图 2—3—54 所示。

图 2—3—53　内螺纹

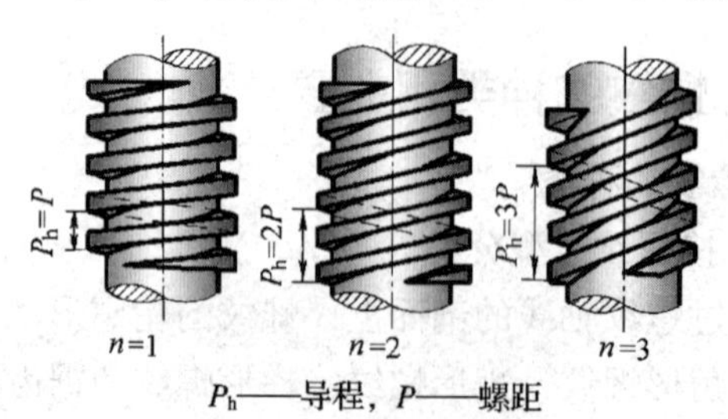

P_h——导程，P——螺距

图 2—3—54　螺纹的线数

1）单线螺纹。沿一条螺旋线形成的螺纹（$n=1$）。

2）多线螺纹。沿两条或两条以上在轴向等距分布的螺旋线形成的螺纹（$n \geqslant 2$）。

2. 普通螺纹的主要参数

普通螺纹的主要参数有大径、小径、中径、螺距、导程、牙型角和螺纹升角。普通螺纹的基本牙型如图 2—3—55 所示。

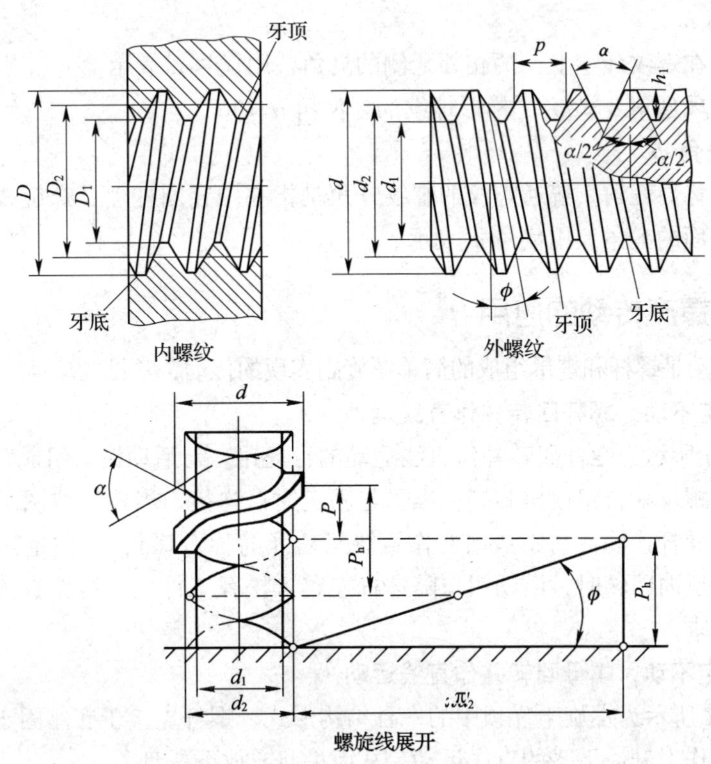

图 2—3—55 普通螺纹的基本牙型

(1) 大径 D、d

普通螺纹的大径是指与外螺纹牙顶或内螺纹牙底相切的假想圆柱直径。内螺纹大径用代号 D 表示，外螺纹大径用代号 d 表示。螺纹公称直径是指代表螺纹尺寸的直径。普通螺纹的公称直径是大径（D，d）。

(2) 小径 D_1、d_1

普通螺纹的小径是指与外螺纹牙底或内螺纹牙顶相切的假想圆柱直径。内螺纹小径用代号 D_1 表示，外螺纹小径用代号 d_1 表示。

(3) 中径 D_2、d_2

普通螺纹的中径是指一个假想的圆柱直径，该圆柱的素线通过牙型上的沟槽和凸起宽度相等的地方，该假想圆柱称为中径圆柱。内螺纹中径用代号 D_2 表示，外螺纹中径用代号 d_2 表示。

(4) 螺距 P

螺距是指相邻两牙在中径线上对应两点间的轴向距离，用代号 P 表示。

(5) 导程 P_h

导程是指同一条螺旋线上相邻两牙在中径线上对应两点间的轴向距离，用代号 P_h 表示。

单线螺纹的导程等于螺距，多线螺纹的导程等于螺旋线数与螺距的乘积，如图 2—3—54 所示。

(6) 牙型角 α

牙型角是指在螺纹牙型上，两相邻牙侧的夹角，用代号 α 表示。

普通螺纹的牙型角 $\alpha=60°$，梯形螺纹的牙型角 $\alpha=30°$。

(7) 螺纹升角 ϕ

螺纹升角又称导程角。普通螺纹的螺纹升角是指在中径圆柱上，螺旋线的切线与垂直于螺纹轴线的平面的夹角，用代号 ϕ 表示。

二、普通螺旋传动的应用

普通螺旋传动是螺杆和螺母组成的简单螺旋副实现的传动，常见的运动形式有以下四种。

1. 螺母固定不动，螺杆回转并作直线运动

图 2—3—56 所示为螺杆回转并作直线运动的台虎钳。与活动钳口组成转动副的螺杆以右旋单线螺纹与螺母啮合组成螺旋副。螺母与固定钳口连接。当螺杆按图示方向相对螺母作回转运动时，螺杆连同活动钳口向右作直线运动（简称右移），与固定钳口实现对工件的夹紧；当螺杆反向回转时，活动钳口随螺杆左移，松开工件。通过螺旋传动，完成夹紧与松开工件的要求。

2. 螺杆固定不动，螺母回转并作直线运动

图 2—3—57 所示为螺旋千斤顶中的一种结构形式。螺杆连接于底座固定不动，转动手柄使螺母回转并作上升或下降的直线运动，从而举起或放下托盘。

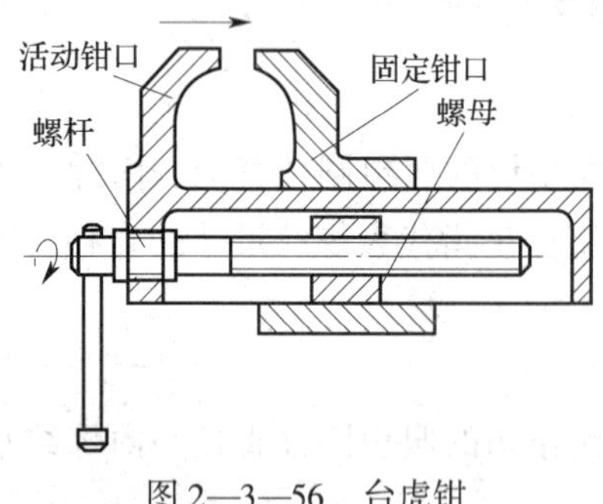

图 2—3—56 台虎钳

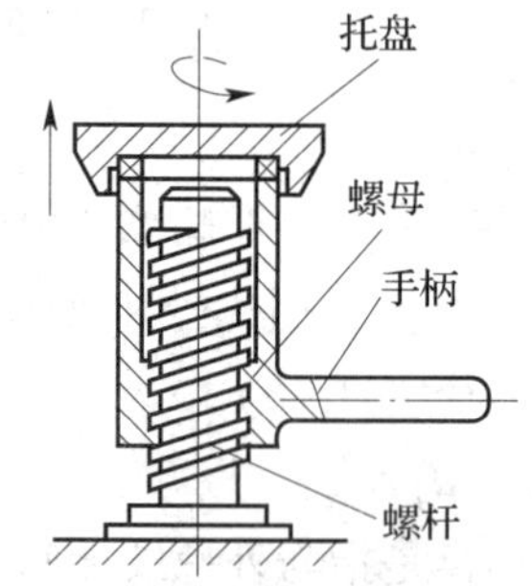

图 2—3—57 螺旋千斤顶

3. 螺杆回转，螺母作直线运动

图 2—3—58 所示为螺杆回转，螺母作直线运动的传动结构图。螺杆与机架组成转动副，螺母与螺杆以左旋螺纹啮合并与车刀架连接。当转动手轮使螺杆回转时，螺母带动车刀架沿机架的导轨作直线运动。

4. 螺母回转，螺杆作直线运动

图 2—3—59 所示为应力试验机上的观察镜螺旋调整装置。螺杆、螺母为左旋螺旋副。

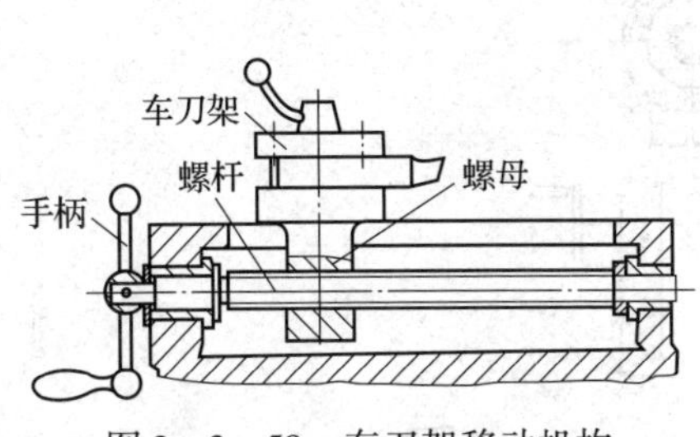

图 2—3—58　车刀架移动机构

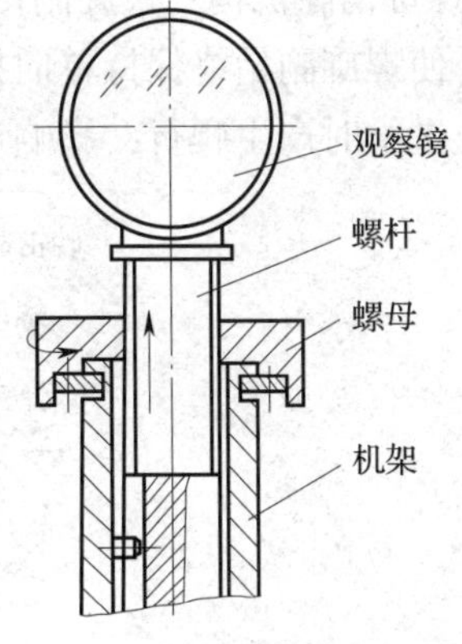

图 2—3—59　观察镜螺旋调整装置

当螺母按图示方向回转时，螺杆带动观察镜向上移动；螺母反方向回转时，螺杆连同观察镜向下移动。

三、螺旋传动机构的装配技术要求

为了保证丝杠的传动精度和定位精度，螺旋机构装配后，一般应满足以下要求：

1. 螺旋副应有较高的配合精度和准确的配合间隙。
2. 螺旋副轴线的同轴度及丝杠轴心线与基准面的平行度，应符合规定要求。
3. 螺旋副转动应灵活。
4. 丝杠的回转精度应在规定范围内。

四、螺旋传动机构的装配方法

1. 螺旋副配合间隙的测量和调整

螺旋副的配合间隙是保证其传动精度的主要因素，分径向间隙（顶隙）和轴向间隙两种。

(1) 径向间隙的测量

径向间隙直接反映丝杠螺母的配合精度，其测量方法如图 2—3—60 所示。使百分表测头抵在螺母上，用稍大于螺母重量的力 F 压下或抬起螺母，百分表指针的摆动量即为径向间隙值。

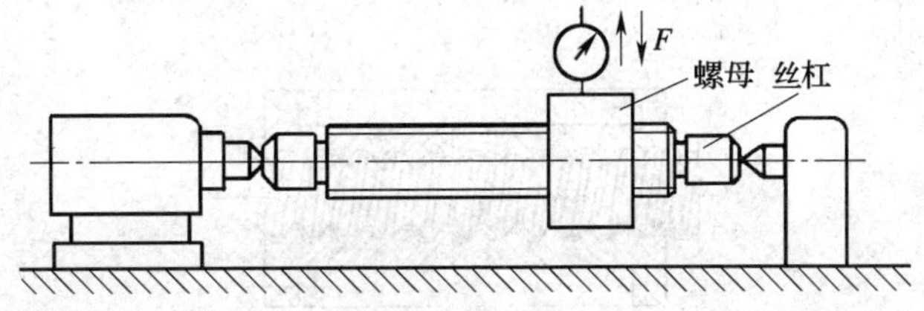

图 2—3—60　螺旋传动机构径向间隙的检查

(2) 轴向间隙的消除和调整

丝杠螺母的轴向间隙直接影响其传动的准确性，进给丝杠应有轴向间隙消除机构，简称消隙机构。

1）单螺母消隙机构。螺旋副传动机构只有一个螺母时，常采用如图 2—3—61 所示的消隙机构，使螺旋副始终保持单向接触。注意消隙机构的消隙力方向应和切削力 P_x 方向一致，以防止进给时产生爬行，影响进给精度。

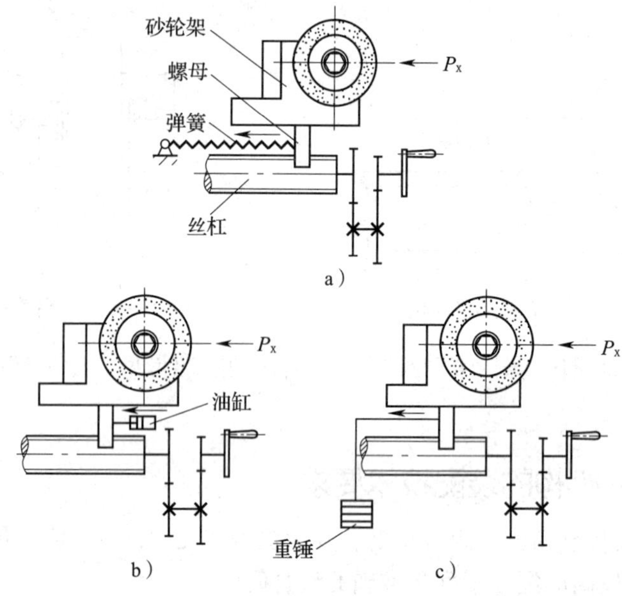

图 2—3—61 单螺母消隙机构示意图

a）弹簧拉力消隙 b）油缸压力消隙 c）重锤消隙

2）双螺母消隙机构。双向运动的螺旋副应用两个螺母来消除双向轴向间隙，其结构如图 2—3—62 所示。

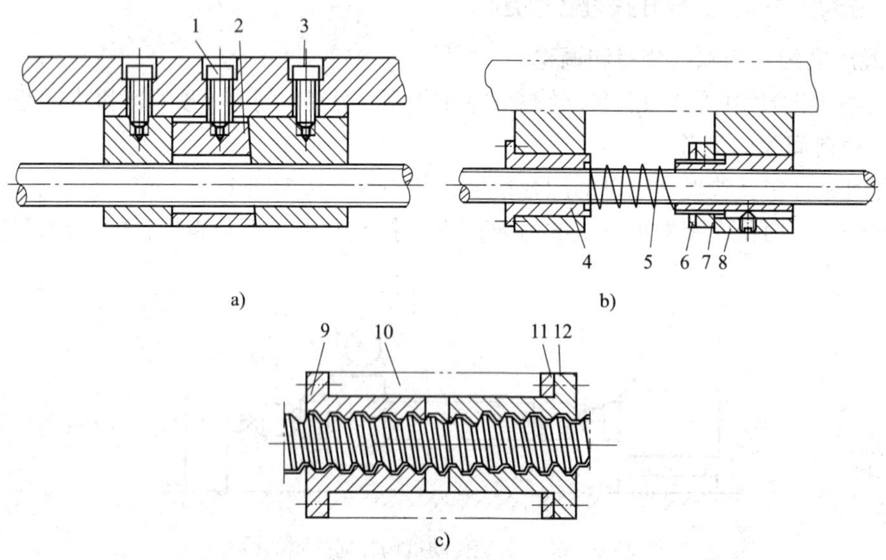

图 2—3—62 双螺母消隙机构

a）楔块消隙 b）弹簧消隙 c）垫片消隙

1、3—螺钉 2—楔块 4、8、9、12—螺母 5—弹簧

6—垫圈 7—调整螺母 10—工作台 11—垫片

图 2—3—62a 所示是楔块消隙机构。调整时，松开螺钉 3，再拧动螺钉 1 使楔块 2 向上移动，以推动带斜面的螺母右移，从而消除轴向间隙，调整好后用螺钉 3 锁紧。

图 2—3—62b 所示是弹簧消隙机构。调整时，转动调整螺母 7，通过垫圈 6 及压缩弹簧 5，使螺母 8 轴向移动，以消除轴向间隙。

图 2—3—62c 所示是利用垫片厚度来消除轴向间隙的机构。丝杠螺母磨损后，通过修磨垫片 11 来消除轴向间隙。

2. 校正丝杠螺母的同轴度及丝杠轴线与基准面的平行度

为了能准确而顺利地将旋转运动转换为直线运动，螺旋副必须同轴，丝杠轴线必须和基面平行。为此，安装丝杠螺母时应按以下步骤进行。

（1）先正确安装丝杠两轴承支座，用专用检验心棒和百分表校正，使两轴承孔轴线在同一直线上，且与螺母移动时的基准导轨平行，如图 2—3—63 所示。校正时，可以根据误差情况修刮轴承座结合面，并调整前、后轴承的水平位置，使其达到要求。

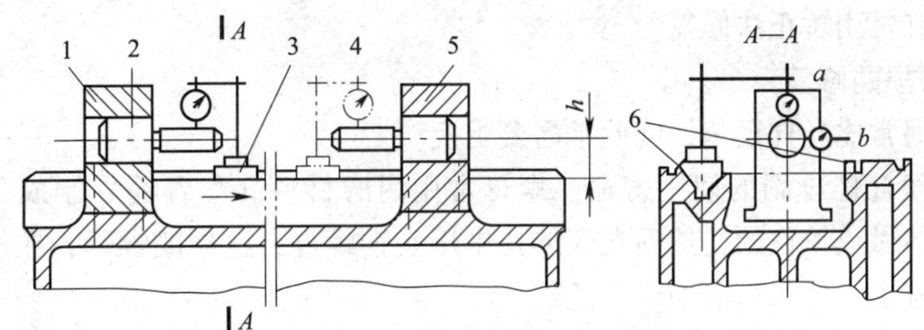

图 2—3—63　安装丝杠两轴承支座

1、5—前后轴承座　2—检验心棒　3—磁性表座滑板

4—百分表　6—螺母移动基准导轨

心轴上母线 a 校正铅垂面，侧母线 b 校正水平面。

（2）以平行于基准导轨面的丝杠两轴承孔的中心连线为基准，校正螺母与丝杠轴承孔的同轴度，如图 3—4—64 所示。校正时，将检验棒 4 装在螺母座 6 的孔中，移动工作台 2，如检验棒 4 能顺利插入前、后轴承座孔中，即符合要求；否则应按 h 尺寸修磨垫片 3 的厚度。

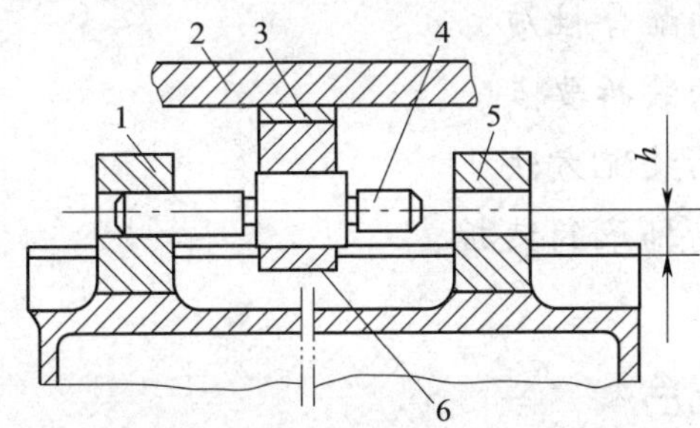

图 2—3—64　校正螺母与丝杠轴承孔的同轴度

1、5—前后轴承座　2—工作台　3—垫片　4—检验棒　6—螺母座

3. 调整丝杠的回转精度

丝杠的回转精度是指丝杠的径向跳动和轴向窜动的大小。装配时，主要通过正确安装丝杠两端的轴承支座来保证。

五、螺旋传动机构的修复

螺旋传动机构经过长期使用，丝杠和螺母都会出现磨损。常见的损坏形式有丝杠螺纹磨损、丝杠轴颈磨损、丝杠弯曲和螺母磨损等。

1. 丝杠螺纹磨损的修复

梯形螺纹丝杠的磨损量不超过齿厚的10%时，通常用车深螺纹的方法修复，再根据修复后的丝杠配车新螺母；矩形螺纹丝杠磨损后一般不能修复，只能更换新的；对磨损过大的精密丝杠，常采用更换的方法。

2. 丝杠轴颈磨损的修复

丝杠轴颈磨损后，可根据磨损情况，采用镀铬、涂镀、堆焊等方法加大轴颈。在车削轴颈时，应与车削螺纹同时进行，以便保持这两部分轴线的同轴度。磨损的衬套应更换。

3. 丝杠弯曲的修复

弯曲的丝杠常用矫正法修复。

4. 螺母磨损的修复

螺母磨损通常比丝杠迅速，因此常需要更换。

为了保证丝杠螺母副的使用寿命，螺母常用耐磨材料（如青铜）制成。为了节约材料，通常将壳体做成铸铁的，然后在壳体孔中压装铜螺母，这样的螺母，在修理中易于更换，经济性也好。

课题四　轴承和轴组装配

子课题 1　滚动轴承的装配

1. 了解滚动轴承的配合性质。
2. 熟悉滚动轴承的装拆要点。
3. 掌握滚动轴承的装配方法。
4. 能正确进行滚动轴承的装拆。

一、滚动轴承的配合

滚动轴承是大批量生产的标准部件，出厂时内、外径的尺寸均已确定。因此，轴承内圈与轴的配合规定为基孔制，外圈与轴承孔的配合规定为基轴制，配合的松紧程度由轴和轴承孔的基本偏差来保证。图 2—4—1 所示为滚动轴承配合示意图。图 2—4—1a 所示为滚动轴承内径与轴的公差带的相对位置。滚动轴承内径为基准孔，但它的公差带位置与一般零件基准孔公差带的位置不同，即基本偏差为零，公差带在零线的下方。图 2—4—1b 所示为轴承外径与轴承座孔的公差带的相对位置。滚动轴承外径为基准轴，与一般零件基准轴公差带的位置相同，但其大小与一般零件公差带不同。由于轴承内孔公差带在零线以下，与一般零件配合相比，在配合件采用相同基本偏差的情况下，轴承内孔与轴的配合较紧。如一般零件配合中，n6、m6、k5 三种配合都有可能得到间隙，而轴承内孔与轴的这三种配合，却都只能得到一定的过盈量。

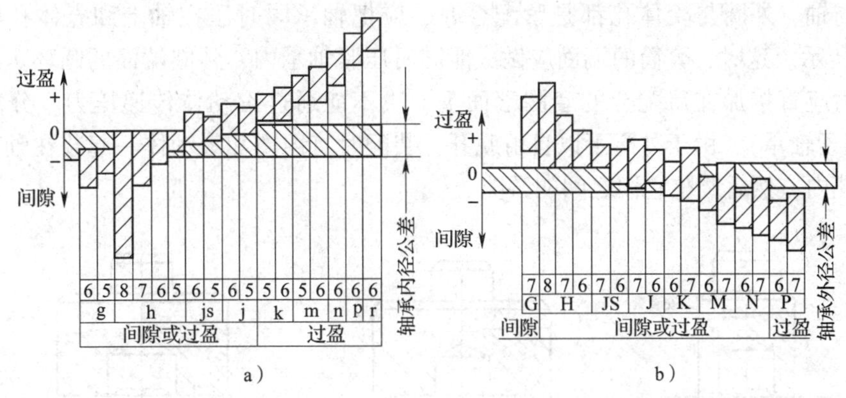

图 2—4—1　滚动轴承配合示意图

a）轴承内径与轴配合　b）轴承外径与孔配合

选择轴承配合时，一般要考虑负荷的大小、方向和性质，转速的大小，旋转精度和装拆是否频繁等一系列因素。一般情况下是内圈随轴一起转动，外圈固定不动，而转动套圈应比固定套圈的配合紧些。所以，内圈与轴常取具有过盈的配合，如 n6、m6、k6 等；外圈与孔常取较松的配合，如 K7、J7、H7 和 G7 等。轴和轴承座孔的公差等级则根据轴承精度选择，如 C、D 级轴承用 IT5 级轴和 IT6 级孔，E、G 级轴承用 IT6 级轴和 IT7 级孔等。

二、滚动轴承的装配和拆卸

1. 装配前的准备工作

滚动轴承是一种精密部件，认真做好装配前的准备工作，对保证装配质量和提高装配工作效率是十分重要的。

（1）按所要装配的轴承准备好所需要的工具和量具。

（2）按图样要求检查与轴承相配的零件，如轴颈、箱体孔、端盖等的尺寸是否符合图样要求，是否有凹陷、毛刺、锈蚀和固体微粒等；用汽油或煤油进行清洗并仔细擦净，然后薄薄地涂上一层润滑脂。

（3）检查轴承型号与图样是否一致并清洗轴承。如轴承是用防锈油封存的，需要用汽油或煤油清洗；如用厚油和防锈油脂封存，应用轻质矿物油加热溶解清洗，但油温不能超过 373 K，冷却后再用汽油或煤油清洗，然后擦净待用。对于两面带防尘盖、密封圈或涂有防锈和润滑两用油脂的轴承，则不需要进行清洗。

2. 滚动轴承的装配方法

滚动轴承的装配方法应根据轴承的结构、尺寸及轴承部件的配合性质来确定。

（1）圆柱孔轴承的装配

1）轴承座圈的安装顺序。按轴承的类型不同，轴承内、外圈有不同的安装顺序。不可分离型轴承（如向心球轴承等），要按座圈配合松紧程度决定其安装顺序。当内圈与轴颈配合较紧、外圈与壳体孔配合较松时，应先将轴承装在轴上。压装时，将用铜或软钢做的套筒垫在轴承内圈上，套筒内孔要比轴颈稍大，如图 2—4—2a 所示。轴承装到轴上后，将轴承连同轴一起装入壳体中。当轴承外圈与壳体孔为紧配合、内圈与轴为较松配合时，应先将轴承压入壳体中，如图 2—4—2b 所示，这时套筒的外径应略小于壳体孔的直径。当轴承内圈与轴、外圈与壳体孔都是紧配合时，应把轴承同时压在轴上和壳体孔中，如图 2—4—2c 所示。这时，套筒的端面应做成能同时压紧轴承内、外圈端面的圆环。总之，装配时的压力应直接加在待配合的套圈端面上，决不能通过滚动体传递压力。分离型轴承（如圆锥滚子轴承），由于外圈可以自由脱开，装配时将内圈和滚动体一起装在轴上，外圈装在壳体孔内，然后调整它们之间的游隙。

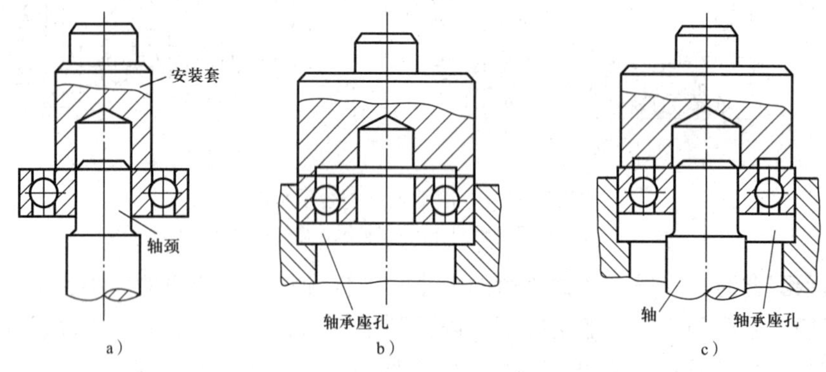

图 2—4—2　轴承座圈的安装

a）先压装内圈　b）先压装外圈　c）内、外圈同时压装

2）座圈压入方法的选择。座圈压入方法及所用工具的选择，主要由配合过盈量的大小确定。

①当配合过盈量较小时，可用如图 2—4—3a、b 所示的方法压入轴承。其中，图 2—4—3a 所示为用套筒压入，图 2—4—3b 所示是用铜棒对称地在轴承内圈（或外圈）端面均匀敲

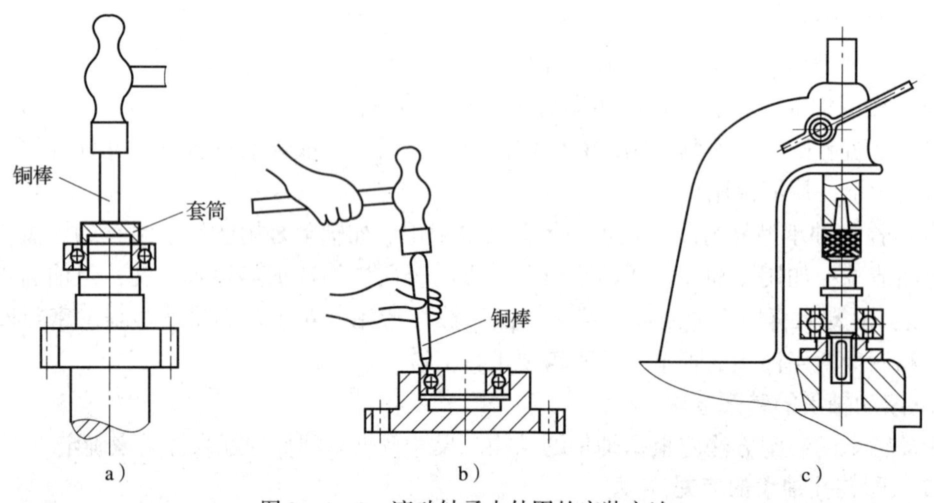

图 2—4—3　滚动轴承内外圈的安装方法

入。注意严格禁止直接用锤子敲打轴承座圈。

②当配合过盈量较大时，可用压力机械压入轴承。常用的压力机有杠杆齿条式压力机（图 2—4—3c）和螺旋式压力机。若压力不能满足要求，还可以采用油压机装压轴承。

③当配合过盈量很大时，可用温差法进行装配。图 2—4—4 所示是将轴承放在油箱里加热，待加热至 353 K 时与常温轴配合。为避免轴承接触到比油温高得多的箱底形成局部过热，加热时轴承应搁在油箱内的支架上；对于小型轴承，可以将其挂在油箱中加热。

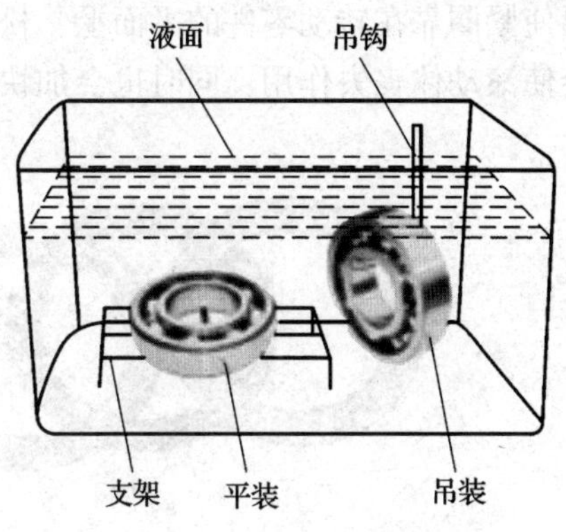

图 2—4—4　轴承在油箱中加热

（2）圆锥孔轴承的装配

1）轴承配合过盈量较小时，可直接装在有锥度的轴颈上，也可装在紧定套或退卸套的锥面上，如图 2—4—5 所示。

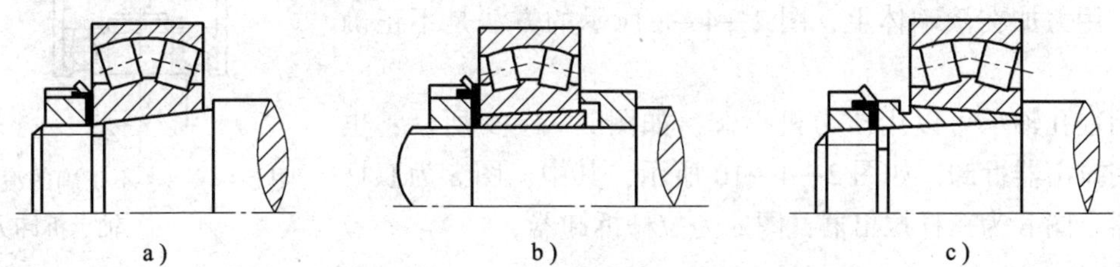

图 2—4—5　圆锥孔轴承的装配

a）直接装在锥轴颈上　b）装在紧定套上　c）装在退卸套上

2）对于轴颈尺寸较大或配合过盈量较大，又需要经常拆卸的圆锥孔轴承，常采用液压套合法装拆，如图 2—4—6 所示。液压套合法装拆滚动轴承的精度较高，但需一套专用的油液设备，造价较高。

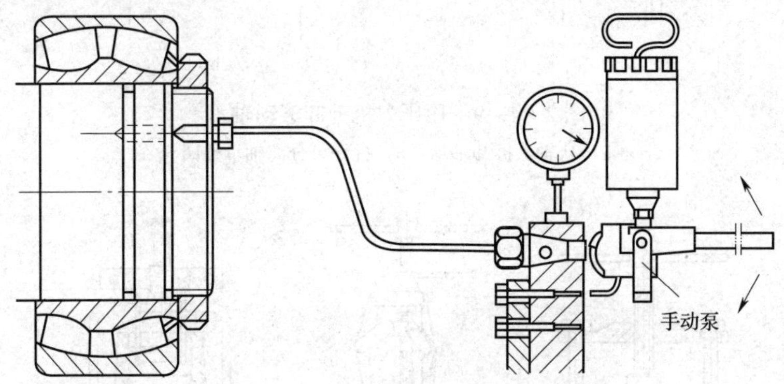

图 2—4—6　液压套合法安装滚动轴承

（3）推力球轴承的装配

推力球轴承有松圈和紧圈之分，装配时要注意区分。松圈的内孔比紧圈的内孔大，与轴配合有间隙，能与轴相对转动；紧圈与轴取较紧的配合，与轴相对静止。装配时，一定要使紧圈靠在转动零件的平面上，松圈靠在静止零件的平面上，如图 2—4—7 所示。否则会使滚动体丧失作用，同时也会加快紧圈与零件接触面的磨损。

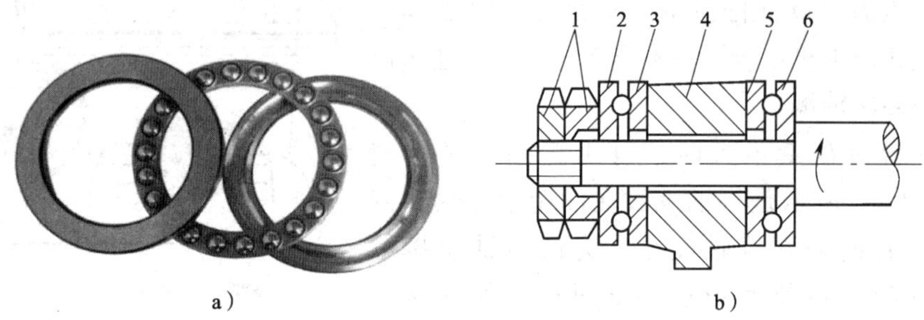

图 2—4—7　推力球轴承松圈与紧圈的位置

1—螺母　2、6—紧圈　3、5—松圈　4—箱体

3. 滚动轴承的拆卸

滚动轴承的拆卸方法与其结构有关。对于拆卸后还要重复使用的轴承，拆卸时不能损坏轴承的配合表面，不能将拆卸的作用力加在滚动体上，图 2—4—8 所示的方法是不正确的。

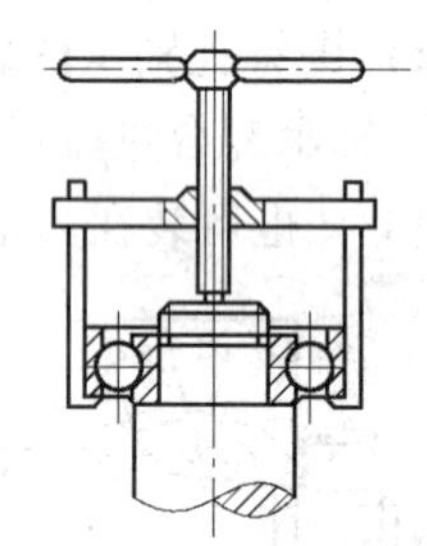

图 2—4—8　不正确的滚动轴承拆卸方法

圆柱孔轴承可以用压力机拆卸，如图 2—4—9 所示；也可以用拉出器拆卸，如图 2—4—10 所示，其中，图 a 为双杆拉出器，图 b 为三杆拉出器，图 c 为拉杆拆卸器。

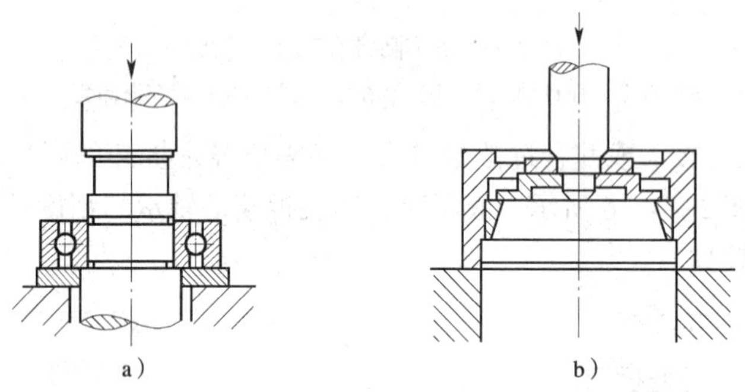

图 2—4—9　用压力机拆卸滚动轴承

a）从轴上拆卸轴承　b）拆卸可分离轴承外圈

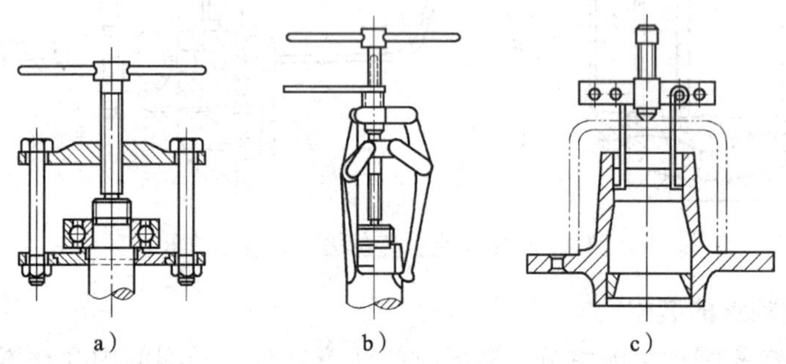

图 2—4—10　用拉出器拆卸轴承

圆锥孔轴承直接装在圆锥轴颈上或装在紧定套上，拆卸时，可先拧松锁紧螺母，然后利用软金属棒和锤子向锁紧螺母方向将轴承敲出，如图 2—4—11 所示。装在退卸套上的轴承，先将锁紧螺母卸掉，然后用退卸螺母将退卸套从轴承座圈中拆出，如图 2—4—12 所示。

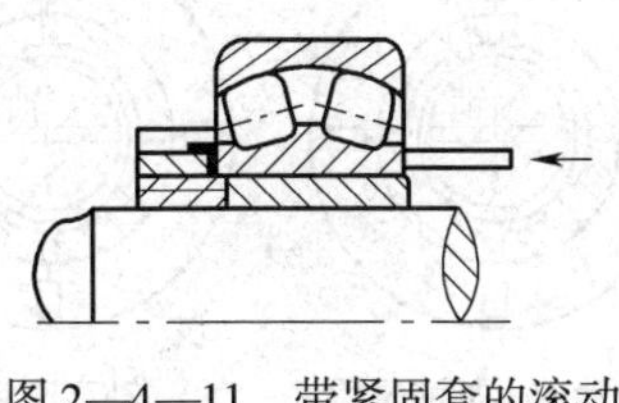

图 2—4—11　带紧固套的滚动轴承拆卸方式

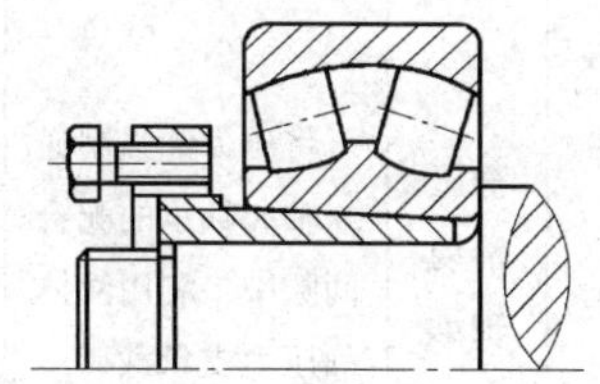

图 2—4—12　用退卸螺母拆滚动轴承

子课题 2　滑动轴承的装配

学习目标

1. 了解滑动轴承的类型与结构特点。
2. 熟悉滑动轴承的装配要求。
3. 掌握滑动轴承的装配与修理要点。
4. 能正确进行整体式、剖分式滑动轴承装配。

滑动轴承是指工作时仅发生滑动摩擦的轴承。滑动轴承结构简单、制造方便、径向尺寸小，润滑油膜有吸振能力，工作平稳可靠、无噪声，并能承受较大的冲击负荷，所以多用于精密、高速及重载的场合。

一、滑动轴承的类型与结构特点

1. 滑动轴承的类型

（1）按摩擦状态，滑动轴承可分为动压润滑轴承和静压润滑轴承两种，它们的结构特点见表 2—4—1。

表 2—4—1　　滑动轴承的类型与结构特点

序号	类别	传动特点	图例
1	动压滑动轴承	利用润滑油的黏性和轴颈的高速旋转，把油液带进轴承的楔形空间建立起压力油膜，使轴颈与轴承被油膜隔开	F　s　静止时轴下沉；F　n　F′　轴开始转动 楔形间隙产生压力使轴抬升；F　n　轴高速旋转时 高速高压作用下，轴基本处于轴承中心

续表

序号	类别	传动特点	图例
2	静压滑动轴承	将压力油强制送入轴和轴承的配合间隙中，利用液体静压力支承载荷	轴 静止，未加油压时轴下沉 轴 轴动前，加油压后轴浮于中心 轴 轴高速旋转轴浮于中心

由表2—4—1可知，动压滑动轴承与静压滑动轴承工作时，轴均处于轴承的中心位置，使得轴在轴承孔内的径向跳动量大大降低；另外，轴与轴承不是直接接触摩擦，而是处于非金属接触的液体摩擦状态，这使得因摩擦而引起的损耗大大下降，轴承寿命长。

但是，动压滑动轴承与静压滑动轴承，两者轴从下沉到浮至中心的过程是不一样的，动压滑动轴承是依靠自身的楔形间隙所形成的压力使轴抬升，而静压滑动轴承是依靠外部压力使轴浮至中心。因此，从支承和传动精度上看，静压滑动轴承比动压滑动轴承高；但从经济性和结构上看，静压滑动轴承要有一套专用的压力供给系统，结构复杂、成本高、经济性差。

（2）按静压滑动轴承的润滑介质来分，可分为液体式和空气式两种。空气式静压轴承的介质为压缩空气，能源充足、洁净、绿色环保，但因气体的可压缩性大，使得承载刚度较差，只适用于轻载场合。在重载场合液体式静压轴承应用较广。

（3）按滑动轴承的结构形式，可分为整体式、剖分式、调心式和止推式四种，它们的结构特点见表2—4—2。

表2—4—2　　　　滑动轴承的结构形式

序号	类别	结构特点	应用场合
1	整体式滑动轴承	轴瓦 轴承座 将一个青铜套压入轴承座内，并用紧定螺钉固定。套内开有油槽、油孔，以便润滑轴承配合面	结构最简单，制造容易，但磨损后无法调整轴与轴承之间的间隙，因此常用于低速、轻载、间歇工作的机械上。安装时，一般用压入法、锤击法，特殊场合用热装法或冷缩法

续表

序号	类别	结构特点	应用场合
2	剖分式滑动轴承	双头螺柱 剖分轴瓦 轴承盖 轴承座 由轴承座、轴承盖、剖分轴瓦、双头螺柱等组成	结构简单、调整和装拆方便，磨损后轴承的径向间隙可以调整，应用较广
3	调心式滑动轴承	轴瓦与轴承盖、轴承座之间为球面接触，轴瓦可以自动调位，以适应轴受弯曲时轴线产生的倾斜	主要适用于轴的挠度较大或轴承孔的同轴度误差较大的场合
4	止推式滑动轴承	1—轴承座　2—衬套　3—轴套　4—止推垫圈　5—销钉 靠轴的端面或轴肩、轴环的端面向推力支承面传递轴向载荷	用于承受轴向载荷的场合

2. 轴瓦的结构

轴瓦有整体式（图 2—4—13a）和剖分式（图 2—4—13b）两种，通常整体式滑动轴承采用整体式轴瓦（又称轴套）。

轴瓦上制有油孔与油沟（图 4—2—13c），以便于给轴承注入润滑油。油沟应开在非承载区。为了使润滑油能均匀地分布在整个轴颈上，油沟应有足够的长度，但不能开通，以免润滑油从轴瓦端部大量流失，一般取轴瓦长度的 80%。

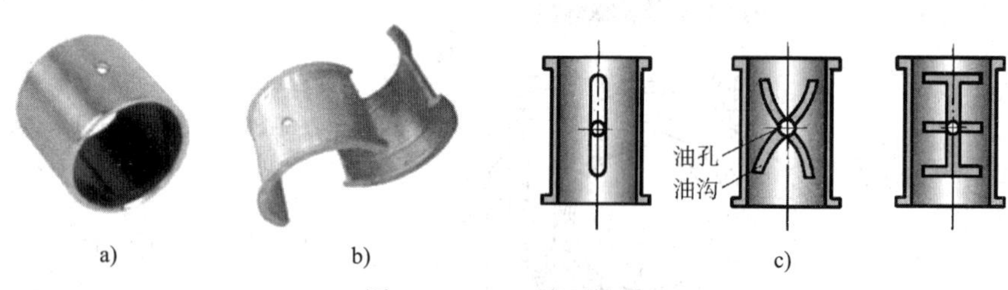

a) b) c)

图 2—4—13 轴瓦结构

a）整体式轴瓦 b）剖分式轴瓦 c）油沟形式

3. 轴瓦的材料

轴瓦和轴承衬的材料统称轴瓦材料。

滑动轴承工作时，轴瓦（轴承衬）与轴颈构成摩擦副，即使是液体摩擦轴承，在启动、停车、换向、载荷或转速变化时，也可能出现摩擦表面的直接接触。因此，轴瓦的主要失效形式是磨损和胶合（烧瓦）；在变载荷作用下，会出现疲劳点蚀。所以，对轴瓦材料的基本要求是：有良好的减摩性、耐磨性和抗胶合性；有良好的顺应性、嵌入性和跑合性；有良好的导热性和热稳定性；具有足够的强度；对润滑油有较强的吸附能力，耐腐蚀；便于加工等。

（1）轴瓦材料应具备的性能

1）摩擦相容性。指轴颈与轴瓦直接接触时防止发生黏附和形成边界润滑的性能。影响摩擦副摩擦相容性的材料因素是：

①成副材料冶金上构成合金的难易程度。

②材料与润滑剂的亲和能力。

③成副材料在无润滑状态下的摩擦因数。

④材料的微观组织。

⑤材料的热导率。

⑥材料表面能的大小和氧化膜的特性。

2）嵌入性。指材料允许混入润滑剂中的硬质颗粒嵌入而防止刮伤和（或）磨粒磨损的能力。对金属材料而言，硬度低和弹性模量低者，嵌入性就好；而非金属材料则不一定，例如碳石墨，弹性模量较低，但嵌入性不好。滑动轴承通常用较软材料与较硬材料构成摩擦副，一般用较软材料做轴瓦。

3）磨合性。指在轴颈与轴瓦的磨合过程中，减小轴颈或轴瓦的加工误差、同轴度误差、表面粗糙度参数值，使接触均匀，从而降低摩擦力、磨损率的能力。

4）摩擦顺应性。指材料靠表层的弹塑性变形补偿滑动摩擦表面初始配合不良和轴的挠曲的性能。弹性模量低的材料顺应性较好。

5）耐磨性。指成副材料耐磨损的能力。在规定的摩擦条件下，用磨损率或磨损度、磨损量的倒数来表示耐磨性。

6）耐疲劳性。指在疲劳载荷下材料抵抗疲劳破坏的能力。在使用温度下，轴瓦材料的强度、硬度、耐冲击强度和组织均匀性对耐疲劳性是十分重要的。磨合性、嵌入性好的材料，通常耐疲劳性差。

7）耐蚀性。指材料耐腐蚀的能力。润滑油在大气中使用，将逐渐氧化产生酸性物质，而且在大多数润滑油中还含有极压添加剂，它们都会腐蚀轴承材料，因此，轴承材料需要具备耐蚀性。

8）耐气蚀性。固体相对于液体运动的状态下，当液体中的气泡在固体表面附近破裂时，产生局部冲击高压或局部高温，将导致气蚀磨损。材料耐气蚀磨损的能力称为耐气蚀性。通常，铜铅合金、锡基轴承合金和铝锌硅系合金的耐气蚀性较好。

9）抗压强度。指材料承受压力而不被挤坏或尺寸不变化的能力。

（2）轴瓦常用材料

常用的轴瓦材料包括金属材料、粉末冶金材料和非金属材料，具体见表2—4—3。

表2—4—3　　滑动轴承轴瓦材料分类与特性

类别	名称	成分	特性	应用场合
金属材料	铸铁	灰铸铁	含游离石墨，起润滑作用，硬度高且脆，跑合性差	仅适用于轻载、低速和不受冲击的场合
		耐磨铸铁	石墨细小而分布均匀，耐磨性较好	
	轴承合金（巴氏合金）	锡基类	机械强度和熔点都较低，仅宜用于小于150℃的工况，且价格贵，一般只用作轴承衬的材料。其弹性模量和弹性极限都很低，在所有轴承材料中，它的嵌入性及摩擦顺应性最好，很容易与轴颈磨合	适用于高速、重载
		铅基类		较锡基合金脆，不宜承受冲击载荷，适用于中速、中载
	铜合金	锡青铜	疲劳强度优于轴承合金，耐磨性与减磨性较好，能在较高温度下工作。但可塑性差，不易跑合	宜用于中速重载、中速中载及低速重载
		铝青铜		
		铅青铜		
	铝合金	低锡	强度高，耐磨性、耐腐蚀性和导热性好，要求轴颈有较高的硬度和较小的表面粗糙度值，轴承的间隙也要稍大些	价格较便宜，适用于中速中载、低速重载
		高锡	与钢制成的双金属轴瓦，成本低，耐磨性好，且有较高的承载能力	已获得广泛应用
粉末冶金	铁—石墨	铁和石墨粉末混合	经压型、烧结、浸油而制成的多孔隙整体轴套，其组织疏松、孔隙大（孔隙约占总容积的15%～35%），易吸收润滑油。工作时，储存在孔隙中的油在轴颈转动的抽吸和热膨胀作用下，自动进入工作表面起润滑作用；停车时，油又被吸回孔隙中。因此，这种轴承长期不加油仍能很好地工作，又称含油轴承	材料价廉、易于制造、耐磨性好，但韧性差，宜用于轻载、低速及加油不便的场合。如排气扇、纺织机械、洗衣机及一些复杂仪器设备需经常加油但有困难的轴承
	青铜—石墨	铜和石墨粉末混合		

续表

类别	名称	成分	特性	应用场合
非金属材料	塑料	热固性（酚醛塑料）	强度高，耐磨、耐酸和弱碱，减振性好	一般用于温度不高、载荷不大的场合
		热塑性［聚酰胺（尼龙）］	耐油、耐磨、耐冲击与疲劳，噪声很低；但易吸湿、蠕变性大。增强后性能改善	
		氟塑性（聚四氟乙烯）	能耐任何化学制剂的侵蚀。但价格高，承载能力低，刚度和尺寸稳定性差。增强后，耐磨性成百倍地提高，热导率、抗压强度、压缩弹性模量均有所增加	
	橡胶		弹性较大，能隔振，导热性差。能适应轴的小量偏斜及在有振动的条件下工作	多用于离心水泵、水轮机和水下机具上
	木材		有自润滑性、摩擦因数小，耐腐蚀；但导热性能差，易变形	用于要求清洁的轴承的场合
	陶瓷		材料质硬、耐高温、耐磨；但性脆，加工困难，成本高	在气体轴承、高温轴承等特殊场合中获得成功应用
	轴瓦用碳石墨		耐高温，有自润滑性，高温稳定性好，耐化学腐蚀能力强，热导率比塑料高，线胀系数比塑料小。在大气和室温条件下与镀铬表面的摩擦因数和磨损率都很低。但是湿度很低时，它会丧失润滑性	常用于造纸、木材加工、纺织、食品等忌油场合，高温滑动轴承、密封圈、活塞环、刮片等

由表2—4—3可以看出，轴承材料种类繁多，但从实际使用情况来看还不能同时满足所有传动要求。因此，设计时只能根据轴承的具体工作条件选择相对满足要求的材料，或通过采用多金属轴瓦结构来加以改善。在选择轴瓦材料时，主要依据是载荷、速度、温度、环境条件、经济性等方面的要求。

二、滑动轴承的装配要求

滑动轴承的装配技术要求，主要是在轴颈与轴承之间获得合理的间隙，以保证轴颈与轴承的良好接触，使轴颈在轴承中旋转平稳、可靠。

三、滑动轴承的装配方法

滑动轴承的装配方法取决于它们的结构形式。

1. 整体式滑动轴承的装配

（1）将轴套和轴承座孔去除毛刺、清理干净后，在轴承座孔内涂润滑油。

（2）根据轴套尺寸和配合时过盈量的大小，采取敲入法或压入法将轴套装入轴承座孔内并进行固定，固定方式如图2—4—14所示。

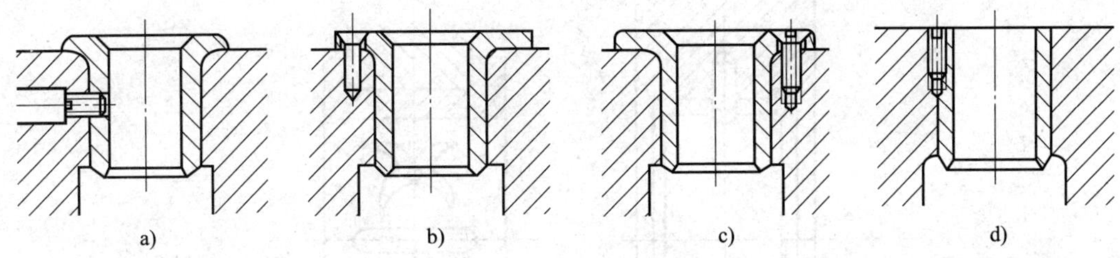

图 2—4—14　轴套的固定方式

a）径向紧定螺钉固定　b）端面铆钉固定　c）端面沉头螺钉固定　d）骑缝螺钉固定

（3）轴套压入轴承座孔后，易发生尺寸和形状变化，应采用铰削或刮削的方法对内孔进行修整，以保证轴颈与轴套之间有良好的间隙配合。

2. 剖分式滑动轴承的装配

剖分式滑动轴承的装配顺序如图 2—4—15 所示，按“先下后上”的顺序进行装配。先将下轴瓦装入轴承座内，装上垫片，然后再装上轴瓦，最后装上轴承盖并用螺母固定。其整体装配要点如下：

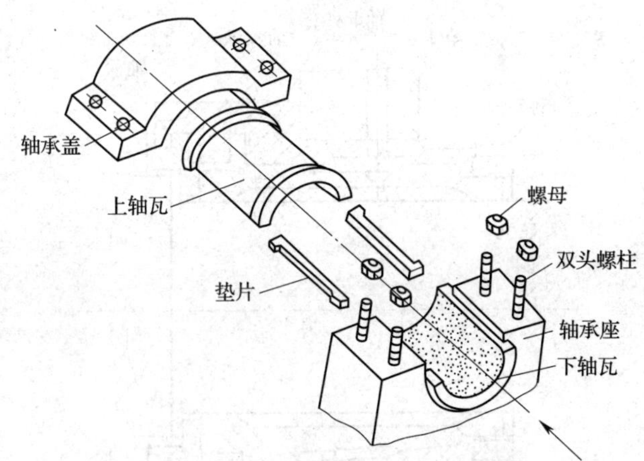

图 2—4—15　剖分式滑动轴承装配顺序

（1）上、下轴瓦与轴承座、盖应接触良好，同时轴瓦的台肩应紧靠轴承座两端面。轴瓦的定位方式如图 2—4—16 所示。

（2）为提高配合精度，轴瓦孔与轴应进行研点配刮。

3. 内柱外锥式滑动轴承的装配

内柱外锥式滑动轴承如图 2—4—17 所示，其装配步骤如下：

（1）将轴承外套压入箱体的孔中，保证 H7/r6 的配合要求。

（2）用心棒研点，修刮轴承外套的内锥孔，并保证前、后轴承孔的同轴度。

（3）在轴承上钻油孔，与箱体、轴承外套油孔相对应，并与自身油槽相接。

（4）以轴承外套的内孔为基准研点，配刮轴承的外圆锥面，使接触精度符合要求。

（5）把轴承装入轴承外套的孔中，两端拧入螺母，并调整好轴承的轴向位置。

（6）以主轴为基准，配刮轴承内孔，使接触精度合格，并保证前、后轴承孔的同轴度符合要求。

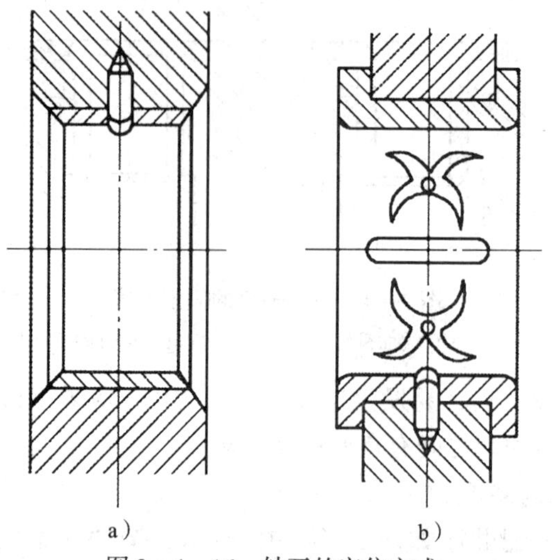

图 2—4—16　轴瓦的定位方式

a）定位销定位　b）台肩定位

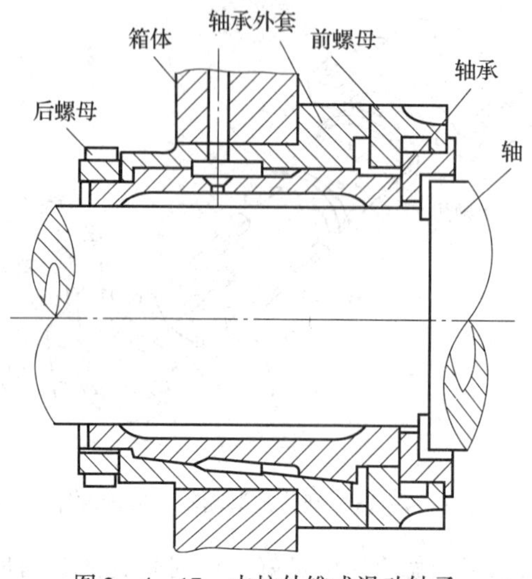

图 2—4—17　内柱外锥式滑动轴承

（7）清洗轴颈及轴承孔，重新装入主轴，并调整好间隙。

四、滑动轴承的修复

滑动轴承的损坏形式有工作表面磨损、烧熔、剥落及裂纹等。造成这些缺陷的主要原因是油膜因某种原因破坏，而导致轴颈与轴承表面直接摩擦。

1. 整体式滑动轴承的修复，一般采用更换轴套的方法。

2. 剖分式滑动轴承轻微磨损，可通过调整垫片、重新修刮的方法处理。

3. 内柱外锥式滑动轴承，如工作表面没有严重擦伤，仅作精度修整时，可以通过螺母来调整间隙；当工作表面有严重擦伤时，应将主轴拆卸，重新刮研轴承，恢复其配合精度。当没有调整余量时，可采用喷涂法等加大轴承外圆锥直径，或车去轴承小端部分圆锥面，加长螺纹长度以增加调整范围。当轴承变形、磨损严重时，则必须更换。

4. 对于多瓦式滑动轴承，当工作表面出现轻微擦伤时，可通过研磨的方法对轴承的内表面进行研抛修复。当工作表面因抱轴烧伤或磨损较严重时，可采用刮研的方法对轴承的内表面进行修复。

5. 滑动轴承配刮轴瓦时，一般用与轴瓦配合的轴来显点。刮削时轴瓦两端为“硬点”，中间为“软点”，油槽两边的点子要“软”，以便形成油膜。油槽两端的点子分布要均匀，以防漏油。

子课题 3　轴承润滑部分和密封件的装配

学习目标

1. 了解常用润滑剂的种类、性能和选用特性。
2. 熟悉各种润滑方式及其装置。
3. 掌握轴承润滑和密封的方式。
4. 能正确进行轴承润滑部分和密封件的装配。

轴承属于可动零部件，装配后在压力下接触并作相对运动时，其接触表面间会产生摩擦造成能量损耗和机械磨损，影响运动精度和使用寿命。因此，在轴承运动中，考虑降低摩擦、减轻磨损是非常重要的事情，其措施之一就是采用润滑。同时轴承为非全密封状态，工作时会有水、油、灰尘等侵入，加入润滑剂后又会有泄漏的情况发生，因此密封也是一件必不可少的环节。

一、轴承的润滑

轴承润滑的目的在于降低摩擦功耗，减小磨损，同时还起到冷却、吸振、防锈、洗涤等作用。轴承能否正常工作，与润滑剂选用正确与否有很大关系。

1. 润滑剂的作用

润滑剂的作用是减小摩擦阻力、降低磨损、冷却和吸振。润滑剂有液态、固态、气体及半固态。液体的润滑剂称为润滑油，半固体润滑剂在常温下呈油膏状的称为润滑脂。

2. 润滑剂的种类、性能及选用

常用润滑剂包括润滑油、润滑脂、固体润滑剂和气体润滑剂等，其性能及选择原则见表 2—4—4。其中，润滑油和润滑脂应用最为广泛。

表 2—4—4　　润滑剂的种类、性能及选择原则

种类	性能	选用原则
润滑油	流动性好，内摩擦因数小，冷却作用较好，易从箱体内流出，故常需采用结构比较复杂的密封装置，且需经常加油	载荷大或变载、冲击载荷，加工粗糙或未经跑合的表面，选黏度较高的润滑油；转速高时，为减少润滑油内部的摩擦损耗，或采用循环润滑、芯捻润滑等场合，宜选用黏度低的润滑油；工作温度高时，宜选用黏度高的润滑油。在润滑油品名前注有数字符号，表示同品名的不同黏度，数字越大，黏度就越大

续表

种类	性能	选用原则
润滑脂（黄油或干油）	油膜强度高，黏附性好，不易流失，密封简单，使用时间长，受温度的影响小，对载荷性质、运动速度的变化等有较大的适应范围。润滑脂的缺点是内摩擦大，启动阻力大，流动性和散热性差，更换、清洗时需停机拆开机器	润滑脂主要有钙基润滑脂、钠基润滑脂、锂基润滑脂、铝基润滑脂等类型。选用润滑脂的类型主要是依据被润滑零件的工作温度、工作速度和工作环境条件等
固体润滑剂	利用固体粉末、薄膜或整体材料来减小作相对运动两表面间的摩擦与磨损并保护表面免于损失。固体润滑剂能与摩擦表面牢固地附着，有保护表面的功能；抗剪强度较低；稳定性好，不产生腐蚀及其他有害的作用；承载能力较高	常用的有石墨、二硫化钼、聚四氟乙烯和尼龙等。由于固体润滑剂不能像润滑油那样可以把摩擦界面上的摩擦热导出，而且在使用过程中很难补充，因此，在选用时应根据固体润滑剂的特点，考虑采取相应的补救措施
气体润滑剂	一般采用高压空气、蒸汽或惰性气体（氮气、氦气等）作为润滑剂将摩擦表面隔开。优点是摩擦因数极小，几乎接近于零，且气体的黏度不受温度影响，因而气体润滑的轴承阻力小、精度高	常用的有空气，多用于高速及不能用润滑油或润滑脂的地方。气体润滑剂可在比润滑油脂更高或更低温度条件下使用，如航空用的惯性陀螺仪轴承、高速磨头的轴承等

3. 润滑方式及其装置

润滑方式是指将润滑剂按规定要求送往各润滑点的方式。润滑装置是为实现润滑剂按确定润滑方式供给而采用的各种零部件及设备。

常用的润滑方式按加油方法可分为手动式和机械式，按润滑工作状态可分为间歇式和连续式。间歇供油方式只适用于使用润滑脂的低速、轻载轴承。连续供油方式适用于高速、重载轴承。常用润滑方式及润滑装置见表2—4—5。

表2—4—5　常用润滑方式及润滑装置

润滑方式	润滑装置	应用示意	工作原理
手动间隙供油	油嘴		用油枪向油孔内定期压注润滑脂
	黄油杯		定期旋紧杯盖，便可将杯体腔内的润滑脂压送到轴承油孔中

续表

润滑方式	润滑装置	应用示意	工作原理
机械连续供油	滴油润滑	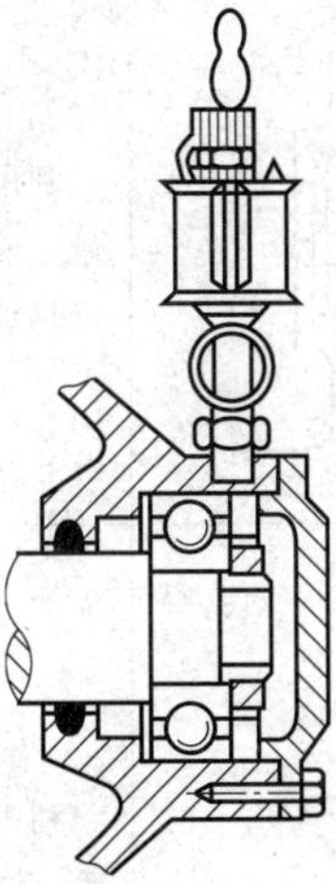	通过滴油油杯中的节流口向轴承滴油，达到润滑的目的；节流口根据油量可以调节。结构简单，使用方便，适用于低速、轻载轴承的润滑
	甩油环	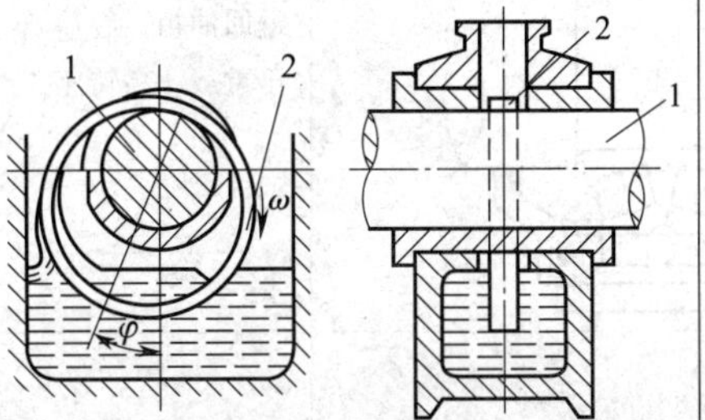 1—主轴　2—甩油环	在轴承部位的轴上套一油环，当轴旋转时，油环也随轴转动，便将润滑油带到轴与轴承处，使轴承得到润滑。轴的转速应在100～200 r/min范围内，否则满足不了润滑要求
	油绳、油垫润滑	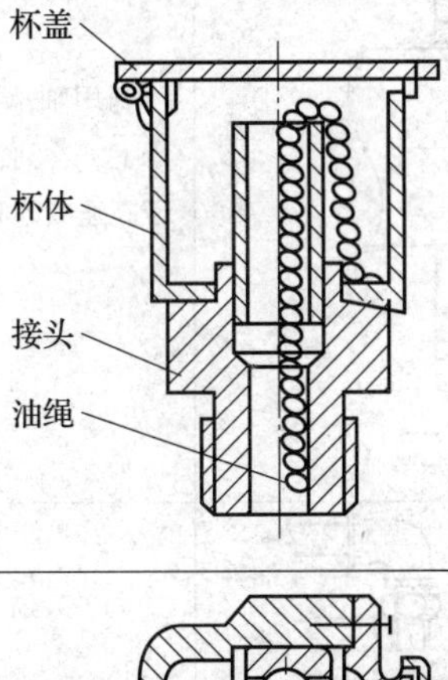 杯盖 杯体 接头 油绳	用油绳、毡垫或泡沫塑料等浸在油中，利用毛细管的虹吸作用进行供油。油绳和油垫本身可起到过滤作用，能使油保持清洁且是连续均匀的，但油量不易调节，要避免油绳卷入摩擦面间。适用于低、中速机械
	油浴润滑	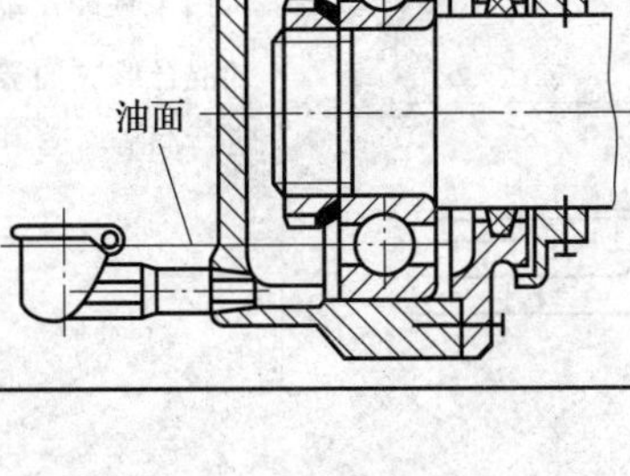 油面	将轴承部分浸入润滑油中，轴承每转一圈，每个滚动体都浸入油中一次，同时将油带到其他工作表面。适用于中、低速轴承的润滑

续表

润滑方式	润滑装置	应用示意	工作原理
机械连续供油	飞溅润滑	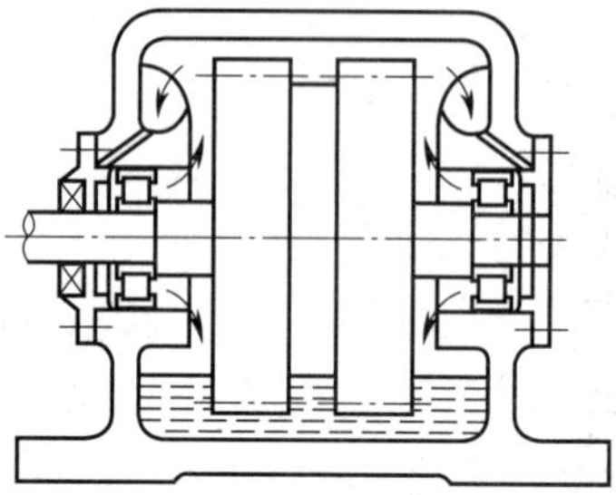	利用旋转部件将润滑油溅起，散落到轴承上或沿箱壁流入预先设计好的油槽内润滑轴承，润滑油在箱体内可循环重复使用
	循环供油润滑	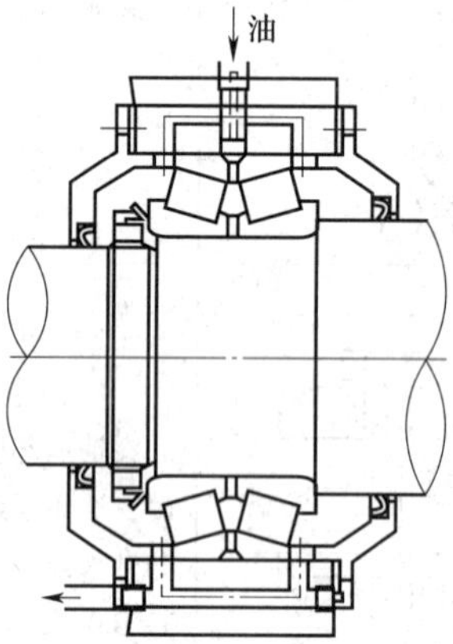 油	利用油泵将润滑油从油箱吸出，通过油管、油孔导入滚动轴承座中，再经回油孔返回油箱，经冷却、过滤后再使用。适用于重载、高转速的支承轴承润滑
	喷油润滑	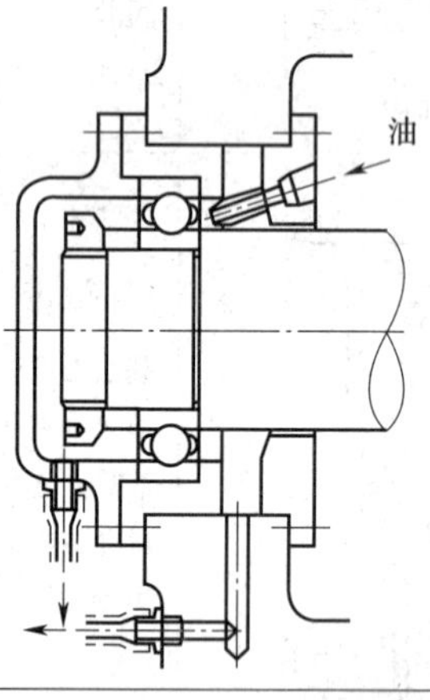 油	利用轴承座进油口的喷嘴将油喷射到轴承上，达到润滑和冷却轴承的目的。适用于高速或超高速轴承的润滑
	喷雾润滑	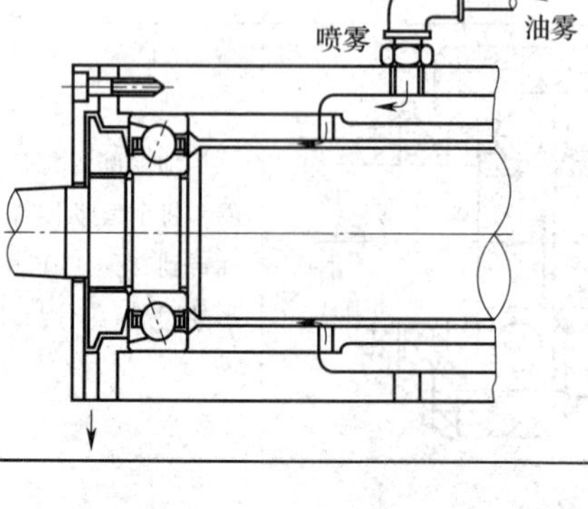 喷雾 油雾	用干燥的压缩空气经油雾发生器与润滑油混合形成油雾，通过喷雾嘴喷入轴承中进行润滑。适用于高速、高温轴承的润滑

4. 滑动轴承润滑方式选择

滑动轴承的润滑方式可根据系数 k 选择：

$$k = \sqrt{pv^3}$$

式中 p——轴承的平均压强，MPa；

v——轴颈线速度，m/s。

滑动轴承润滑方式的选择见表 2—4—6。

表 2—4—6 滑动轴承润滑方式的选择

k	≤2	2～16	16～32	≥32
润滑剂	润滑脂	润滑油		
润滑方式	手工旋盖式给油油杯（黄油杯）、手工压注式油杯（油嘴）	滴油润滑、油绳油垫润滑	油环润滑、浸油和飞溅润滑	压力润滑、喷雾润滑

二、轴承的密封

为防止润滑剂泄出和尘埃、颗粒以及其他杂物、水分浸入，滚动轴承必须具有适当的密封装置，以保持良好的润滑条件和正常的工作环境。通常在选择轴承密封形式时，应考虑轴承的外部工作环境，轴承的转速、工作温度，轴的支承结构特点，润滑剂的种类和性能。

滚动轴承的密封装置可设置在轴承的支承部位或直接设置在轴承上。按密封的结构形式，可分为接触式密封和非接触式密封两大类。

1. 接触式密封

(1) 径向密封

常用的径向接触式密封包括毡圈密封、油封密封、填料密封及密封环密封，各种密封结构与特性见表 2—4—7。由于在此类密封装置中，密封件与轴或其他配合件直接相接触，因此，在工作中不可避免地产生摩擦和磨损，并使温度升高，故一般用于中、低速条件下轴承的密封。

表 2—4—7 径向接触式密封

密封形式	简图	用途说明
毡圈密封		适用于温度低于 100℃的工作环境。毡圈安装前用油浸渍，具有良好的密封效果，短期使用后，毡圈即成无预压力状态贴合密封面。由于摩擦严重，只用于圆周速度小于 4 m/s 的场合
填料密封		密封效果良好，其优点是可以通过螺栓压紧，提高密封压力，又能补偿磨损，但摩擦力较大，适用于低速的回转运动

续表

密封形式		简图	用途说明
油封密封	内向式普通型油封		主要防止润滑剂溢出，允许圆周速度由密封材料决定，一般可用于接触面滑动速度小于 10 m/s（轴颈精车）或小于 15 m/s（轴颈磨光）处
	双唇型油封		可以防止润滑剂溢出和尘埃浸入，允许圆周速度由密封材料决定，适用速度同内向式普通型油封
	外向式普通型油封		主要防止尘埃浸入，允许圆周速度由密封材料决定，适用速度同内向式普通型油封
密封环密封		1—轴 2—密封环 3—静止件 4—轴承	密封环像活塞环，放置在带有环槽的套筒（与轴一起转动）和轴承盖（静止件）圆孔之间，各接触表面均需硬化处理并磨光；密封要求不高时可以只用一个环，要求高时可用 2～4 个环；密封环用含铬的耐磨铸铁制造，可用于滑动速度小于 100 m/s 的场合；在滑动速度为 60～80 m/s 范围内，也可用锡青铜制造的密封环

（2）端面密封

端面接触式密封是近年来发展很快的一种密封结构。常用的端面密封主要有金属垫圈端面密封、浮动油封密封装置和自润滑材料端面密封。各种端面密封的结构及其特点见表 2—4—8。

表 2—4—8　　端面接触式密封

密封形式		简图	说明
金属垫圈密封	外侧密封		密封件用镀锌的特种带钢冲压而成，密封唇口与密封接触面垂直

续表

密封形式		简图	说明
金属垫圈密封	内侧密封	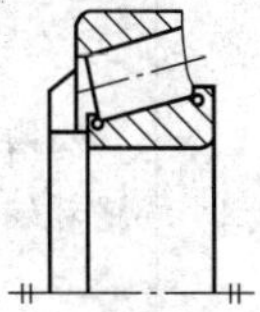	密封件用镀锌的特种带钢冲压而成，密封唇口与密封接触面垂直
	外侧双密封	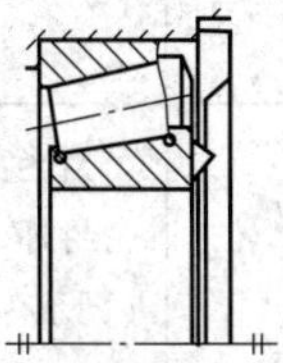	
浮动油封密封		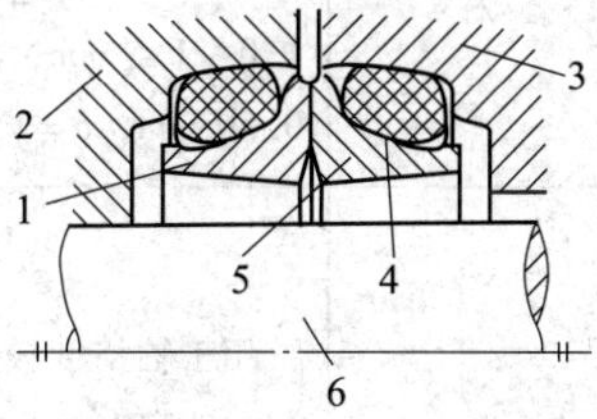 1—浮动环　2、3—浮封座 4—O 形圈　5—静环　6—轴	由浮封座、O 形圈和浮动环三部分组成，抗污染性能好，对振动、窜动适应性强，对灰尘不敏感，承受压力较高
自润滑材料密封		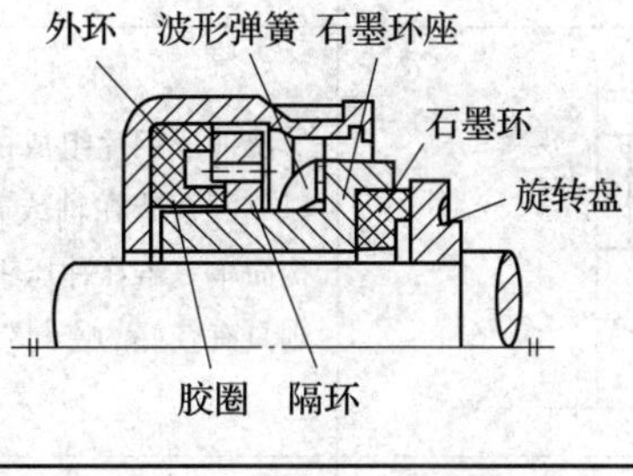 外环　波形弹簧　石墨环座　石墨环　旋转盘　胶圈　隔环	密封件材料具有自润滑性能，摩擦因数小，适于在较高滑动速度下工作

2. 非接触式密封

常用的非接触式密封有缝隙密封、甩油环密封和迷宫密封等多种形式，其结构和特征见表 2—4—9。由于存在间隙，除甩油环密封外，非接触式密封多用于脂润滑场合。为了提高密封的可靠性，各类密封可以组合起来使用。

表 2—4—9　　非接触式密封

密封形式	简图	说明
缝隙密封	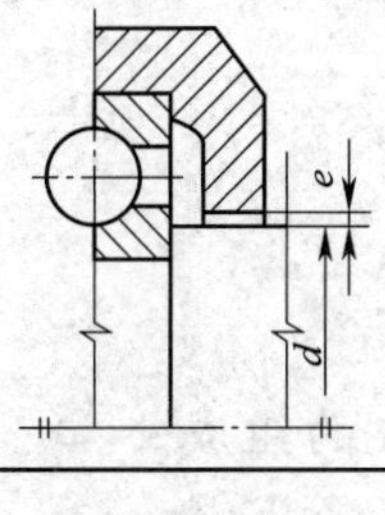 e　d	结构简单，能满足一般条件下的密封要求。间隙 e 的选择：$d \leqslant 50$ mm 时，$e = 0.25 \sim 0.40$ mm；$d > 50$ mm 时，$e = 0.25 \sim 0.60$ mm

续表

密封形式	简图	说明
沟槽密封		沟槽内填充润滑脂后使尘埃难以浸入，有环槽和螺旋槽两种形式。环槽一般为三条，槽宽 $b=3\sim5$ mm，槽深 $t=4\sim5$ mm
迷宫密封		当迷宫曲路填充润滑脂后，其密封效果比沟槽密封好。迷宫密封可分为径向和轴向两种形式（图示为轴向迷宫密封）。径向和轴向间隙的选择：$d\leqslant50$ mm 时，$a=0.20\sim0.30$ mm，$b=1.0\sim1.5$ mm；$d=50\sim100$ mm 时，$a=0.30\sim0.50$ mm，$b=1.5\sim2.0$ mm
斜向迷宫密封		用于轴挠度较大时，曲路斜面可随中心摆动。斜向迷宫密封的曲路中填充润滑脂后，可以达到较好的密封效果
冲压钢片迷宫密封		由冲压钢片组成的合成迷宫密封，冲压钢片可以靠配合装在轴或壳体上，不需要轴向紧固，结构简单。若在冲压钢片迷宫的曲路中填充润滑脂，则具有较好的密封效果
甩油环密封	a） b） c）	油润滑时，在轴上开出沟槽（图 a），或装一个环（图 b），都可以把欲向外流失的油沿径向甩出，通过轴承盖上的集油腔与油孔流回油池。也可以在紧贴轴承处装一甩油环（图 c），这种结构常和缝隙密封联合使用

课题五　液压传动装配

1. 熟悉液压传动的工作原理和液压系统的组成。

2. 熟悉液压传动系统管接头的类型和连接方式。
3. 能进行液压系统管接头的装配和拆卸。
4. 能进行金属管的扩口和装配。

一、液压传动的工作原理

液压传动是以液体为工作介质，利用液体的压力，通过密封容积的变化实现动力传递的。图 2—5—1 所示为液压千斤顶实物图及工作原理。

a）

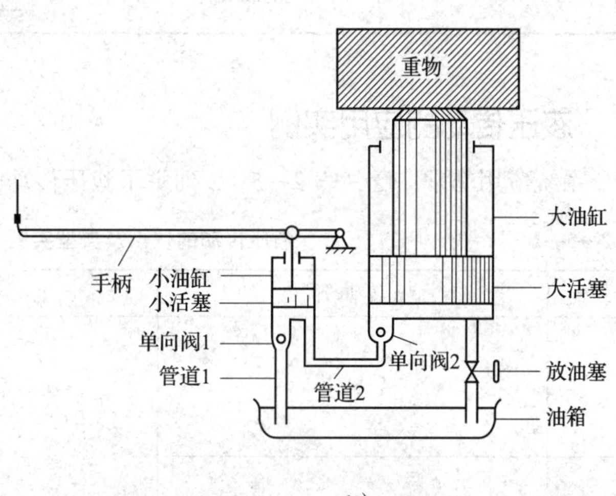

b）

图 2—5—1　液压千斤顶
a）实物　b）工作原理

液压千斤顶有两个液压缸（简称油缸），小油缸完成吸压油动作，大油缸则在油液压力的作用下把重物顶起。千斤顶的动作过程如下：用手向上扳动手柄，小油缸中的小活塞向上移动，油从油箱经过管道 1、单向阀 1（只准油液单方向流动的阀门）进入小油缸下腔，产生抽吸作用；当揿下手柄，小活塞下移时，就将吸入小油缸下腔的油经管道 2、单向阀 2 压入大油缸下腔，此时单向阀 1 不通，迫使大活塞向上移动，从而顶起重物。这样不断地上下揿动手柄，就能将油间歇地压入大油缸下腔，使重物缓慢上升，而且由于油液的不可压缩性，可以随时保持重物的上升位置。工作完毕，若要取出千斤顶，则可拧开放油塞，大油缸下腔的油经管道流回油箱，大活塞下移，千斤顶也就取出来了。

二、液压系统的组成

液压系统的组成及功能见表 2—5—1。

表 2—5—1　　　　**液压系统的组成**

序号	组成	名称	作用	备注
1	动力元件	液压泵	机械能转换为压力能	
2	执行元件	液压缸或液压马达	压力能转换为机械能	

续表

序号	组成	名称	作用	备注
3	控制调节元件	压力控制阀	控制压力	溢流阀、减压阀、顺序阀
		方向控制阀	控制方向	单向阀、换向阀
		流量控制阀	控制流量	节流阀、调速阀
4	辅助装置	油箱、油管、管接头、压力表、过滤器、蓄能器等	存储、传输、测控、过滤等	
5	工作介质	各种类型的液压油	作为能量传递的载体，实现运动和动力的传递	

三、液压传动的应用实例

液压系统应用非常广泛，表 2—5—2 列举了液压传动的优点及典型实例。

表 2—5—2　　液压传动的优点及典型实例

序号	液压传动的优点	液压传动典型实例
1	传动平稳	液压千斤顶 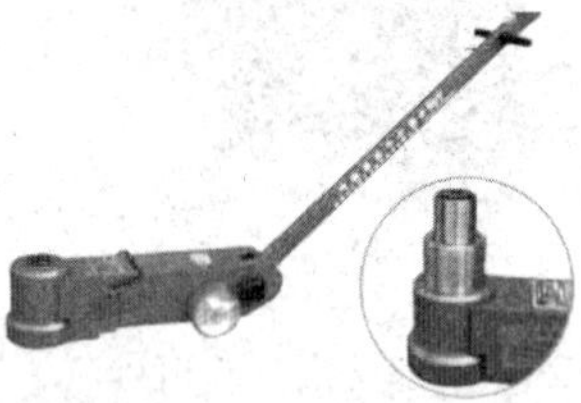
2	质量轻，体积小	
3	承载能力大	液压电梯 
4	容易实现无级调速	
5	易于实现过载保护	磨床液压工作台 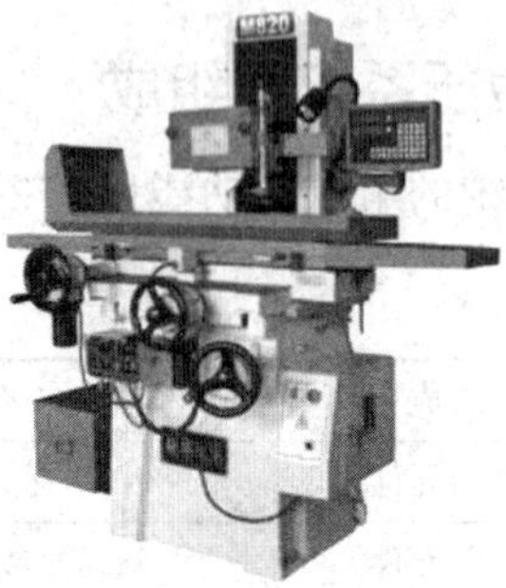
6	液压元件能够自动润滑	

续表

序号	液压传动的优点	液压传动典型实例
7	容易实现复杂动作	炮塔液压转位装置 
8	简化机构	

四、液压管接头的类型

管接头是液压系统中连接管路或将管路装在液压元件上的零件，即用于油管与油管、油管与液压元件之间的连接。这是一种在流体通路中能装拆的连接件的总称。管接头有不同的分类，主要包括焊接式、卡套式和扩口式。接头附件包括螺母、卡套、扩口芯子、扩口套和扩口螺母等。表 2—5—3 所列为几种常用的液压管接头。

表 2—5—3　　常用液压管接头

类型	结构图	特点
扩口式薄壁管接头		结构简单，利用管道端部扩口进行密封，不需要其他密封件。适用于铜管或薄壁钢管的连接，也可用来连接尼龙管和塑料管。在压力不高的机床液压系统中应用较为普遍
焊接管接头		用来连接管壁较厚的钢管，可在压力较高的液压系统中使用
卡套式管接头	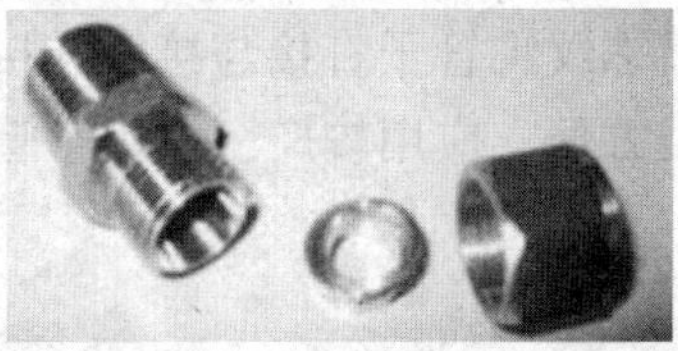	当旋紧管接头的螺母时，利用夹套两端的锥面使夹套产生弹性变形来夹紧油管。这种管接头装拆方便，适用于高压系统的钢管连接，但制造工艺要求高，对油管要求严格

续表

类型	结构图	特点
高压软管接头		用于中低压系统中橡胶软管的连接

除了上述管接头外，还有沟槽式管接头、过渡式管接头、快速接头、三通式管接头、直角式管接头、旋转式管接头、不锈钢管接头、铜接头、非标式管接头等，见表 2—5—4。

表 2—5—4　　其他类型管接头

沟槽式管接头	过渡式管接头	快速接头（两端开闭式）	三通式管接头
直角扩口式管接头	锥螺纹直通扩口式管接头	快速接头（两端开放式）	变径管接头

五、液压管接头与阀块、油箱的连接

1．管接头的装配

管接头按结构形式不同，有螺纹管接头、法兰盘管接头、卡套式管接头、球形管接头和扩口管接头等。

（1）螺纹管接头连接

如图 2—5—2 所示，螺纹管接头是靠螺纹将管子直接与接头连接起来的，这种连接方式结构简单、制造方便、工作可靠、拆装方便、应用较广，多用于管路上控制元件和管线本身的连接。

螺纹管接头的装配要点：

1）管子或接头的螺纹要完好，螺纹表面要清洁。

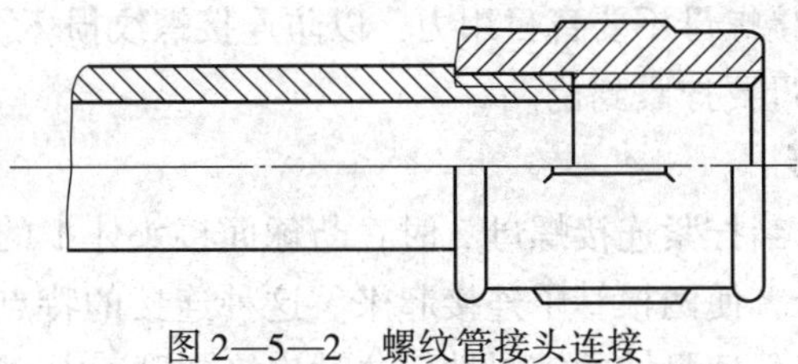

图 2—5—2　螺纹管接头连接

2）螺纹管接头连接装配时，必须在螺纹间加填料，如白铅油加麻或聚四氟乙烯薄膜，以保证管道的密封性。

3）填料的卷绕要注意方向，避免螺纹旋入时填料松散脱落。

（2）法兰盘管接头连接

如图 2—5—3 所示，是将法兰盘与管子通过对焊连接（图 2—5—3a）、螺纹连接（图 2—5—3b）、扩管法兰连接（图 2—5—3c）和卷边后压接（图 2—5—3d）等各种方式连接在一起，然后将两个需要连接的管子，通过法兰盘上的孔用螺栓紧固在一起。这种连接方式主要用于管线及控制元件的连接。

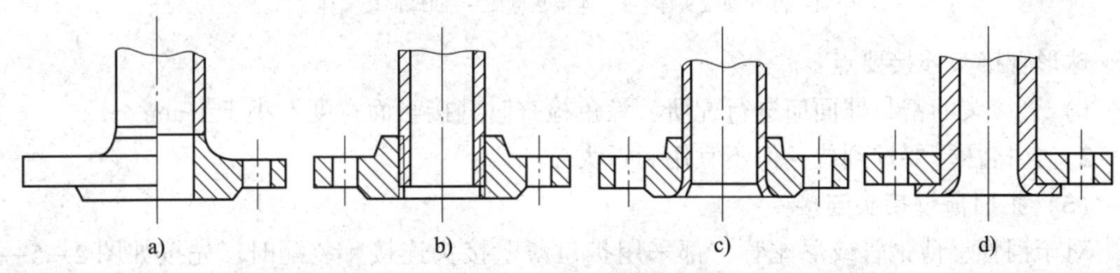

图 2—5—3　法兰盘管接头连接

a）对焊连接　b）螺纹连接　c）扩管法兰连接　d）卷边后压接

法兰盘管接头的连接要点：

1）对法兰盘连接管道，在两法兰盘中间必须垫衬垫，以保证连接的紧密型。水、气管道常用橡胶做衬垫，高温管道常用石棉做衬垫，有较大压力和高温的蒸汽管道常用压合纸板做衬垫，大直径管道常用铅垫或铜垫作为密封衬垫。

2）法兰盘端面要与管子轴线垂直，两个法兰盘及石棉垫要同心，法兰盘端面要平行。

3）衬垫内孔尺寸不要小于管道内壁直径，以免影响管道通径流量。

4）连接螺栓要对角、依次、逐渐地拧紧。

（3）卡套式管接头连接

如图 2—5—4 所示，拧紧螺母时，卡套使管子的端面与接头体的端面相互压紧，从而达到管子与接头连接的目的。这种管接头一般用来连接冷拔无缝钢管，最大工作压力可达 32 MPa，适用于既受高压又受振动，不易损坏的场合。但是这种管接头精度要求较高，而且对管子外圆尺寸的要求也较严格。

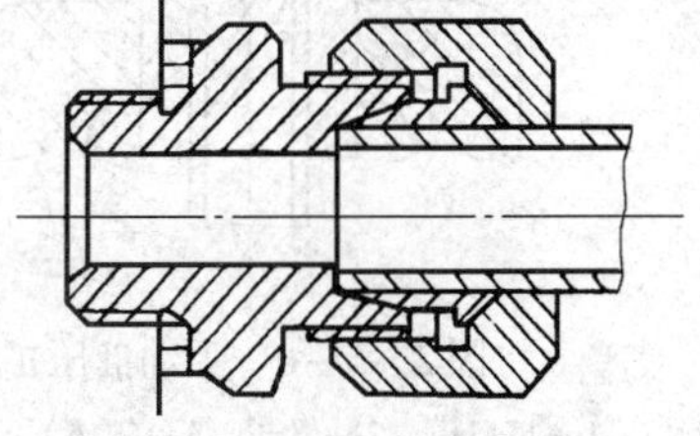

图 2—5—4　卡套式管接头连接

卡套式管接头连接要点：

1）装配前，对装配件进行检查，保证零件合格，并将零件清洗干净。

2）装配时，拧紧连接螺母不要盲目用力，以防连接螺纹损坏。

3）装配后，连接螺母要拧紧到位。

（4）球形管接头连接

如图 2—5—5 所示，当拧紧连接螺母 2 时，凸球面接头体 1 的球形表面与凹球面接头体 3 的配合表面紧密压合，使两根管子连接起来。这种连接的特点是要求球形表面和配合表面的接触必须良好，以保证足够的密封性。这种连接常用于中、高压的管路连接。

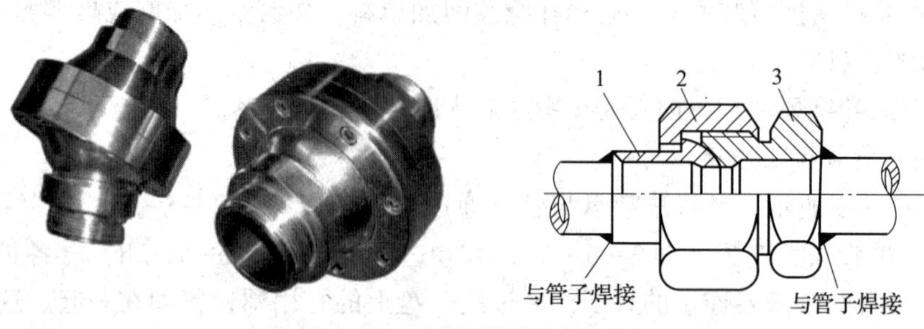

图 2—5—5　球形管接头连接

1—凸球面接头体　2—连接螺母　3—凹球面接头体

球形管接头连接要点：

1）管接头的密封球面应进行配研，涂色检查时其接触面宽度不小于 1 mm。

2）连接螺母要拧到位，但不宜用力过大。

（5）扩口薄壁接头连接

对于铜管、薄钢管或尼龙管，都采用扩口薄壁接头连接。装配时，先按如图 2—5—6 所示将管子端部扩口（将管子装入扩口模，用小铁棒按图示方向旋转滚压，即可完成扩口工作。另外，还可以用扩口器扩口，或用 90°锥棒进行冲铆扩口等），然后分别套上导套和螺母，最后装入接头体，通过导套将薄管扩口压紧在接头体配合表面上，实现管路连接，如图 2—5—7 所示。注意：在螺纹表面涂抹白胶漆或用密封胶带包在螺纹外，拧入螺纹孔，以防泄漏。

扩口薄壁管接头连接常用于工作压力不大于 5 MPa 的场合，在机床液压系统中采用较多。

扩口式管接头连接要点：

1）扩口必须规整，以保证配合紧密。

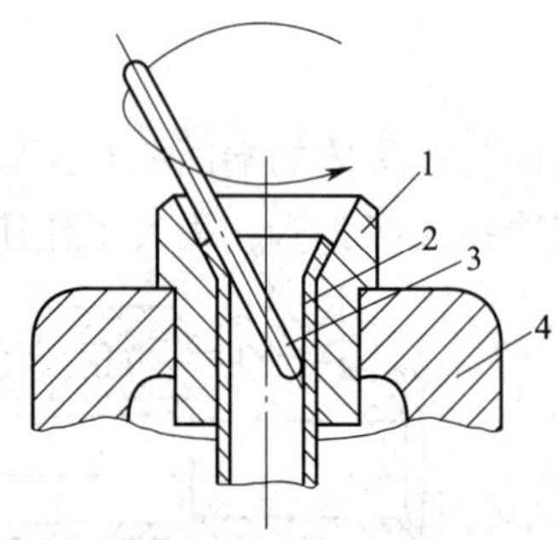

图 2—5—6　手动液压扩口

1—扩口模　2—管子　3—铁棒　4—模具体

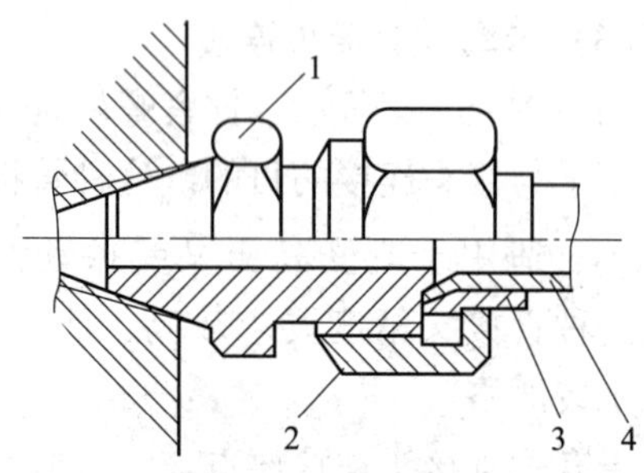

图 2—5—7　扩口式管接头

1—接头体　2—管螺母　3—管套　4—管子

2）连接螺母要拧紧。

2. 管子连接的技术要求

（1）油管必须根据压力和使用场所进行选择，应有足够的强度，而且要求内壁光滑、清洁，无砂眼、锈蚀、氧化皮等缺陷。

（2）在配管作业时，对有腐蚀的管子应进行酸洗、中和、清洗、干燥、涂油、试压等工作，直到合格才能使用。

（3）切断管子时，端面应与轴线垂直；弯曲管子时，不要把管子弯扁。

（4）在安置管道时，应保证最小的压力损失。管道的通流截面积应足够大，长度应尽量减小，管道内壁的表面粗糙度值应尽可能小一些。

（5）系统中任何一段管道或元件，应能单独拆装而不影响其他元件，以便于修理。

（6）较长管道各段应有支撑，管道要用管夹头牢固固定，以免振动。

（7）在管路的最高部分应装设排气装置。

3. 液压管接头与阀块、油箱连接的装配工艺

液压管接头与阀块、油箱连接的装配工艺见表2—5—5。液压管接头普通螺纹旋转螺母拧紧力矩参数见表2—5—6。

表2—5—5　　液压管接头与阀块、油箱连接的装配工艺

工序	工步		工艺要求
清洗	阀块的清洗		（1）清除阀块零件内外表面异物，吹干 （2）用锉刀、钢丝刷等工具将零件各孔道、沟槽、倒角及其他各处的毛刺、锈斑去除干净 （3）用煤油清洗机初洗零件内外各表面，去除灰尘、颗粒、油污、铁屑等，各孔道均要求认真清洗、吹干 （4）用锉刀、磁棒清除各孔道内的毛刺、铁屑，吹干净零件 （5）煤油清洗机精洗零件内外各表面，各孔道均要求清洗到位 （6）用压缩空气吹干各孔道及内外各表面（压缩空气压力0.6～0.8 MPa）
	液压油箱的清洗	油箱外表面清理	（1）铲除清理盖板和其他密封接合面的油漆，用锉刀清理螺纹孔的毛刺、飞边，用尖头锤清理焊渣，然后用低颗粒脱落的长纤维纺织品拭擦各部位，并用压缩空气吹净 （2）油箱外表的灰尘，应用压缩空气吹净
		油箱内表面预处理	（1）用铲刀清理油箱内表面的焊渣、磷化液残留物、颗粒 （2）用砂布除锈，并在已除锈部位涂上磷化液，2 min后清理磷化液残留物
		油箱内表面清洗	（1）用吸尘器吸出灰尘、颗粒等杂物 （2）用低颗粒脱落的长纤维织物蘸清洁的煤油（清洁度等级不低于16/13）清洗各处螺纹油口，并用压缩空气吹干，及时用清洁的螺塞封堵各油口 （3）用低颗粒脱落的长纤维织物蘸清洁的煤油擦洗油箱内表面，按照从上到下、从左到右、从里到外的顺序清洗干净。油箱内表面的灰尘用低颗粒脱落的长纤维织物品擦除 （4）用在干净的46号液压油中浸泡过的面团，按照上述清洁油箱的顺序，逐一粘内表面各焊缝、孔道、角落等部位，反复操作至面团上无杂质、微小灰尘和颗粒

续表

工序	工步	工艺要求
清洗	接头的清洗	（1）用煤油清洗机初洗零件内外各表面，去除灰尘、颗粒、油污、铁屑等 （2）用煤油清洗机精洗零件内外各表面，各孔道均要清洗到位 （3）用压缩空气吹干零件（压缩空气压力0.6~0.8 MPa），存放在塑料中转箱内防尘保护
涂胶		（1）液压管接头在装配前应检查螺纹、密封面是否完好，密封圈是否有损坏现象 （2）装配前必须对元件的涂胶部位用专用清洗剂进行二次清洗去油处理。喷射清洗剂时，喷嘴距离清洗部位约20~50 mm，每个部位清洗剂的用量不可过多（大约按住喷嘴1~2 s即可）。注意：清洗剂不得直接喷射到接头的菱形圈上 （3）待涂胶部位完全干燥后（30~50 s），将接头的连接端螺纹部位涂上螺纹锁固密封胶，涂胶时要注意涂在连接端螺纹的中间部位，不得涂到菱形圈上以免损坏菱形圈，也不得涂到螺纹前端部以免堵塞油路
连接装配		（1）将涂胶后的接头体用手迅速拧入对应阀块或油箱的装配油口 （2）用开口扳手预紧后，再用扭力扳手拧紧，拧紧力矩应符合表2—5—6要求。接头体必须一次装配到位，不允许将元件上所有接头体全部预紧后再用扭力扳手拧紧
液压管接头与液压元件的连接		（1）检查液压管接头螺纹、密封面是否完好，按接头的清洗要求对接头体进行清洗 （2）检查液压元件型号规格是否相符，油口密封盖是否完好。 （3）将液压元件的密封盖拆下，用棉纱将液压元件油口上的油污仔细抹干净；将清洗后的接头体用手拧入液压元件的对应油口，用开口扳手预紧后，再用扭力扳手拧紧，拧紧力矩应符合表2—5—6要求

表2—5—6　　液压管接头普通螺纹旋转螺母拧紧力矩参数

螺纹规格	最小装配力矩（N·m）	浮动范围（N·m）	螺纹规格	最小装配力矩（N·m）	浮动范围（N·m）
M12×1.5	16	16~18	M24×1.5	70	70~77
M14×1.5	28	28~31	M26×1.5	96	90~106
M16×1.5	36	36~40	M30×2	100	100~110
M18×1.5	40	40~44	M36×2	120	120~132
M20×1.5	50	50~55	M42×2	170	170~187
M22×1.5	60	60~66	M45×2	240	240~264

六、金属管管接头安装与连接

1. 用O形密封圈靠端面密封的焊接式管接头

这种管接头应用较多，也往往成为泄漏的主要部位之一。这种接头的防漏，首先要注意零件的加工精度，尤其是O形密封圈槽尺寸要严格控制在公差范围之内。此槽若太深，O形密封圈压缩量不够，压力油能穿过O形密封圈外漏；此槽若太浅，O形密封圈压缩量过大，容易产生永久变形而使其过早损坏，使用一段时间之后就会发生泄漏。

采用焊接式接头的金属管道，在接头焊接前若要进行弯制，其正确的施工方法是：先将管接头部分用接头螺母紧固在安装位置上，然后再按两头已装好的接头来弯制金属管道，使接缝处能较好地对合；用点焊的方法将金属管与接头连接起来；最后松开接头，取下这个管道组件再进行焊接。如此焊好的管道组件，应再拿到安装位置进行试装，检查两头的密封面应能较好地贴合，必要时还要割开焊缝重新焊接。切莫在密封面闭合不好的情况下强行用接头螺母压紧，这样是容易造成泄漏的。

接头所使用的密封圈，装配前应进行仔细的检查，注意形状要规矩，断面尺寸和形状应在规定的范围之内，表面不能有疵病。

2. 卡套式管接头

用卡套式管接头连接金属管道，安装比较方便。若接头零件及管子的质量较好，装配后能耐高压，不发生泄漏，但必须注意以下几个问题：

(1) 管子的外径尺寸必须准确，表面光洁，装卡套处的一段事先要仔细检查。对于无缝钢管应选用高精度的冷拔管。在切断管子时注意不要使端部变形及碰伤表面。

(2) 管接头零件的加工质量，尤其是卡套的质量要严格检查。在加工过程中，对其关键的部位——卡管的刃口往往出现马虎过关的现象，这样极易产生泄漏。刃口部位应棱角分明，符合设计要求。

卡套的材料一般用10钢氮化处理，表面硬化层深度为0.03~0.05 mm，硬度为680~800HV。若按上述工艺条件有困难时，材料也可用45Mn，采用整体淬火，淬后硬度为40~45HRC。

(3) 安装好的管道不要承受大的外力，特别是脉动载荷，否则使用一段时间之后容易使卡套松动，产生泄漏。

金属管道的接头还有扩口式、低硬度金属垫圈式等形式，其密封要求与以上两种相似。

七、管道连接的修理方法

管道经长期使用后，管子和管接头可能会出现泄漏的现象；另外由于受到腐蚀、损坏及其他原因，管子、连接盘、衬垫等零件可能断裂。在这些情况下，应及时修理。常用的修理方法有：

1. 当管子、连接盘出现裂纹时，可用焊补的方法进行修理；如果管子因多处腐蚀而泄漏，应更换新管子。

2. 当管子的端头螺纹损坏，而连接盘损坏又无法焊补时，应更换新管子和连接盘。

3. 当管子与管接头的连接处发生泄漏时，可通过旋紧或压紧管接头的方法来解决；如果仍泄漏，需拆开更换密封填料后，再重新装配。

4. 橡胶、尼龙等软管出现泄漏时，都应更换新管。

课题六　部件和整机装配

子课题 1　普通机床部件装配

学习目标

1. 熟悉装配的基础知识。
2. 能进行卧式车床主轴的部件装配。

装配是机器制造生产过程中极重要的最终环节。若装配不当，质量全部合格的零件，可能装配出不合格的产品；而零件存在某些质量缺陷时，只要在装配中采取合适的工艺措施，也能使产品达到规定的要求。因此，装配质量对保证产品的质量有十分重要的作用。

一、装配基础知识

1. 装配工艺概述

机械产品一般由许多零件和部件组成。按规定的技术要求，将若干零件结合成部件或将若干个零件和部件结合成机器的过程称为装配。

2. 机器的组成

任何机器都是由零件、套件、组件和部件组合而成。

图 2—6—1 所示为日常用的指甲钳，它就是一个简单的、能独立完成剪指甲功能的小机器。指甲钳由钳身、支柱、压板、定位销、铆钉组成。装配过程为：将带有钳口的两个零件用铆钉组合成钳身，在钳口的支柱孔内由下而上穿入支柱，压合钳身、装上压板，将定位销穿入压板和支柱孔后即完成装配。

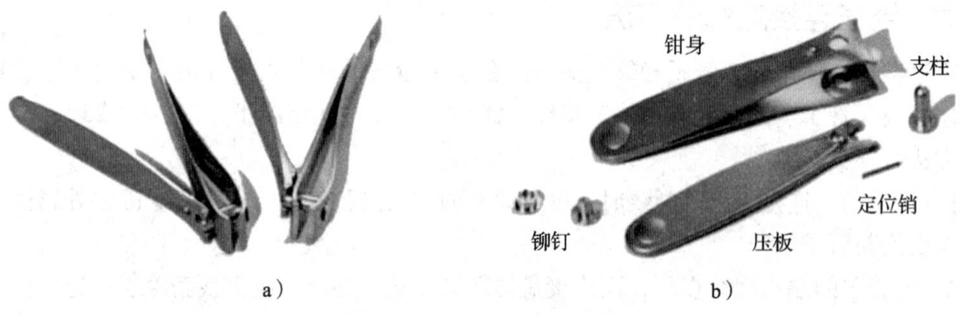

图 2—6—1　指甲钳的结构
a）外形　b）零件结构

(1) 零件

零件是构成机器的最小单元，如铆接前的钳身、铆钉、支柱、压板等。

(2) 套件

在一个基准件上装上若干个零件就构成了套件，一经套装则形成一个零件，不能拆卸，如经铆接、焊接后的零件，套合后的双联齿轮等，如图 2—6—2 所示。

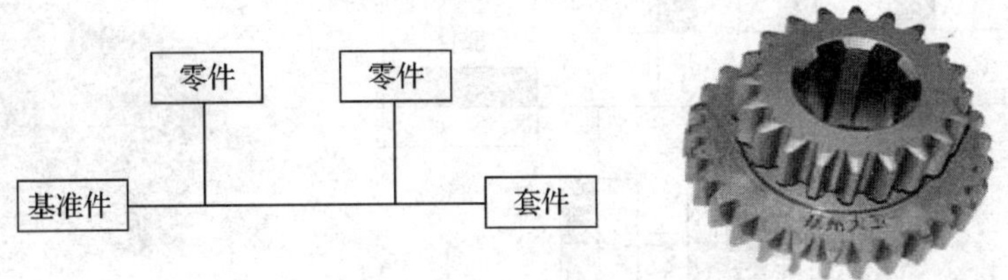

图 2—6—2　套件的装配

(3) 部件

部件是由两个或两个以上零件结合形成机器的某部分，如车床主轴箱、进给箱、滚动轴承等都是部件。部件是个通称，其划分是多层次的。

直接进入产品总装的部件称为组件。在一个基准件上装上若干个零件、套件就构成了组件。组件的装配如图 2—6—3 所示。

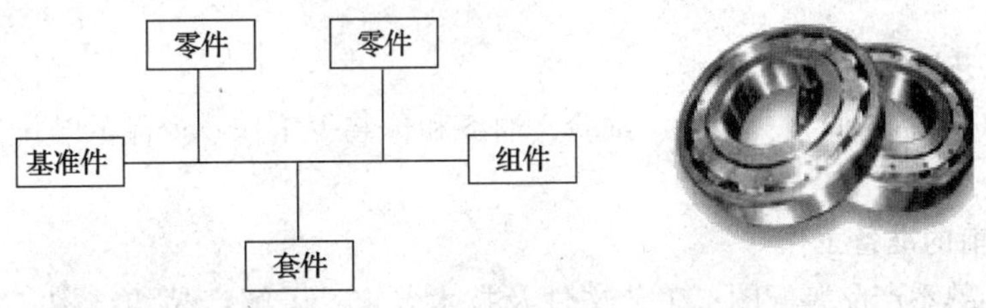

图 2—6—3　组件的装配

直接进入组件装配的部件称为一级分组件，直接进入一级分组件装配的部件称为二级分组件，其余类推。产品越复杂，分组件级数越多。

组件与分组件的划分如图 2—6—4 所示。部件的装配如图 2—6—5 所示。

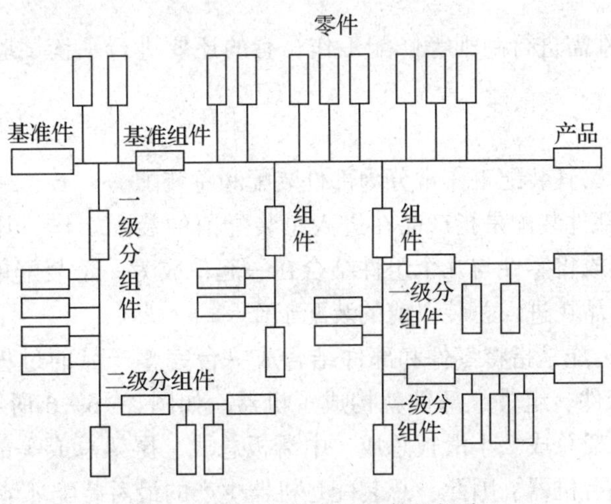

图 2—6—4　组件与分组件的划分

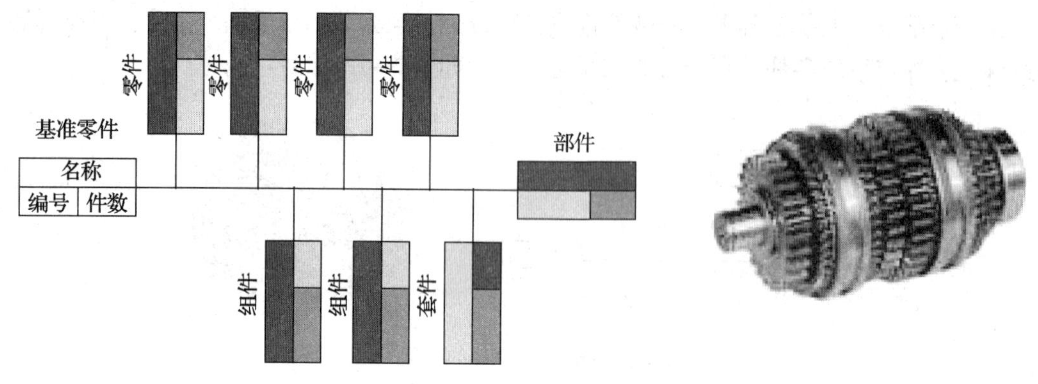

图 2—6—5　部件的装配

（4）装配单元

可以独立进行装配的部件称为装配单元。任何一个产品都能分成若干个装配单元。

（5）装配基准件

最先进入装配的零件称为装配基准件，它可以是一个零件，也可以是低一级的装配单元。

3. 装配工艺过程

装配包括对产品的调整、检验、试验、油漆和包装等工作。产品的装配工艺一般包括以下四个过程。

（1）装配前的准备工作

1）研究和熟悉产品装配图、工艺文件及技术要求；了解产品的结构、零件的作用以及相互的连接关系，并对装配零部件配套的品种及其数量加以检查（如标准件、外购件等）。

2）确定装配的方法、顺序，准备所需的工具。

3）对装配零件进行清洗和清理，去掉零件上的毛刺、锈蚀、切屑、油污及其他脏物，以获得所需的清洁度。

4）对有些零部件需进行刮削等修配工作，有的还要进行平衡试验、渗漏试验和气密性试验等。

（2）装配工作

结构复杂的产品，其装配工作常分为部件装配和总装配。

1）部件装配。部件装配是指产品在进入总装配前的装配工作。凡是将两个及两个以上的零件组合在一起或将零件与几个组件结合在一起，成为一个装配单元的工作，均称为部件装配。部装是产品在进入总装以前的装配工作。

2）总装配。总装配是指将零件和部件结合成一台完整产品的过程。在一个基准件上装上若干个零件、套件、组件、部件就构成了机器。如图 2—6—6 所示为 CA6140 车床总装，先将主轴箱、刀架总成、小滑板总成、中滑板总成、尾架总成等部件装好后再安装到床身上，最后装成一台机器。因此，总装配是机器生产的最后装配环节。

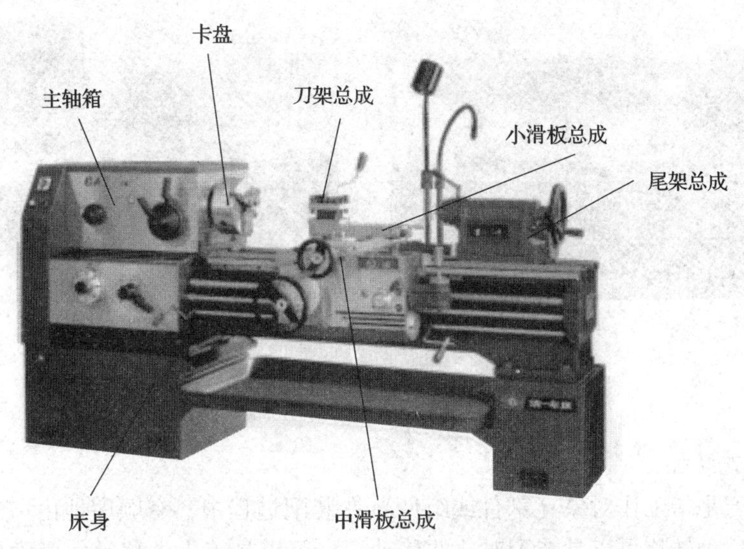

图 2—6—6 CA6140 车床

(3) 调整、精度检验和试车

1) 调整。调整是指调节零件或机构的相互位置、配合间隙、结合程度等，其目的是使机构或机器工作协调。如轴承间隙、镶条位置、蜗轮轴向位置的调整。

2) 精度检验。精度检验包括几何精度检验和工作精度检验等，如车床总装后，要检验主轴中心线和床身导轨的平行度、中滑板导轨和主轴中心线的垂直度及前、后顶尖的等高度。工作精度一般是指切削试验，如车床进行车圆柱或车端面试验。

3) 试车。试车是指试验机构或机器运转的灵活性、振动、工作温升、噪声、转速、功率等性能参数是否符合要求。

(4) 喷漆、涂油和装箱

机器装配之后，为了使其美观、防锈和便于运输，还要做好喷漆、涂油和装箱工作。

4. 装配工作的组织形式

装配工作的组织形式随着生产类型和产品复杂程度的不同而不同，一般分为固定式装配和移动式装配两种。

(1) 固定式装配

如图 2—6—7a 所示，固定式装配是将产品或部件的全部装配工作安排在一个固定的工作地点进行，装配过程中产品的位置不变，装配所需要的零件和部件都汇集在工作地点附近，主要应用于单件生产或小批量生产。

单件生产时（如新产品试制、模具和夹具制造等），产品的全部装配工作均在某一固定地点，由一个工人或一组工人完成。这种组织形式的装配周期长、占地面积大，并要求工人具有较高的综合技能。

成批生产时，装配工作通常分为部件装配和总装配，每个部件由一个工人或一组工人完成，然后进行总装配。这种组织形式一般应用于较复杂的产品，如机床、飞机、坦克等的装配。

a）　　b）

图 2—6—7　装配工作的组织形式

a）坦克固定式装配　b）液晶显示屏装配流水线

（2）移动式装配

移动式装配是指工作对象（部件或组件）在装配过程中，有顺序地由一个工人转移到另一个工人。这种转移可以是装配对象的移动，也可以是工人的移动。通常把这种装配组织形式称为流水装配法，如图 2—6—7b 所示。移动装配时，常利用传送带、滚道或轨道上行走的小车来运送装配对象；每个工作地点（或同一个工人）重复地完成固定的工作内容，并且广泛地使用专用设备和专用工具。因而其装配质量好、生产率高、生产成本低，适用于大批量生产，如汽车、拖拉机、电子产品等的装配。

5. 装配工艺的编制

编制装配工艺时，为了便于分析研究，首先要把产品分解，划分为若干个装配单元，绘制产品装配系统图，再划分出装配工序和工步，编制装配工艺。

（1）产品装配系统图的绘制

表示产品装配单元的划分及其装配顺序的图称为产品装配系统图。图 2—6—8 所示为总装装配工艺系统图。绘制装配单元系统图时，先画一条横线，在横线左端画出代表基准零件的长方格，在横线右端画出代表产品的长方格，然后按装配图顺序从左向右将代表直接装到产品上的零件或组件的长方格从水平线引出，零件画在横线上面，组件画在横线下面。用同样的方法，可以把每一组件及分组件的系统图展开画出。长方格内要注明零件或组件的名称、编号和件数。产品装配系统图能反映装配的基本过程和顺序，以及各部件、组件、分组件和零件间的从属关系，从中可看出各工序之间的关系和所采用的装配工艺等。

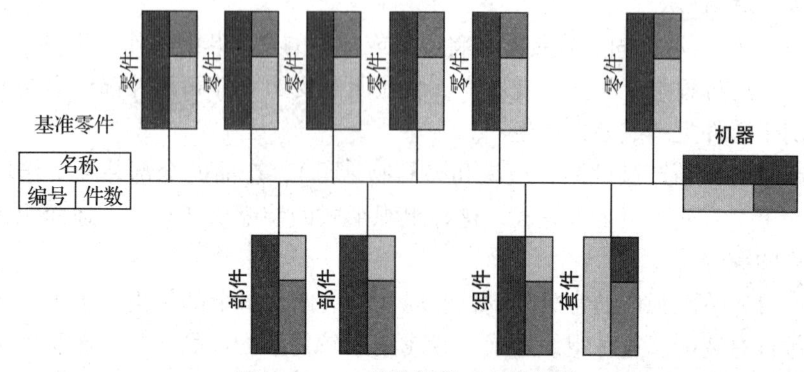

图 2—6—8　总装装配工艺系统图

图2—6—9所示为平口钳总装工艺系统图，其中图a为零部件总装示意图，图b为总装工艺系统图。从图中可以清晰地看出安装基准、零件数量、部件装配组成及最后总装机器的数量，层次清楚明了，大大地提高了装配系统工程的生产管理效率。

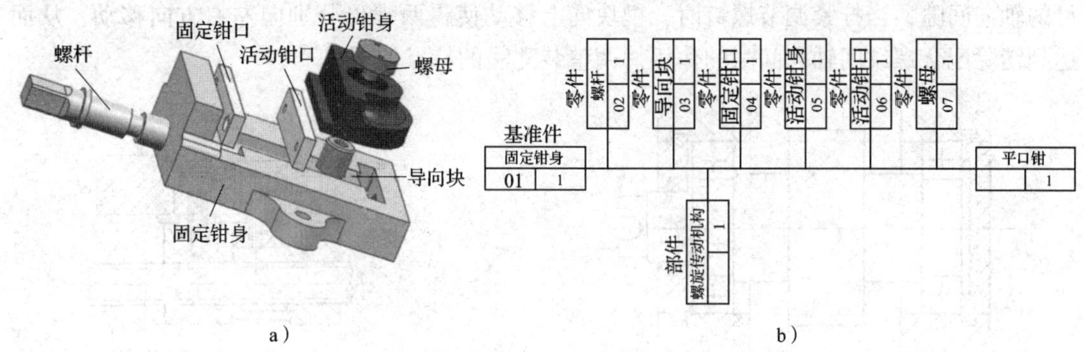

图2—6—9　平口钳总装工艺系统图
a）总装示意图　b）总装工艺系统图

（2）装配工序及工步的划分

通常将整台机器或部件的装配工作分成装配工序和装配工步顺序进行。由一个工人或一组工人，在不更换设备或地点的情况下完成的装配工作，称为装配工序。用同一工具，不改变工作方法，并在固定的位置上连续完成的装配工作，称为装配工步。部件装配和总装配都是由若干个装配工序组成的，一个装配工序中可包括一个或几个装配工步。

6. 装配方法

（1）互换装配法

在装配时各配合零件不经修配、选择或调整即可达到装配精度的装配方法，称为互换装配法。互换装配法有以下特点：

1）装配操作简便，生产效率高。

2）便于组织流水线作业及自动化装配。

3）便于采用协作方式组织专业化生产。

4）零件磨损后，便于更换。

一般互换装配法又分为完全互换装配法和不完全互换装配法。

（2）选配法

选配法是将零件的制造公差适当放宽，然后选取其中尺寸相当的零件进行装配，以达到配合要求。选配法一般分为直接选配法和分组选配法。

分组选配法有以下特点：

1）经分组选择后零件的配合精度高。

2）因零件制造公差放大，所以加工成本降低。

3）增加了对零件的测量分组工作量，同时会造成半成品和零件的积压，因此需要加强对零件的储存和运输的管理。

（3）调整装配法

在装配时改变产品中可调整零件的相对位置或选用合适的调整件以达到保证装配精度

的方法，称为调整装配法。调整装配法又分为固定调整装配法和可动调整装配法。固定调整装配法如图 2—6—10 所示，图中右轴承的轴向间隙通过加减垫片的厚度来进行调整。可动调整装配法如图 2—6—11 所示，图中的调节螺钉用来调节燕尾导轨丝杠传动时丝杠与螺母的轴向间隙，当拧紧调节螺钉时，楔块向上移动使得两螺母分别向左右方向移动，从而达到消除配合螺纹间轴向间隙的作用。调整装配法的特点如下：

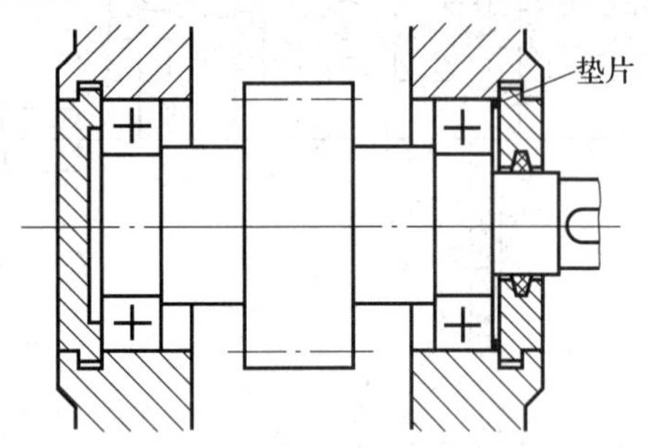

图 2—6—10　固定调整装配法示例

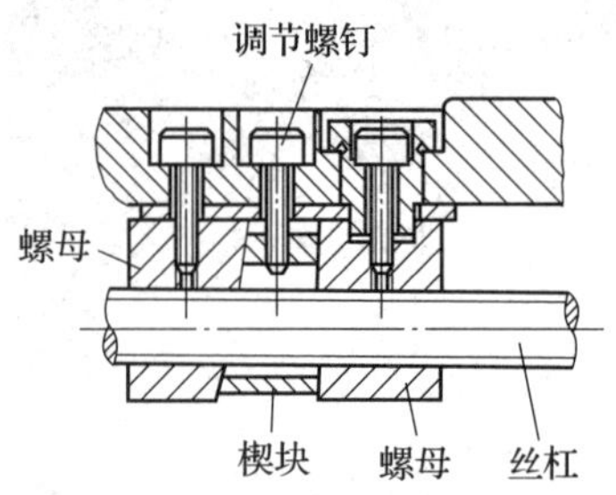

图 2—6—11　可动调整装配法示例

1）装配时，零件不需要任何修配加工，只靠调整就能达到装配精度。

2）可进行定期调整，故容易恢复配合精度，这对容易磨损或因温度变化而需改变尺寸位置的结构是很有利的。

3）调整件容易降低配合副的连接刚度和位置精度，所以要认真仔细地调整，调整后固定要坚实牢靠。

（4）修配装配法

在装配时修去指定零件上预留的修配量，以达到装配精度的方法，称为修配装配法。如图 2—6—12 所示，机床尾座的调整就是用修配法来进行的，即通过刮配 A_2 的尺寸来间接保证 A_0 装配公差要求。修配装配法的特点如下：

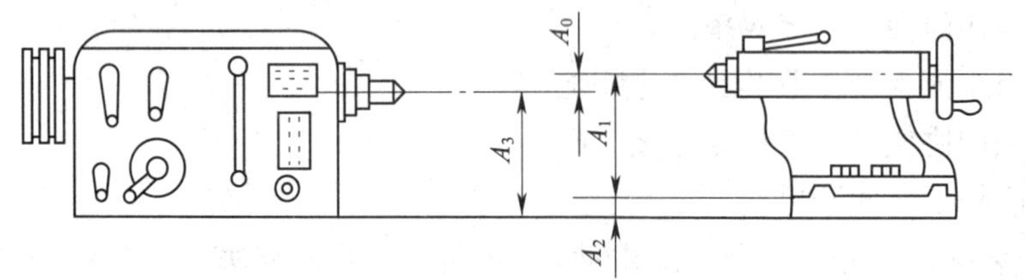

图 2—6—12　修配装配法示例

1）零件的加工精度要求降低。

2）不需要高精度的加工设备，而又能得到很高的装配精度。

3）装配工作复杂化，装配时间增加，故适宜于单件、小批量生产，或成批生产中精度要求高的产品中采用。

7. 装配工作的要点和调试

（1）清洗

去除零件表面的油污及机械杂质。清洗方法有擦、浸、喷淋等；清洗液有煤油、汽油、碱液及化学清洗液。

（2）连接

连接是装配的首要任务。连接方式有可拆连接与不可拆连接。

（3）校正、调整、配作

为单件小批生产常用的装配方法。

（4）平衡

对高速回转的零件，为保证工作的平稳性，一般均作静、动平衡。

8. 验收与试验

机器装配好以后，应根据检验、试验规范进行必要的验收，这是保证机器质量，避免不合格品出厂，提高企业信誉的有效方法。

二、卧式车床主轴的部件装配

以 CA6140 型卧式车床为例，介绍其主轴轴组的装配要求及方法。

1. 主轴部件的结构

图 2—6—13a 所示为 CA6140 型卧式车床主轴轴组。主轴是一个空心的阶梯轴，其内孔可用来通过棒料或拆卸顶尖时用来穿入金属棒，也可用于安装气动、电动或液动夹紧机构。主轴前端的锥孔为莫氏 6 号锥度，用来安装顶尖套及前顶尖；也可安装心轴，利用锥面配合的摩擦力直接带动心轴转动。

如图 2—6—13b 所示，主轴前端采用短锥法兰式结构，它的作用是安装卡盘和拨盘。它以短锥和轴肩端面作定位面。卡盘、拨盘等夹具通过卡盘座 26，用四个螺栓 25 固定在主轴 1 上。安装卡盘时，只需将预先拧紧在卡盘上的螺栓 25 连同螺母 24 一起从主轴 1 轴肩和锁紧盘 22 上的孔中穿过，然后将锁紧盘转过一个角度，使螺栓进入锁紧盘上宽度较窄的圆弧槽内，把螺母卡住（图中所示位置），然后再把螺钉 23 拧紧，就可把卡盘等夹具紧固在主轴上。这种主轴轴端结构的定心精度高，连接刚度好，卡盘悬伸长度短，装卸卡盘也比较方便，因此，在新型车床上应用很普遍。

主轴安装在两支承上。前支承为 P5 级精度的双列圆柱滚子轴承，用于承受径向力。该轴承内圈和主轴之间有膨胀或收缩，以调整轴承的径向间隙，调整后用圆螺母锁紧。前支承处装有阻尼套筒，内套装在主轴上，外套装在前支承座孔内，内、外套之间有 0. 2 mm 的径向间隙，其中充满了润滑油，能有效地抑制振动，提高主轴的动态性能。前轴承与主轴前端 1∶12 锥度相配合，当内圈与主轴在轴向相对移动时，内圈可产生弹性变形。后支承由一个推力球轴承和一个角接触球轴承组成，分别用以承受轴向力（左、右）和径向力。同理，轴承的间隙和预紧可以用主轴尾端的螺母调整。

主轴前后支承的润滑都是由润滑油泵供油。润滑油通过进油孔对轴承进行充分的润滑，并带走轴承运转所产生的热量。为了避免漏油，前后支承采用了油沟式密封。主轴旋转时，由于离心力的作用，油液沿着斜面（朝箱内方向）被甩到轴承端盖的接油槽内，由油孔流向主轴箱。

主轴上装有三个齿轮。右端的斜齿圆柱齿轮 8 空套在主轴上。中间的齿轮 11 可以在主轴的花键上滑移。当齿轮 11 处于中间不啮合（空挡）位置时，主轴与轴承的传动联系被

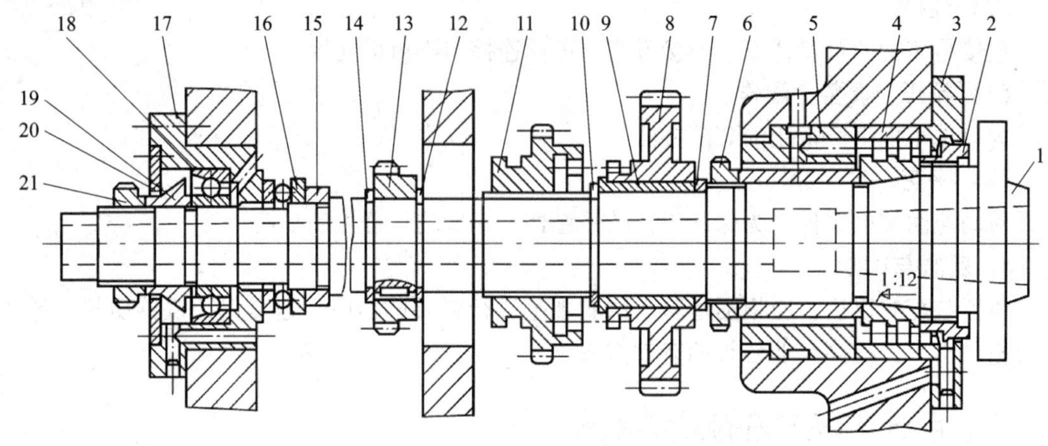

a)

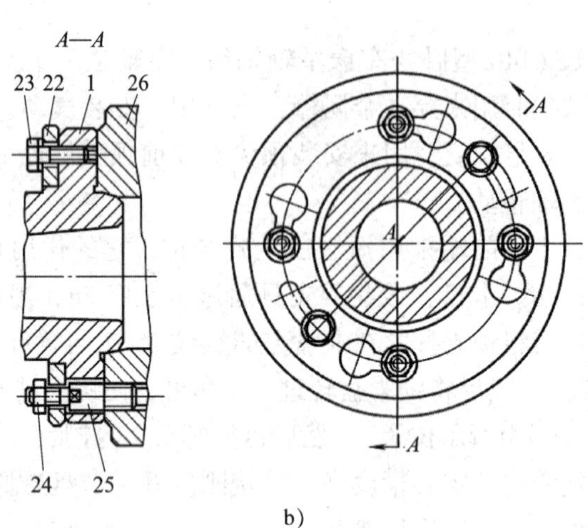

b)

图 2—6—13 CA6140 型卧式车床主轴部件结构

a）主轴轴组 b）主轴前端结构形式

1—主轴 2—密封套 3—前轴承端盖 4—双列圆柱滚子轴承 5—阻尼套筒 6、21—圆螺母 7、15—垫圈 8、11、13—齿轮 9—衬套 10、12、14—开口垫圈 16—推力球轴承 17—后轴承壳体 18—角接触球轴承 19—锥形密封套 20—盖板 22—锁紧盘 23—螺钉 24—螺母 25—螺栓 26—卡盘座

断开，这时可用手转动主轴，以便于测量主轴回转精度及装夹时找正等工作。左端的齿轮 13 固定在主轴上，用于将动力传递给进给箱。

2. 主轴部件的精度

主轴部件是车床的关键部分，在工作时承受很大的切削抗力。工件的精度和表面粗糙度，在很大程度上取决于主轴部件的刚度和回转精度。

主轴部件的精度是指它在装配调整之后的回转精度，包括主轴的径向圆跳动、轴向圆跳动以及主轴旋转的均匀性和平稳性。

（1）主轴径向圆跳动的测量

如图 2—6—14a 所示，在锥孔中紧密地插入一根锥柄检验棒，将百分表固定在机床上，使百分表测头顶在检验棒表面上，旋转主轴，分别在靠近主轴端部的 a 处和距 a 点 300 mm 的 b 处测量。a、b 两处的误差分别计算。主轴转一转，百分表读数的最大差值，就是主轴的径向跳动误差。为了避免检验棒锥柄配合不良的影响，读数后拔出检验棒，相对主轴旋转 90°，重新插入主轴锥孔内检验。依次重复检验四次，四次测量结果的平均值即为主轴的径向圆跳动误差。

(2) 主轴轴向圆跳动的测量

如图 2—6—14b 所示，在主轴锥孔中紧密地插入一根锥柄短检验棒，中心孔中装入钢球（钢球用黄油粘上），将百分表固定在床身上，使百分表测头顶在钢球上。旋转主轴检查，百分表读数的最大差值，就是主轴轴向圆跳动误差值。

a）

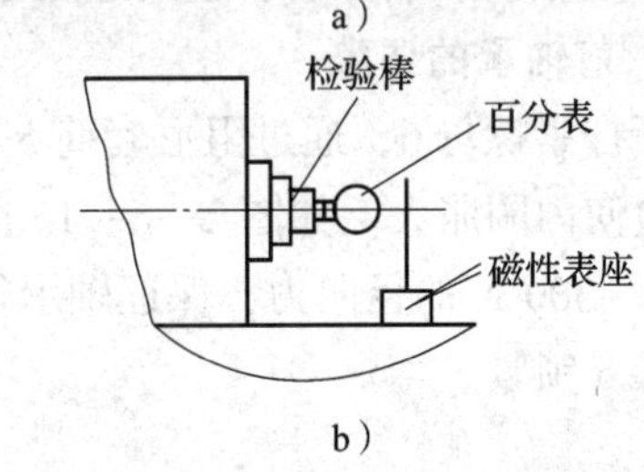

b）

图 2—6—14　主轴部件回转精度的检查

a）径向圆跳动的测量　b）轴向圆跳动的测量

3. 主轴轴组的装配

CA6140 型卧式车床主轴轴组（图 2—6—13a）的装配顺序如下：

(1) 将阻尼套筒 5 的外套和双列圆柱滚子轴承 4 的外圈及前轴承端盖 3 装入主轴箱体前轴承孔中，并用螺钉将前轴承端盖固定在箱体上。

(2) 把主轴分组件（由主轴 1、密封套 2、双列圆柱滚子轴承 4 的内圈及阻尼套筒 5 的内套组装而成）从主轴箱前轴承孔中穿入。在此过程中，从箱体上面依次将圆螺母 6、垫圈 7、齿轮 8、衬套 9、开口垫圈 10、齿轮 11、开口垫圈 12、键、齿轮 13、开口垫圈 14、垫圈 15 及推力球轴承 16 装在主轴上，并将主轴安装至要求的位置。适当预紧螺母 6，防止轴承内圈因转动而改变方向。

(3) 从箱体后端，将后轴承壳体分组件装入箱体，并拧紧螺钉。

(4) 将角接触球轴承 18 按定向装配法装在主轴上，注意敲击时用力不要过大，以免主轴移动。

(5) 依次装入锥形密封套 19、盖板 20、螺母 21 并拧紧所有螺钉。

(6) 对装配情况进行全面检查，以防止遗漏和错装。

装配双列圆柱滚子轴承 4 内圈时，应先检查其内锥面与主轴锥面的接触面积，一般应大于 50%。如果锥面接触不良，收紧轴承时会使轴承内滚道发生变形，破坏轴承精度，降低轴承使用寿命。

4. 主轴轴组的调整

(1) 主轴轴组的预装调整

预装调整的目的是为了检查组成主轴轴组的各零件是否能达到规定的装配要求；同时，空箱便于翻转，修刮箱体底面比较方便，易于保证底面与床身结合面的良好接触以及主轴轴线对床身导轨的平行度。主轴轴承的调整顺序，一般是先调整固定支承，再调整游动支承。因 CA6140 型卧式车床主轴后支承对主轴有双向轴向固定作用，未调整之前，主轴可以任意翘动，不能定心，影响前轴承调整的准确性。因此，主轴前、后轴承的调整顺序是：先调整后轴承，再调整前轴承。

(2) 后轴承的调整

先将螺母 6 松开，旋转螺母 21，逐渐收紧角接触球轴承 18 和推力球轴承 16。用百分表触及主轴前端面，用适当的力前后推动主轴，保证轴向间隙在 0.01 mm 之内。同时用手转动大齿轮 8，若感觉不太灵活，可能是角接触球轴承内、外圈没有装正，可用木锤（或铜棒）在主轴前后端敲击，直到感觉主轴旋转灵活自如后，再将两螺母锁紧。

(3) 前轴承的调整

逐渐拧紧螺母 6，通过阻尼套筒 5 内套的移动，使双列圆柱滚子轴承 4 的内圈作轴向移动，迫使内圈胀大。如图 2—6—15 所示，用百分表触及主轴前端轴颈处，撬动杠杆使主轴受 200 ~ 300 N 的径向力，保证轴承径向间隙在 0.005 mm 之内，且大齿轮转动灵活，最后将螺母 6 锁紧。

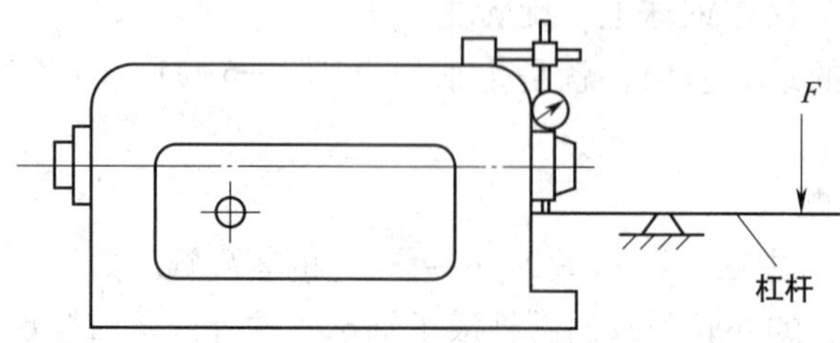

图 2—6—15　主轴径向间隙的检查

(4) 主轴轴组的试车调整

机床正常运转时，随着主轴箱内温度的升高，主轴轴承间隙也会发生变化。因此，主轴轴承的间隙，一般应在机床温升稳定后再进行调整。试车调整的方法如下：

按要求给主轴箱加入润滑油，适当拧松螺母 6 和螺母 21（原始位置做好标记），用木锤（或铜棒）在主轴前、后端适当振击，使轴承回松，保持间隙在 0 ~ 0.02 mm 之内。主轴从低速到高速空运转时间不超过 2 h，在最高速的运转时间不少于 30 min，一般温升不超过 60℃即可。停车后锁紧圆螺母 6 和螺母 21，结束调整工作。

子课题 2　小型设备的总装配

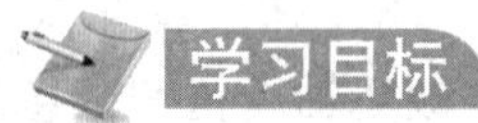

1. 熟悉装配质量检测的基本要求。
2. 能进行平口钳的总装配。

装配质量包括的内容很多，有装配精度、操作性能、使用性能等指标。装配质量是否合格，需要对装配的各个环节进行检测，最终用数据说话。本课题所讨论的内容是在零部件合格的前提下进行的。

一、装配精度检测

1. 互换性的定义

互换性是指同一规格的零部件按照规定技术要求制造，能够彼此相互替换而使用效果相同的性能。

（1）零部件按照规定的技术要求制造。

（2）装配时零部件不需要挑选、调整或辅助修配。

（3）装配后的产品（机器和模具等）保证其功能或性能。

2. 定位精度与定位误差

（1）机床定位精度

机床定位精度，是指机床主要部件在运动终点所达到的实际位置的精确程度。

（2）定位误差

定位误差是指实际位置与预期（理想）位置之间的偏离程度。

3. 距离精度

距离精度也包括在定位精度之内，如普通车床前后顶尖对机床床身导轨的等高性。

4. 相互位置精度

相互位置精度是指产品中相关零部件间的距离精度和相互位置精度，如机床主轴箱装配的轴间中心距尺寸精度和同轴度、平行度、垂直度等。

5. 传动精度

机床的传动精度是指机床内联系传动链首末两端之间的相对运动精度。

6. 几何精度

机床的几何精度是指机床某些基础零件工作面的几何精度，如工作台平面度、导轨直线度、主轴圆度等。它指的是机床在不运动（如主轴不转，工作台不移动）或运动速度较低时的精度。

7. 工作精度

（1）静态精度

静态精度只能在一定程度上反映机床的加工精度，因为机床在实际工作状态下，还有一系列因素会影响加工精度。

（2）动态精度

机床在外载荷、温升及振动等作用下的精度，称为机床的动态精度。

（3）工作精度

生产中一般是通过切削加工出的工件精度来考核机床的综合动态精度，称为机床的工作精度。

二、装配工作的基本要求

1. 装配时，应检查零件与装配有关的形状和尺寸是否合格，检查有无变形、损坏等，并应注意零件上各种标记，防止错装。

2. 固定连接的零部件，不允许有间隙。活动的零件，能在正常的间隙下灵活均匀地按规定方向运动，不应有跳动。

3. 各运动部件（或零件）的接触表面，必须保证有足够的润滑，若有油路必须畅通。

4. 各种管道和密封部位，装配后不得有渗漏现象。

5. 试车前，应检查各个部件连接的可靠性和运动的灵活性，各操纵手柄是否灵活和手柄位置是否在合适的位置；试车前，从低速（压）到高速（压）逐步进行。

三、装配质量检测

1. 检查机械是否按所需位置安装，安装是否稳固。

2. 检查机座底与基础间的楔形垫铁数量和分布位置应符合技术文件规定。

3. 检查各类管材表面应平整光洁、无变形、无裂纹。

4. 检查各种性能或监控测量仪表（如压力表、温度表或温度计等）的表盘、表面应清晰、无物遮盖。

5. 检查液压油、润滑油、切削液等的管子，螺纹应满口，中间不得断牙；管子内壁应清洁，管口无毛刺。

6. 油漆完整，无脱落及碰撞痕迹。

7. 气液阀门关闭严密。

8. 机械的活动部件（分）用手动盘动应轻便、灵活。

9. 电气线路清晰整齐，有接地。

四、平口钳的总装配

1. 平口钳的总装配图

平口钳的总装配图如图 2—6—16 所示。

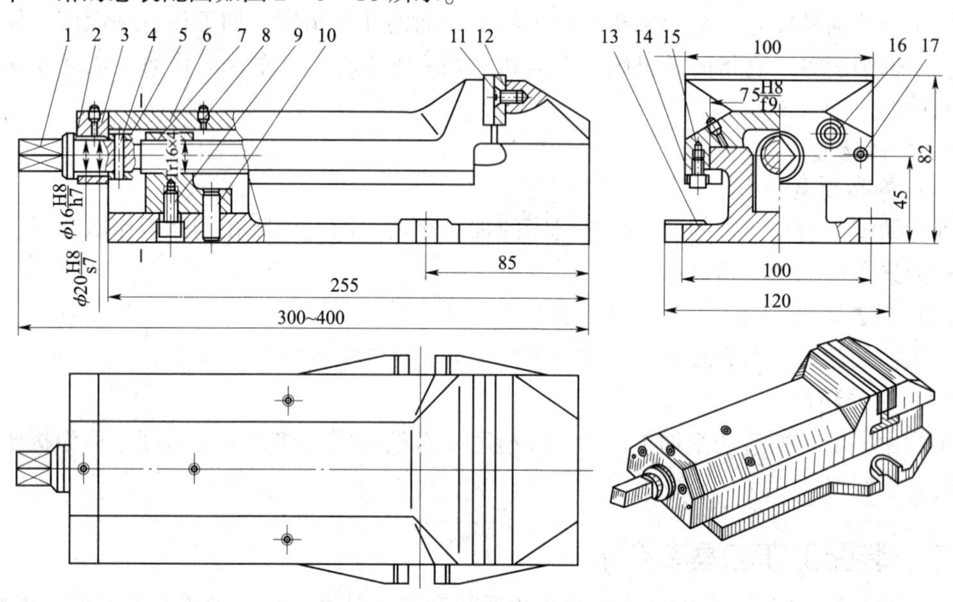

图 2—6—16 平口钳装配图

1—螺杆 2—轴衬 3—挡板 4—锥销（$\phi4\times25$） 5—销圈 6—活动钳身 7—螺母 8—油杯 9—螺钉（M8×6） 10—锥销（$\phi8\times28$） 11—螺钉（M6×12） 12—钳口板 13—钳座 14—压板 15—螺钉（M6×16） 16—螺钉（M8×20） 17—锥销（$\phi6\times25$）

2. 装配前准备工作

（1）刮研固定钳身

使用直角刮研模板（图 2—6—17a），刮削要求是每 25 mm × 25 mm 面积上有 16 ~ 18 个研点，刮研操作过程如图 2—6—17b 所示。

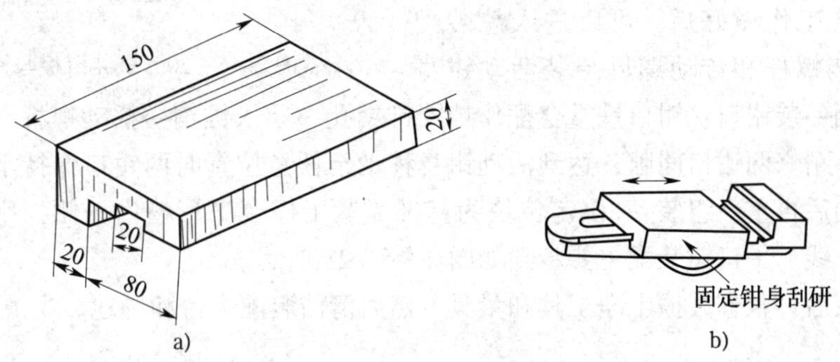

图 2—6—17　固定钳身的刮研

（2）底盘加工

刮研底盘上、下表面，达到研点和平行度误差要求后，装定位块，可用等高垫铁和百分表测量，达到定位块与孔的对称度要求即可，如图 2—6—18 所示。

（3）活动钳身的加工和配刮

活动钳身的加工工艺步骤如下：

1）检查来料尺寸，进行倒角、倒棱。

2）按尺寸划线，钻铰 $\phi3 \sim \phi6$ mm 油杯孔。

3）与压板配钻 M6 螺孔，要求压板与活动钳身外形平齐。

4）按图开油槽。

5）用刮研模板研刮凹面，达到每 25 mm × 25 mm 面积上有 12 ~ 16 个研点。

6）研刮活动钳身两侧面（图 2—6—19），达到配入钳座内滑动轻便均匀，用 0.04 mm 塞尺在端部检查，其塞入深度不超过 10 mm，且要求接触点在每 25 mm × 25 mm 面积上有 8 ~ 12个研点。

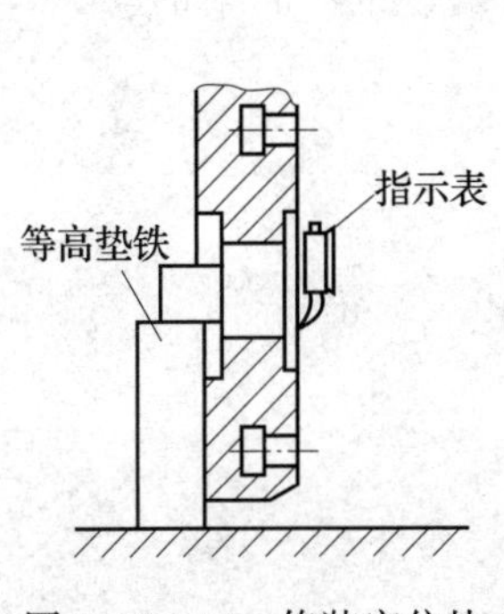

图 2—6—18　修装定位块

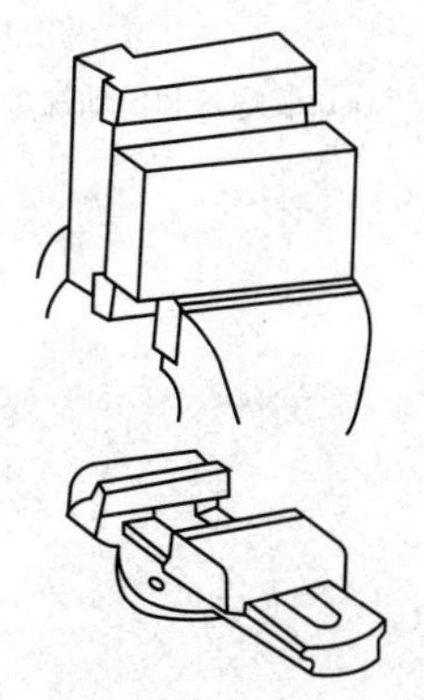

图 2—6—19　配刮活动钳身

（4）试装

以钳口铁、滑板配作各连接孔，试装活动钳身与滑板，达到滑动轻快，无向上或左右的松动感，如图 2—6—20 所示。

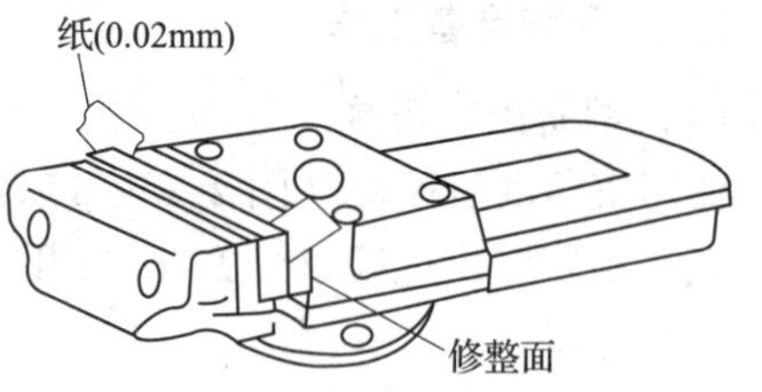

图 2—6—20　试装滑板与钳口铁

（5）装配

以上准备工作做好后，可以进入总装配，其顺序为：装螺杆和传动螺母→装活动钳身、滑板→装垫圈→装钳口，钳口铁重合配作挡圈锥销孔→装入锥销→摇动螺杆，达到活动钳身滑动轻快→精修两钳口间隙，达到活动钳身移动至任意位置时两钳口保持平齐→全部拆卸清洗，涂油后再重新组装 →以定位块为基准靠紧工作台 T 形槽内一侧，用指示表找正钳口铁，打 0 线。平口钳装配主要步骤如图 2—6—21 所示。

装配结束后，整理并擦干净工具和量具，然后清洁装配平台和场地。

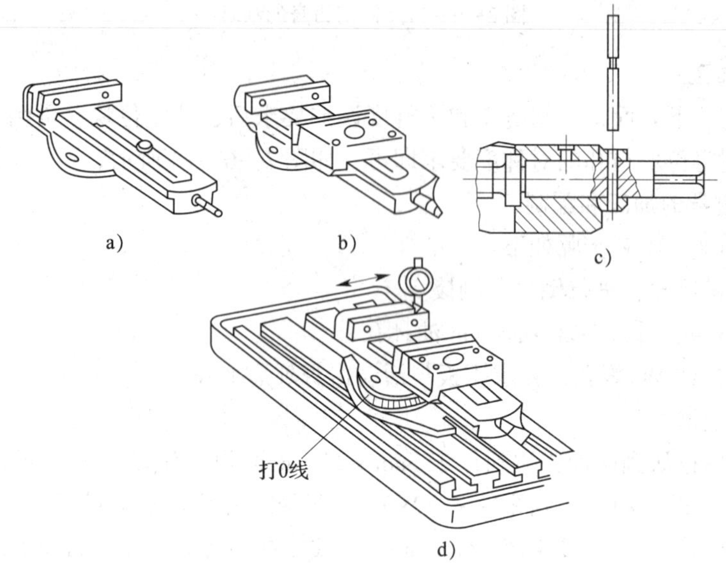

图 2—6—21　平口钳装配主要步骤

a）装螺杆和传动螺母　b）装活动钳身、滑板　c）配装挡圈　d）打 0 线

模块三

设备检验与调试

课题一　装配质量检验

子课题1　机械装置质量检验

学习目标

1. 了解装配质量控制依据和文件。
2. 熟悉装配质量提高措施。
3. 掌握常规装配质量检验流程。
4. 熟悉机械设备安装的基础知识。

装配质量控制是机械产品制造全过程质量控制的重要组成部分，其目的是：使装在产品上的零件、部件、组件及单元体符合质量要求，保证产品装配质量；满足产品设计规定，达到预计的产品性能要求，保证使用安全，工作可靠。

一、装配质量控制依据

装配质量控制依据是合同、设计图样、技术说明书、工艺规程、国家标准及行业标准，主要是指：与买方（订货方）签订的装配部件、单元件、整机供货合同中质量特性、技术状态及质量保证条款等；产品成套的设计图样，设计说明书中技术状态和质量特性；制造工艺说明书中有关产品质量特性、技术状态及质量保证要求；部件、组件、单元体、整机装配工艺规程、试验规程、检验规范、检验计划。所有零部件、整机符合相关国家标准和行业标准或国际通用标准的相关规定。

二、装配质量控制文件

装配质量控制是对产品装配过程中各种因素的管理和各个环节活动的控制。装配质量控制文件是指从装配配套开始，经清洗、装配、试车、故障检验、排除故障全过程实施的具体质量控制文件。

控制文件有装配质量控制程序、检验计划或检验程序、工艺规程、操作程序及装配大纲几种形式。

1. 装配质量控制程序

装配质量控制程序是指对影响产品质量的有关因素实施管理和调节活动的质量控制文件。如关键特性、重要特性控制，批次管理控制，可跟踪性管理控制，技术状态控制，环境控制，工艺装备控制，操作人员控制等。

2. 检验计划

检验计划是指每一部件、组件、单元体、整机装配过程中实施质量验证（质量检验）的技术文件。其中规定了检验内容（特性）和程序，检验方法和工装，检验记录要求等。

3. 检验程序

检验程序是指在工艺规程中规定的检验工序或工步。

4. 装配工艺规程、操作程序

装配工艺规程、操作程序是装配现场遵循的生产法规，也是指导工人操作的重要质量控制文件。

5. 装配大纲

装配大纲是把设计、制造、生产、质量、经营融合在一起，发到生产单位使用的一种综合性多功能的工程文件，如产品装配组织形式。生产管理要贯彻执行这类文件。

三、装配质量提高的措施

1. 人员管理与培养

装配工人和检验人员须经培训和资格考核，具有操作合格证方可上岗。调换装配岗位或增加新产品装配岗位时，需重新培训和考核。

2. 装配环境管理与控制

工装、量器具、仪器仪表的质量控制：

（1）新专用工装必须经过试用、鉴定合格，满足工艺要求才允许使用。

（2）各类工装、通用量具，按计量标准定期检定，应在合格期内，不允许超期使用。

（3）使用前目视检查工装的完整性，不应有影响产品质量的故障。

（4）工装更改。按工装更改内容及时返修工装实物，承制单位返修合格，经计量部门鉴定合格再发到现场使用。

（5）工装使用时应检查定位板、定位销等可拆装零件的定位位置是否符合使用要求。

（6）试验设备、仪器、仪表定期核定。

（7）工位器具、工装夹具、辅助材料等按规定存放，保持清洁。照明、温度符合规定要求。

3. 装配过程控制与管理

装配过程中严格按照装配工艺规程进行装配、调试和检验，并认真记录。装配记录是产品装配、试车过程形成的质量原始记录。对于重要产品，如汽车发动机、航空发动机等，装配记录是可追踪的永久性凭证。

4. 关键工序、重要工序的质量控制

根据装配工艺的特点，关键工序是指形成关键特性的工序，重要工序是指形成重要特性的工序，或装配过程复杂需要特殊控制的工序或工步。

编制装配工艺过程的关键工序（或工步）、重要工序（或工步）的质量控制目录，以便重点控制；工艺文件在规定位置按设计图样标注关键特性、重要特性符号；进行三检（工人自检、检验员检验、工段长检验），100% 检验关键特性、重要特性；按全面质量管理（TQC）方法，设置质量控制点，重要产品用控制图方法实施监控；必要时编制该工序（或工步）质量控制程序。

5. 严格装配过程的检验

装配过程的检验是根据产品检验规范和检验计划或装配工艺规程设置的检验工序。

检验计划按装配对象的装配程序安排检验程序，并规定了检验内容、方法和所用工装。

装配过程的检验，按其目的、作用分为：装配前检测，工步或工序检验，复核检验（质量审核检验），最终检验和用户（买方或订货方）验收检验。常规检验流程如图 3—1—1 所示。

装配前检测是为了确保进入装配现场的所有零部件、组件（包括外购件、标准件）均为合格。

工步或工序检验是为了保证产品装配过程合格。

最终检验、试车检验和验收检验是根据产品的性能要求进行综合性能测试。

四、装配精度

装配精度是制定装配工艺规程的主要依据，也是选择装配方法和确定零件加工精度的依据。

1. 尺寸精度

尺寸精度是指装配后相关零部件间应当保证的距离和间隙。例如卧式车床前、后顶尖对床身导轨的等高度要求等。

2. 位置精度

位置精度是指装配后零部件间应当保证的平行度、垂直度、同轴度和各种跳动等。例如台式钻床主轴对工作台台面的垂直度要求等。

3. 相对运动精度

相对运动精度是指装配后有相对运动的零部件间在运动方向和运动准确性方面应保证的要求。例如滚齿机滚刀主轴与工作台相对运动的准确性等。

4. 接触精度

接触精度是指两配合表面、接触表面和连接表面间达到规定的接触面积和接触点分布的情况。它影响部件的接触刚度和配合质量的稳定性。例如齿轮啮合、锥体与锥孔配合以及导轨副之间均有接触精度要求。

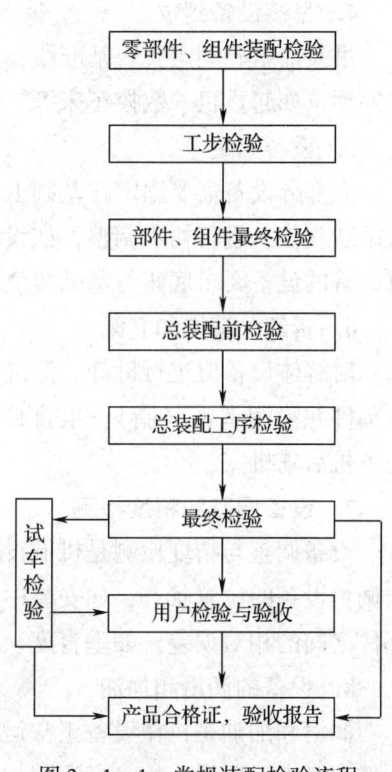

图 3—1—1　常规装配检验流程

五、机械设备安装的基础知识

1. 一般设备安装流程

一般设备安装流程：设备基础施工（放线、预埋）→基础检查验收→开箱检查与清点→设备吊装就位→设备固定→拆卸、清洗与装配→设备调整与精度检测→润滑与设备加油→试运转→验收。

2. 基础检查验收

（1）设备基础平面位置、标高、几何尺寸测量检查。

（2）基础外观检查，表面有无蜂窝、麻面等。

（3）基础混凝土强度是否符合设计要求。

（4）预埋地脚螺栓位置、深度等。

（5）重型设备的特殊要求，如地基承载力、预压等。

3. 开箱检查和清点

施工单位请业主、设计、监理、使用单位共同到现场开箱验收。

方法：清点设备的零件、附件是否短缺，检查设备的外观及零附件是否有损坏和锈蚀的现象。做好开箱记录，检查说明书、出厂合格证是否齐全。主要材料进场时，必须有出厂合格证及检验报告。若出现材料代用，必须取得设计或有关部门的认可后，方能投入使用。应避免材料发潮、变质或丢失等现象的发生。按照装箱单和技术文件逐一清点，登记和检查，检验后形成检查记录，签字确认。

4. 吊装设备到位

吊装前基础划定安装基准线，设置好垫铁；质量大、体积大、安装位置高的设备要做好筹划，如起重机、数控车床等。

5. 设备固定

大部分设备需要固定在基础上。对于解体设备应先将底座就位固定，再进行组装；设备吊装就位，进行初步调整，如设备中心位置、初步水平；合格后进行地脚螺栓混凝土浇筑。有的设备要求底座与基础要浇筑的，在设备精确调整后再进行二次浇筑。

6. 拆卸、清洗和装配

对解体设备应进行拆卸、清洗与装配；熟悉设备装配图、技术说明与设备结构；清洗零部件并涂润滑油（脂）；组合件装配、部件装配、总装配，从小到大，从简单到复杂，先主机后辅机。

7. 设备调整和精度检测

设备调整与精度检测是机械设备安装的关键环节。设备调整是按照技术文件、规范要求调整设备的位置状态，如安装中心位置、水平度、垂直度等；精度检测是检测设备、零部件之间的相对误差，如垂直度、平行度、同轴度等误差。

8. 设备的润滑和加油

润滑和加油是机械设备正常运转的必要条件。润滑油路和润滑部位要清洁，润滑剂符合技术要求，质量合格；润滑剂加入量要适当。

9. 试运转

试运转的目的是检验施工质量和设备质量。试运转一般按先空负荷、后负荷，先附属设备、后主机，先单机、后联动，先低速、后高速的顺序进行。

10. 验收

全部完成并经验收符合设计要求和有关规范、标准的规定；设备在试运行期运行稳定；竣工文件编制完成；特种设备经有关部门检测合格，并出具检测报告、合格证。

子课题 2 普通机床的空运转试验

学习目标

1. 了解设备空运转试验规程。
2. 熟悉立式钻床、卧式车床、卧式铣床的空运转试验内容。

一、设备空运转试验规程

1. 设备空运转试验前的准备

(1) 技术准备

设备空运转试验前，一定要熟悉有关的技术资料及文件，掌握设备的结构特性、技术规格、安全操作规程、润滑要求等。

(2) 安全文明生产准备

检查设备周围的清洁卫生，清除妨碍机械运转的杂物。设备上除允许放置工具、量具外，绝对不允许放置其他物品。穿戴好防护用品，绝不允许违章操作。

(3) 工作准备

1）检查设备的完整性，紧固、防护的可靠性。

2）按要求检查设备的润滑工作及润滑状况。允许试车前进行局部运转，预先润滑。

3）检查设备的手柄及液压、水冷、风动系统的阀门是否按有关规定放置在正确的位置上。

4）检查设备的供电系统及电气系统，尤其是供电系统。关键设备供电系统的开合闸必须有专人负责，试运转初期不能离开，以备出现紧急状况能及时处理，直到运转正常。

5）检查设备需要的安全设施（安全罩、栏杆、围绳等）、安全措施（防火、防气和水的泄漏），要求准备妥当。

6）只有确认空运转试验前的准备工作就绪，才能进行试车。

2. 设备空运转试验的内容

(1) 检查设备的装配质量和运行状况

在设备空运转过程中，检查应紧固的零件和连接件。若有噪声和异常状况应立即停止试验，并进行检查、调整或修理，故障排除后才能继续试验。有连续使用要求的设备，空运转试验应从头开始。

(2) 设备的速度试验

1）主运动机构的速度试验应从最低速到最高速逐级试验，每级转速不得少于 5 min，最高速不得少于30 min。用交换齿轮、带传动变速和无级变速的机构，可做低、中、高三种速度的试验。

2）进给机构应做低、中、高速的空运转试验。

3）快速机构应做快速移动的反复试验。

4）设备辅助机构的试验，如设备的制动、夹紧、转位及自动循环等，也要做相应的动作试验，并达到要求。

5）液压系统稳定性的试验。

6）机械、电气、液压系统的联合动作试验，尤其是互锁动作的试验。

3. 设备空运转试验的要求

（1）设备主运动和进给运动的启动、停止、制动、半自动或自动动作，各种操作阀、操作手柄（手轮）动作均应灵敏、可靠。

1）这些动作的操作件（阀、手柄等）必须与标牌和指示相对应，不得有松动、错位和混乱。

2）这些动作的操作件必须灵活、无阻力、方向正确。

（2）变速、换向、分度、定位及自动进给（或手动进给）动作应准确、可靠。

（3）夹紧、快速移动和安全保险装置动作应正常、安全、可靠。

（4）主轴在最高转速，其轴承温度稳定时，滑动轴承温度不超过60℃，温升不超过30℃；滚动轴承温度不超过70℃，温升不超过40℃；其他机构轴承，温度不超过50℃。

（5）设备在多级速度运转时，不得有明显的振动。空运转的振幅范围如下：

车床、钻床、刨床、插床、拉床：5～10 μm。

镗床、铣床、组合机床：3～7 μm。

磨床、精密机床：1～3 μm。

高精度机床：1 μm。

（6）设备在各种速度下，空运转噪声规定如下：卧式机床85 dB，精密机床80 dB，高精度机床75 dB。

（7）液压（气动）系统工作正常。

1）所有液压（气动）部件及连接件不得有漏油（气）现象。

2）在各种速度下无振动、爬行、冲击和停滞现象。

3）液压油温一般不超过60℃，当环境温度超过38℃时连续工作4 h不超过70℃，或符合设备的具体要求。

4. 设备空运转试验故障排除

设备空运转常见的故障如下。

（1）通过调整可以解决的故障

设备空运转时，其传动元件进行磨合，常出现连接件松动、运动副间隙过大、制动不灵等，通过调整斜铁、摩擦片、紧定螺钉、螺母、刹车等即可解决。

（2）噪声故障

这是设备修理后常见的问题，也是比较难解决的故障。分析噪声故障的主要方法是寻找产生噪声的故障源。

1）运动副的噪声。如设备工作台往复运动爬行的噪声，工作台换向的冲击声等。运动副间隙过小或过大，润滑不好，液压传动设备或油缸内混有空气，活塞杆或油缸与运动方向不平行，液压操纵阀的故障等都会产生噪声。

2）机械旋转产生的噪声。噪声主要由振动引起。一般分析这样的噪声要从噪声是否有规律着手。故障的排除有以下两种方法：

①普通分析。借助于技术资料和修理经验分析故障源，如车床主轴箱出现噪声，首先判断它是有规律还是无规律，对应正、反转速级别；然后利用传动系统图，标出有噪声的传动链，找出发出噪声的公用传动元件，检查其轴是否弯曲，齿轮节圆跳动是否超差，齿面是否有毛刺，轴承的质量是否下降，等等；最后判断出故障源，进行修复、调整或更换。

②故障诊断技术。这是排除设备故障的高科技发展方向。它采用设备机械故障综合诊断仪器检测故障源。如上述车床噪声故障，通过传感器和故障诊断仪进行测量，由仪器画出的频谱图，与计算的主轴箱主轴、传动轴、齿轮、轴承，以及电动机、带轮等频率相对照，波峰相对的传动元件就是噪声的故障源。这样做既快又直观，也很准确。

(3) 发热

这里指的是温度上升超出了通用技术规定的温度，或不应有的温升。主要是由于运动副不正常运动（间隙过小或过大），旋转机械运动不正常（间隙过小或过大产生撞击），零件或部件的变形所引起的。解决方法是调整或修复。

二、立式钻床空运转试验

1. 在试验之前，应对机床的所有部件、槽等进行检查，清除其内部的切屑和污物。
2. 所有紧固螺钉及调整螺钉必须全部拧紧及调整完毕。
3. 固定连接面应紧密贴合，用0.03 mm塞尺检验时不能插进。滑动导轨的配合表面除用涂色法检验接触点外，还要用0.04 mm塞尺插入其端部，深度应不大于20 mm。
4. 检查自动装置和挡块的工作精度和动作准确性。
5. 主轴应能平稳移动，手柄的质量不应大于5 kg。
6. 机床接通电路后，主运动机构从最低转速起，依次每级转速的运转时间不得少于2 min。在最高转速时，应运转足够的时间，使主轴轴承达到稳定温度（运转时间不得少于0.5 h，温度不能超过70℃）。
7. 检验各部手柄的可靠性和正确性，应能轻便地扳动；用于变速和调整进给量的手柄，所加的外力不得大于40 N。
8. 检验油窗内润滑油的流动量是否正常，箱盖轴套是否有渗漏。
9. 在各级转速和进给量时，各部件转动应平稳且没有显著冲击和噪声。

三、卧式车床空运转试验

1. 紧固件、操纵件、导轨间隙的检查

(1) 固定结合面应紧密贴合，用0.03 mm塞尺检验时应该插不进去。滑动导轨的表面除用涂色法检验接触斑点外，用0.03 mm塞尺检查在端面的插入深度应不大于20 mm。

(2) 转动手轮（手柄）时所需的最大操纵力不得超过80 N。

2. 主轴箱部件空运转试验要求及其调整方法

(1) 检查主轴箱中的油平面，不得低于油标线。

(2) 变换速度和进给方向的变换手柄应灵活，在工作位置上和非工作位置上固定（定位）要可靠。

(3) 进行空运转试验。试验时从最低速度开始依次运转主轴的所有转速，各级转速的运转时间以观察正常为限，在最高速度的运转时间不得少于0.5 h。要求：主轴的滚动轴承温升不得超过40℃，主轴的滑动轴承温升不得超过30℃，其他机构的轴承温升不得超过20℃。

要避免因润滑不良而使主轴发生振动及过热。其他机构的轴承，在工作中发生不正常的高热时，可用箱体外轴承法兰盖上的调整螺钉来调整，并依次测试主轴的各级转速。

(4) 主轴发生不正常的过热及振动时，应调整主轴的轴承间隙。

(5) 调整摩擦离合器。必须保证能够传递额定的功率而不发生过热现象。过松时摩擦片容易打滑发热，造成启动不灵；过紧则失去保险作用，且操纵费力。

(6) 调整主轴箱制动装置。当离合器松开和改变主轴旋转方向时，如主轴未能立即停下（主轴转数300 r/min，其制动时应为2～3 r），可通过螺母调整制动装置的制动带，使它紧一些，如图3—1—2所示。然后检查在压紧离合器时制动带是否松开。调整应在电动机开动（主轴不转）时进行。

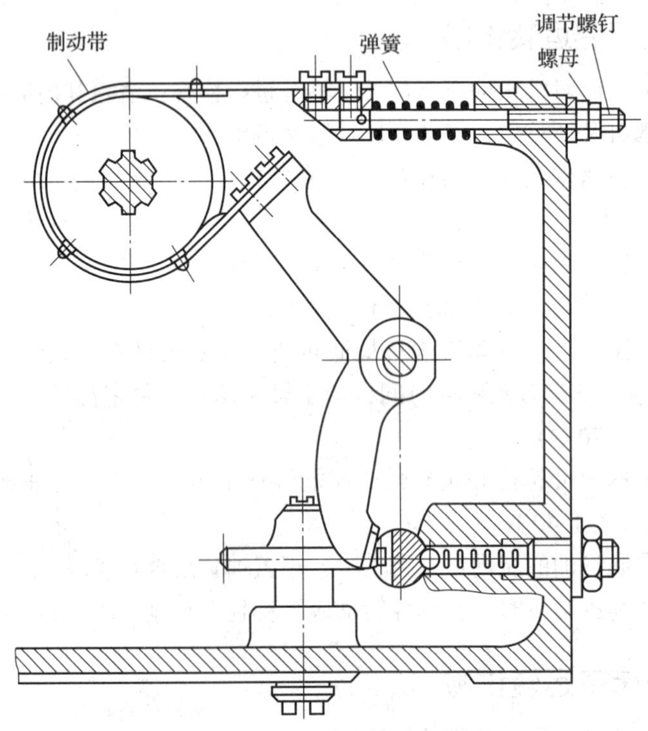

图3—1—2　制动装置

3. 对尾座部件的几点要求

(1) 顶尖套由轴孔的最内端伸出至最大长度时应无不正常的间隙和滞塞，手轮转动要轻便，螺栓拧紧与松出应灵便。

(2) 顶尖套的夹紧装置应灵便可靠。

4. 溜板与刀架部件的空运转试验要求及其调整方法

(1) 溜板在床身导轨上，刀架的上、下滑座在燕尾导轨上的移动应平稳，镶条、压板应调整至松紧适宜。

(2) 各丝杠旋转灵活准确，有刻度装置的手轮(手柄) 反向时的空程量不超过 1/20 r。

(3) 刀架下滑座的丝杠间隙调节如图 3—1—3 所示，先将左端螺母的螺钉拧松，然后用中间的螺钉将楔块向上拉，调整至适当的间隙后，再将左端螺母的螺钉拧紧。

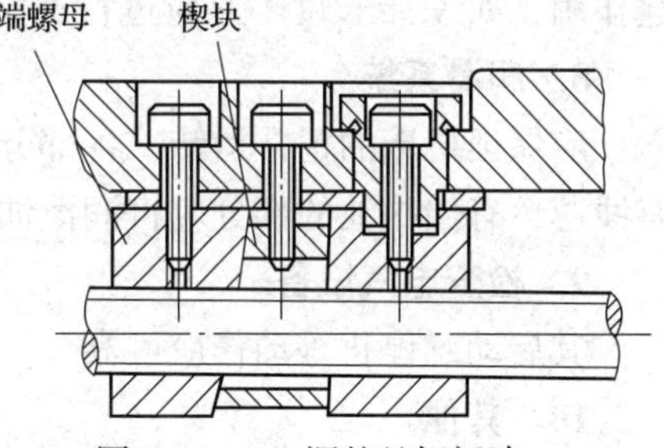

图 3—1—3 调整丝杆间隙

5. 进给箱、溜板箱部件的空运转试验要求及其调整方法

(1) 各进给及换向手柄应与标牌相符、固定可靠，相互间的互锁动作可靠。

(2) 启闭开合螺母的手柄应准确可靠，且无阻滞或过松感觉。

(3) 溜板及刀架在低速、中速、高速的进给试验中应平稳正常，且无明显振动。

(4) 溜板箱脱落蜗杆装置的手柄灵活可靠，按定位挡铁的位置能自行停止，其调整如图 3—1—4 所示。用特殊扳手调整螺母：如果机床过载或碰到挡铁而蜗杆不能脱落时，可放松螺母 (及弹簧)；当蜗杆在进给量不大却自行脱落时，则应旋进螺母以压紧弹簧。但决不能把弹簧压得太紧，否则在机床过载时，蜗杆不能脱开而失去了它应有的作用，甚至损坏机床。

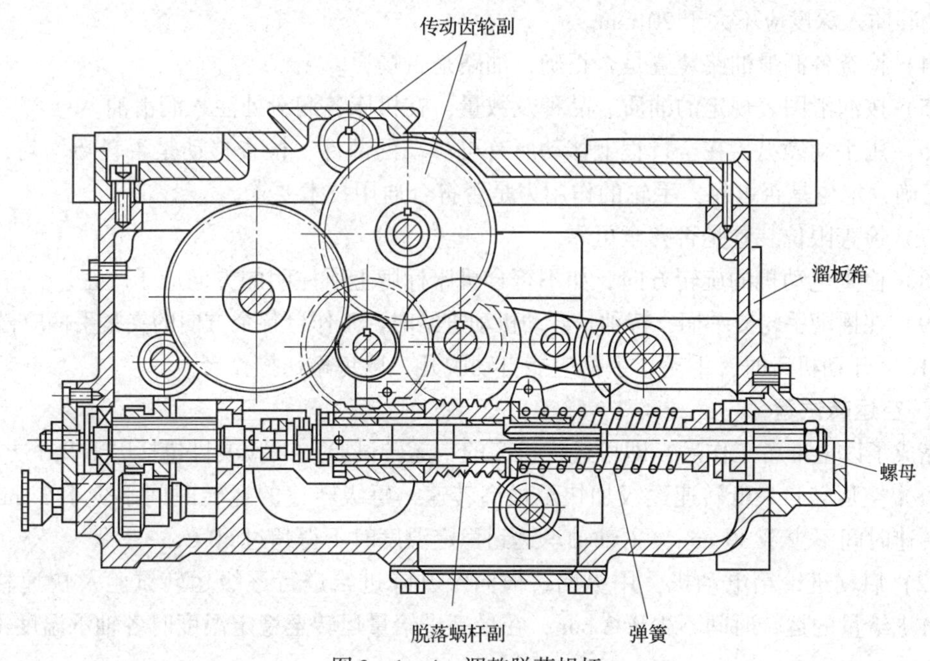

图 3—1—4 调整脱落蜗杆

6. 对交换齿轮架的要求

交换齿轮要配合良好，且固定可靠。车削米制、英制螺纹及普通螺纹进给时，装上齿数为42、100的齿轮；车削模数及径节螺纹时，装上齿数为32、97的齿轮。

7. 电动机、传送带

可通过调节电动机底座的安装倾斜度，来调节电动机传动带的松紧。四根带应能同时起作用，如V带长度不一应进行选配。

8. 润滑系统

应保证机床的正常运转，各部分的注油孔应有显著的标记，用线芯润滑的部位应该备有线芯，有储油池的部分应将润滑油加到油标线高度。

9. 检查电气设备

其启动、停止等动作应可靠。

10. 其他

在生产中认为有其他需要进行空运转试验的项目而本工艺未列入者，以机床使用说明书及金属切削机床通用技术要求为依据。

四、卧式铣床空运转试验

1. 空运转试验前的准备工作

空运转试验的目的是为了检验机床各项动作是否正常可靠。在进行这项工作之前，应做好以下准备工作：

（1）将机床处于自然水平位置，一般不应用地脚螺钉固定。

（2）清除各部件滑动面的污物，用煤油清洗后再用全损耗系统用油润滑。

（3）用0.03 mm塞尺检查各固定结合面的密合度，要求插不进去；检查各滑动导轨的端部，其插入深度应不大于20 mm。

（4）检查各润滑油路装置是否正确，油路是否畅通。

（5）按润滑图表规定的油质、品种及数量，在机床各润滑处注入润滑油。

（6）用手动操纵，在全行程上移动所有可移动的部件，检查移动是否轻巧均匀，动作是否正确，定位是否可靠，手轮的作用力是否符合通用技术要求。

（7）检查限位装置是否齐全可靠。

（8）检查电动机的旋转方向，如不符合机床标牌上所注明的方向应予改正。

（9）在摇动手轮或手柄，特别是开动机动进给时，工作台各个方向的夹紧手柄应松开。

（10）开动机床时，手轮、手柄应能自动脱开，以免敲伤操作者。

2. 空运转试验

完成了以上准备工作后，即可进行机床的空运转试验，试验项目包括以下几个方面：

（1）空运转自最低转速逐级加快至最高转速，每级转速的运转时间不少于2 min，在最高转速时间不少于30 min，主轴轴承达到稳定温度时不得超过60℃。

（2）启动进给箱电动机，用纵向、横向及升降进给进行逐级运转试验及快速移动试验，各进给量的运转时间不少于2 min，在最高进给量运转至稳定温度时各轴承温度不应超过50℃。

(3) 在所有转速的运转试验中，机床各工作机构应平稳正常，无冲击振动和周期性噪声。

(4) 在机床运转时，润滑系统各润滑点应保证得到连续和足够量的润滑油，各轴承盖、油管接头及操纵手柄轴端均不得有漏油现象。

(5) 检查电气设备的工作情况，包括电动机启动、停止、反向、制动和调速的平稳性，磁力启动器和热继电器及行程开关工作的可靠性。

机床空运转试验是对机床工作性能、工作状态的全面检查，应做到认真仔细，及时发现和解决问题。

课题二　设备安装与调试

子课题 1　机械设备水平度的调整

学习目标

1. 了解设备就位的基本要求及安装方法。
2. 熟悉设备找正和初平的方法。
3. 掌握设备水平度测量的方法。

一、设备就位

设备就位基本要求及安装方法见表 3—2—1。

表 3—2—1　　设备就位基本要求及安装方法

<table>
<tr><th colspan="2">项目</th><th>内容</th></tr>
<tr><td colspan="2">基本要求</td><td>设备就位是指根据安装基准线把设备安放在正确的位置上，设备安放在平面上的纵、横向位置和标高须符合一定要求。设备就位后底座与基础间有时需要灌浆处理，为使灌浆质量得到保证，设备就位前应将其底座面的油污、泥土等脏物以及地脚螺栓预留孔中的杂物除去，灌浆处的基础或地坪表面应铲成麻面，被油沾污的混凝土应予以铲除</td></tr>
<tr><td colspan="2">设备基准线定位</td><td>设备的定位基准线一般为设备的中心线，即设备的对称中心轴线，设备就位时应使设备上的定位基准线与基础上的安装基准线对准，其偏差值控制在允许的范围之内。设备就位后，应放置平稳，防止变形；对重心较高的设备应采取措施防止摆动或倾倒</td></tr>
<tr><td rowspan="2">机械设备安装在基础上的方法</td><td>有垫铁安装法</td><td>借助设备底座与设备基础之间的垫铁组找平设备，并将设备的载荷传给基础。操作简便，调整方便，对二次灌浆层要求不高，目前许多机械设备的安装均采用此种方法。缺点是由于使用垫铁而需耗用大量钢材</td></tr>
<tr><td>无垫铁安装法</td><td>与有垫铁安装法的安装过程大致相同，不同的是设备与基础之间没有垫铁，待设备找正找平找标高的调整工作完毕，地脚螺栓拧紧后，即可进行二次灌浆。在二次灌浆层养护期满，达到应有强度后，把作调整用的调整螺钉、斜垫铁、调整垫铁全部拆除，将留下的空间灌满灰浆，并再次拧紧地脚螺栓，同时复查标高、水平度和中心线的正确性。无垫铁调整法对安装人员的技术要求较高</td></tr>
</table>

二、设备找正

垫铁放好、设备就位后，便可进行设备找正。找正就是将设备不偏不倚地正好放在规定的位置上，使设备的纵横中心线和基础的中心线对正。设备找正包括三个方面：找正设备中心、找正设备标高和找正设备的水平度。

1. 找正设备中心

设备放到基础上，就可以根据中心标板挂中心线来对准设备的中心线，以确定设备的正确位置。

（1）挂中心线

挂中心线可采用线架，大设备使用固定线架，小设备使用活动线架。挂中心线时应注意以下事项：

1）挂中心线要用直径 0.5 ~ 0.8 mm 的整根钢丝，中心线的长度不得超过 40 m。两纵横中心线相交叉时，长的应在下方，短的应在上方，其间距不得小于 300 mrn，以免互相接触。

2）吊线坠的线应细，而且要柔软、结实。利用线坠的尖对准设备基础表面上的中心点，可在同一根中心线上挂两个线坠，前后两个线坠的尖应互相对准（图 3—2—1）。精密检查时，吊线坠的线可用缝纫机上所使用的细而光滑的缝衣线，使检查结果准确。

3）对准中心标板的线坠要大些，而对准设备中心的线坠则要小些，以减小钢丝的挠度（图 3—2—2）。

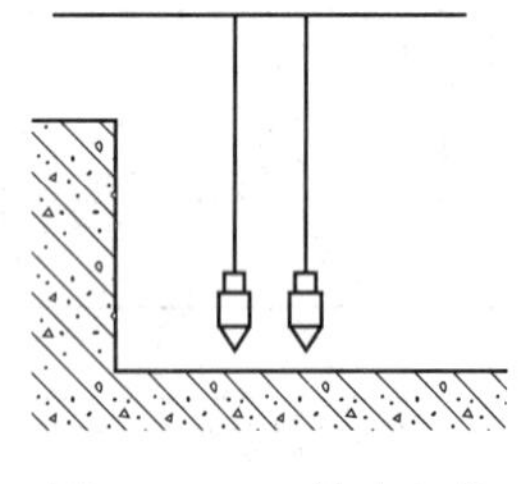

图 3—2—1　挂中心线

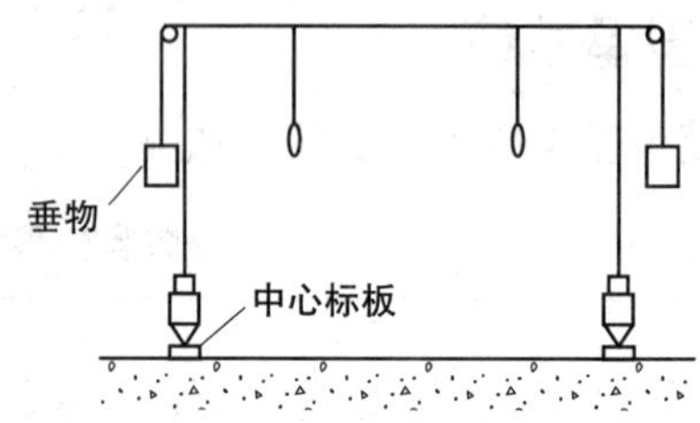

图 3—2—2　吊线坠

（2）找设备中心

1）根据加工的圆孔找中心。图 3—2—3 所示为辊式矫正机找正中心的方法。它是根据两个已加工的圆孔，在孔内钉上木头和铁片来找正设备中心的。图中 a 为两圆孔中心与设备中心的距离。

2）根据轴的端面找中心。有些设备，轴很短，只有轴头端面露在外面。这时，可在轴头端面的中心孔内塞上铅皮，然后用圆规在铅皮上找出中心，如图 3—2—4 所示。

3）根据侧加工面找中心。一般减速机，根据两侧装挡油盖的加工面分出中心（a 为侧加工面至设备中心的距离），找正设备，如图 3—2—5 所示。

4）根据轴瓦瓦口找中心。图 3—2—6 所示为一减速箱座，它是根据轴瓦瓦口找中心的（a 为瓦口中心线与设备中心线的距离）。在瓦口上卡一块木板，在木板上钉一块小铁片，然后用圆规在铁片上找出中心。

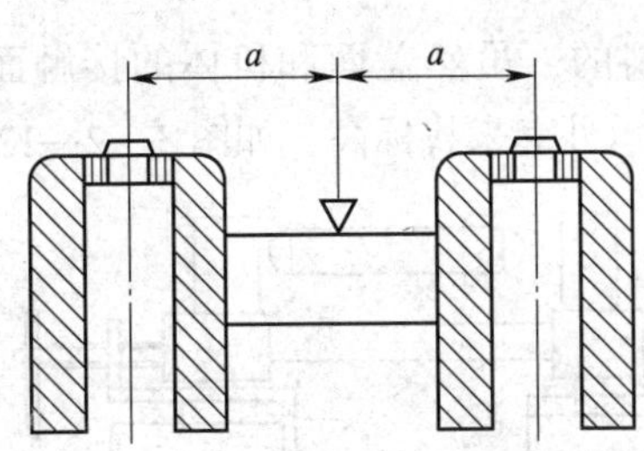

图 3—2—3 根据加工圆孔找中心

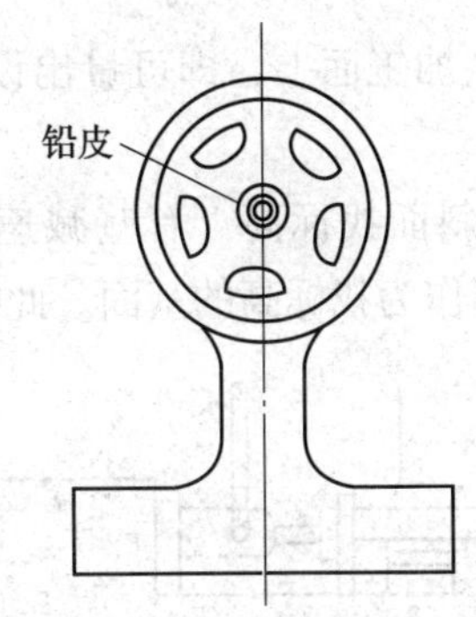

图 3—2—4 根据轴的端面找中心

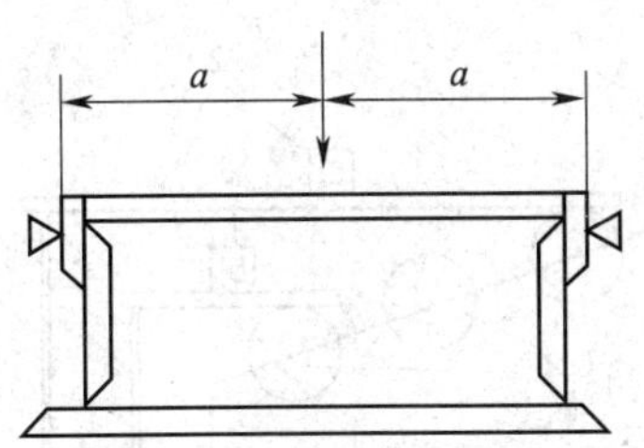

图 3—2—5 根据侧加工面找中心

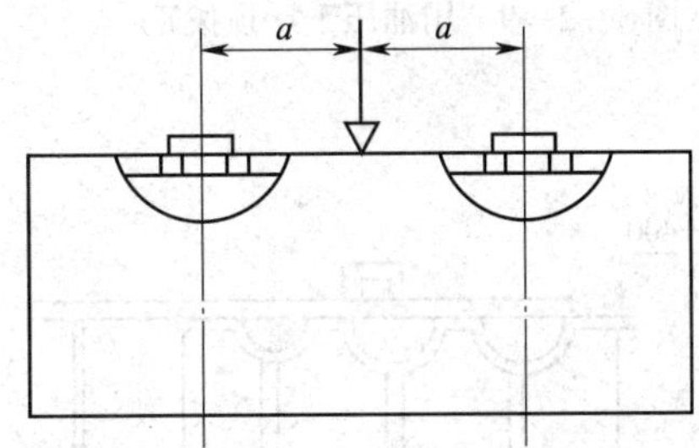

图 3—2—6 根据轴瓦瓦口找中心

(3) 设备拨正

挂好中心线、找出中心点后，就可看出设备是否位于正确的位置。如果位置不正确，则必须拨正。常见的设备拨正方法如下：

1）一般小型机座可用锤子打，也可用撬棍撬（图 3—2—7）。用锤子锤打时用力要轻，不要打坏设备。

2）较重的设备可在基础上放上垫铁，打入斜铁，使之移动（图 3—2—8）。

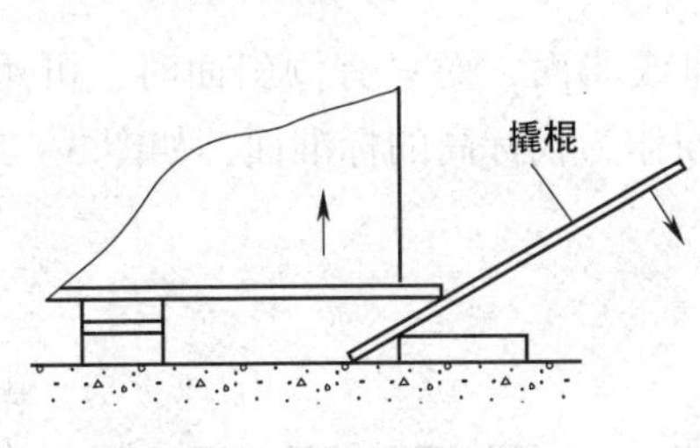

图 3—2—7 用撬棍拨正

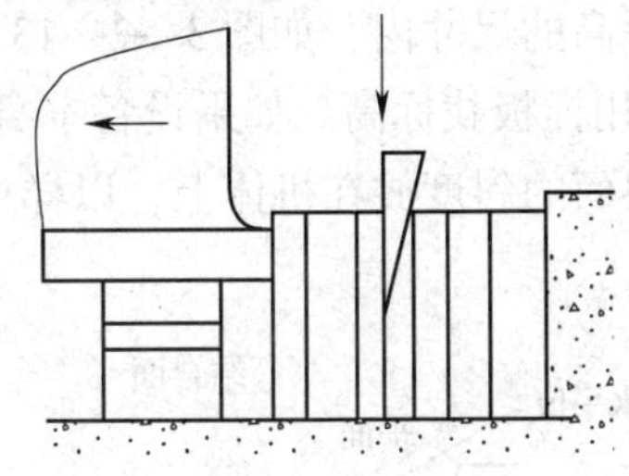

图 3—2—8 打入斜铁拨正

3）利用油压千斤顶拨正时，在油压千斤顶的两端要加上垫铁或木块（图 3—2—9），以免碰伤设备表面或基础面。

4）有些设备可用拨正器来拨正（图 3—2—10），这样做既省力又省时，并且移动量可以很小而且准确。拨正器构造简单，可代替油压千斤顶。

2. 找正设备标高

机械设备坐落在厂房内，其相互间各自应有的高度，就是设备的标高。

(1) 找正设备标高的方法

1）按加工平面找标高。设备上的加工平面可直接作为找标高用的平面，把水平仪、铸铁平尺放在加工面上，即可量出设备的标高。图 3—2—11 所示为减速器外壳找标高的方法。

2）根据斜面找标高。有些减速器的盖面是倾斜的，虽然盖面和机体的接触面是加工面，但是不能作为找标高的基面。此时可利用两个轴承外套来找标高，如图 3—2—12 所示。

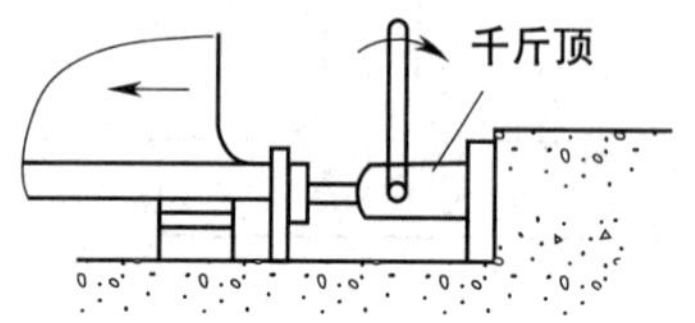

图 3—2—9　用油压千斤顶拨正

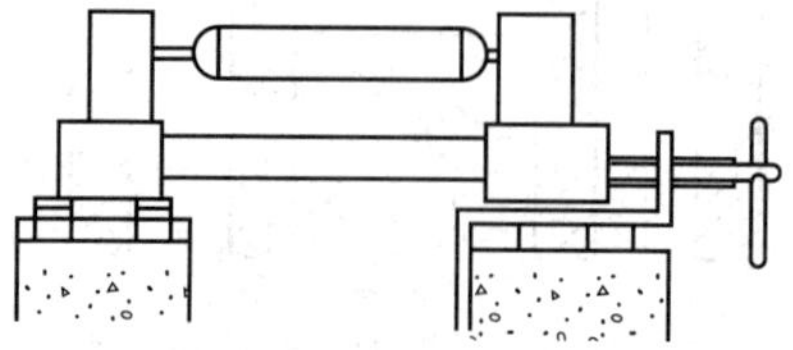
图 3—2—10　用拨正器拨正

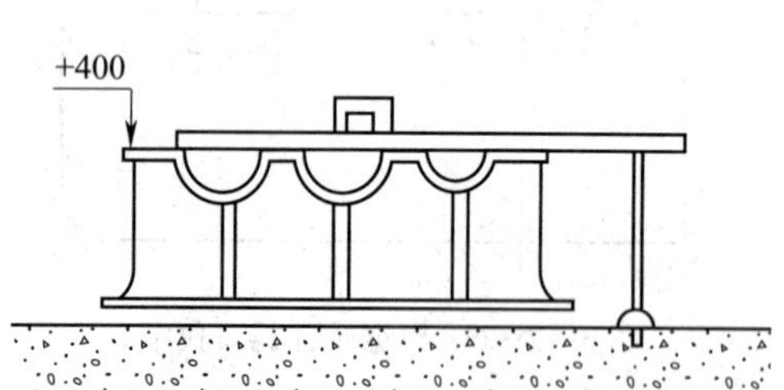

图 3—2—11　按加工平面找标高

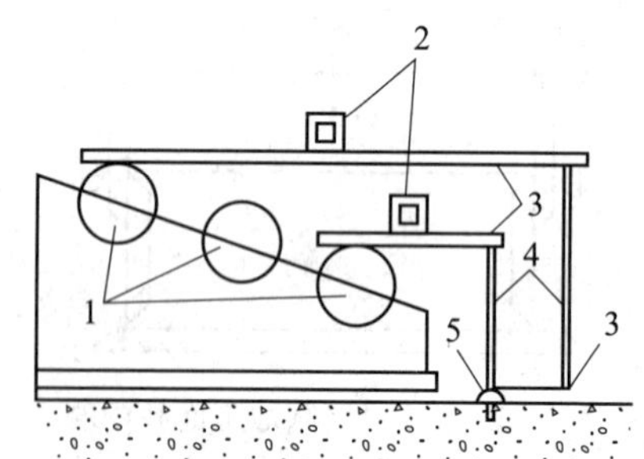

图 3—2—12　按斜面找标高

1—轴承外套　2—框式水平仪　3—铸铁平尺
4—量棒　5—基准点

3）按曲面找标高。按图样找出与曲面下部相切的水平面的标高，但铸铁平尺不能与曲面完全接触，存有间隙，为此可以用塞尺检查曲面与铸铁平尺下部的间隙，并把它计算在度量标高的尺寸内，如图 3—2—13 所示。

4）用样板找标高。如果设备本身没有水平面或曲面，而只有倾斜面时，可用精密的样板按斜面的斜度放在机体上，以样板上的水平面作为找标高的标准面，如图 3—2—14 所示。

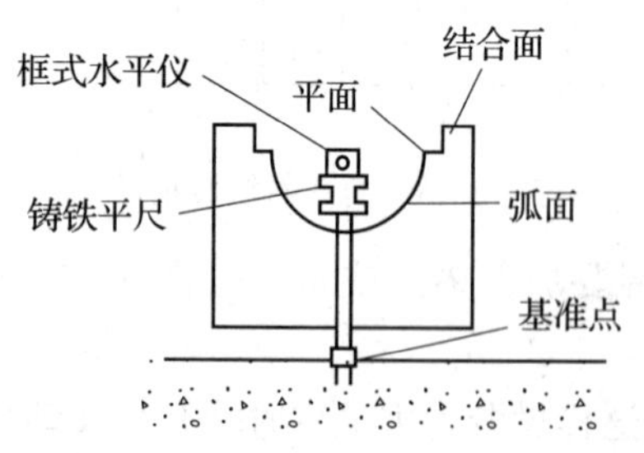

图 3—2—13　按曲面找标高

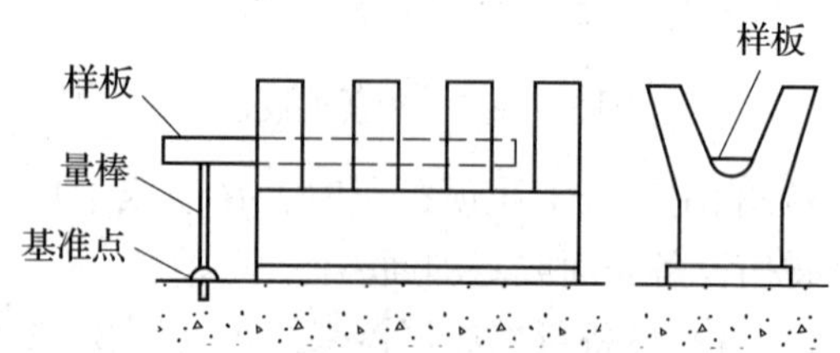

图 3—2—14　用样板找标高

5）用水准仪找标高。这是最简单的方法，但必须考虑在设备上能放标尺，并且设备和其附近的建筑物不妨碍测量视线和有足够的放置测量仪器的地方。用水平仪找标高如图 3—2—15 所示。

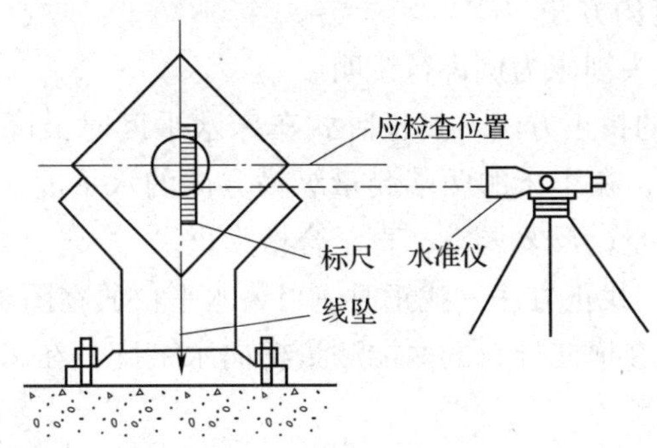

图 3—2—15　用水准仪找标高

(2) 找正设备标高时应注意的事项

1）找标高时，对于连续生产的联动机组，要尽量少用基准点，而多用机械加工面间的相互高度关系。

2）多设备安装时，要注意每台设备标高偏差的控制。

3）在拧紧地脚螺栓前，标高用垫铁垫起出入不大时，可以根据设备重量估计拧紧地脚螺栓后高度下降量。一般是先使高度高出设计标高 1 mm 左右，这样拧紧地脚螺栓后，高度将会接近要求数字。

4）在调整设备标高的同时，应兼顾其水平度，二者必须同时进行调整。

3. 找正设备的水平度

找水平，就是将设备调整到水平状态，也就是说，把设备上主要的面调整得和水平面平行。找水平是一项很重要的工作，因为它直接影响着设备的安装质量。找水平的主要目的是：保持设备的稳定和平衡，从而避免变形，减小运转中的振动；减少设备的磨损和动力消耗，从而延长设备的使用寿命；保证设备的润滑和正常运转；保证产品质量和加工精度。

找水平的关键，不仅在于操作方法，而且还在于要正确地选择找水平的基准面。

(1) 正确选择找正设备水平度的基准面

1）以加工平面为基准面。这是最常用的基准面，纵横方位找平及找标高都是以此为基准。图 3—2—16 所示就是以加工平面为基准面找正减速器底座水平度的例子。

2）以加工的立面为基准面。有些设备只找正水平面的水平度是不够的，立面的垂直度也要找正，这时可以加工的立面为基准面。如轧钢机人字齿轮箱的立面是主要加工面，应利用这个面找水平，如图 3—2—17 所示。

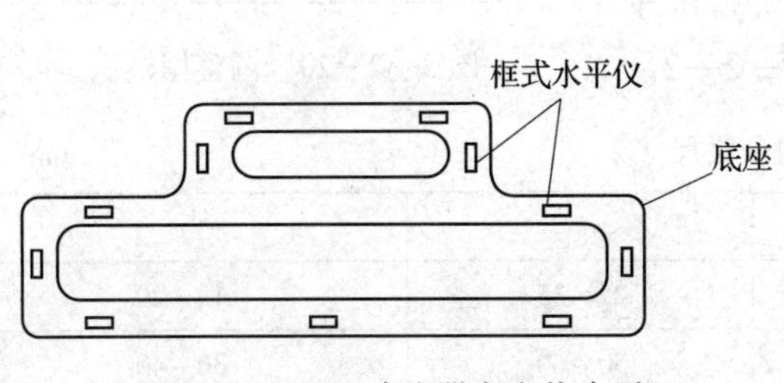

图 3—2—16　减速器底座找水平

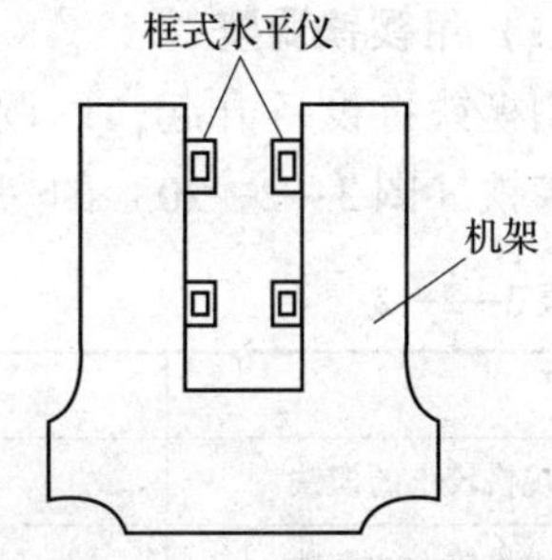

图 3—2—17　人字齿轮箱找水平

（2）找正设备水平度的方法

下面以卧式车床和牛头刨床为例进行说明。

1）卧式车床水平度的找正方法。找正卧式车床水平度时，可将水平仪按纵横方向放在溜板上（图3—2—18），在车床的两端测量纵横方向的水平度，测出哪一面低，就打哪一面的斜垫铁。要反复测量，反复调整，直至合格为止。

2）牛头刨床水平度的找正方法。找正时，可将水平仪放在图3—2—19所示的位置上，进行纵横水平度的测量。在横向导轨的两端测量横向水平度，在床身垂直导轨上测量纵向水平度，如不平可进行调整。

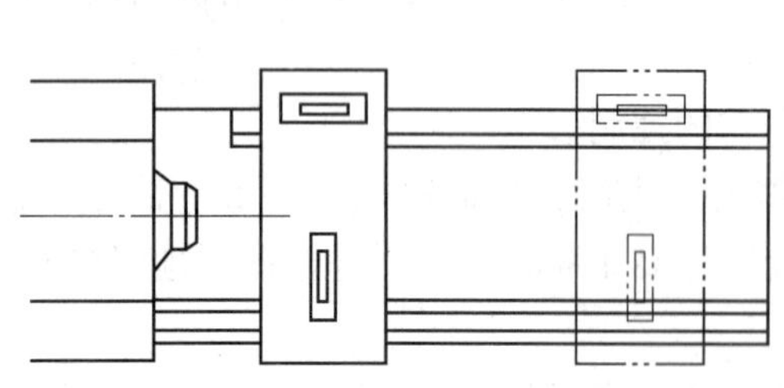

图3—2—18　卧式车床找水平

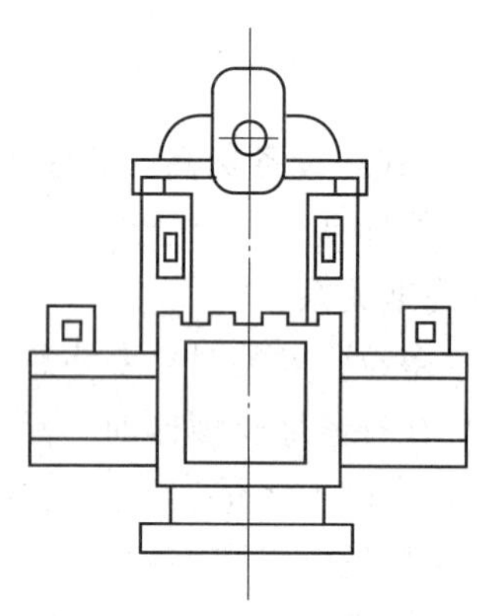

图3—2—19　牛头刨床找水平

（3）找正设备水平度时应注意的事项

1）在有斜度的面上测量水平度时，可采用角度水平器或制作样板。

2）在两个高度不同的加工面上用铸铁平尺测量水平度时，可在底面上加量块或制作精密垫块。

3）在小的测量面上可直接用框式水平仪检查；大的测量面先放上铸铁平尺，然后用框式水平仪检查。铸铁平尺与测量面间应擦干净，并用塞尺检查，保证接触良好。

4）框式水平仪在使用时应正反各测一次，以纠正水平仪本身的误差；天气寒冷时，应防止灯泡接近或人的呼吸等热源影响测量精度。

5）找正设备的水平度所用的框式水平仪和铸铁平尺等，必须经常校正。

4. 设备标高和水平度的调整

（1）用楔铁调整

用楔铁将设备升起，以调整设备的标高和水平度。楔铁（图3—2—20）的一般尺寸见表3—2—2。

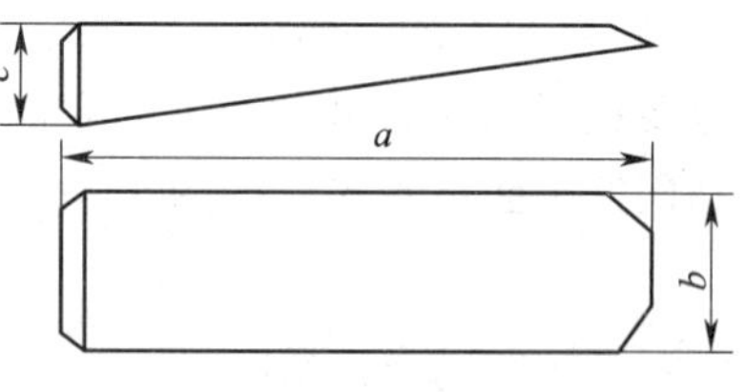

图3—2—20　调整用楔铁

表3—2—2　楔铁的一般尺寸　mm

	a	b	c
规格较小的楔铁	150～200	25～35	15～20
规格较大的楔铁	200～300	50～60	30～40

(2) 用小螺栓千斤顶调整

重量较轻的设备，用小螺栓千斤顶（图 3—2—21）调整设备的标高和水平度不仅准确、方便，而且省力、省时，只需用扳手提升螺杆，即可使设备起落。

(3) 用油压千斤顶调整

起落较重的设备时，可使用油压千斤顶。有时因基础妨碍，不能将千斤顶直接放在机座下时，可制作一个 Z 形弯板顶起，如图 3—2—22 所示。

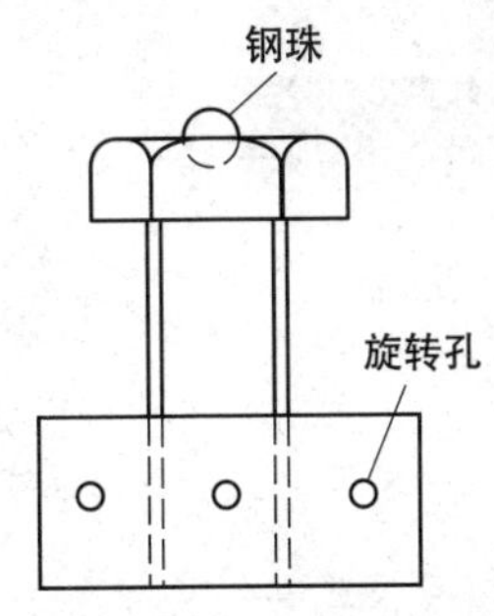

图 3—2—21　用小螺栓千斤顶调整

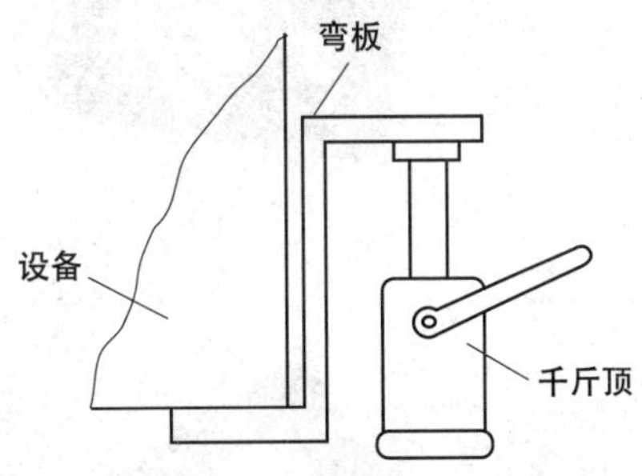

图 3—2—22　用油压千斤顶调整

三、设备水平度测量

在测量设备水平度时，应根据设备安装精度要求、检测部位和形状、检测环境、测量仪器等条件，选择合适的测量方法。常用方法有：用框式水平仪测量法、用框式水平仪加平尺测量法、用水准仪测量法、用精密水准仪配铟钢尺测量法、用激光水准仪测量法等。

1. 常用装配量仪

(1) 平尺

平尺主要用作导轨刮研的测量基准，有桥形平尺、平行平尺和角形平尺三种，如图 3—2—23 所示。桥形平尺上表面为工作面，用来刮研或测量机床导轨；平行平尺有两个互相平行的工作面；角形平尺是用来检验燕尾槽导轨的。

平尺用灰口铸铁铸成，并经过时效处理以消除内应力。工作面应刮削到 25 点/（25 mm×25 mm）（1 级平尺）或 20 点/（25 mm×25 mm）（2 级平尺）

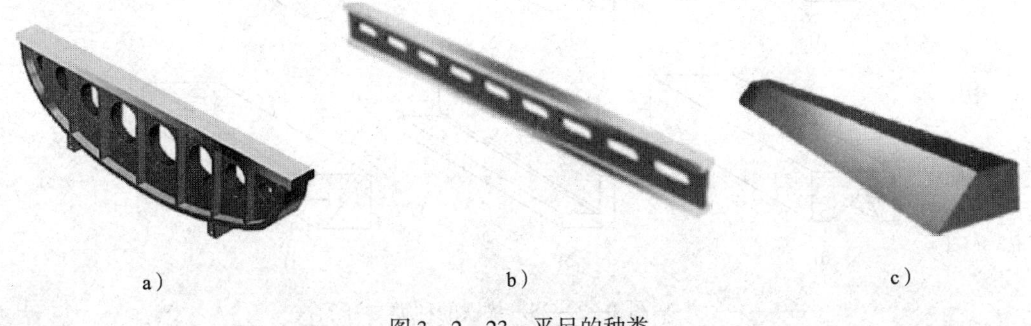

a)　　b)　　c)

图 3—2—23　平尺的种类

a）桥形平尺　b）平行平尺　c）角形平尺

（2）方尺和直角尺

方尺和直角尺用来检验机床部件垂直度，如图 3—2—24 所示。

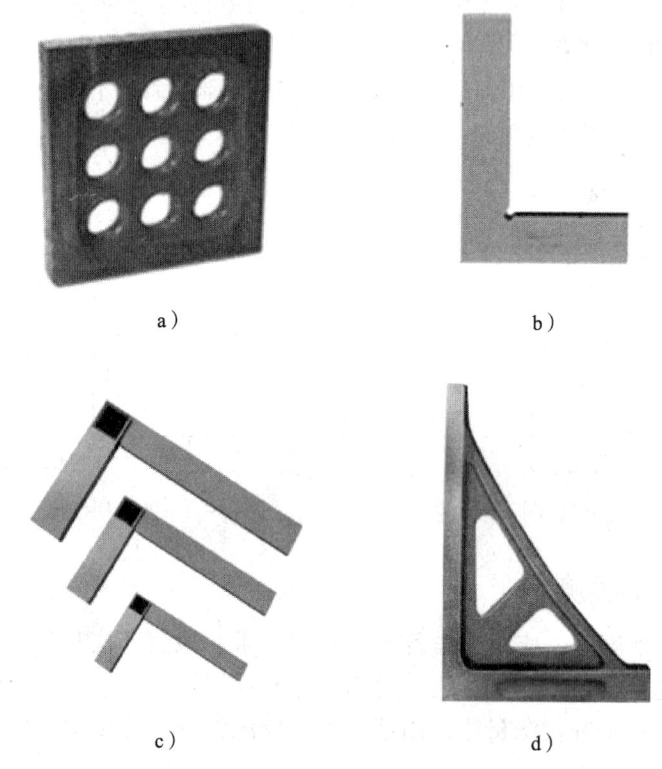

图 3—2—24　方尺和直角尺

a）方尺　b）平面形直角尺　c）宽座直角尺　d）直角平尺

（3）垫铁

垫铁是一种检验导轨精度的通用工具，主要用作水平仪及百分表架等测量工具的垫铁。材料多为铸铁，根据使用目的和导轨形状不同，可做成多种形状，如图 3—2—25 所示。

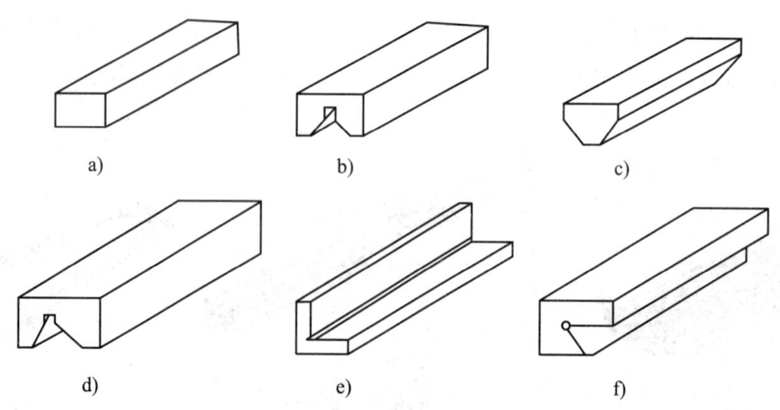

图 3—2—25　垫铁的种类

a）平面垫铁　b）凹 V 形等边垫铁　c）凸 V 形等边垫铁

d）凹 V 形不等边垫铁　e）90°角垫铁　f）55°角垫铁

(4) 检验棒

检验棒主要用来检查机床主轴及套筒类零部件的径向跳动、轴向跳动、同轴度、平行度等，是机床维修工作中常备工具之一。

检验棒一般用工具钢制成，经热处理及精密加工，精度较高。为减轻质量，可以做成空心的；为便于装拆、保管，还可以加工出拆卸螺纹及吊挂用小孔。检验棒用完要清洗、涂油并吊挂保存。

检验棒按主轴结构及检验项目不同，可以采用不同结构形式，如图 3—2—26 所示。

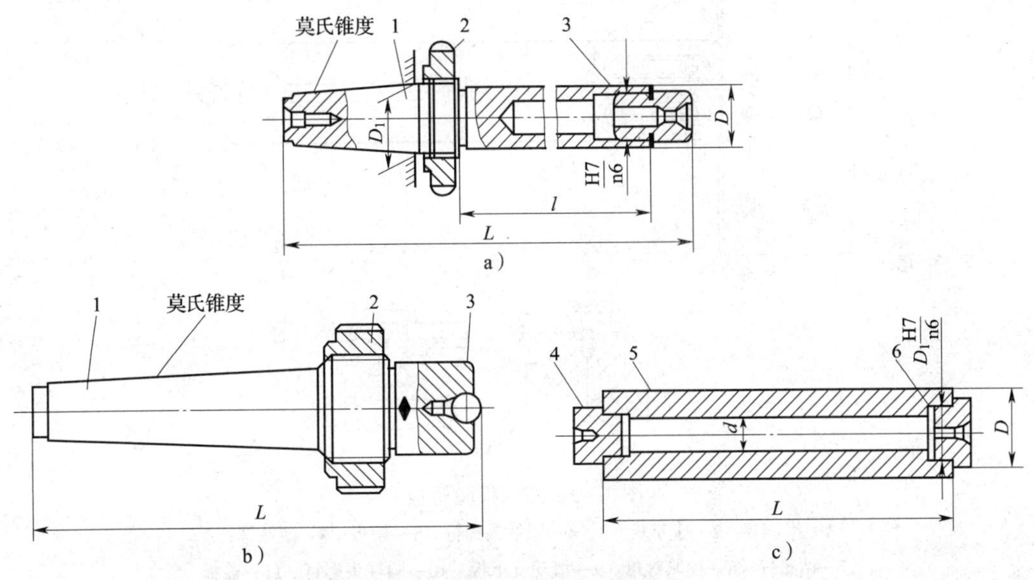

图 3—2—26　检验棒

a）长检验棒　b）短检验棒　c）圆柱检验棒

1—莫氏锥柄　2—退卸螺母　3、5—测量圆柱面　4、6—工艺塞

(5) 检验桥板

检验桥板是检验机床导轨面间相互位置精度的一种工具，一般与水平仪结合使用，图 3—2—27 所示为常用的一种。按导轨的不同形状，可以采用不同的支承结构形式。检验桥板与导轨接触部分及本身的跨度可以调整和更换，以适应多种机床导轨组合的测量。

(6) 水平仪

水平仪主要用来测量导轨在铅垂平面内的直线度、工作台的平面度及零件的垂直度和平行度等，有条形水平仪、框式水平仪和合像水平仪等，如图 3—2—28 所示。

2. 用框式水平仪测量水平度的方法

用框式水平仪测量设备的水平度，是最方便、最直接、最快捷、最常用的测量方法。

框式水平仪也称方水平，在设备安装时常用精度为 0.02 mm/1 000 mm 和 0.01 mm/1 000 mm 的两种。框式水平仪是在一个精密加工的框架上装有微弯玻璃管，其内充入酒精，并留有长形气泡。当置框式水平仪于设备上时，如果被检测面呈水平状态，则气泡居中；如偏向一侧，则表示被测面呈不水平状态，而且气泡偏向高侧，其水平偏差值可从气泡偏移的格数具体度量。

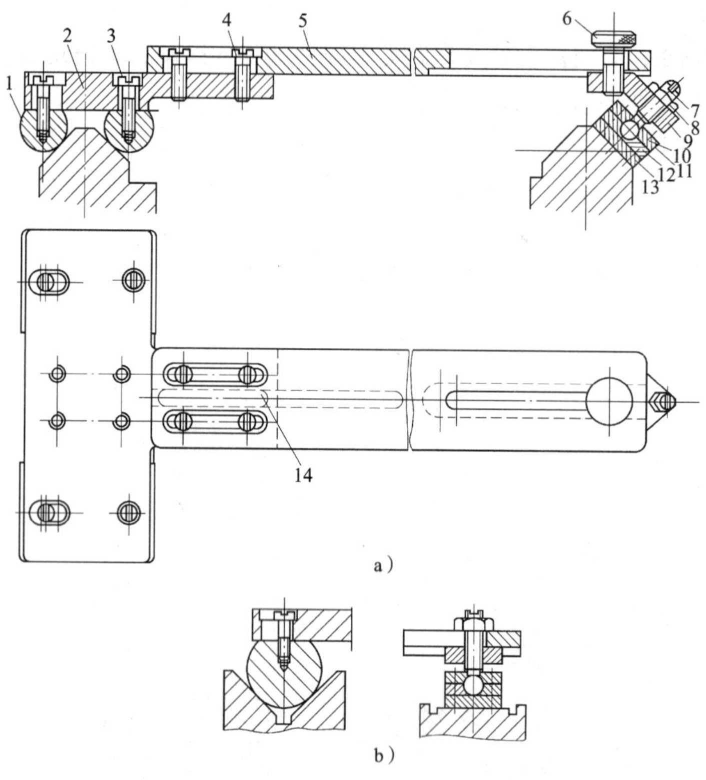

图 3—2—27　检验桥板

1—半圆棒　2—丁字板　3、4—圆柱头螺钉　5—桥板　6—滚花螺钉
7—调整杆　8—锁紧螺母　9—滑动支承板　10—圆柱头螺钉　11—盖板
12—垫铁　13—接触板　14—平键

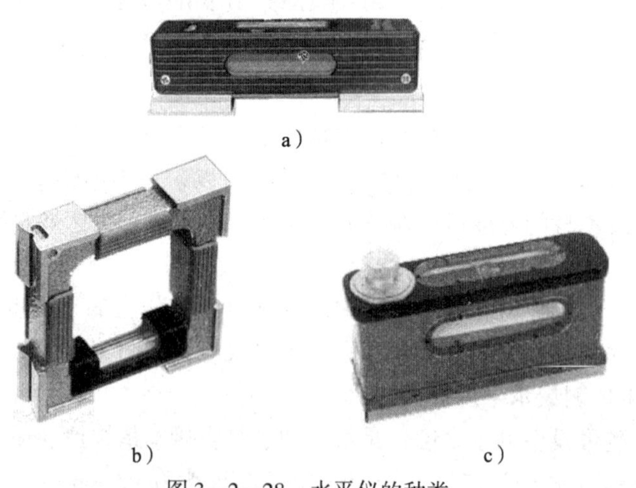

图 3—2—28　水平仪的种类

a）条形水平仪　b）框式水平仪　c）合像水平仪

3. 框式水平仪的正确使用

（1）先确定框式水平仪自身的误差，其方法是，在同一检测位置，将其调转 180°测两个读数，看两次测量读数值是否一致。如数值相同，说明框式水平仪自身误差为零；如两

次测量读数值不一致，说明框式水平仪自身有误差。如误差值较小，可以用其自身的装置调整；如误差值较大，则应送计量检测部门检测和调整。如因长期使用或受外伤使其框架出现损伤或磨损，则应进行修理后再使用。

（2）为避免因被检测物局部缺陷而造成测量不准的问题，可在检测面上先放一个平尺，其上用框式水平仪测量。如果测量双机座设备的水平度，还可在平尺下放两个等高块，此举对保证测量精度有利。

（3）在测量圆柱面的水平度时，框式水平仪的大面应与被检测面轴线平行，框式水平仪的横向气泡应居中。

（4）用框式水平仪测量被检测物的水平度时，将水平仪放上以后，应用左右手拇指试压水平仪上面的两个对角，看其底面是否与被检测面全部接触。

4. 用框式水平仪加平尺测量水平度的方法

将平尺放在设备加工面两个高度相等的垫块上，平尺上放框式水平仪，根据水平仪气泡位置判断被检测面的水平情况，如图 3—2—29 所示。设备水平度要根据平尺长度（L，mm）、水平仪精度（0.02 mm）和气泡向某一方向偏移格数（n）计算。

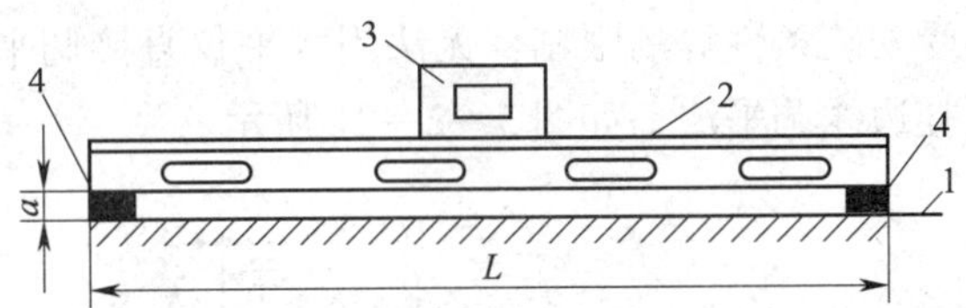

图 3—2—29　用水平仪加平尺调平设备

1—设备平面　2—平尺　3—水平仪　4—垫块（或塞尺）

如水平误差在水平仪刻度范围内（常说的水泡未碰头）时，则被测面每米水平偏差为 $n \times 0.02\ L$ mm。

如被检测面的水平度误差较大（常说的水泡碰头）时，如图 3—2—29，可在水平仪的一端垫塞尺（其厚度为 $a$mm），使水平仪读数为 n 格，则被测检物每米水平度偏差值为 $a \pm n \times 0.02\ L$ mm（当气泡偏离垫块时取“+”号，当气泡偏向垫块时取“-”号）。

5. 用水准仪测量水平度的方法

用水准仪测量设备的水平度是最常用的测量方法之一。应用精密水准仪配铟钢尺可以精确地测量被检测面的水平度。如果选用自动安平水准仪和电子水准仪，还可以提高测量效率。用水准仪测量水平度的方法是：

（1）按被测检物的水平精度要求，选择相应测量精度等级的水准仪和标尺。水准仪和普通标尺可测量水平度精度为 1.0 mm/1 000 mm，精密水准仪配铟钢尺可测量水平度精度为 0.1 mm/1 000 mm。

（2）用水准仪测量水平度时，两个相邻测点间的距离需度量准确。图 3—2—30 所示是测量双底座设备纵向和横向水平度的方法。1 点和 6 点、2 点和 5 点、3 点和 4 点间两测点的高程差，表示底座的横向水平度；1 点和 2 点、2 点和 3 点、4 点和 5 点、5 点和 6 点间两测点的高程差，表示底座的纵向水平度。每个底座的 1、2、3、4、5、6 共六个测点的高程之和的平均值，即是该底座的平均标高；而两个底座各自的标高值之差，即是两底座的相对标高。

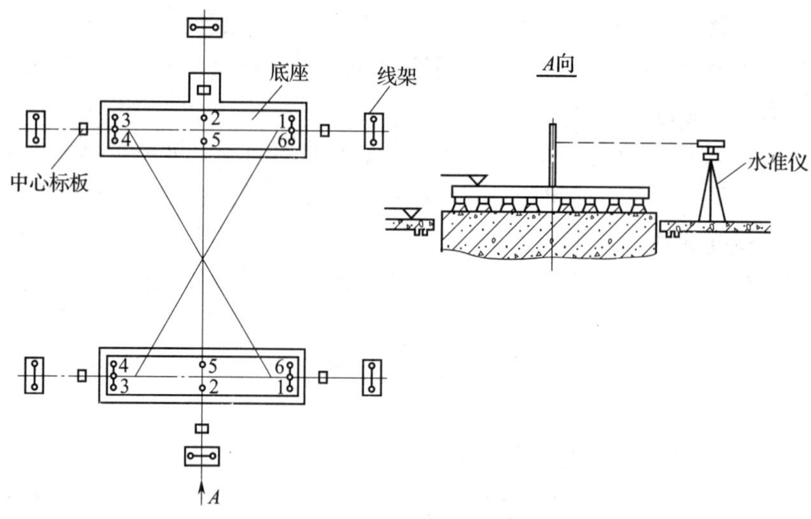

图 3—2—30 用水准仪测量设备水平度

6. 挂边线测量水平度的方法

某些旋转设备，因受安装条件等的限制，无法用水平仪直接调平时，可采用间接测量水平度的方法，如采用挂边线调平法，如图 3—2—31 所示。

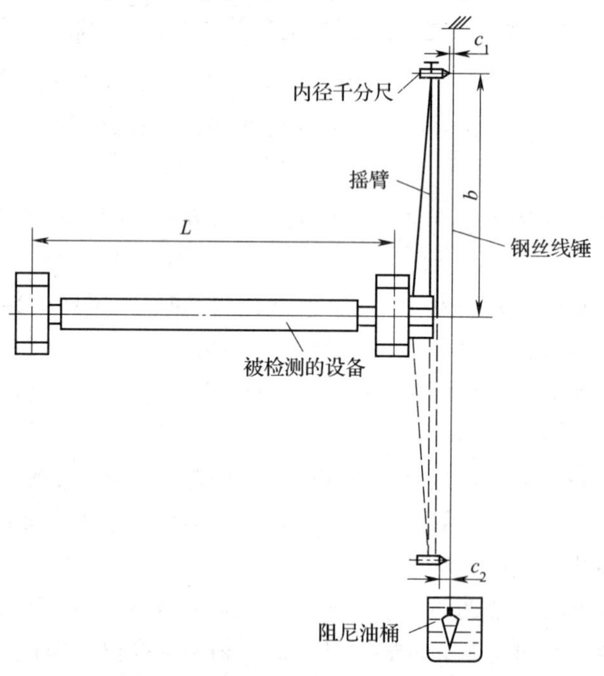

图 3—2—31 挂边线调设备水平度

在轴外侧挂线锤，并在轴颈上装一个与轴垂直的夹具，夹具端头装内径千分尺，夹具长度应大于转动体长度的一半以上。测量时将旋转体转动，测得 c_1 与 c_2 两个数值，此时旋转体的每米水平偏差为 $(c_1 - c_2)/2b$（mm/m），旋转体在两轴承座之间的高低差为：

$$(c_1 - c_2)\ L/2b$$

式中 L——两轴承座之间的距离，m；

b——摇臂的长度，m；

c_1、c_2——测点的读数值，mm。

四、设备初平

初平是设备就位、找正后（不再水平移动）的第一次找平，即初步找平。初平的目的是将设备的水平度大体上调整到接近要求的程度，为下一步二次灌浆后的精确找平（精平）做准备。

1. 初平前的准备工作

设备初平前，应穿好地脚螺栓、垫好垫圈、套上螺母、放好垫铁。垫铁的中心线要垂直于设备底座的边缘，垫铁外露的长度要符合要求。垫铁放好后还要检查有无松动，如有松动应换上一块较厚的平垫铁。此外，由于初平是调整设备的水平度，一般使用水平仪作为测量量具，所以，还必须对设备的被测表面进行局部擦洗，以便于放置水平仪。

2. 选择设备的被测基准

对设备进行找平，首先必须选好被测基准。一般要求被测表面应当是经过精加工的、最能体现设备安装水平、又便于进行测量的部位，主要包括下列表面：

（1）设备底座的上平面，如摇臂钻床底座的工作面。

（2）设备的工作台面，如立式车床、立式钻床、铣床、刨床、插齿机、滚齿机、螺纹磨床的工作台面。

（3）设备的导轨面，如普通车床床身的导轨面。

（4）夹具或工件的支承面，如组合机床上夹具或工件的定位基准面。

3. 设备初平的方法

初平是根据在设备精加工水平面上用水平仪测量设备的不平情况，通过调整垫铁进行的。如果设备水平度相差太大，可将低一侧的平垫铁换一块较厚的；若是可调垫铁，可在垫铁底部加一块钢板。如果水平度相差不大，可用打入斜垫铁的方法逐步找平，哪一边低，在哪一边打入斜垫铁，直至接近要求的水平度为止。

初平中，如果某一块斜垫铁打进去太多，外露长度太短时，应当换掉。这是因为在精平时还需进一步调整水平，仍要用打入斜垫铁的方法。如果初平时斜垫铁打入太多，精平时留量不够，就无法再调整了。

此外，由于水平仪是精密量具，初平中打垫铁时，一定要提起水平仪，以免被振坏。

子课题 2　常用钻床的安装与调试

学习目标

1. 了解钻床的种类和结构。
2. 熟悉台式钻床的装配工艺步骤和安装要点。
3. 熟悉台式钻床主要精度检验方法。
4. 掌握相关安全操作规程。

一、钻床

钻床是一种用途广泛的孔加工机床。钻床主要是用钻头切削加工精度要求不高的孔，此外，还可以进行扩孔、锪孔、铰孔、攻螺纹以及锪平端面等操作。常用钻床按其结构形式可以分为台式钻床、立式钻床、摇臂式钻床等。

1. 台式钻床

台式钻床具有结构简单，操作方便等优点，主要用在小型零件上加工 ϕ12 mm 以下的孔。台式钻床的结构如图 3—2—32 所示。台式钻床由机头、电动机、立柱、回转工作台和底座等组成。机头与电动机连为一体，可沿立柱上下移动。回转工作台可沿立柱上下移动，或绕立柱轴线作水平转动。底座上有两条 T 形槽，用来装夹工件或固定夹具。主轴下端安装有莫式 2 号短型圆锥，用来安装钻夹头。

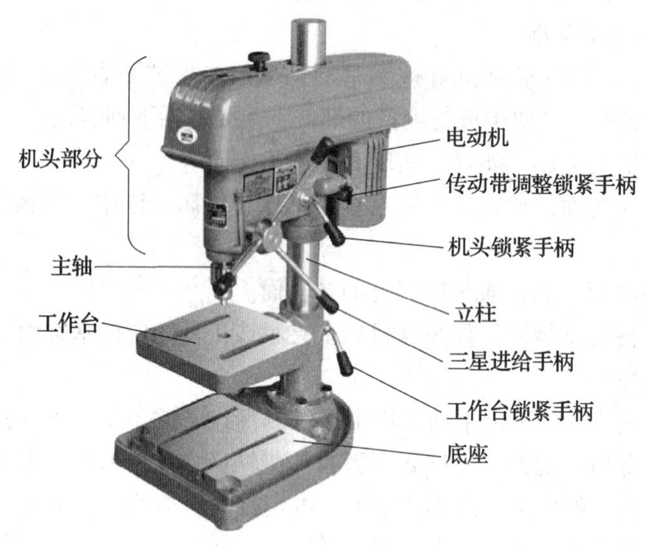

图 3—2—32　台式钻床

2. 立式钻床

立式钻床简称立钻，用来对中小型工件进行钻孔、扩孔、镗孔、铰孔、攻螺纹和锪端面等，如图 3—2—33 所示。主轴变速箱和工作台安置在立柱上，主轴垂直布置。电动机通过变速箱驱动主轴旋转，改变变速手柄位置，可使主轴得到多种转速。通过进给，可使主轴得到多种机动进给速度，转动手柄可实现手动进给。工作台上有 T 形槽，用来装夹工件或夹具。工作台能沿立柱导轨上下移动，并有专门的冷却系统提供切削液，以保证有较高的生产率和孔的加工质量。

3. 摇臂钻床

摇臂钻床用来对大中型工件在同一平面内、不同位置的多孔系进行钻孔、扩孔、锪孔、镗孔、铰孔、攻螺纹和锪端面等，如图 3—2—34 所示。

摇臂钻床主要由摇臂、电动机、立柱、主轴箱、工作台、底座等部分组成。主电动机旋转直接带动主轴箱中的齿轮系，使主轴得到十几种转速和进给速度，可实现机动进给、

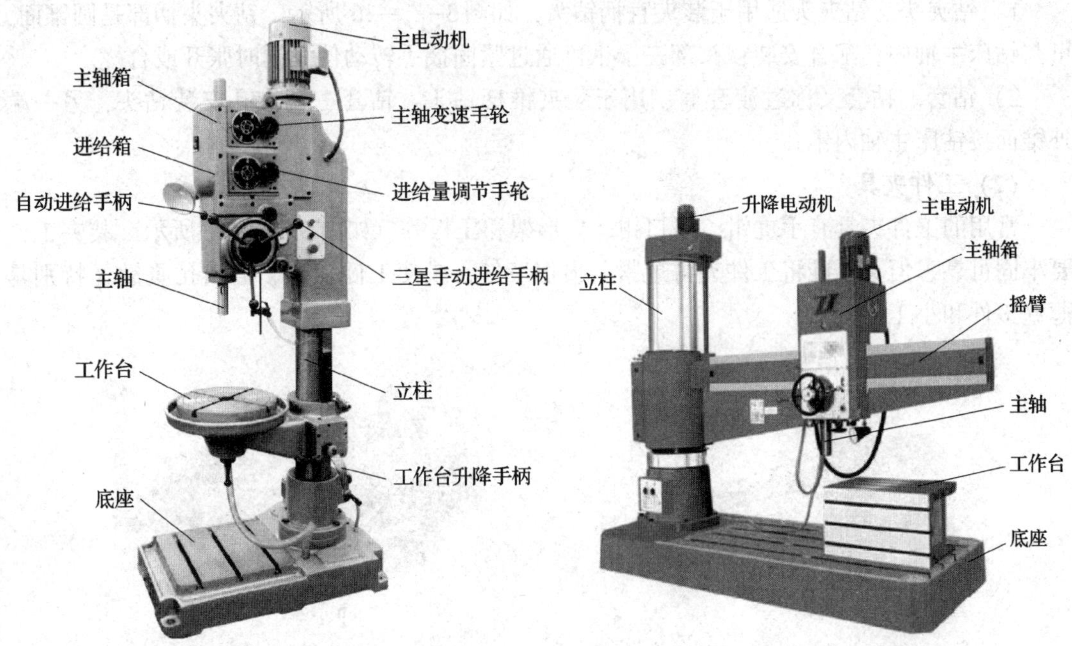

图 3—2—33　立式钻床　　　　图 3—2—34　摇臂钻床

微量进给、定程切削和手动进给。主轴箱能在摇臂上左右移动，摇臂能沿立柱轴线升降和绕立柱作 360°任意旋转。工作台面上有多条 T 形槽，用来安装中小型工件或钻床夹具。

使用摇臂钻床时要注意：主轴箱或摇臂移位时，必须先松开锁紧装置再移位，到位夹紧后再使用。

4. 手电钻

在其他钻床不方便钻孔时，可用手电钻钻孔，如图 3—2—35 所示。

图 3—2—35　手电钻

5. 钻床附件

钻床附件主要是指钻孔用的夹具，主要包括钻头夹具和工件夹具两种。

(1) 钻头夹具

常用的是钻夹头和钻套，如图 3—2—36 所示。

a）

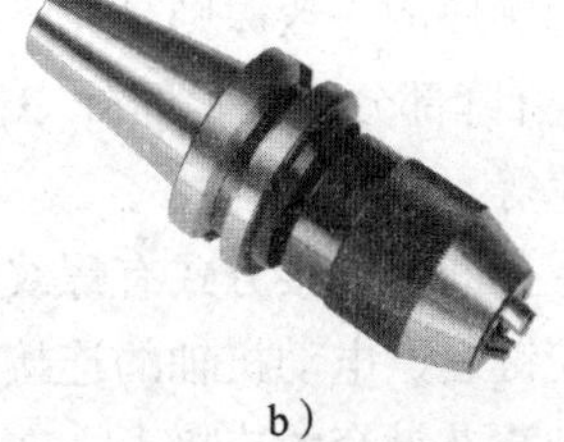

b）

图 3—2—36　钻头夹具

a）台钻用（手动型）　b）立钻、摇臂钻用

1）钻夹头。钻夹头适用于装夹直柄钻头，如图3—2—36所示。钻夹头柄部是圆锥面，可与钻床主轴内孔配合安装；头部三个爪可通过紧固扳手转动使其同时张开或合拢。

2）钻套。钻套又称过渡套筒，用于装夹锥柄钻头。钻套一端锥孔安装钻头，另一端外锥面接钻床主轴内锥孔。

（2）工件夹具

常用的工件夹具有手虎钳、平口钳、V形架和压板等，如图3—2—37所示。装夹工件要牢固可靠，但又不准将工件夹得过紧而损伤工件，或使工件变形影响钻孔质量（特别是薄壁工件和小工件）。

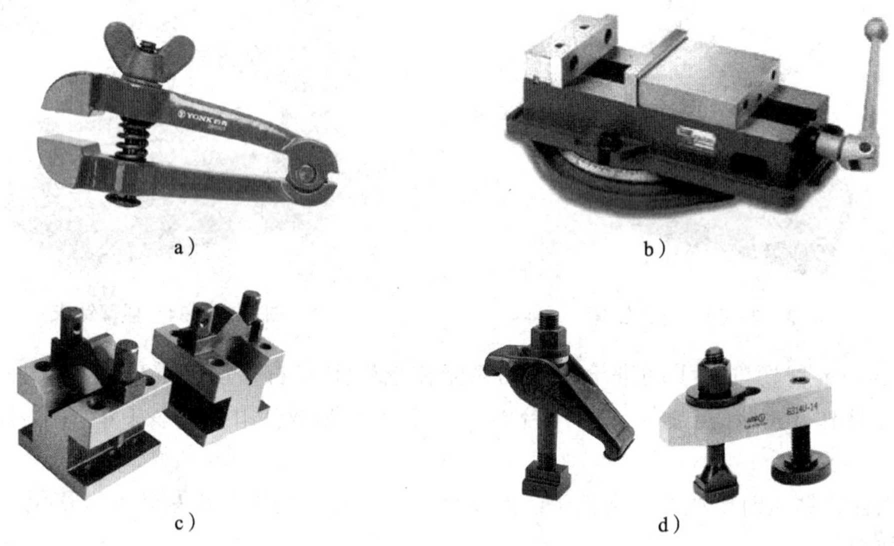

a）　b）　c）　d）

图3—2—37　钻孔夹
a）手虎钳　b）平口钳　c）V形架　d）压板

二、台式钻床装配工艺步骤

1. 熟悉装配图及零件图

台式钻床装配图如图3—2—38所示，零部件明细表见表3—2—3。

2. 清点零件

根据图样清点零件。

3. 确定装配顺序

确定装配顺序的一般原则是先下后上、先内后外。台钻合理的装配顺序为：底座→立柱→横臂→升降部分→锁紧部分→主轴→进给部分→刻度板→传动部分→动力部分→控制部分→外罩等。

台钻上零件间的连接方式有螺纹连接、平键连接、半圆键连接和花键连接。平键连接用在带轮与花键套、电动机轴的连接上；半圆键连接用在进给齿轮与轴的连接上；花键连接用在花键轴与花键套的连接上。在装花键套部分时，先装上端挡圈，后装下端挡圈，使用内用卡簧钳。装轴用挡圈时，应使用外用卡簧钳。

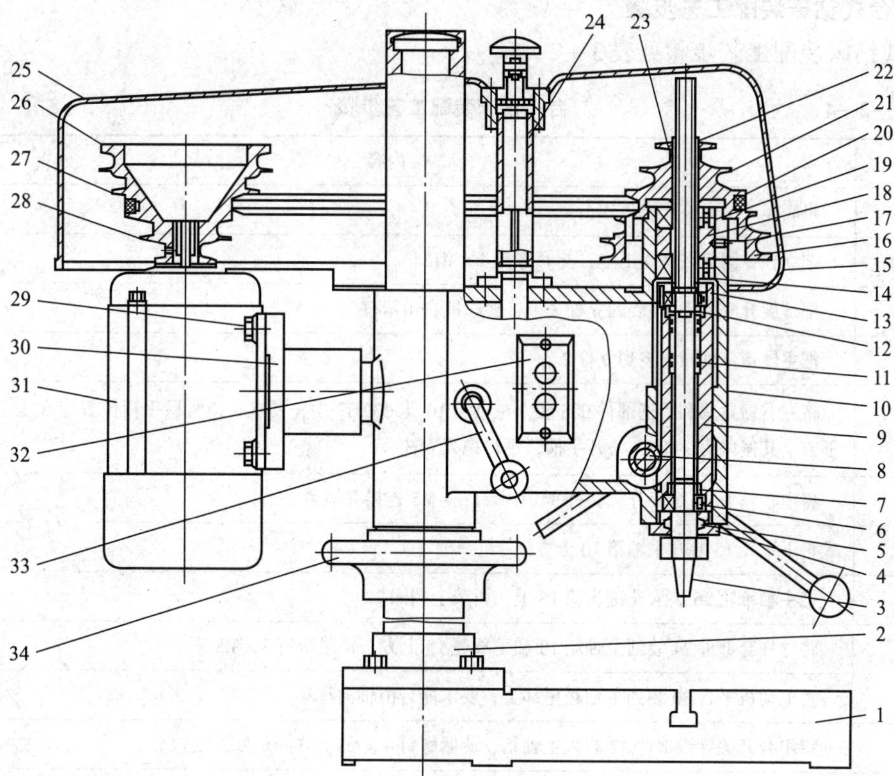

图 3—2—38　台式钻床装配图

表 3—2—3　　Z512 型台式钻床零部件明细表

件号	名称	件号	名称	件号	名称
1	底座	12	垫圈	23	平键 435
2	立柱	13	轴用弹性挡圈 17	24	锁紧螺杆套部件
3	立轴	14	轴用弹性挡圈 25	25	上罩壳
4	压紧螺母	15	下罩壳	26	电动机带轮
5	密封圈	16	花键套筒	27	平键
6	2 - 向心球轴承 6230/P6	17、28	紧定螺钉 M6 ×16	29	螺钉
7	推力球轴承 5103/P6	18	垫圈	30	电动机平台
8	齿轮轴、弹簧盒部件	19	2 - 向心球轴承	31	电动机 A02—7124
9	主轴齿轮齿条套筒	20	V 带 A1168	32	组合开关导线部件
10	主轴箱	21	平键 435	33	左/右锁紧块和手柄部件
11	弹簧	22	轴用弹性挡圈	34	螺旋升降套件

4. 台式钻床装配工艺步骤

台式钻床装配工艺步骤见表 3—2—4。

表 3—2—4　　台式钻床装配工艺步骤

工序	内容
1	将底座 1 吊上装配线工作台
2	把立柱 2 固定在底座 1 上，旋紧螺栓 4 × M12
3	把螺旋升降套件 34 装到立柱 2 上，要求能自由滑落
4	把主轴箱部件 005 装到立柱 2 上
5	将左右锁紧块和手柄部件 008 装入主轴箱 10 孔 ϕ32H7 中，要求：锁紧后手柄位置应在正上方或正下方，其偏差为 ±30°；松开手柄，不得抱死立柱
6	将主轴箱 10 与螺旋升降套件 34 用螺钉 3 × M5 连接并锁紧
7	将下罩壳 15 装在主轴箱 10 上方
8	把主轴带轮 26 装入花键套筒 16 上，再装上挡圈 22
9	将导杆套部件 24 装到主轴箱 10 和下罩壳 15 上方，锁紧螺钉 3 × M8
10	将电动机平台 30 装到主轴箱尾部上，要求能自由轴向移动
11	将组合开关导线部件 32 装入主轴箱，旋紧螺钉 4 × M3，并固定好护线软套
12	装上电动机 31、带轮部件 26，锁紧螺钉 4 × M8 × 25，装上 V 带 20
13	将上罩壳 25 套装在立柱 2 顶上，要求上下罩壳配合良好，导杆在导套内移动灵活；拧入锁紧螺杆 24
14	将主轴套筒部件 9 按分组选配装入主轴箱 10 的 ϕ50H7 孔内，保证间隙 0.003 ~ 0.008 mm，要求移动灵活并能随其重量自行下滑
15	装上齿轮轴、弹簧盒部件 8，调整弹簧，使主轴套筒 9 下移，放手后可自动复位
16	按电气装配工艺要求，接好电动机线
17	检验主轴跳动
18	检验主轴中心对底座垂直度，调至合格
19	检验底座平面度，复检综合垂直度
20	试车
21	清洗、上油、包装
22	外观总检
23	起吊至木箱底板上装箱入库

三、台钻精度检验

台钻精度检验参照 JB/T 5245. 1—2006《台式钻床　第 1 部分：精度检验》。

台式钻床精度检验没有提出工作精度要求，只有装配精度要求。

1. 主轴锥体表面径向圆跳动

主轴锥体表面径向圆跳动公差为：近轴端 0.015 mm；距轴端 100 mm 处 0.03 mm。检验方法如图 3—2—39 所示，在无载荷的情况下，用手转动主轴进行检验。

为了满足该要求，首先要找出影响跳动量大小的主要因素，即找出原始误差。主轴通过前后轴承支承在主轴套筒内，轴承内环的径向圆跳动是影响因素之一；检验棒套在主轴端部锥面上（与工作情况类似），锥部轴线对支承轴颈的跳动也是影响因素。

2. 主轴轴线对工作台平面的垂直度

主轴轴线对工作台平面的垂直度公差为：在纵向平面内 0.1 mm/300 mm（只许向立柱偏）；在横向平面内 0.06 mm/300 mm。检验方法如图 3—2—40 所示，横臂夹紧在行程最高位置，回转主轴 180°，测点分别在纵、横平面内，指示表的读数差即为垂直度误差（基准不是工作台面，但对误差值的精度无大影响）。

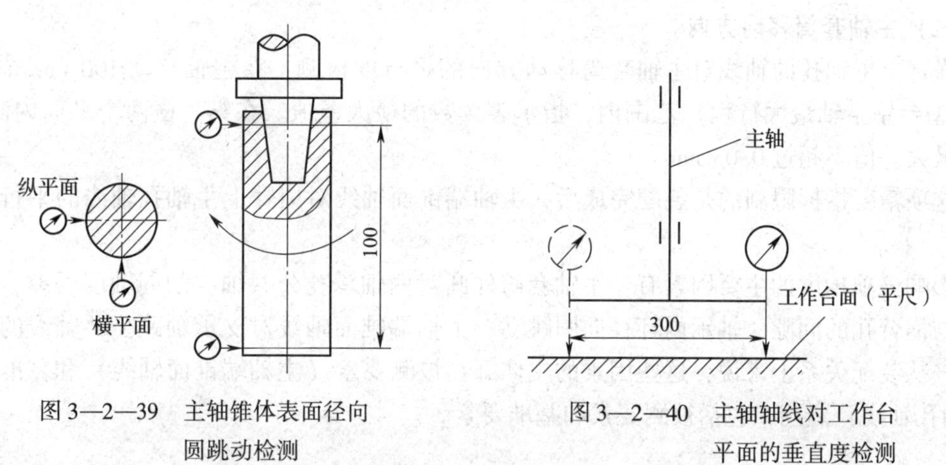

图 3—2—39 主轴锥体表面径向圆跳动检测

图 3—2—40 主轴轴线对工作台平面的垂直度检测

影响该项精度的主要因素（原始误差）有：两横臂孔轴线的平行度，支座孔轴线对底面的垂直度。

(1) 立柱刚度

结构设计时已使立柱的偏转力矩减小很多。立柱刚度的影响在纵向平面内，设计要求规定垂直度误差只许向立柱偏，意在利用切削力平衡偏转力（还可平衡其他一些有害因素）；设计要求的纵向平面内垂直度公差，比横向平面内垂直度公差大许多，已在相当程度上考虑了立柱刚度的影响。

(2) 立柱与横臂孔的间隙

横臂夹紧在立柱上时，横臂孔表面和立柱表面在一侧贴靠，间隙影响消失。

(3) 主轴套筒与横臂孔的间隙

横臂孔的孔径在结构上是可调的，它与主轴套筒之间的间隙可以调整得非常合适，并且对该项精度的影响很小。

3. 主轴轴线对主轴套筒移动方向的平行度

主轴轴线对主轴套筒移动方向的平行度公差为 0.03 mm/100 mm。检验方法如图 3—2—41 所示。

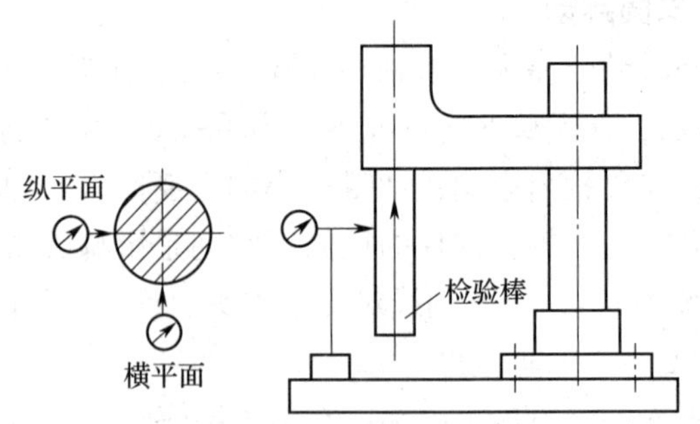

图 3—2—41　主轴轴线对主轴套筒移动方向的平行度检测

（1） 主轴轴线

测量时以检验棒的素线体现。

（2） 主轴套筒移动方向

横臂上主轴孔的轴线对主轴套筒移动方向的平行度检测：在主轴移动 100 mm（这是 Z512 型台钻主轴最大行程）范围内，指示表读数的最大差值。在纵、横两个平面内测量，要求最大差值不超过 0.03 mm。

这项精度指标限制的是装配完成后，主轴端锥面轴线对横臂上主轴孔轴线的平行度误差。

影响该项精度的主要因素有：主轴套筒外圆对两轴承孔公共轴线的同轴度误差，主轴套筒与横臂孔的间隙，轴承内环径向圆跳动，主轴端锥面轴线对支承轴颈公共轴线的跳动误差。从装配关系上来说，这些因素的主体都在被测要素（主轴端锥面轴线）和基准要素（主轴孔轴线）之间，包括被测要素和基准要素。

四、台钻的安装与调试

1. 台钻的安装环境

（1） 选择安装位置

台钻应安装在场地的边缘，避免与其他钳工操作交叉影响，又便于清理钻削加工环境。

（2） 安装基础

台钻属于小型可移动设备，由于钻孔直径小，无垂直方向外力作用，使用时利用台钻的自重所产生的摩擦力足以抵消钻削过程中对台钻稳定性的影响，故台钻可以直接放置在某个平台上使用，而不必采用地脚螺栓固定。通常是将台钻直接放置在由角铁焊接成的平台或工作台上，只需要考虑安装高度便于使用者操作即可。

2. 台钻安装要点

（1） 台钻的定位。在选定的台面上安放台钻时，无须水平方向的固定措施，如有需要可利用角铁边框作水平定位之用。

（2） 台钻的水平调整。台钻的水平调整是台钻定位的主要措施。用中型的水平尺放在台钻的固定工作台面两交叉对角线方向上，观察气泡是否处于中间位置，来判断工作台面的水平。调整水平时，可用小型楔铁垫在台钻底面与支承台面之间，逐步将台钻调平。

(3) 为了安全起见，也可以用螺栓穿过底座通孔，将台钻固定在平台上。

3. 台钻试车基本要求

(1) 试车前的检查

调整试车之前，应检查V带传动是否可靠有效。V带安装不宜过松，也不宜过紧，一般用拇指和中指卡住V带两边，用力夹紧相对位移在15 mm左右为宜。转动电动机一端带轮边缘（手指千万不能进入V带内侧，防止被卡入轮槽中受伤），台钻主轴应相应转动。操纵手柄、钻杆上下移动自如，且钻杆移动定位装置可靠。用直角尺检查固定工作台面与钻杆的垂直度应符合要求。将锁紧螺栓松开，活动工作台转动自如，锁紧有效。将锁紧机构松开，台钻的顶部（电动机连同主轴）能上、下活动自如（操作时需加防护措施，防止顶部滑落发生事故）。按动电源开关，检查开关是否有效。

(2) 试车

选择配套的钻夹头安装在主轴上，将电源插头插入电源插座，按下开关使电动机带动台钻主轴转动，要求：传动平稳无异响；主轴旋转方向应与台钻所标方向一致，否则应请电工重新接线；主轴旋转时无径向跳动和轴向窜动。

(3) 试钻

取$\phi 8 \sim 10$ mm钻头夹持在钻夹头上，启动电动机，在钢试件上钻几个孔，观察排屑是否顺畅，冷却是否有效，所钻孔周边是否圆整光滑，进给手柄操纵是否可靠等（试钻时，需将工件夹紧，在工件底部放入垫块，防止钻伤夹具）。确定符合要求后，才能投入钻孔使用。

五、台钻的操作

1. 钻头进给操作

(1) 按下开关按钮，钻床电动机通电，带轮带动主轴及钻头旋转。

(2) 轻握近身的一支进给手柄，轻轻向下压，这时主轴带着钻头边旋转边向下轴向进给。

(3) 钻头钻到要求位置后，松开进给手柄，手柄在弹簧回缩作用下自动复位，此时不可全部松手，否则会导致回升过快而造成危险。

2. 调速操作

(1) 拧下防护罩上的紧固螺母。

(2) 卸下防护罩。

(3) 脱开传动带。

(4) 先将传动带放到电动机轴侧相应的调速挡带轮上。

(5) 再将传动带另一侧放在主轴侧相应的调速挡带轮上。

(6) 逆时针方向转动传动带的同时，将传动带向下压入轮槽内（压力点应在传动带转出带轮侧，以确保安全），完成调速操作。

3. 工作台高低调节操作

松开工作台（主轴箱）升降轮锁紧手柄，顺（逆）时针转动手轮，工作台上升（下降），调节至需要位置后锁紧手柄即可。

六、钻床的维护与保养

1. 在使用过程中，工作台面必须保持清洁。

2. 钻通孔时必须使钻头能通过工作台面上的让刀孔，或在工件下面垫上垫铁，以免钻坏工作台面。

3. 使用完毕后必须将机床外露滑动面及工作台面擦干净，并对各滑动面及各注油孔加注润滑油。

七、安全操作规程

1. 钳工实习安全操作规程

(1) 实习时要按规定穿戴好工作服和防护帽。

(2) 未经实习指导人员许可不准擅自动用任何设备、电闸、开关和操作手柄，以免发生安全事故。

(3) 实习中如有异常现象或发生安全事故应立即拉下电闸或关闭电源开关，停止实习，保留现场并及时报告指导人员，待查明事故原因后方可再行实习。

(4) 不可使用没有手柄或手柄松动的工具（如锉刀、锤子等)。如发现手柄松动，必须加以紧固。

(5) 对薄板件或小零件加工时，必须对零件进行紧固，不准直接用手拿工件加工。工件必须夹持在台虎钳上，要注意防止装工件的台虎钳滑下来砸伤脚。

(6) 在切削过程中，工件或刀具上的切屑应用刷子清除，不准直接用手去清除切屑或用嘴去吹切屑，不准使用棉纱擦刀具。

(7) 量具用毕要擦干净，然后涂上油，防止生锈。禁止用钢尺当起子使用。量具、刀具和其他工具不准叠放一堆，用毕收拾好放回钳台的抽屉里。

(8) 锯割时，工件在快要断裂时必须减轻用力、放慢速度。

(9) 保持工作场地整洁、有序。

2. 台钻安全操作规程

(1) 工作前必须穿好工作服，扎好袖口，不准围围巾，严禁戴手套，女生发辫应挽在帽子内。

(2) 要检查设备上的防护、保险、信号装置。机械传动部分、电气部分要有可靠的防护装置，工、夹具必须完好，否则不准开动。

(3) 钻床的平台要紧住，工件要夹紧。钻小件时，应用专用工具夹持，防止加工件被带起旋转，不准用手拿着或按着钻孔。

(4) 手动进刀一般按逐渐增压和减压的原则进行，以免用力过猛造成事故。

(5) 调整钻床速度、行程，装夹刀具和工件，以及擦拭钻床时，要停车进行。

(6) 钻床开动后，不准触及运动着的工件、刀具和传动部分。禁止隔着机床转动部分传递或拿取工具等物品。

(7) 钻头上绕长屑时，要停车清除，禁止用口吹、手拉，应使用刷子或铁钩清除。

(8) 凡两人或两人以上在同一台机床工作时，必须有一人负责安全，统一指挥，防止发生事故。

(9) 发现异常情况应立即停车，请有关人员进行检查。

(10) 钻床运转时不准离开工作岗位，因故要离开时必须停车并切断电源。

(11) 工作完后，关闭机床总电源，擦净机床，清扫工作地点。

(12) 使用前要检查钻床各部件是否正常

(13) 钻头与工件必须装夹紧固，不能用手握住工件钻孔，以免钻头旋转引起伤人事故以及设备损坏事故。

(14) 集中精力操作。摇臂和拖板必须锁紧后方可工作；装卸钻头时不可用锤子和其他工具物件敲打，也不可借助主轴上下往返撞击钻头，应用专用钥匙和扳手来装卸；钻夹头不得夹持锥柄钻头。

(15) 钻薄板需加垫木板。钻头快要钻透工件时要轻施压力，以免折断钻头、损坏设备或发生意外事故。

(16) 钻床在运转时，禁止用棉纱和毛巾擦拭钻床及清除铁屑。

(17) 工作后钻床必须擦拭干净，切断电源；零件堆放及工作场地保持整齐、整洁；认真做好交接班工作。

3. 千斤顶安全操作规程

(1) 千斤顶应垂直地安置在载荷下面，工作地面应坚实平坦，以防止陷入和倾斜。

(2) 齿条千斤顶工作时，棘爪必须在棘轮上面滑过。

(3) 液压千斤顶工作时，尽量避免全部旋出螺杆。

(4) 不准超载，保证安全使用。

4. 起重机械使用安全规程

(1) 行车操作者一定要经过培训，经考试合格、取得安全操作合格证书方可上车操作。

(2) 行车在工作前，必须检查行车全部润滑系统情况、离合器及钢丝绳卡等，确认无误后才能上车启动驾驶。

(3) 行车司机只允许由驾驶扶梯上下行车，禁止从房梁上走动及从其他地方攀登上下行车。

(4) 使用行车时，若第一次起吊载荷，应先进行试吊和试制动。

(5) 每台行车的司机应该是固定的。

(6) 行车司机上、下驾驶梯时，双手不准拿任何东西。

(7) 起吊物体时，行车司机应听从起重工（挂钩）的指挥；若指令不清，应按铃请示。

(8) 行车吊物时，必须离开人群，重物应离人员 2 m 以外才可作业。

(9) 行车不得超负荷使用，以免发生危险。

(10) 吊运物件时，若一定要用钢丝绳，就不得用麻绳或三角带等代替。

(11) 用钢丝绳吊挂带有棱角的物件时，在棱角的地方垫放软垫，以免钢丝绳被折断。

模块四 职业技能鉴定装配钳工初级考核模拟试卷

理论知识考核模拟试卷一

一、单项选择题（第1题～第80题。选择一个正确的答案，将相应的字母填入题内的括号中。每题1分，满分80分。）

1. 职业道德就是与人们的（　　）紧密联系的，具有自身职业特性的道德准则和规范的总和。

A. 职业活动　　B. 思想觉悟　　C. 个性特征　　D. 文化素养

2. 遵守法律法规不要求（　　）。

A. 延长劳动时间　　B. 遵守操作程序

C. 遵守安全操作规程　　D. 遵守劳动纪律

3. 劳动合同可以约定试用期，试用期最长不得超过（　　）个月。

A. 3　　B. 6　　C. 12　　D. 15

4. 不可见轮廓线采用（　　）来绘制。

A. 粗实线　　B. 细虚线　　C. 细实线　　D. 细点画线

5. 点在视图上的投影特征是：点的投影永远是（　　）。

A. 点　　B. 线　　C. 面　　D. 线段

6. 局部剖视图用波浪线作为剖与未剖部分的分界线，波浪线的粗细是粗实线宽度的（　　）。

A. 1/3　　B. 2/3　　C. 相同　　D. 1/2

7. 下列标准公差中，（　　）的公差等级最低，加工更容易。

A. IT10　　B. IT3　　C. IT8　　D. IT12

8. 标注几何公差代号时，几何公差项目符号应填写在几何公差框格左起（　　）。

A. 第一格　　B. 第二格　　C. 第三格　　D. 任意

9. 表面粗糙度对零件使用性能的影响不包括（　　）。

A. 对配合性质的影响　　B. 对摩擦、磨损的影响

C. 对零件抗腐蚀性的影响　　D. 对零件塑性的影响

10. （　　）广泛用于一般机械零件的制造，如连杆、销轴、螺钉、气缸、齿轮、机架、焊接件、建筑结构和桥梁等。

A. Q215　　B. Q235　　C. Q255　　D. Q275

11. T10A钢锯片淬火后应进行（　　）。

A. 高温回火　　B. 中温回火　　C. 低温回火　　D. 球化退火

12. 纯铝是银白色的金属，密度为（　　）kg/m^3，仅为铁的1/3，是一种轻金属。

A. 3.72×10^3　　B. 2.72×10^3　　C. 5.72×10^3　　D. 7.62×10^3

13. （　　）传动是利用两个侧面为工作面，传递的转矩较大。

A. 平带　　B. V带　　C. 圆带　　D. 同步带

14. 齿轮的齿形轮廓曲线种类很多，最常用的是（　　）齿轮。

A. 渐开线　　B. 摆线

C. 圆弧线　　D. 阿基米德螺旋线

15. 常用高速钢的牌号有（　　）。

A. YG3　　B. T12　　C. 35　　D. W6Mo5Cr4V2

16. 划线时，直径大于20 mm的圆周线上应有（　　）以上冲点。

A. 四个　　B. 六个　　C. 八个　　D. 十个

17. 当錾削接近尽头（　　）mm时，必须调头錾去余下的部分。

A. 0~5　　B. 5~10　　C. 10~15　　D. 15~20

18. 锯条在制造时，使锯齿按一定的规律左右错开，排列成一定形状，称为（　　）。

A. 锯齿的切削角度　　B. 锯路　　C. 锯齿的粗细　　D. 锯割

19. 锉削时，应充分使用锉刀的（　　），以提高锉削效率，避免局部磨损。

A. 锉齿　　B. 两个面　　C. 有效全长　　D. 侧面

20. 用板牙套螺纹时，当板牙的切削部分全部进入工件，两手要（　　）地旋转，不能有侧向压力。

A. 较大　　B. 很大　　C. 均匀、平稳　　D. 较小

21. 图形符号中文字符号KA表示（　　）。

A. 接触器　　B. 交流继电器　　C. 直流继电器　　D. 按钮开关

22. 错误的触电救护措施是（　　）。

A. 迅速切断电源　　B. 人工呼吸　　C. 胸外按压　　D. 打强心针

23. 关于保持工作环境清洁有序不正确的是（　　）。

A. 优化工作环境　　B. 工作结束后再清除油污

C. 随时清除油污和积水　　D. 整洁的工作环境可以振奋职工精神

24. 不属于岗位质量措施与责任的是（　　）。

A. 明确岗位质量责任制度

B. 岗位工作要按作业指导书进行

C. 明确上下工序之间相应的质量问题的责任

D. 满足市场的需求

25. 零件图上常见的符号主要有尺寸公差、表面粗糙度、几何公差以及（　　）等。

A. 零件材料　　B. 基本偏差　　C. 公差等级　　D. 刀具材料

26. 同一个零件图中，表面粗糙度的代号在每个表面一般只标注（　　）。

A. 一次　　B. 两次　　C. 三次　　D. 若干次

27. 轴套类零件包括轴、衬套、轴套和（　　）等。

A. 齿轮　　B. 支架　　C. 杆　　D. 连杆

28. 关于盘盖类零件的特点，（　　）说法是正确的。

A. 主要用来传递运动和支承传动件

B. 常用两个基本视图，主视图一般取剖视图

C. 通常由几段不同直径的同轴体组成，其长度远大于直径

D. 常用铸铁材料生产毛坯

29. （　　）主要用于操纵、调节、连接和支承，常用的有拨叉、摇臂、拉杆、连杆和支架等。

A. 轴套类零件　　B. 箱体类零件　　C. 盘盖类零件　　D. 叉架类零件

30. 切削用量中对切削力影响最大的是（　　）。

A. 背吃刀量　　B. 进给量　　C. 切削速度　　D. 影响相同

31. 刃磨车刀前面，同时磨出（　　）。

A. 前角和刃倾角　　B. 前角　　C. 刃倾角　　D. 前角和楔角

32. 在卧式铣床上用圆柱形铣刀铣削平面，称为（　　）。它的特点是使用方便，在生产中常采用。

A. 端铣　　B. 周铣　　C. 平铣　　D. 对称铣削

33. 磨床在磨削内孔时，一般都用卡盘夹持工件外圆，其运动与磨外圆时基本相同，但砂轮的旋转方向与前者（　　）。

A. 一致　　B. 相同　　C. 相反　　D. 皆有可能

34. 在铸造生产的各种方法中，最基本的方法是（　　）。

A. 金属型铸造　　B. 熔模铸造　　C. 压力铸造　　D. 砂型铸造

35. 划线精度一般要求达到（　　）mm。

A. 0.25 ~ 0.5　　B. 0.25 ~ 0.3　　C. 0.25 ~ 0.4　　D. 0.25 ~ 0.6

36. 麻花钻的两个螺旋槽表面就是（　　）。

A. 主后面　　B. 副后面　　C. 前面　　D. 切削平面

37. 麻花钻顶角越小，则轴向力越小。刀尖角增大有利于（　　）。

A. 切削液进入　　B. 排屑

C. 散热和延长钻头使用寿命　　D. 减小表面粗糙度值

38. 标准麻花钻修磨分屑槽时，是在（　　）磨出分屑槽。

A. 前面　　B. 副后面　　C. 基面　　D. 后面

39. 一般情况下钻精度要求不高的孔加切削液的主要目的在于（　　）。

A. 冷却　　B. 润滑　　C. 便于清屑　　D. 减小切削抗力

40. 铰孔时，应根据孔径的大小，同时考虑铰孔的精度、表面粗糙度、材料的软硬和铰刀类型等多种因素正确选择铰削余量。铰孔直径为 10 mm 时，铰削余量应选择（　　）mm。

A. 0.1 ~ 0.2　　B. 0.2 ~ 0.3　　C. 0.3　　D. 0.5

41. 下列关于螺纹代号的解释错误的是（　　）。

A. G3/4—LH 表示非螺纹密封的圆柱管螺纹，公称直径是 3/4 in，左旋螺纹

B. M16 ×1 表示细牙普通螺纹，公称直径是 16 mm，螺距 1 mm
C. Tr32 ×5 表示梯形螺纹，公称直径是 32 mm，螺距 5 mm
D. M12 表示粗牙普通螺纹，公称直径是 12 mm，单线，右旋螺纹

42. 在中碳钢上攻 M10 ×1.5 螺孔，其底孔直径应是（　　）mm。
A. 10　　B. 9　　C. 8.5　　D. 7

43. 加工内螺纹时，起攻结束进入正常攻螺纹时（　　）。
A. 要增大压力　　B. 不要加压　　C. 适当加压　　D. 可随意加压

44. 刮削是一种精密加工，每刮一刀去除的余量（　　），一般不会产生废品。
A. 较大　　B. 一般　　C. 较小　　D. 很小

45. 刮削一个 400 mm 方箱，要求垂直度为（　　）mm。
A. 0.01　　B. 0.02　　C. 0.03　　D. 0.04

46. 产生研磨表面拉毛的原因有研具及工件（　　）不干净。
A. 擦洗　　B. 清洗　　C. 刷洗　　D. 喷洗

47. 根据构件的工作要求和应用范围的不同，铆接可分为强固铆接、紧密铆接和（　　）。
A. 强密铆接　　B. 强劲铆接　　C. 紧固铆接　　D. 紧凑铆接

48. 铆接时出现铆钉头偏移的原因是（　　）。
A. 孔径过小或铆杆有毛刺　　B. 钉杆长度不够
C. 压缩空气压力不足　　D. 铆接时铆钉枪与板面不垂直

49. 铆接时出现板件结合面间有缝隙的原因是（　　）。
A. 钉孔歪斜或铆钉头偏移　　B. 孔径过大或有毛刺
C. 钉杆过长　　D. 孔径过小，贴合不严

50. 修补气缸体时，在孔洞表面加工出 1.1 ~1.2 mm 深、距修补口边缘（　　）mm 的台肩，表面粗糙度 *Ra* 值为 25 μm。
A. 15 ~25　　B. 15 ~20　　C. 10 ~15　　D. 10 ~20

51. 手工矫正的方法有扭转法、弯曲法、伸张法和（　　）。
A. 延展法　　B. 滚压法　　C. 角变法　　D. 锤击法

52. 相同材料，弯曲半径越小，变形（　　）。
A. 越大　　B. 越小
C. 不变　　D. 可能大也可能小

53. 若弹簧内径与其他零件相配，用经验公式 $D_0 = (0.75 \sim 0.8) D_1$ 确定心棒直径时，其系数应取（　　）值。
A. 大　　B. 中　　C. 小　　D. 任意

54. 一张完整的装配图应包括（　　）。
A. 一组图形、必要的尺寸、技术要求、零件序号和明细栏、标题栏
B. 一组图形、全部的尺寸、技术要求、零件序号和明细栏、标题栏
C. 一组图形、必要的尺寸、技术要求和明细栏
D. 一组图形、全部的尺寸、技术要求和明细栏

55. 关于编制装配工艺所需的原始资料，下列说法正确的是（　　）。

A. 与产品生产规模无关　　B. 和现有工艺装备无关

C. 不需产品验收技术条件　　D. 产品总装图

56. 互换装配法对装配工艺技术水平要求（　　）。

A. 很高　　B. 高　　C. 一般　　D. 不高

57. 主轴部件装配精度难以掌握，因此在装配前应对所有关键的零部件进行（　　）。

A. 修理　　B. 预检　　C. 调整　　D. 定位

58. 采用（　　）进行装配，由于其配合表面的粗糙部分在装配过程中没有被抹平，冷却之后，包容件和被包容件配合表面的微观不平处相互交错咬合，增大了相互间的摩擦。

A. 压装法　　B. 温差法　　C. 顶压法　　D. 综合法

59. 液体氮能将零件冷至（　　）℃，用它作冷却剂，可以对所有直径大于 50 mm 的过盈配合零件进行装配。

A. −75　　B. −120　　C. −195　　D. −180

60. 热装时，加热温度的计算公式为（　　）。

A. $T=\frac{\Delta_1+\Delta_2}{da}+T_0$　　B. $T=\frac{\Delta_1+\Delta_2}{a}+T_0$

C. $T=\frac{\Delta_1+\Delta_2}{da}$　　D. $T=\frac{\Delta_1+\Delta_2}{a}$

61. 压装机不仅在结构尺寸和出力上有大小之分，而且在结构形式上也有（　　）之别。

A. 液压和机械　　B. 立式和卧式　　C. 外压和内压　　D. 冷压和热压

62. 起吊工作物时，试吊离地面（　　）m，经过检查确认稳妥，方可起吊。

A. 1　　B. 1.5　　C. 0.3　　D. 0.5

63. 用千斤顶支承工件时，三个支承点所组成的三角形应该（　　）。

A. 尽量大　　B. 尽量小　　C. 最大　　D. 不大

64. 为了消除顶尖套中顶尖本身误差对测量的影响，一次检验后应将顶尖套中的顶尖退出，旋转 180°重新插入检验一次，两次测量结果的代数和的一半即为误差值。上母线允差值为（　　）mm。

A. 0.06　　B. 0.03　　C. 0.02　　D. 0.01

65. 用来测量零件的高度和进行精密划线的是（　　）。

A. 游标深度卡尺　　B. 游标高度卡尺

C. 游标齿厚卡尺　　D. 千分尺

66. 使用外径千分尺测量工件时，千分尺要放正，并要注意（　　）的影响。

A. 视力　　B. 温度　　C. 湿度　　D. 光线

67. 用极限量规测量工件时，必须使用正确的量法。根据实践经验可以归纳为（　　）四个字。

A. 稳、准、正、冷　　B. 轻、准、正、冷

C. 准、轻、正、冷　　D. 轻、稳、正、冷

68. 槽宽量规属于（　　）。

A. 万能量具　　B. 专用量具　　C. 标准量具　　D. 检测量具

69. 在车间里，主要是使用（　　）对螺纹进行综合检验。

A. 螺纹百分尺　　B. 塞规　　C. 三针量法　　D. 螺纹量规

70. 量具在使用过程中，（　　）与工件放在一起。

A. 不能　　B. 能　　C. 有时能　　D. 有时不能

71. 零件的密封试验是（　　）。

A. 装配工作　　B. 试车　　C. 装配前准备工作　　D. 调整工作

72. 下列垫圈采用耐油橡胶作为材料的是（　　）。

A. 矩形橡胶垫圈　　B. 夹金属丝网石棉平垫圈

C. 金属石棉交织平垫圈　　D. 金属包垫片

73. 皮碗式密封适用于密封处圆周速度不大于（　　）m/mim 的场合。

A. 6　　B. 7　　C. 8　　D. 9

74. 试车调整时，主轴在最高速的运转时间应该不少于（　　）min。

A. 5　　B. 10　　C. 20　　D. 30

75. 空运转试验的目的主要是检查在（　　）状态下，各部件工作是否正常。

A. 静止　　B. 负荷　　C. 运转　　D. 超负荷

76. 机床精度检验时，当 $Da \leqslant 800$ 时，主轴轴线对床鞍移动的平行度（在竖直平面内、300 mm 测量长度上）公差值为 0.02 mm，（　　）。

A. 只许向上偏　　B. 只许向下偏　　C. 只许向前偏　　D. 只许向后偏

77. 主轴的回转精度：轴肩支承面的轴向圆跳动公差值为（　　）mm。

A. 0.015　　B. 0.01　　C. 0.01 ~ 0.02　　D. 0.02

78. 钻相交孔时，须保证它们的（　　）正确性。

A. 孔径　　B. 交角　　C. 粗糙度　　D. 孔径和交角

79. 立式钻床的一、二级保养又称二保，应（　　）为主。

A. 以维修者　　B. 一级以操作者、二级以维修者

C. 以操作者　　D. 一级以维修者、二级以操作者

80. （　　）适用于批量较大、形状较复杂的工件，清洗轻度黏附的油垢。

A. 擦洗　　B. 浸洗　　C. 喷洗　　D. 气相清洗

二、判断题（第 81 题 ~ 第 100 题。将判断结果填入括号中。正确的填“√”，错误的填“×”。每题 1 分，满分 20 分。）

81. 当事人可以参照各类合同的示范文本订立合同。（　　）

82. 有一个面是多边形，其余各面是有一个公共顶点的三角形的平面立体称为棱柱。（　　）

83. 纯铜的塑性非常好，在大气及淡水中有良好的抗腐蚀性能。（　　）

84. 位置公差中平行度符号是∥。（　　）

85. 零件图中的技术要求主要包括三部分内容：表面粗糙度、尺寸公差、几何公差。（　　）

86．在装配图中，零件的倒角、凹坑、沟槽、滚花、刻线及其他细节可省略不画。（　　）

87．铸造与其他机械加工方法相比具有显著的特点，能节约金属材料，改善金属材料的内部组织、力学性能和物理性能，提高生产率，但零件的使用寿命比其他加工方法加工的零件低。（　　）

88．钻孔前应在工件上划出所需钻孔的十字中心线和直径。（　　）

89．要使研磨剂中的微小磨粒嵌入研具表面，研具表面的材料硬度应稍低于被研工件。（　　）

90．矫正是对弹性变形而言，所以只有对弹性好的材料才能进行矫正。（　　）

91．完全互换装配法、选择装配法、修配装配法和调整装配法，是产品装配的常用方法。（　　）

92．零件加热时必须注意：加热温度应大于该件淬火后的回火温度。（　　）

93．减速器漏油，是由于长期使用，油温升高，原来的润滑油脂变稀，容易蒸发或飞溅泄漏。（　　）

94．行车操作者一定要经过培训。经考试合格，取得安全操作合格证书的人员方可上车操作。（　　）

95．光滑极限量规是一种专用量具，用它来检验零件时，只能判定零件是否合格，不能量出实际尺寸。（　　）

96．螺纹塞规也有通端和止端，通端做成完整牙型和正常旋合圈数，止端做成短齿。（　　）

97．主轴本身的精度只影响主轴部件工作时的径向圆跳动。（　　）

98．砂轮机的圆周线速度一般为 25 m/s。（　　）

99．Z535 型立式钻床的最大钻孔直径为 35 mm。（　　）

100．清洗工艺包括清洗液、清洗方法及工艺参数，需根据工件清洗要求、生产批量、工件材料、表面油脂和机械杂质的性质及其黏附状况等因素确定。（　　）

理论知识考核模拟试卷二

一、单项选择题（第 1 题～第 80 题。选择一个正确的答案，将相应的字母填入题内的括号中。每题 1 分，满分 80 分。）

1．职业道德基本规范不包括（　　）。

A．遵纪守法，廉洁奉公　　B．公平竞争，依法办事

C．爱岗敬业，忠于职守　　D．服务群众，奉献社会

2．具有高度责任心应做到（　　）。

A．讲信誉，重形象　　B．不徇私情，不谋私利

C．责任心强，不辞辛苦，不怕麻烦　　D．光明磊落，表里如一

3．下列选项中，属于无效合同的是（　　）。

A. 无权处分合同　　B. 乘人之危合同
C. 显失公平合同　　D. 损害社会公共利益合同

4. 机械图样中的汉字应写成（　　）。
A. 楷体　　B. 斜体　　C. 宋体　　D. 仿宋体

5. 移出断面图的轮廓线用（　　）画出。
A. 粗实线　　B. 细实线　　C. 细点画线　　D. 波浪线

6. 极限偏差是（　　）。
A. 设计时得到的　　B. 加工后测量得到的
C. 实际尺寸减去公称尺寸的代数差　　D. 上极限尺寸与下极限尺寸之差

7. 标注几何公差代号时，几何公差框格左起第二格应填写（　　）。
A. 几何公差项目符号　　B. 几何公差数值
C. 几何公差数值及有关符号　　D. 基准代号

8. 机械加工中最常用的一种表面粗糙度的评定标准是（　　）。
A. *Ra*　　B. *Rz*　　C. *Ry*　　D. *Rw*

9. 浇铸时产生抬箱跑火现象的原因是（　　）。
A. 浇铸温度高　　B. 浇铸温度低　　C. 铸型未压紧　　D. 未开气孔

10.（　　）用于制造低速手用刀具。
A. 碳素工具钢　　B. 碳素结构钢　　C. 合金工具钢　　D. 高速钢

11.（　　）的目的是降低钢的硬度，提高其塑性，细化或均匀内部组织，消除应力。
A. 淬火　　B. 回火　　C. 退火　　D. 正火

12. 带传动具有（　　）特点。
A. 吸振和缓冲　　B. 传动比准确
C. 适用两传动轴中心距离较小　　D. 效率高

13. 渐开线标准直齿轮的正确啮合条件是（　　）。
A. 两轮模数相等、压力角不相等　　B. 两轮模数不相等、压力角相等
C. 两轮模数和压力角必须分别不相等　　D. 两轮模数和压力角必须分别相等

14.（　　）是衡量刀具材料切削性能好坏的最主要指标。
A. 硬度　　B. 耐磨性　　C. 强度和韧性　　D. 红硬性

15. 游标卡尺结构中，沿着尺身可移动的部分叫（　　）。
A. 尺框　　B. 尺身　　C. 尺头　　D. 活动量爪

16. 划线时，应使划线基准与（　　）一致。
A. 测量基准　　B. 安装基准　　C. 设计基准　　D. 辅助基准

17. 锯条有了锯路后，使工件上的锯缝宽度（　　）锯条背部的厚度，从而防止了夹锯。
A. 小于　　B. 等于　　C. 大于　　D. 小于或等于

18. 圆锉刀的尺寸规格是以（　　）大小表示的。
A. 长度　　B. 方形尺寸　　C. 直径　　D. 宽度

19. 锪孔时，进给量为钻孔的2～3倍，切削速度与钻孔时比应（　　）。

A. 减小　　B. 增大　　C. 减小或增大　　D. 不变

20. 钳工用丝锥加工的螺纹一般是（　　）。

A. 普通螺纹　　B. 梯形螺纹　　C. 矩形螺纹　　D. 锯齿形螺纹

21. 图形符号中文字符号 KM 表示（　　）。

A. 熔断器　　B. 接触器　　C. 继电器　　D. 电动机

22. 手动正转控制电路主要用于（　　）电动机的启动。

A. 单相　　B. 三相　　C. 大容量　　D. 小容量

23. 遵守法律法规要求（　　）。

A. 服从安排　　B. 加强劳动协作

C. 自觉加班　　D. 遵守安全操作规程

24. 环境不包括（　　）。

A. 海洋　　B. 文物遗迹　　C. 季节变化　　D. 风景名胜区

25. 不符合岗位质量要求的内容是（　　）。

A. 对各个岗位质量工作的具体要求　　B. 体现在各岗位的作业指导书中

C. 是企业的质量方向　　D. 体现在工艺规程中

26. 在零件图上某公称尺寸后面注出基本偏差代号和公差等级，如 ϕ30H7。这种形式用于（　　）的零件图上。

A. 小批量生产　　B. 成批生产　　C. 试制生产　　D. 生产批量不定

27. 表面粗糙度代号可标注在表面镀涂或热处理范围的（　　）上。

A. 粗实线　　B. 细实线　　C. 粗点画线　　D. 细点画线

28. 关于轴套类零件的特点，（　　）说法是正确的。

A. 轴套类零件的主要功用是传递运动、连接、支承和密封

B. 常用两个基本视图，主视图一般取剖视图

C. 通常由几段不同直径的同轴体组成，其长度远大于直径

D. 常用铸铁材料生产毛坯

29. 关于箱体类零件的特点，（　　）说法是正确的。

A. 一般只选用一个主视图及若干个其他视图

B. 主要加工方法是车削、铣削或磨削

C. 长、宽、高三个方向的尺寸基准选用轴、孔中心线

D. 主要功用是传递运动、连接、支承和密封

30. 关于叉架类零件的特点，（　　）说法是正确的。

A. 一般用两三个基本视图表达

B. 内外结构较复杂，一般有较大的空腔

C. 通常由几段不同直径的同轴体组成，其长度远大于直径

D. 长、宽、高三个方向的尺寸基准选用轴、孔中心线

31. 高速钢也称白钢，我国常用的牌号为 W18Cr4V，最高切削速度可达（　　）m/min。

A. 25　　B. 20　　C. 35　　D. 30

32. 车刀安装高低对（　　）有影响。

A. 主偏角　　B. 副偏角　　C. 前角　　D. 刀尖角

33. 转动立铣头铣削斜面时，必须使用（　　）。

A. 不受限制　　B. 纵向进给　　C. 垂向进给　　D. 横向进给

34. 砂型铸造中可铸造的材料是（　　）。

A. 任何金属材料　　B. 以有色金属为主

C. 以钢为主　　D. 仅限黑色金属

35. 热模锻压力机，实际上是一种使坯料在热态下模具成型而使用的（　　）。

A. 螺旋压力机　　B. 曲柄压力机　　C. 高能锻压机　　D. 摩擦压力机

36. 加热产生的缺陷有过热、过烧、萘状断口、粗晶、裂纹、心部断裂、（　　）、铜脆等。

A. 淬裂　　B. 重皮　　C. 气割裂纹　　D. 脱碳

37. 利用分度盘上的等分孔分度时，手柄依次转过一定的转数和孔数，使工件转过相应的（　　）。

A. 周数　　B. 孔数　　C. 位置　　D. 角度

38. 麻花钻顶角越小，则轴向力越小。刀尖角增大有利于（　　）。

A. 切削液进入　　B. 排屑

C. 散热和延长钻头寿命　　D. 减小表面粗糙度值

39. 当钻孔时，深度与直径之比大于（　　）为深孔加工。

A. 8　　B. 5　　C. 10　　D. 15

40. 钻头直径为 10 mm，用 600 r/min 的转速钻孔，切削速度为（　　）m/min。

A. 200　　B. 188.4　　C. 154.5　　D. 145.4

41. 由于锪孔的切削面积小，锪钻的切削刃多，所以进给量为钻孔的 2 ~ 3 倍，切削速度为钻孔的（　　）。

A. 1/4 ~ 1/3　　B. 1/3 ~ 1/2　　C. 1/2 ~ 1　　D. 1/5 ~ 1/4

42. 1∶10 铰刀用来铰削联轴器上与（　　）配合的锥孔。

A. 直销孔　　B. 锥销孔　　C. 莫氏锥孔　　D. 锥销

43. 当两个被连接件不太厚时，宜采用（　　）。

A. 双头螺柱连接　　B. 螺栓连接　　C. 螺钉连接　　D. 紧定螺钉连接

44. 当丝锥（　　）全部进入工件时，就不需要再施加压力，而靠丝锥自然旋进切削。

A. 切削部分　　B. 工作部分　　C. 校准部分　　D. 全部

45. 套螺纹前圆杆直径应（　　）螺纹的大径尺寸。

A. 稍大于　　B. 稍小于　　C. 等于　　D. 大于或等于

46. 刮削场地的光线（　　）。

A. 要强　　B. 可以暗一些

C. 要弱　　D. 别太强也别太弱

47. 平面刮削采用手刮法时，右手握刀柄，左手四指向下卷曲握住距刀头（　　）mm 刀身处，并使刮刀与工件的被刮表面成 20° ~ 30°角。

A. 40~50　　B. 50~60　　C. 60~70　　D. 70~80

48. 常用的研具材料不包括（　　）。

A. 金刚石　　B. 灰铸铁　　C. 低碳钢　　D. 铜

49. 刮削中，采用正研往往会使平板产生（　　）

A. 平面扭曲现象　　B. 研点达不到要求　　C. 一头高一头低　　D. 凹凸不平

50. 以下除了（　　），都是铆接的形式。

A. 搭接　　B. 对接　　C. 角接　　D. 压接

51. 铆接时出现铆钉头偏移的原因是（　　）。

A. 罩模直径过大　　B. 孔径过小或钉杆有毛刺

C. 压缩空气压力过大　　D. 钉杆长度不足

52. 焊接可分为熔焊、钎焊和（　　）。

A. 堆焊　　B. 压焊　　C. 氩弧焊　　D. 锡焊

53. 用来矫正棒料、轴类零件和条料的弯曲变形称为（　　）。

A. 延展法　　B. 扭转法　　C. 弯曲法　　D. 伸张法

54. 弹簧的种类很多，常用的有螺旋弹簧和（　　）。

A. 拉伸弹簧　　B. 扭力弹簧　　C. 压缩弹簧　　D. 板弹簧

55. 装配工作的组织形式随着（　　）和产品复杂程度不同，一般分为固定式装配和移动式装配两种。

A. 生产类型　　B. 装配精度　　C. 尺寸大小　　D. 工厂条件

56. 规定产品或零部件装配工艺过程和（　　）等的文件称装配工艺规程。

A. 生产过程　　B. 工艺过程　　C. 工序过程　　D. 工装过程

57. 不管是采用刷涂还是采用喷涂，都应先从（　　）开始。

A. 容易涂刷的部位　　B. 不易涂刷的部位

C. 从上到下　　D. 从左到右

58. 装配工作完成后，为使机构或机器工作协调，需对轴承间隙、镶条位置、蜗轮轴向位置等进行（　　）。

A. 检验　　B. 调整　　C. 重新装配　　D. 重新定位

59. 液体氧能将零件冷却至（　　）℃。虽然它的冷却温度高于氮，但也能满足零件直径大于 50 mm 的 R7、R8 系列配合要求。

A. −75　　B. −120　　C. −195　　D. −180

60. 在强度允许的条件下，制作器具的金属板越薄越好，可以减少容器本身的液态氧消耗。采用（　　）mm 铜板制作容器最好。

A. 1~1.5　　B. 1.5~2　　C. 2~2.5　　D. 2.5~3

61. 20~200℃时，青铜、黄铜的线胀系数分别为（　　）。

A. 0.000 011、0.000 010　　B. 0.000 010、0.000 011

C. 0.000 018、0.000 017　　D. 0.000 017 6、0.000 017 8

62. 液压压装机按结构形式可分为（　　）。

A. 立式和卧式　　B. 机动和液动　　C. 手动和机动　　D. 外压和内压

63. 用千斤顶支承工件时，三个支承点所组成的三角形面积应该（　　）。

A. 尽量大　　B. 尽量小　　C. 最大　　D. 不大

64. 用来测量齿轮齿厚的是（　　）。

A. 游标深度卡尺　　B. 游标高度卡尺　　C. 游标齿厚卡尺　　D. 千分尺

65. 内径千分尺可测量的最小孔径为（　　）mm。

A. 5　　B. 50　　C. 75　　D. 100

66. 内径百分表的测量范围是通过更换（　　）来改变的。

A. 表盘　　B. 测量杆　　C. 长指针　　D. 可换测头

67. 塞尺具有两个平行的测量平面，厚度为0.03～0.1 mm的，中间每片相隔（　　）mm。

A. 0.005　　B. 0.01　　C. 0.02　　D. 0.05

68.（　　）就是量规的位置必须正确，不可歪斜，特别是对高精度或大尺寸的工件更应十分注意。

A. "轻"　　B. "稳"　　C. "正"　　D. "冷"

69. 在车间里，主要是使用（　　）对螺纹进行综合检验。

A. 螺纹百分尺　　B. 塞规　　C. 三针量法　　D. 螺纹量规

70. 属于金属表面形变强化方法的是（　　）。

A. 喷涂层　　B. 渗碳　　C. 气相沉积法　　D. 滚压

71.（　　）不是对密封的基本要求。

A. 严密可靠　　B. 结构紧凑　　C. 寿命较短　　D. 维修方便

72. 迷宫式密封装置用在（　　）场合。

A. 高温　　B. 潮湿　　C. 高速　　D. 低速

73. 皮碗式密封用于防止漏油时，其密封唇应（　　）。

A. 向着轴承　　B. 背着轴承　　C. 紧靠轴承　　D. 远离轴承

74. 空运转试验的目的主要是检查在（　　）状态下，各部件工作是否正常。

A. 静止　　B. 负荷　　C. 运转　　D. 超负荷

75. 机床精度检验时，当 $Da \leqslant 800$ 时，尾座套筒锥孔轴线对床鞍移动的（　　）（在竖直平面内、300 mm测量长度上）公差值为0.03 mm（只许向上偏）。

A. 平面度　　B. 平行度　　C. 垂直度　　D. 直线度

76. 主轴的回转精度：主轴的轴向窜动量为（　　）mm。

A. 0.015～0.02　　B. 0.01～0.025　　C. 0.01～0.02　　D. 0.015～0.025

77. Z535型立式钻床的主轴转速为（　　）r/min。

A. 68～1 000　　B. 68～1 440　　C. 70～1 000　　D. 70～1 440

78. 使用（　　）时应戴橡胶手套。

A. 电钻　　B. 钻床　　C. 电剪刀　　D. 镗床

79. 立钻电动机二级保养要按需要拆洗电动机，更换（　　）润滑剂。

A. 20号机油　　B. 40号机油　　C. 锂基润滑脂　　D. 1号钙基润滑脂

80. 零件的清理、清洗是（　　）的工作要点。

A. 装配工作　　B. 装配工艺过程　　C. 装配前准备工作　　D. 部件装配工作

二、判断题（第81题～第100题。将判断结果填入括号中。正确的填“√”，错误的填“×”。每题1分，满分20分。）

81. 所有投射线相互平行，这种投影的方法称为中心投影法。（　　）

82. 用以确定公差带相对零线位置的上偏差或下偏差称为基本偏差。（　　）

83. 铸铁是指含碳量大于2.11%的铁碳合金。（　　）

84. 合金工具钢是具有某种特殊物理、化学性能的合金钢，如不锈钢、耐热钢、耐磨钢等。（　　）

85. 刀具是由刀头和刀杆组成的，刀头承担切削任务，刀杆是固定在刀架上的被夹持部分。（　　）

86. 整洁的工作环境可以振奋职工精神，提高工作效率。（　　）

87. 零件上的连续表面只标注一次表面粗糙度代号。（　　）

88. 对钻孔生产效率而言，v_c和f的影响是不同的。（　　）

89. 刮花的目的是增加工件刮削面的美观及储油，以增加表面的润滑，减小工件表面的磨损。（　　）

90. 机械矫正主要采用锤击的方法或利用一些简单的工具、设备来进行矫正。（　　）

91. 涂油是使工作表面及零件已加工面不锈蚀。（　　）

92. 如果一次要装的零件很多，从冷却箱中取出一件，应随即放入一件，并补充足够的冷却剂，盖好箱盖。（　　）

93. 减速器漏油是由于长期使用，油温升高，原来的润滑油脂变稀，容易蒸发或飞溅泄漏。（　　）

94. 每台行车的司机应该是固定的。（　　）

95. 使用塞尺前应清除工件和塞尺上的灰尘和油污。（　　）

96. 同轴度误差检验，包括外圆与外圆、内孔与内孔、外圆与内孔的同轴度的检验。（　　）

97. 拆卸钻夹具时，应使用标准楔铁，严禁用锤子、铁棒乱砸乱撬，防止损坏主轴。（　　）

98. 用手电钻钻孔，当孔将钻穿时，应加大压力。（　　）

99. 清洗涂层导轨表面，通常采用汽油清洗。（　　）

100. 化学清洗液配制简单、稳定耐用、无毒、成本低、不易燃、使用安全。（　　）

理论知识考核模拟试卷三

一、单项选择题（第1题～第80题。选择一个正确的答案，将相应的字母填入题内的括号中。每题1分，满分80分。）

1. 树立社会主义（　　）是社会主义职业道德的重要内容。

A. 理想　　B. 信念　　C. 价值观　　D. 劳动态度

2. 社会主义职业道德的基本要素主要包括职业理想、职业态度、（　　）、职业良心、职业技能、职业纪律等。

A. 职业习惯　　B. 职业思想　　C. 职业义务　　D. 职业性质

3. 劳动合同可以约定试用期，试用期最长不得超过（　　）个月。

A. 3　　B. 6　　C. 12　　D. 15

4. 下列选项中，属于无效合同的是（　　）。

A. 无权处分合同　　B. 乘人之危合同

C. 显失公平合同　　D. 损害社会公共利益合同

5. 正投影是投影线（　　）于投影面时得到的投影。

A. 平行　　B. 垂直　　C. 倾斜　　D. 相交

6. 在机件的三视图中，机件上对应部分的主、左视图应（　　）。

A. 长对齐　　B. 高平齐　　C. 宽相等　　D. 高相等

7. （　　）是可以移位配置的视图。

A. 基本视图　　B. 向视图　　C. 局部视图　　D. 斜视图

8. 对偏差与公差的关系，下列说法正确的是（　　）。

A. 上极限偏差越大，公差越大

B. 上、下极限偏差越大，公差越大

C. 上、下极限偏差之差越大，公差越大

D. 上、下极限偏差之差的绝对值越大，公差越大

9. 关于表面粗糙度对零件使用性能的影响，下列说法中错误的是（　　）。

A. 零件表面越粗糙，表面间的实际接触面积就越小

B. 零件表面越粗糙，单位面积受力就越大

C. 零件表面粗糙，峰顶处的塑性变形会减小

D. 零件表面粗糙，会降低接触刚度

10. 金属在静载荷作用下抵抗变形和破坏的能力，称为（　　）。

A. 强度　　B. 硬度　　C. 塑性　　D. 韧性

11. 改善低碳钢的切削加工性，应采用（　　）处理。

A. 正火　　B. 退火　　C. 回火　　D. 淬火

12. 选择正确的移出断面图（　　）。

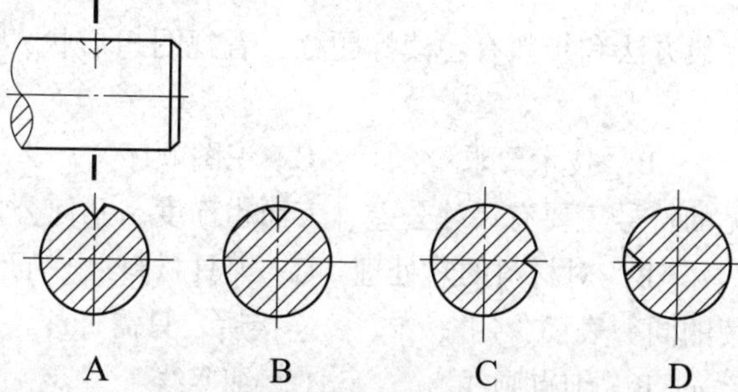

13. 轴承合金的（　　）性在所有轴承衬材料中最好。

A. 摩擦　　B. 嵌藏　　C. 润滑　　D. 耐温

14. 带传动是依靠传动带与带轮之间的（　　）来传动的。

A. 作用力　　B. 张紧力　　C. 摩擦力　　D. 弹力

15. 齿轮传动中，为增加（　　），改善啮合质量，在保留原齿轮副的情况下，采取加载跑合措施。

A. 接触面积　　B. 齿侧间隙　　C. 工作平稳性　　D. 加工精度

16. 游标卡尺结构中，沿着尺身可移动的部分叫（　　）。

A. 尺框　　B. 尺身　　C. 尺头　　D. 活动量爪

17. 划线时，都应从（　　）开始。

A. 中心线　　B. 基准面　　C. 设计基准　　D. 划线基准

18. 錾削铜、铝等软材料时，楔角取（　　）。

A. 30°～50°　　B. 50°～60°　　C. 60°～70°　　D. 70°～90°

19. 锯割回程时应（　　）。

A. 用力　　B. 取出　　C. 滑过　　D. 稍抬起

20. 锉刀的主要工作面指的是（　　）。

A. 有锉纹的上、下两面　　B. 两个侧面

C. 全部表面　　D. 顶端面

21. 当丝锥（　　）全部进入工件时，就不需要再施加压力，而靠丝锥自然旋进切削。

A. 切削部分　　B. 工作部分　　C. 校准部分　　D. 全部

22.（　　）不是人体触电的方式。

A. 单相触电　　B. 三相触电　　C. 跨步电压触电　　D. 接触电压触电

23. 错误的触电救护措施是（　　）。

A. 迅速切断电源　　B. 人工呼吸　　C. 胸外按压　　D. 打强心针

24. 符合着装整洁、文明生产要求的是（　　）。

A. 随便着衣　　B. 未执行规章制度

C. 在工作中吸烟　　D. 遵守安全技术操作规程

25. 工业企业对环境污染的防治不包括（　　）。

A. 防治固体废弃物污染　　B. 开发防治污染新技术

C. 防治能量污染　　D. 防治水体污染

26. 读零件图的一般方法和步骤有：读标题栏、看视图想形状、分析尺寸和（　　）、总结归纳。

A. 零件的材料　　B. 技术要求　　C. 识图顺序　　D. 装配关系

27. 零件图上常见的符号主要有尺寸公差、表面粗糙度、几何公差以及（　　）等。

A. 基本偏差　　B. 对材料的热处理　　C. 刀具材料　　D. 公差等级

28. 零件上不连续的同一表面，用（　　）连接后，只需标注一次表面粗糙度代号。

A. 粗实线　　B. 细点画线　　C. 细实线　　D. 细虚线

29. 端盖零件图中，径向尺寸的基准是（　　）。

A. 左端面　　B. 右端面　　C. 内孔　　D. 轴线

30. 关于盘盖类零件的特点，（　　）说法是错误的。
A. 主要用来传递运动、连接、支承和密封
B. 主要形体是回转体
C. 长、宽、高三个方向的尺寸基准选用轴、孔中心线
D. 常用两个基本视图，主视图一般取剖视图
31. 装配图上的尺寸包括规格或性能尺寸、安装尺寸、外形尺寸和（　　）等。
A. 零件尺寸　B. 装配尺寸　C. 连接尺寸　D. 内形尺寸
32. 常用的磨刀砂轮主要有两种：氧化铝砂轮和碳化硅砂轮。它们的颜色分别是（　　）。
A. 绿与白　B. 白与绿　C. 红与绿　D. 白与红
33. 为保证铣削台阶、直角沟槽的加工精度，必须校正工作台的“零位”，也就是校正工作台纵向进给方向与主轴轴线的（　　）。
A. 平行度　B. 对称度　C. 平面度　D. 垂直度
34. 一般外圆磨削砂轮圆周线速度为（　　）m/s。
A. 25　B. 35　C. 55　D. 85
35. 始锻温度主要受（　　）温度的限制。
A. 过烧　B. 过热　C. 终锻　D. 氧化
36. 模锻按所用设备和模具常可分为锤上模锻、（　　）、胎模锻、特种模锻。
A. 压力机模锻　B. 水压机模锻
C. 高速锤模锻　D. 摩擦螺旋压力机模锻
37. 分度头中手柄心轴上的蜗杆为单头，主轴上的蜗轮齿数为40，当手柄转过一周，分度头主轴转过（　　）周。
A. 1　B. 1/2　C. 1/4　D. 1/40
38. 标准麻花钻修磨分屑槽时是在（　　）磨出分屑槽。
A. 前面　B. 副后面　C. 基面　D. 后面
39. 当钻孔时，深度与直径之比大于（　　）为深孔加工。
A. 8　B. 5　C. 10　D. 15
40. 对钻孔生产效率而言，v_c和f的影响是（　　）。
A. $v_c > f$　B. $v_c < f$　C. 不同的　D. 相同的
41. 机用丝锥都用（　　）制造。
A. 合金工具钢　B. 硬质合金　C. 轴承钢　D. 高速钢
42. 套螺纹时，圆杆直径的计算公式为：$d_{杆} = d - 0.13P$，式中d指的是（　　）。
A. 螺纹中径　B. 螺纹小径　C. 螺纹大径　D. 螺距
43. 以下（　　）不是套螺纹后螺纹歪斜的原因。
A. 圆杆端部倒角不符合要求　B. 调节圆板牙时，直径太大
C. 圆板牙位置较难放准　D. 两手用力不均匀
44. 刮刀一般采用（　　）锻制而成。
A. 碳素工具钢　B. 碳素结构钢　C. 硬质合金　D. 高速钢
45. 平面刮削采用挺刮法时，将刮刀圆柄放在小腹右下侧，双手握住距切削刃

(　　) mm 刀身处。

A. 40~50　　B. 50~60　　C. 60~70　　D. 70~80

46. 研磨的基本原理包含着物理和(　　)的综合作用。

A. 化学　　B. 生物　　C. 科学　　D. 哲学

47. 为了保证钻孔时钻头中心与铆钉杆中心对准，可先用样冲在铆钉头上冲出中心眼，用小于铆钉直径(　　) mm 的钻头钻孔。

A. 0.5　　B. 0.8　　C. 1　　D. 1.5

48. 铆接时出现铆钉头偏移的原因是(　　)。

A. 罩模直径过大　　B. 孔径过小或钉杆有毛刺

C. 压缩空气压力过大　　D. 钉杆长度不足

49. 烙铁头部锉出的夹角为(　　)，加热温度为 250~500℃。

A. 20°~30°　　B. 20°~40°　　C. 30°~40°　　D. 30°~50°

50. 在计算圆弧部分中性层长度的公式 $A=\pi\ (r+x_0t)\ \alpha/180$ 中，x_0 指的是材料的(　　)。

A. 内弯曲半径　　B. 中间层系数

C. 中性层位置系数　　D. 弯曲直径

51. 相同材料，弯曲半径越小，变形(　　)。

A. 越大　　B. 越小

C. 不变　　D. 可能大也可能小

52. 产品的装配总是从(　　)开始，从零件到部件，从部件到整机。

A. 装配基准　　B. 装配单元　　C. 从下到上　　D. 从外到内

53. 工艺规程分为机械加工工艺规程和(　　)工艺规程。

A. 装配　　B. 安装　　C. 调整　　D. 选配

54. 油漆工程质量检验时，室内按有代表性的自然间抽查(　　)。

A. 5%　　B. 10%　　C. 15%　　D. 20%

55. 在单件小批生产中，装配精度要求高而组成件多时可采用(　　)。

A. 互换装配法　　B. 修配装配法　　C. 选配法　　D. 调整法

56. 装配(　　)应包括组装时各装入件应符合图样要求和装配后验收条件。

A. 生产条件　　B. 技术条件　　C. 工艺条件　　D. 工装条件

57. 零件冷却所需要的时间(　　)。

A. $T=a\delta$　　B. $T=a\sigma$　　C. $T=\dfrac{\Delta_1+\Delta_2}{da}$　　D. $T=\dfrac{\Delta_1+\Delta_2}{a}$

58. 液压压装机按结构形式可分为(　　)。

A. 立式和卧式　　B. 机动和液动　　C. 手动和机动　　D. 外压和内压

59. 在起重机架端梁的两端安装着大车运行机构用的车轮，起重量在(　　) t 以下的装置四个车轮，其中两个为主动轮。

A. 30　　B. 50　　C. 70　　D. 75

60. 造成啃轨的原因主要是(　　)。

A. 装配质量粗糙　　B. 跨度误差偏小
C. 车轮组直径精度超差　　D. 润滑油脂变稀

61. 千斤顶应（　　）安置在重物下面。
A. 垂直　　B. 平行　　C. 交叉　　D. 倾斜

62. 内径千分尺测量范围有 25～50 mm 和（　　）mm 两种。
A. 0～25　　B. 5～25　　C. 5～30　　D. 50～75

63. 内径百分表的测量范围有多种，下列（　　）mm 测量范围是错误的。
A. 6～10　　B. 10～18　　C. 18～35　　D. 35～55

64. 光滑极限量规是一种（　　），用它来检验零件时，只能判定零件是否合格，不能量出实际尺寸。
A. 万能量具　　B. 专用量具　　C. 标准量具　　D. 检测量具

65.（　　）就是测量时不要冒失。
A. “轻”　　B. “稳”　　C. “正”　　D. “冷”

66. 长度量规是一种用来检验（　　）的光滑极限量规。
A. 孔径　　B. 轴径　　C. 宽度　　D. 深度

67. 螺纹塞规也有通端和止端，通端做成完整牙型和正常旋合圈数，止端做成短齿和很小的旋合长度，一般为（　　）圈。
A. 2～2.5　　B. 2～3.5　　C. 3～3.5　　D. 3～4.5

68. 工作完毕后，所用过的（　　）要清理、涂油。
A. 量具　　B. 工具　　C. 工量具　　D. 器具

69. 属于金属表面形变强化的方法是（　　）。
A. 喷涂层　　B. 渗碳　　C. 气相沉积法　　D. 滚压

70. 机械密封适用于（　　）℃温度以上的工作环境中。
A. 100　　B. 200　　C. 300　　D. 350

71. 螺旋密封适用于（　　）的工作环境中。
A. 液体介质　　B. 气体介质
C. 液体和气体介质　　D. 各种情况

72. 按照技术要求对机器进行超出额定转速范围的运转试验称为（　　）。
A. 负荷试验　　B. 超负荷试验　　C. 超速试验　　D. 寿命试验

73. 机器试车首先需要进行（　　）。
A. 空运转试验　　B. 负荷试验　　C. 超负荷试验　　D. 性能实验

74. 机床精度检验时，当 $Da \leqslant 800$ 时，主轴轴线对床鞍移动的平行度（在竖直平面内、300 mm 测量长度上）公差值为（　　）mm（只许向上偏）。
A. 0.01　　B. 0.02　　C. 0.03　　D. 0.04

75. 主轴装配步骤与拆卸步骤（　　）。
A. 相反　　B. 相同　　C. 相反或相同　　D. 无关

76. 用手电钻钻孔，当孔将钻穿时，应（　　）压力。
A. 加大　　B. 减轻　　C. 不变　　D. 无所谓

77. 砂轮机的圆周线速度一般为（　　）m/s。

A. 25　　B. 35　　C. 55　　D. 85

78. 立式钻床一级保养中，润滑保养不包括（　　）。

A. 检查油路　　B. 检查过滤器　　C. 检查油质　　D. 检查螺钉、手柄

79. 摇臂钻床的主轴孔锥度为莫氏（　　）号。

A. 5　　B. 6　　C. 7　　D. 9

80.（　　）适用于中小型工件，清洗中等黏附程度的油垢，去污效果好。

A. 超声波清洗　　B. 浸洗　　C. 喷洗　　D. 气相清洗

二、判断题（第 81 题 ~ 第 100 题。将判断结果填入括号中。正确的填“√”，错误的填“×”。每题 1 分，满分 20 分。）

81. 一个圆围绕其直径旋转所形成的曲面立体称为球。（　　）

82. 某尺寸的上偏差一定大于下偏差。（　　）

83. 只要孔和轴装配在一起，就必然成配合。（　　）

84. 铸铁与钢相比，具有优良的锻造性能和切削加工性能。（　　）

85. 橡胶是以合成树脂为主要成分，加入适量的添加剂，在一定温度下塑制成型的有机高分子材料。（　　）

86. 刨刀不能做成弯头的。（　　）

87. 麻花钻修磨的目的是改进麻花钻结构上的缺点，适应不同材料的钻削要求。（　　）

88. 在研磨过程中，压力大、速度快则研磨效率低。（　　）

89. 咬缝的基本类型有五种，即站缝单扣、站缝双扣、卧缝挂扣、卧缝单扣和卧缝双扣。（　　）

90. 在强度允许的条件下，制作器具的金属板越薄越好，可以减少容器本身的液态氧消耗。采用 2 ~ 2.5 mm 铜板制作容器最好。（　　）

91. 每台行车的司机不需要固定。（　　）

92. 以钳口铁、滑板配作各连接孔，试装活动钳身与滑板，达到滑动轻快，无向上或左右的松动感。（　　）

93. 杠杆千分尺同杠杆卡规类似，只能用于相对测量。（　　）

94. 涂装的目的是提高防腐蚀性能，便于清洗和保养，装饰外观等。（　　）

95. 主轴装配步骤与拆卸步骤相同。（　　）

96. 台钻的最低转速较高，一般不低于 300 r/min，因此不适用于锪孔和铰孔。（　　）

97. 摇臂钻不如立钻加工方便。（　　）

98. 手扳葫芦可用于重物的牵引。（　　）

99. 油垢过厚时应先擦除。材料性质不同的工件，不宜放在一起清洗。（　　）

100. 三氯乙烯具有除油效率高、清洗效果好、不燃等优点，加入适当稳定剂可清洗铝、镁合金等有色金属工件。（　　）

技能操作考核模拟试卷一

一、课题：加工 E 形件

(1) 本题分值：100 分。

(2) 考核时间：240 min。

(3) 考核要求：如下图所示。

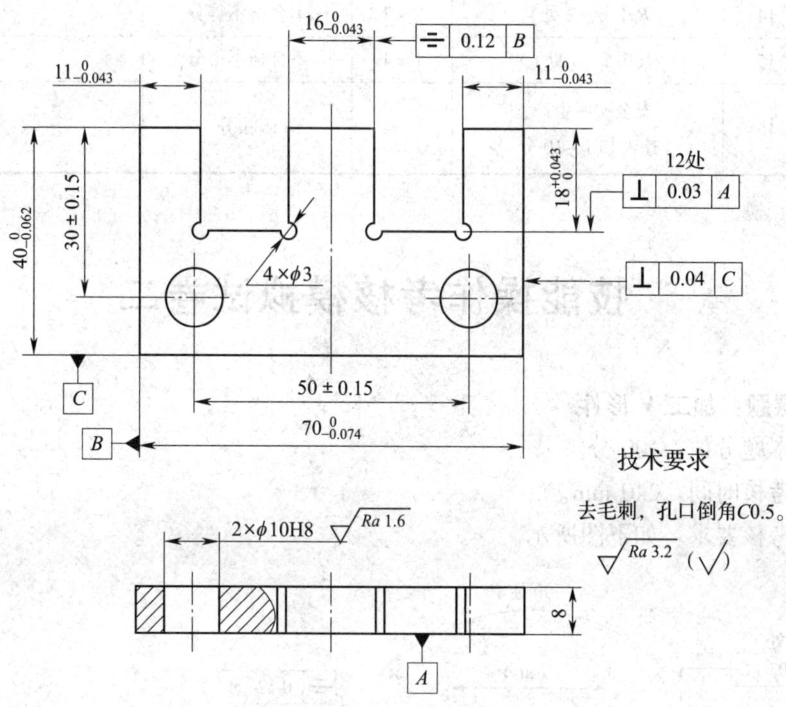

二、评分标准

E 形件加工评分标准

时限	4 h	开始时间		结束时间		实考时间	
项目	项次	技术要求	配分	评分要求	检测记录	得分	
锉削	1	$70_{-0.074}^{0}$	5	超差不得分			
	2	$40_{-0.062}^{0}$	5	超差不得分			
	3	$16_{-0.043}^{0}$	5	超差不得分			
	4	$11_{-0.043}^{0}$ （2 处）	4 × 2	超差不得分			
	5	$18_{0}^{+0.043}$ （2 处）	4 × 2	超差不得分			
	6	⌯ 0.12 B	5	超差不得分			
	7	⊥ 0.04 C	4	超差不得分			

续表

项目	项次	技术要求	配分	评分要求	检测记录	得分
锉削	8	⊥ 0.04 A (12 处)	2×12	超差不得分		
	9	Ra3.2（12 处）	1×12	不合格不得分		
孔加工	10	ϕ3（4 处）	1×4	不合格不得分		
	11	ϕ10H8（2 处）	2×2	超差不得分		
	12	30±0.15	4	超差不得分		
	13	50±0.15	4	超差不得分		
	14	Ra1.6（2 处）	2×2	不合格不得分		
	15	C0.5（4 处）	1×4	不合格不得分		
其他	16	安全文明生产，违者扣 1~10 分		倒扣分		

技能操作考核模拟试卷二

一、课题：加工 V 形件

（1）本题分值：100 分。

（2）考核时间：240 min。

（3）考核要求：如下图所示。

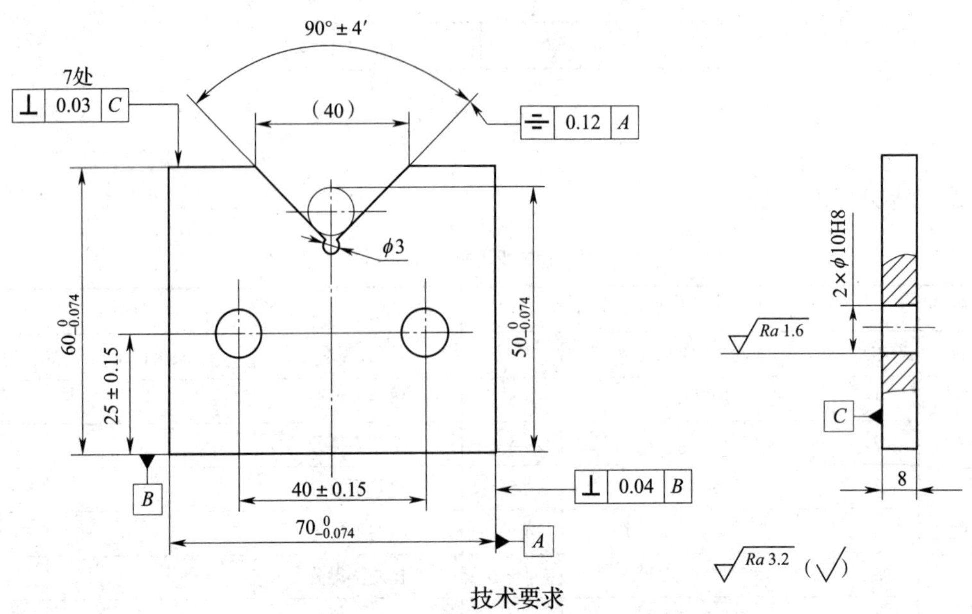

技术要求

1. 图中50尺寸用ϕ10心棒放在V形槽内测量。
2. 去毛刺，孔口倒角C0.5。

二、评分标准

V 形件加工评分标准

项目	项次	技术要求	配分	评分要求	检测记录	得分
锉削	1	$70_{-0.074}^{\ 0}$	7	超差不得分		
	2	$60_{-0.074}^{\ 0}$	7	超差不得分		
	3	$50_{-0.074}^{\ 0}$	7	超差不得分		
	4	90°±4′	6	超差不得分		
	5	⌯ 0.12 A	7	超差不得分		
	6	⊥ 0.04 B	4	超差不得分		
	7	⊥ 0.03 C（7 处）	3×7	超差不得分		
	8	*Ra*3.2（7 处）	1×7	超差不得分		
孔加工	9	$\phi3$	2	不合格不得分		
	10	40±0.15	6	超差不得分		
	11	25±0.15（2 处）	6×2	超差不得分		
	12	ϕ10H8（2 处）	4×2	超差不得分		
	13	*Ra*1.6（2 处）	1×2	不合格不得分		
	14	*C*0.5（4 处）	1×4	不合格不得分		
其他	15	安全文明生产，违者扣 1～10 分		倒扣分		

技能操作考核模拟试卷三

一、课题：加工半燕尾块

（1）本题分值：100 分。

（2）考核时间：240 min。

（3）考核要求：如下图所示。

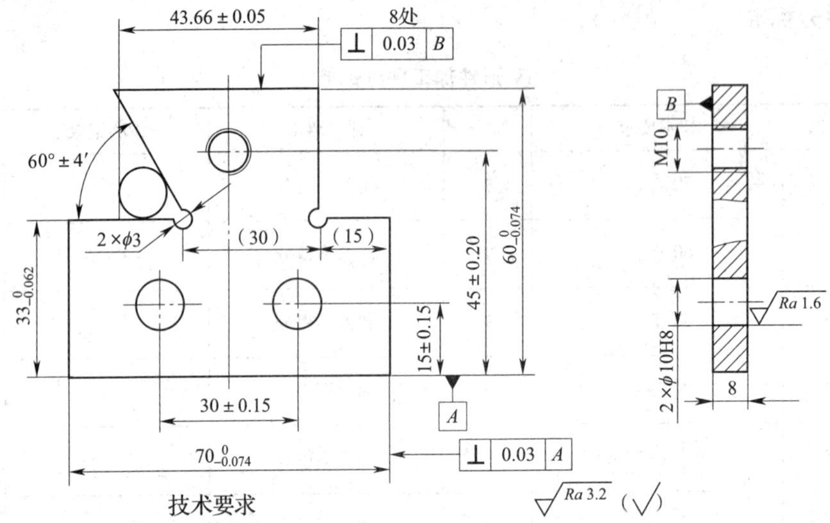

技术要求

1. 图中43.66尺寸用ϕ10心棒放在60° 斜面处测量。
2. 去毛刺，孔口倒角C0.5。

二、评分标准

半燕尾块加工评分标准

时限	4 h		开始时间		结束时间		实考时间	
项目	项次	技术要求		配分	评分要求		检测记录	得分
锉削	1	$70_{-0.074}^{0}$		6	超差不得分			
	2	$60_{-0.074}^{0}$		6	超差不得分			
	3	$33_{-0.062}^{0}$		6	超差不得分			
	4	43.66 ±0.05		6	超差不得分			
	5	⊥ 0.03 A		4	超差不得分			
	6	⊥ 0.03 B （8 处）		2 ×8	超差不得分			
	7	*Ra*3.2 （8 处）		1 ×8	不合格不得分			
	8	60° ±4′		6	超差不得分			
螺纹、孔加工	9	ϕ3 （2 处）		1 ×2	不合格不得分			
	10	15 ±0.15 （2 处）		4 ×2	超差不得分			
	11	30 ±0.15		4	超差不得分			
	12	45 ±0.20		4	超差不得分			
	13	ϕ10H8 （2 处）		2 ×2	超差不得分			
	14	M10		10	不合格不得分			
	15	*Ra*1.6 （2 处）		2 ×2	不合格不得分			
	16	C0.5 （6 处）		1 ×6	不合格不得分			
其他	17	安全文明生产，违者扣 1 ~10 分			倒扣分			

理论知识考核模拟试卷参考答案

试卷一

一、单项选择题（第 1 题～第 80 题。选择一个正确的答案，将相应的字母填入题内的括号中。每题 1 分，满分 80 分。）

1. A　2. A　3. B　4. B　5. A　6. D　7. D　8. A　9. D
10. B　11. C　12. B　13. B　14. A　15. D　16. A　17. C　18. B
19. C　20. C　21. B　22. D　23. B　24. D　25. A　26. A　27. C
28. B　29. D　30. A　31. B　32. B　33. C　34. D　35. A　36. C
37. C　38. D　39. A　40. B　41. A　42. C　43. B　44. C　45. A
46. B　47. A　48. D　49. D　50. A　51. A　52. A　53. A　54. A
55. D　56. D　57. B　58. B　59. C　60. A　61. B　62. D　63. A
64. A　65. B　66. B　67. D　68. B　69. D　70. A　71. C　72. A
73. B　74. D　75. C　76. A　77. A　78. D　79. C　80. B

二、判断题（第 81 题～第 100 题。将判断结果填入括号中。正确的填"√"，错误的填"×"。每题 1 分，满分 20 分。）

81. √　82. ×　83. √　84. √　85. ×　86. √　87. ×　88. √　89. √
90. ×　91. √　92. ×　93. √　94. √　95. √　96. √　97. ×　98. ×
99. ×　100. √

试卷二

一、单项选择题（第 1 题～第 80 题。选择一个正确的答案，将相应的字母填入题内的括号中。每题 1 分，满分 80 分。）

1. B　2. C　3. D　4. C　5. A　6. C　7. B　8. A　9. C
10. A　11. C　12. A　13. D　14. D　15. D　16. C　17. C　18. C
19. A　20. A　21. B　22. D　23. D　24. B　25. D　26. B　27. C
28. C　29. C　30. A　31. D　32. C　33. D　34. A　35. B　36. D
37. D　38. C　39. A　40. B　41. B　42. D　43. B　44. A　45. B
46. D　47. A　48. A　49. A　50. D　51. C　52. B　53. C　54. D
55. A　56. C　57. B　58. B　59. D　60. B　61. D　62. A　63. A
64. C　65. A　66. D　67. B　68. C　69. D　70. D　71. C　72. C
73. A　74. C　75. B　76. C　77. A　78. A　79. D　80. C

二、判断题（第 81 题 ~ 第 100 题。将判断结果填入括号中。正确的填“√”，错误的填“×”。每题 1 分，满分 20 分。）

81. × 82. √ 83. √ 84. × 85. √ 86. √ 87. √ 88. × 89. ×
90. √ 91. √ 92. √ 93. √ 94. √ 95. √ 96. √ 97. √ 98. ×
99. × 100. √

试卷三

一、单项选择题（第 1 题 ~ 第 80 题。选择一个正确的答案，将相应的字母填入题内的括号中。每题 1 分，满分 80 分。）

1. A 2. C 3. B 4. D 5. B 6. B 7. B 8. D 9. C
10. A 11. A 12. B 13. D 14. C 15. A 16. D 17. B 18. A
19. D 20. A 21. A 22. D 23. D 24. D 25. C 26. B 27. B
28. C 29. D 30. C 31. B 32. B 33. D 34. B 35. A 36. A
37. D 38. D 39. B 40. D 41. D 42. C 43. B 44. A 45. A
46. A 47. C 48. C 49. C 50. C 51. A 52. A 53. A 54. B
55. B 56. B 57. A 58. A 59. B 60. C 61. A 62. C 63. D
64. B 65. B 66. C 67. B 68. B 69. D 70. A 71. A 72. C
73. A 74. B 75. A 76. B 77. B 78. D 79. A 80. D

二、判断题（第 81 题 ~ 第 100 题。将判断结果填入括号中。正确的填“√”，错误的填“×”。每题 1 分，满分 20 分。）

81. √ 82. × 83. × 84. √ 85. × 86. × 87. √ 88. × 89. √
90. × 91. × 92. √ 93. × 94. √ 95. × 96. × 97. × 98. √
99. √ 100. √